高职高专计算机基础教育精品教材

计算机网络

（第3版）

徐敬东　张建忠　编　著

清华大学出版社

北　京

内 容 简 介

本书是一本面向高等职业教育、高等专科教育和成人高等教育的计算机网络教材。全书共分17章，主要介绍了计算机网络的基本概念、局域网组网方法、网络互联技术、网络接入技术、网络安全，以及互联网提供的主要服务类型和应用类型等内容。本书在内容组织上将计算机网络基础知识与实际应用相结合，使读者能够对网络原理和网络协议有比较直观的认识，具有很强的实用性。

本书内容丰富，结构合理，可操作性强。读者可在边学边做中快速掌握网络基础知识，增强处理实际问题的能力。本书不仅适合于大专院校相关专业的师生阅读，也可以供广大的网络技术爱好者参考使用。

图书在版编目(CIP)数据

计算机网络/徐敬东，张建忠编著.--3版.--北京：清华大学出版社，2013（2020.7重印）
高职高专计算机基础教育精品教材
ISBN 978-7-302-31967-2

Ⅰ.①计… Ⅱ.①徐… ②张… Ⅲ.①计算机网络－高等职业教育－教材 Ⅳ.①TP393

中国版本图书馆CIP数据核字(2013)第078197号

责任编辑：张龙卿
封面设计：徐日强
责任校对：刘　静
责任印制：刘祎淼

出版发行：清华大学出版社
　　网　　址：http://www.tup.com.cn，http://www.wqbook.com
　　地　　址：北京清华大学学研大厦A座　　**邮　　编**：100084
　　社 总 机：010-62770175　　**邮　　购**：010-62786544
　　投稿与读者服务：010-62776969，c-service@tup.tsinghua.edu.cn
　　质量反馈：010-62772015，zhiliang@tup.tsinghua.edu.cn
　　课件下载：http://www.tup.com.cn，010-62795764

印 装 者：三河市铭诚印务有限公司
经　　销：全国新华书店
开　　本：185mm×260mm　　**印　张**：21.25　　**字　　数**：486千字
版　　次：2002年8月第1版　　2013年6月第3版　　**印　　次**：2020年7月第14次印刷
定　　价：49.00元

产品编号：050475-02

前　言

近几年高等职业教育得到了迅速发展和普及，特别是计算机专业成为高等职业教育中的热门专业，而“计算机网络”则是计算机专业的主干课程之一。但是计算机网络教材的建设已经严重滞后于高等职业教育的发展，因而编写一本能够真正适用于高等职业教育培养技术应用型人才要求的、真正具有高职特色的计算机网络教材迫在眉睫。

本书是一本面向高等职业教育、高等专科教育和成人高等教育的计算机网络教材，同时也是一本引导人们一步步走进计算机网络殿堂的工具书。本书在内容组织上将计算机网络基础知识与实际应用相结合，在讲解基础知识的同时，介绍相应知识在网络组网、网络操作系统中的具体应用，使学生能够对网络的基本原理、网络协议有一个直观认识，并能应用到实际中去。在书中强调基础理论知识与实验实训相结合，使学生在了解计算机网络基本理论、基本知识的同时，能够掌握网络组网方法、网络操作系统的管理和维护、互联网服务的使用和配置等网络操作技能。

全书共分为 17 章，主要章中都给出了具体的实训实例，这些实训内容都经过作者的亲身验证，保证其正确性和可重复性。每章的最后都附有练习题，通过回答和动手实践这些题目，读者可以检查自己的学习效果。

本书的第 1 章回答了什么是计算机网络、为什么计算机网络要采用分层结构等网络基本问题，同时，对著名的 ISO/OSI 参考模型和 TCP/IP 体系结构进行了介绍。

第 2～4 章介绍了共享式以太网、交换式以太网、无线局域网的组网方法，同时对虚拟局域网技术及组网方法进行了详细的描述。

第 5～11 章对互联网技术进行了介绍，特别是对 TCP/IP 互联网进行了详细的讲解，其中包括 IP 提供的服务、IP 协议、路由器与路由选择算法、IPv6 的基本思想、TCP 与 UDP 协议等具体内容。

第 12～16 章介绍互联网提供的主要服务和应用类型。第 12 章介绍客户机—服务器交互模型实现过程中需要解决的问题；第 13 章讲述了域名系统的基本原理和配置方法；第 14 章描述了电子邮件系统及其使用的协议；第 15 章介绍 Web 服务及其服务的配置过程；第 16 章讲述了安全服务、网络攻击、加密与签名等与网络安全有关的问题，并介绍了保证网络安全的几种具体措施。

第17章讲述网络接入技术,对ADSL、HFC等网络接入方式和接入控制方法进行了介绍。

在本书编写过程中,作者参考了许多文献资料并做了大量实验。在写作中力求做到层次清楚,语言简洁流畅,内容丰富,既便于读者循序渐进地系统学习,又能使读者了解网络技术新的发展,希望本书对读者掌握网络基础知识和应用网络有一定的帮助。

为了使本书更接近于实际应用环境,第2版删除了局域网拓扑、FDDI网络等知识的讲解,增加了无线局域网、网络地址转换等内容。同时,第2版还对一些文字描述进行了修改。

本书作为第3版,继续坚持前两版中"基础理论知识与实验实训相结合"的理念,结合计算机网络应用的发展情况,增加了IPv6协议、网络接入控制等内容。同时,第3版还对实训中用到的实验环境进行了升级,更换了与之相关的文字和所有插图。在第17章中,第3版以PPPoE局域网接入控制实验替代了前两版中的RAS电话接入实验,进一步简化了实训对实验环境的要求。

限于编者的学术水平,在本书的选材、内容和安排上如有不妥与错误之处,恳请读者与同行批评指正。

作者的电子邮件地址为:xujd@nankai.edu.cn、zhangjz@nankai.edu.cn。

编　者

2013年1月于南开园

目录

第1章　计算机网络的基本概念

学习本章后需要掌握：

- ❑ 计算机网络的基本概念
- ❑ 局域网、城域网和广域网的特点
- ❑ ISO/OSI参考模型的层次结构和各层功能
- ❑ TCP/IP体系结构的各层功能

1.1　计算机网络的基本概念

计算机网络的发展是与计算机技术和通信技术的发展分不开的。早期的每台计算机都独立于其他计算机，它们自行工作，具有的资源也只能自己享用。例如，如果打印机安装在一台计算机上，那么只有该计算机上的用户才能使用它打印文档。随着计算机应用的广泛和深入，人们发现这种方式既不高效也不经济，资源浪费非常严重。那么有什么办法能够让一台计算机上的用户使用另一台计算机上的资源（如打印机）呢？为了解决这个问题，计算机网络诞生了。

1.1.1　什么是计算机网络

所谓计算机网络就是利用通信线路将具有独立功能的计算机连接起来而形成的计算机集合，计算机之间可以借助于通信线路传递信息，共享软件、硬件和数据等资源。图1-1所示为计算机网络的简单示意图。

从以上的定义可以看出，计算机网络建立在通信网络的基础之上，是以资源共享和在线通信为目的的。利用计算机网络，我们不必花费大量的资金为每一位职员配置打印机，因为网络使共享打印机成为可能；利用计算机网络，我们不但可以利用多台计算机处理数据、文档、图像等各种信息，而且可以和其他人分享这些信息。在信息化高度发达的社会，在"时间就是金钱，效率就是生命"的今天，计算机网络为团队作业、人员协同工作提供了强有力的支持平台。

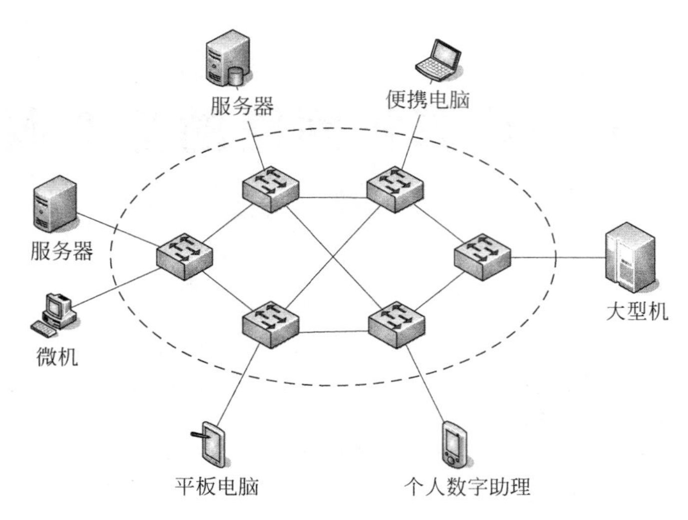

图 1-1　计算机网络示意图

1.1.2　计算机网络可以为我们带来什么

1. 共享打印机等各种硬件设备

在计算机系统中,有些设备价格昂贵,而有些设备尽管价格便宜,但并非经常用到(如大容量磁盘、打印机、绘图仪等设备)。对于一个组织或机构来说,为每一台计算机配置这样的设备得不偿失。在没有计算机网络的情况下,人们如果想使用这些设备,只好坐在安装有该设备的计算机前或将该设备从另一台计算机移动到自己的计算机。但是在网络环境下,人们可以坐在自己的计算机前,像使用本地计算机一样使用安装在其他计算机上的设备,工作变得更加快捷和方便。图 1-2 所示为多用户共享打印机示意图。

2. 共享数据资源

数据是计算机系统中最重要的资源之一。通常,计算机用户之间常常需要交换信息、共享数据。如果没有计算机网络,那么他们只有将数据打印成纸页或将数据复制到软盘,通过传递纸页或软盘的方式共享数据。显然,这是一种非常低效的工作方式。在网络环境下,网络用户可以直接共享几乎所有类型的数据,将纸页和软盘的传递量降到最低。图 1-3 所示为多用户共享数据库示意图。

3. 共享应用程序,进行高效通信

共享应用程序(例如字处理软件)可以保证网络用户使用的应用程序的版本、配置等是完全一致的。完全一致应用程序的使用不但可以简化维护、培训等过程,而且可以保证数据的一致性。例如,通过使用统一的、版本号相同的字处理软件,一个用户在一台计算

机中编辑的文档，可以保证另一用户在另一台计算机中顺利打开并使用。另外，计算机网络可以为我们提供高效、快捷的通信手段。电子邮件(E-mail)就是利用网络进行高效通信的一个典型实例。图 1-4 所示为多个用户利用 NetMeeting 应用程序的共享白板讨论问题示意图。

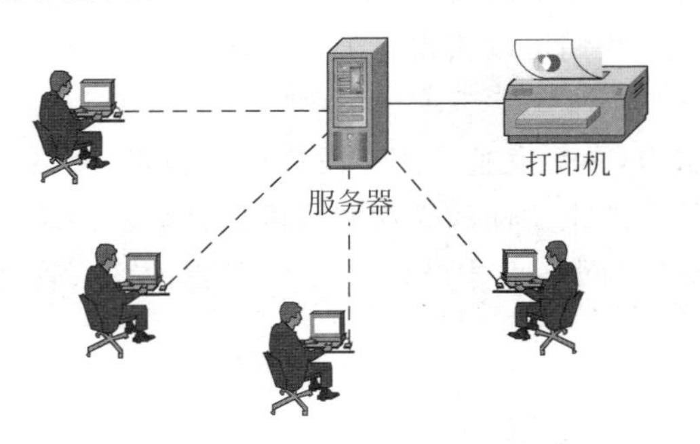

图 1-2　多用户共享打印机示意图

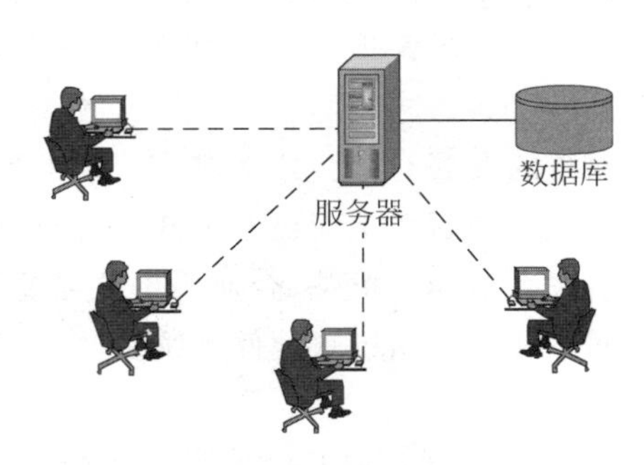

图 1-3　多用户共享数据库示意图

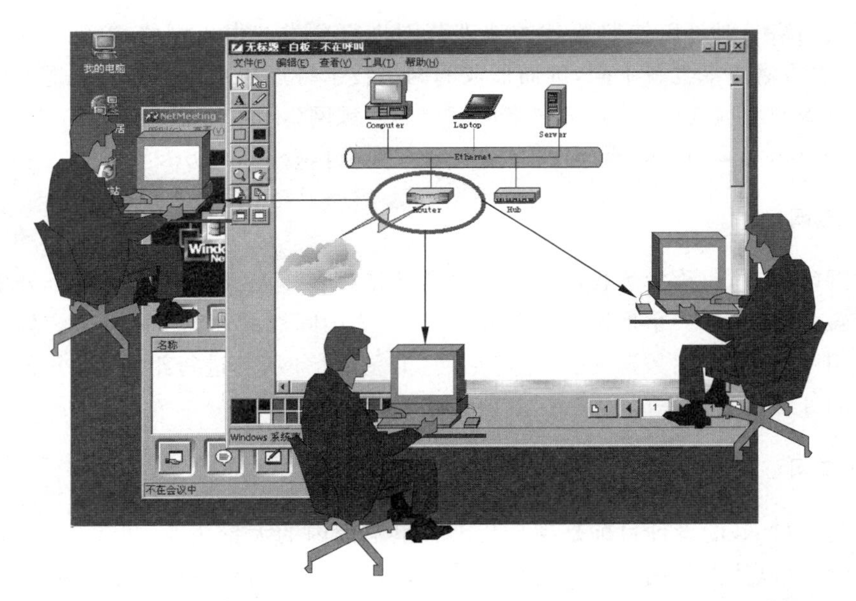

图 1-4　多个用户利用 NetMeeting 应用程序的共享白板讨论问题示意图

计算机网络的规模有大有小，大的可以覆盖全球，小的仅由两三台微机构成。在一般情况下，计算机网络的规模越大，其包含的计算机越多，它所提供的网络资源和服务也就越丰富，其价值也就越高。

1.1.3　计算机网络的发展

近年来，计算机网络发展非常迅速，计算机网络已成为社会结构的一个重要组成部分。公司、学校、机关、部队基本上都拥有自己的网络。计算机网络已遍布各个领域，在广告宣传、生产运输、会计电算化、教育教学等方面得到广泛的应用。

因特网(Internet,国际互联网)的迅猛和持续发展是网络界最令人激动、最令人感兴趣的事情之一。今天,Internet已成为一个连接世界各大洲数百万用户的通信系统。Internet对社会生活的冲击力在电视和杂志的广告中可见一斑,这些广告经常附带提供Internet的一个Web网址。利用该Web网站,我们可以获得有关广告产品的详细或补充信息。

网络的发展对社会经济具有一定的冲击力,一个完整的用于发展网络技术、网络产品和网络服务的新兴工业已经形成。计算机网络的重要性和受欢迎程度使社会对网络人才的需求大大增加。机关、企业等单位需要更多的网络人才设计、规划、安装、操作、管理计算机网络和Internet软硬件系统。

1.1.4 计算机网络的分类

计算机网络一般可以按照覆盖的地理范围进行分类。由于网络覆盖的地理范围不同,所采用的传输技术也就不同,进而形成的网络技术特点与网络服务功能也不相同。

按照覆盖的地理范围,计算机网络可以分为广域网(wide area network,WAN)、城域网(metropolitan area network,MAN)和局域网(local area network,LAN)。

1. 广域网

广域网(WAN)也称为远程网。它所覆盖的地理范围从几十公里到几千公里。广域网可以覆盖一个国家、一个地区或横跨几个洲,形成国际性的计算机网络。广域网通常可以利用公用网络(如公用数据网、公用电话网、卫星通信网等)进行组建,将分布在不同国家和地区的计算机系统连接起来,达到资源共享的目的。

2. 城域网

城域网(MAN)的设计目标是满足几十公里范围内的大量企业、机关、公司共享资源的需要,从而可以使大量用户之间进行高效的数据、语音、图形图像以及视频等多种信息的传输。

3. 局域网

局域网(LAN)用于将有限范围内(如一个实验室、一幢大楼、一个校园)的各种计算机、终端与外部设备互联成网,具有传输速率高(一般在10～1000Mbps之间)、误码率低(一般低于10^{-8})的特点。局域网通常由一个单位或组织建设和拥有,易于维护和管理。根据采用的技术和协议标准的不同,局域网分为共享式局域网与交换式局域网。局域网技术的应用十分广泛,是计算机网络中非常活跃的研究与应用领域。

1.2　协议与分层

1.2.1　协议的基本概念

协议(protocol)是通信双方为了实现通信所进行的约定或所作的对话规则。实际上,为了实现人与人之间的交互,通信规约无处不在。例如,在使用邮政系统发送信件时,信封必须按照一定的格式书写(如收信人和发信人的地址必须按照一定的位置书写),否则可能造成投递错误;同时,信件的内容也必须遵守一定的规则(如使用中文书写),否则可能造成收信人理解的偏差。在计算机网络中,信息的传输与交换也必须遵守一定的协议,而且传输协议的优劣直接影响网络的性能,因此协议的制定和实现是计算机网络的重要组成部分。

网络协议通常由语义、语法和定时关系三部分组成。语义定义做什么,语法定义怎么做,定时关系则定义何时做。

计算机网络是一个庞大、复杂的系统。网络的通信规约和规则不是一个网络协议可以描述清楚的,因此,在计算机网络中存在多种协议,每一种协议都有其设计目标和需要解决的问题,同时,每一种协议也有其优点和使用限制,这样做的主要目的是使协议的设计、分析、实现和测试简单化。

协议的划分应保证目标通信系统的有效性和高效性。为了避免重复工作,每个协议应该处理没有被其他协议处理过的那部分通信问题,同时,这些协议之间也可以共享数据和信息。例如,有些协议工作在网络的较低层次,保证数据信息通过网卡到达通信电缆;而有些协议工作在较高层次,保证数据到达对方的应用进程。这些协议相互作用,协同工作,完成整个网络的信息通信和处理规约,解决所有的通信问题和其他异常情况。

1.2.2　网络的层次结构

化繁为简、各个击破是人们解决复杂问题常用的方法。对网络进行层次划分就是将计算机网络这个庞大的、复杂的问题划分成若干较小的、简单的问题。通过“分而治之”,解决这些较小的、简单的问题,从而解决计算机网络这个大问题。

计算机网络层次结构划分应按照层内功能内聚、层间耦合松散的原则。也就是说,在网络中,功能相似或紧密相关的模块应放置在同一层;层与层之间应保持松散的耦合,使信息在层与层之间的流动减到最小。

计算机网络采用层次化结构的优越性包括:

- 各层之间相互独立。高层仅需要知道低层提供的服务,不需要知道低层是如何实现的。
- 灵活性好。当一层发生变化时,只要这层与其他层的接口保持不变,其他层就不会受到影响。这样,每层都可以采用最合适的技术来实现,各层实现技术的改变不影响其他层。

- 易于实现和维护。整个计算机网络系统被分解为若干个易于处理的部分,这种结构使得一个庞大而又复杂系统的实现和维护变得容易控制。
- 有利于网络标准化。因为每一层的功能和所提供的服务都已有了精确的说明,所以标准化变得较为容易。

1.3 ISO/OSI 参考模型

随着网络应用的广泛和深入,各种组织和机构开始认识到网络技术在提高生产效率、节约成本方面的重要性。于是它们开始接入互联网,扩大网络规模。由于计算机网络发展初期没有规范的标准,因此很多网络系统不能相互兼容,用户很难在不同的网络之间进行通信。

为了解决这些问题,人们迫切盼望网络标准的出台。为此,科研机构、网络企业和标准化组织进行了大量的工作。其中,开放式系统互联参考模型(open system interconnect reference model,OSIRM)和 TCP/IP 体系结构的提出和应用就是其中最重要的成就。

1.3.1 ISO/OSI 参考模型的结构

开放式系统互联参考模型 OSI 由国际标准化组织(international standards organization,ISO)提出,是一个描述网络层次结构的模型。OSI 参考模型的主要目标是保证各种类型网络技术的兼容性和互操作性,它定义了网络的层次结构、信息在网络中的传输过程和各层主要功能。

OSI 参考模型描述了信息是如何从一台计算机的一个应用程序到达网络中另一台计算机的另一个应用程序的。当信息在一个 OSI 参考模型中逐层传送的时候,它越来越偏离人类的语言,变为只有计算机才能明白的数字 0 和 1。

在 OSI 参考模型中,计算机之间传送信息的问题被分为 7 个较小且更容易管理和解决的小问题。每个小问题由参考模型中的一层来解决。之所以划分为 7 个小问题,是因为它们中的任何一个都囊括了问题本身,不需要太多的额外信息就能很容易地解决。将这 7 个易于管理和解决的小问题映射为不同的网络功能就叫做分层。OSI 将这 7 层从低到高依次叫做物理层(physical layer)、数据链路层(data link layer)、网络层(network layer)、传输层(transport layer)、会话层(session layer)、表示层(presentation layer)和应用层(application layer)。图 1-5 显示了 OSI 的 7 层结构和每一层需要解决的主要问题。

OSI 参考模型并非指一个现实的网络,它仅仅规定了每一层的功能,为网络的设计规划出一张蓝图。各个网络设备或软件生产厂家都可以按照这张蓝图设计和生产自己的网络设备或软件。尽管设计和生产出的网络产品的式样、外观各不相同,但它们应该具有相同的功能。

按照 OSI 参考模型，网络中各结点都有相同的层，不同结点的同等层具有相同的功能，同一结点内相邻层之间通过接口通信。每一层可以使用下层提供的服务，并向其上层提供服务。不同结点的同等层按照协议实现对等层之间的通信，如图 1-6 所示。

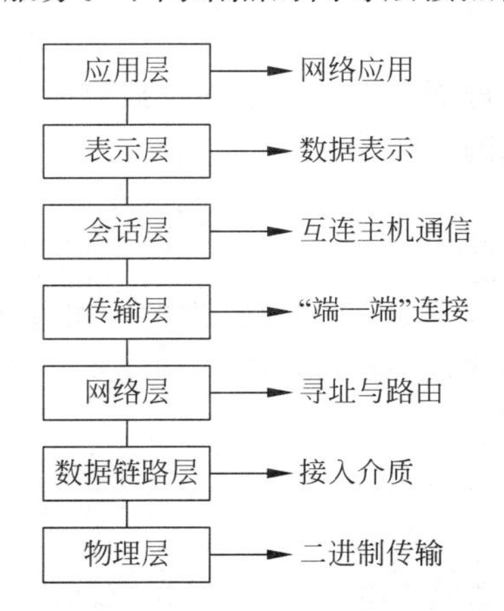

图 1-5　ISO/OSI 的 7 层结构和每一层需要解决的问题

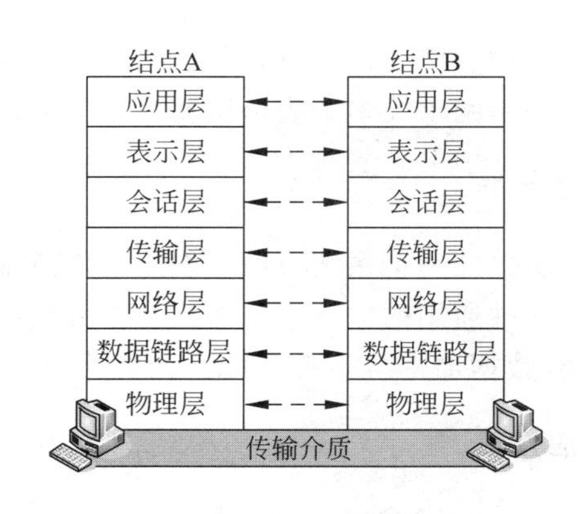

图 1-6　OSI 参考模型中两结点的层次结构

1.3.2　OSI 各层的主要功能

1. 物理层

物理层处于 OSI 参考模型的最低层。利用物理传输介质为数据链路层提供物理连接，负责处理数据传输并监控数据出错率，以便透明地传送比特流是这一层的主要功能。它定义了激活、维护和关闭终端用户之间电气的、机械的、过程的和功能的特性。物理层的特性包括电压、频率、数据传输速率、最大传输距离、物理连接器及其相关的属性。

2. 数据链路层

在物理层提供比特流传输服务的基础上，数据链路层通过在通信的实体之间建立数据链路连接，传送以“帧”为单位的数据。它使有差错的物理线路变成无差错的数据链路，保证点到点(point-to-point)可靠的数据传输。因此，数据链路层关心的主要问题包括物理地址、网络拓扑、线路规划、错误通告、数据帧的有序传输和流量控制。

3. 网络层

网络层主要功能是为处在不同网络系统中的两个结点通信提供一条逻辑通道。其基本任务包括路由选择、拥塞控制与网络互联等。

4. 传输层

传输层的主要任务是向用户提供可靠的“端—端”(end-to-end)服务，透明地传送报文。它向高层屏蔽了下层数据通信的细节，因而是计算机通信体系结构中最关键的一层。

该层关心的主要问题包括建立、维护和中断虚电路、传输差错校验和恢复,以及信息流量控制机制等。

5. 会话层

就像它的名字一样,会话层建立、管理和终止应用进程之间的会话和数据交换。这种会话关系是由两个或多个表示层实体之间的对话构成的。

6. 表示层

表示层保证一个系统应用层发出的信息能被另一个系统的应用层读出。如有必要,表示层用一种通用的数据表示格式在多种数据表示格式之间进行转换。它需要完成数据格式转换、数据加密与解密、数据压缩与恢复等功能。

7. 应用层

应用层是 OSI 参考模型中最靠近用户的一层,它为用户的应用进程提供网络服务。这些应用包括电子数据表格应用、字处理应用和银行终端应用等。

应用层识别并证实目的通信方的可用性,使协同工作的应用进程之间进行同步,建立传输错误纠正和数据完整性控制方面的协定,判断是否为所需的通信过程留有足够的资源。

1.3.3 数据的封装与传递

在 OSI 参考模型中,对等层之间经常需要交换信息单元,我们将对等层协议之间需要交换的信息单元叫做协议数据单元(protocol data unit,PDU)。因为结点对等层之间的通信并不是直接通信(例如两个结点的传输层之间进行通信),它们需要借助于下层提供的服务来完成,所以说对等层之间的通信是虚通信,如图 1-7 所示。

事实上,在某一层需要使用下一层提供的服务传送自己的 PDU 时,其当前层的下一层总是将上一层的 PDU 变为自己 PDU 的一部分,然后利用更下一层提供的服务将信息传递出去。例如在图 1-7 中,结点 A 的传输层需要将某一信息 T-PDU 传送到结点 B 的传输层,这时传输层就需要使用网络层提供的服务首先将 T-PDU 交给结点 A 的网络层。结点 A 的网络层在收到 T-PDU 之后,将 T-PDU 变为自己 PDU(N-PDU)的一部分,然后再次利用其下层的链路层提供的服务将数据发送出去。以此类推,最终将这些信息变为能够在传输介质上传输的数据,并通过传输介质将信息传送到结点 B。

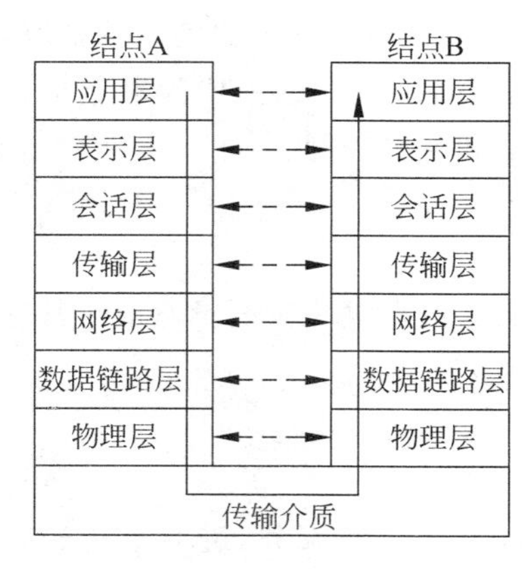

图 1-7 虚通信

在网络中,对等层可以相互理解和认识对方信息的具体意义(如结点 B 的传输层收到结点 A 的 T-PDU 时,可以理解该 T-PDU 的信息并知道如何处理该信息)。如果不是对等层,双方的信息就不可能(也没有必要)相互的理解(例如,在结点 B 的网络层收到结点 A 的 N-PDU 时,它不可能也没有必要理解 N-PDU 包含的 T-PDU 代表什么意思,它仅需要将 N-PDU 中包含的 T-PDU 通过层间接口提交给上面的传输层)。

为了实现对等层通信,当数据需要通过网络从一个结点传送到另一个结点前,必须在数据的头部(和尾部)加入特定的协议头(和协议尾)。这种增加数据头部(和尾部)的过程叫做数据打包或数据封装。同样,在数据到达接收结点的对等层后,接收方将识别、提取和处理发送方对等层增加的数据头部(和尾部)。接收方这种将增加的数据头部(和尾部)去除的过程叫做数据拆包或数据解封。图 1-8 显示了数据的封装与解封过程。

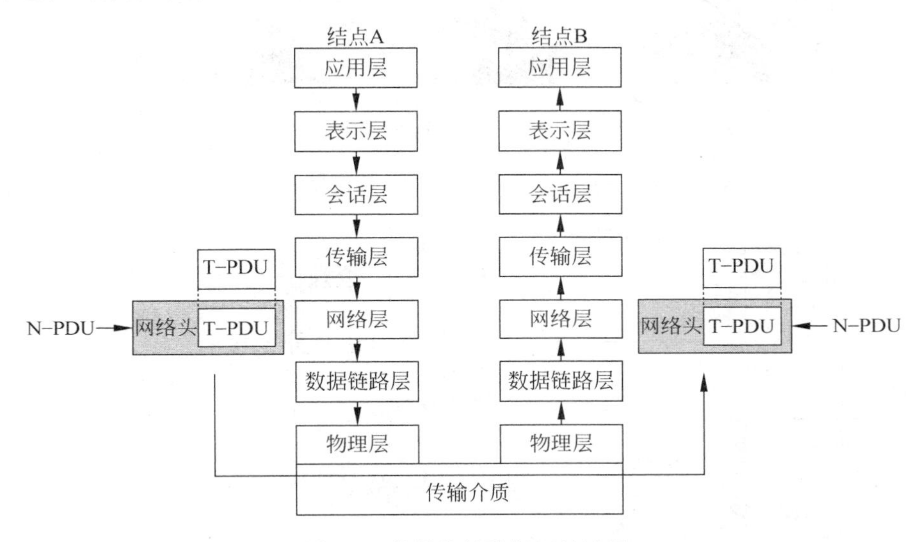

图 1-8　数据的封装与解封过程

实际上,数据封装与解封的过程和通过邮局发送信件的过程非常相似,如图 1-9 所示。当需要发送信件时,首先需要将写好的信纸放入信封中,然后按照一定的格式书写收信人姓名、收信人地址及发信人地址,这个过程就是一种封装的过程。当收信人收到信件后,它需要将信封拆开,取出信纸,这就是解封的过程。在信件通过邮局传递的过程中,邮局的工作人员仅需要识别和理解信封上的内容。对于信封中信纸上书写的内容,他不可能也没有必要知道。

图 1-10 给出了一个完整的 OSI 中数据传递与流动过程。从图中可以看出,OSI 环境中数据流动过程为:

(1) 当发送进程需要发送数据 DATA 至网络中另一结点的接收进程时,应用层为数据加上本层控制报头 AH 后传递给表示层。

(2) 表示层接收到这个数据单元后,加上本层的控制报头 PH,然后传送到会话层。

(3) 同样,会话层接收到表示层传来的数据单元后,加上会话层自己的控制报头 SH,然后送往传输层。

(4) 传输层接收到这个数据单元后,加上本层的控制报头 TH,形成传输层的协议数据单元 PDU,然后传送给网络层。通常,将传输层的 PDU 称为报文(message)。

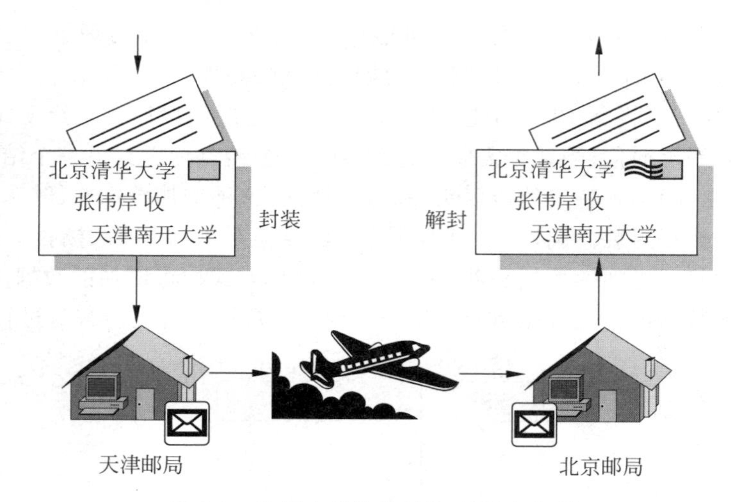

图 1-9 生活中信件的封装、传递与解封

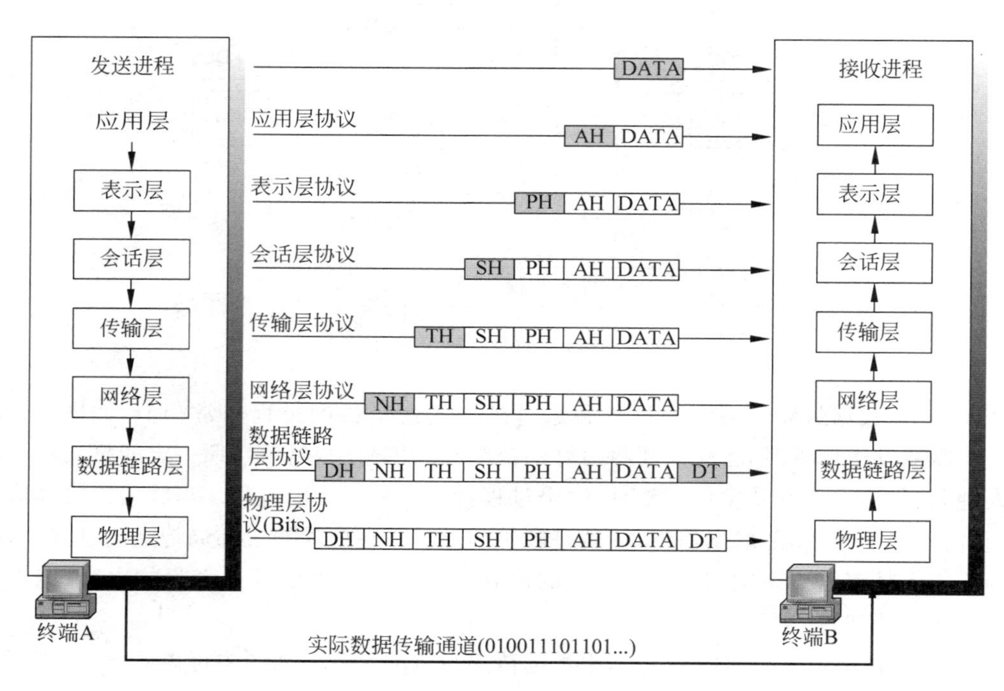

图 1-10 OSI 中数据的传递与流动

(5) 由于网络层数据单元长度的限制,从传输层接收到的长报文有可能被分为多个较短的数据字段,每个较短的数据字段再加上网络层的控制报头 NH 后,形成网络层的 PDU,网络层的 PDU 又称为分组(packet)。这些分组需要利用数据链路层提供的服务,送往其接收结点的对等层。

(6) 分组被送到数据链路层后,加上数据链路层的报头 DH 和报尾 DT,形成了一种称为帧(frame)的链路层协议数据单元,帧将被送往物理层处理。

(7) 数据链路层的帧传送到物理层后,物理层将以比特流的方式通过传输介质将数据传输出去。

(8) 当比特流到达目的结点后,再从物理层依次上传。每层对其相应层的控制报头(和报尾)进行识别和处理,然后将去掉该层报头(和报尾)后的数据提交给上层处理。最终,发送进程的数据传到了网络中另一结点的接收进程。

尽管发送进程的数据在 OSI 环境中经过复杂的处理过程才能送到另一结点的接收进程,但对于每台计算机的接收进程来说,OSI 环境中数据流的复杂处理过程是透明的。发送进程的数据好像是“直接”传送给接收进程,这是开放系统在网络通信过程中最主要的特点。

1.4　TCP/IP 体系结构

ISO/OSI 参考模型的提出在计算机网络发展史上具有里程碑的意义,以至于提到计算机网络就不能不提 OSI 参考模型。但是,OSI 参考模型也有其定义过分繁杂、实现困难等缺点。与此同时,TCP/IP 协议的提出和广泛使用,特别是 Internet 用户爆炸式地增长,使 TCP/IP 网络的体系结构日益显示出其重要性。

TCP/IP 协议是目前最流行的商业化网络协议,尽管不是标准化组织颁布的标准,但它已经被公认为是目前的工业标准或“事实标准”。Internet 之所以能迅速发展,就是因为 TCP/IP 协议能够适应和满足世界范围内数据通信的需要。TCP/IP 协议具有以下几个特点:

- 开放的协议标准,可以免费使用,并且独立于特定的计算机硬件与操作系统。
- 独立于特定的网络硬件,可以运行在局域网、广域网,以及互联网中。
- 统一的网络地址分配方案,使得整个 TCP/IP 设备在网中都具有唯一的地址。
- 标准化的高层协议,可以提供多种可靠的用户服务。

1.4.1　TCP/IP 体系结构的层次划分

与 ISO/OSI 参考模型不同,TCP/IP 体系结构将网络划分为 4 层,它们是应用层(application layer)、传输层(transport layer)、互联层(internet layer)和主机—网络层(host-to-network layer),如图 1-11 所示。

实际上,TCP/IP 的分层体系结构与 ISO/OSI 参考模型有一定的对应关系。图 1-12 给出了这种对应关系。其中,TCP/IP 体系结构的应用层与 OSI 参考模型的应用层、表示层及会话层相对应;TCP/IP 的传输层与 OSI 的传输层相对应;TCP/IP 的互联层与 OSI 的网络层相对应;TCP/IP 的主机—网络层与 OSI 的数据链路层及物理层相对应。

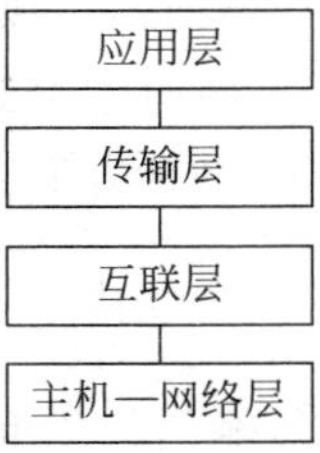

图 1-11　TCP/IP 分层体系结构

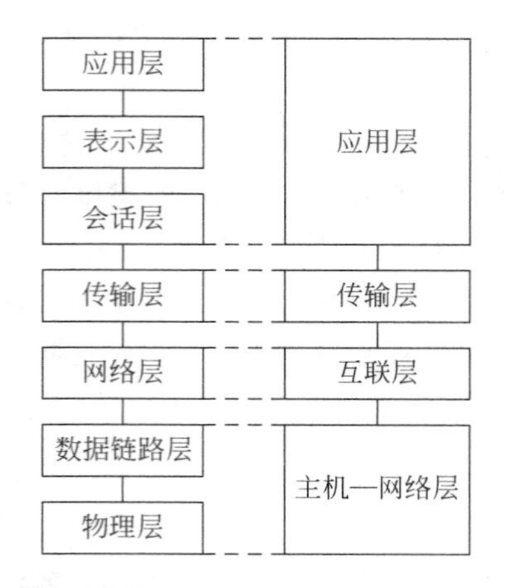

图 1-12　TCP/IP 体系结构与 OSI 参考模型的对应关系

1.4.2　TCP/IP 体系结构中各层的功能

1. 主机—网络层

在 TCP/IP 分层体系结构中，主机—网络层是其最底层，负责通过网络发送和接收 IP 数据报。TCP/IP 体系结构并未对主机—网络层使用的协议做出强硬规定，它允许主机连入网络时使用多种现成的和流行的协议，例如局域网协议或其他一些协议。

2. 互联层

互联层是 TCP/IP 体系结构的第二层，它实现的功能相当于 OSI 参考模型网络层的无连接网络服务。互联层负责将源主机的报文分组发送到目的主机，源主机与目的主机可以在一个网上，也可以在不同的网上。

互联层的主要功能包括：

- 处理来自传输层的分组发送请求。在收到分组发送请求之后，将分组装入 IP 数据报，填充报头，选择发送路径，然后将数据报发送到相应的网络输出线。
- 处理接收的数据报。在接收到其他主机发送的数据报之后，检查目的地址，如需要转发，则选择发送路径转发出去；如目的地址为本结点 IP 地址，则除去报头，将分组交送传输层处理。
- 处理互联的路径、流控与拥塞问题。

3. 传输层

传输层位于互联层之上，它的主要功能是负责应用进程之间的"端—端"通信。在 TCP/IP 体系结构中，设计传输层的主要目的是源主机与目的主机的对等实体之间建立用于会话的"端—端"连接，因此它与 OSI 参考模型的传输层功能相似。

TCP/IP 体系结构的传输层定义了传输控制协议(transport control protocol,TCP)和用户数据报协议(user datagram protocol,UDP)两种协议。

TCP 协议是一种可靠的面向连接的协议,它允许将一台主机的字节流(byte stream)无差错地传送到目的主机。TCP 协议将应用层的字节流分成多个字节段(byte segment),然后将每个字节段传送到互联层,利用互联层发送到目的主机。当互联层将接收到的字节段传送给传输层时,传输层再将多个字节段还原成字节流传送到应用层。与此同时,TCP 协议要完成流量控制、协调收发双方的发送与接收速度等功能,以达到正确传输的目的。

UDP 协议是一种不可靠的无连接协议,它主要用于不要求分组顺序到达的传输中,分组传输顺序检查与排序由应用层完成。

4. 应用层

在 TCP/IP 体系结构中,传输层之上是应用层。它包括了所有的高层协议,并且总是不断有新的协议加入。其主要协议包括如下几种。

- 网络终端协议(Telnet):用于实现互联网中的远程登录功能。
- 文件传输协议(file transfer protocol,FTP):用于实现互联网中交互式文件的传输功能。
- 简单邮件传输协议(simple mail transfer protocol,SMTP):用于实现互联网中电子邮件的传送功能。
- 域名系统(domain name system,DNS):用于实现网络设备名字到 IP 地址映射的网络服务。
- 超文本传输协议(hyper text transfer protocol,HTTP):用于目前广泛使用的 Web 服务。
- 路由信息协议(routing information protocol,RIP):用于网络设备之间交换路由信息。
- 简单网络管理协议(simple network management protocol,SNMP):用于管理和监视网络设备。
- 网络文件系统(network file system,NFS):用于网络中不同主机间的文件共享。

应用层协议有的依赖于面向连接的传输层协议 TCP(例如 Telnet 协议、SMTP 协议、FTP 协议、HTTP 协议);有的依赖于面向非连接的传输层协议 UDP(例如 SNMP 协议);还有一些协议(如 DNS)既可以依赖于 TCP 协议,也可以依赖于 UDP 协议。

1.4.3 TCP/IP 中的协议栈

计算机网络的层次结构使各层的协议形成了一种从上至下的依赖关系。在计算机网络中,从上至下相互依赖的各协议形成了网络中的协议栈。TCP/IP 体系结构与 TCP/IP 协议栈之间的对应关系如图 1-13 所示。

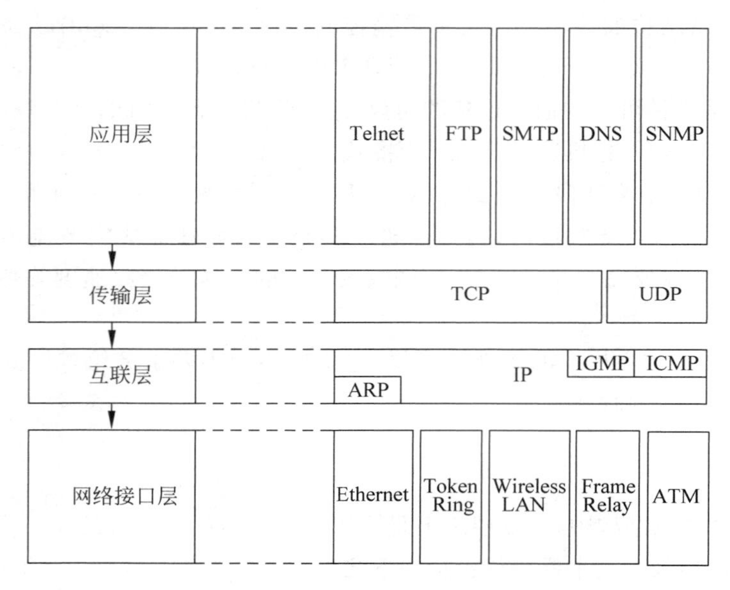

图 1-13　TCP/IP 体系结构与 TCP/IP 协议栈之间的对应关系

从图 1-13 中可以看出，FTP 协议依赖于 TCP 协议，而 TCP 协议依赖于 IP 协议。SNMP 协议依赖于 UDP 协议，而 UDP 协议也依赖于 IP 协议等。

尽管 TCP/IP 体系结构与 OSI 参考模型在层次划分及使用的协议上有很大区别，但它们在设计中都采用了层次结构的思想。无论是 OSI 参考模型还是 TCP/IP 体系结构都不是完美的，对二者的评论与批评都很多。

OSI 参考模型的主要问题包括定义复杂、实现困难，有些同样的功能(如流量控制与差错控制等)在每一层都重复出现、效率低下等。而 TCP/IP 体系结构的缺陷包括主机—网络层本身并不是实际的一层，每层的功能定义与其实现方法没能区分开来(这样做使 TCP/IP 体系结构不适合于其他非 TCP/IP 协议族)等。

人们普遍希望网络标准化，但 OSI 迟迟没有成熟的网络产品。因此，OSI 参考模型与协议没有像专家们预想的那样风靡世界。而 TCP/IP 体系结构与协议在 Internet 中经受了几十年的实际检验，得到了 IBM、Microsoft、Novell 及 Oracle 等大型网络公司的支持，成为计算机网络中的主要标准体系。

练　习　题

一、填空题

(1) 按照覆盖的地理范围，计算机网络可以分为________、________和________。

(2) ISO/OSI 参考模型将网络分为________层、________层、________层、________层、________层、________层和________层。

(3) 建立计算机网络的主要目的是：________________________。

二、单项选择题

(1) 在 TCP/IP 体系结构中，与 OSI 参考模型的网络层对应的是(　　)。

A. 主机—网络层　　B. 互联层　　C. 传输层　　D. 应用层

(2) 在 OSI 参考模型中，保证"端—端"的可靠性是在哪个层次上完成的？(　　)

A. 数据链路层　　B. 网络层　　C. 传输层　　D. 会话层

三、问答题

计算机网络为什么采用层次化的体系结构？

第 2 章　以太网组网技术

学习本章后需要掌握：

- ❑ 以太网 CSMA/CD 的基本原理
- ❑ 以太网使用的主要传输介质
- ❑ 以太网的组网类型和传输速度
- ❑ 组网所需的器件、设备和传输介质
- ❑ 单集线器及多集线器组网配置规则

学习本章后需要动手：

- ❑ 制作网络连接电缆
- ❑ 利用集线器组装简单的以太网
- ❑ 测试网络的连通性

以太网(Ethernet)是目前最具影响力的局域网。由于其组网简单、建设费用低廉，因此被广泛应用于办公自动化等各个领域。

2.1　以太网与 CSMA/CD

传统以太网采用总线型拓扑结构，所有结点通过相应的网络接口卡(网卡)直接连接到一条作为公共传输介质的总线上，信息的传输通常以“共享介质”方式进行。尽管在组建以太网过程中通常使用星型物理拓扑结构，但共享式以太网在逻辑上是总线型的。图 2-1(a)显示了一个物理与逻辑统一的以太网，图 2-1(b)则显示了一个物理上为星型而逻辑上为总线型的以太网。

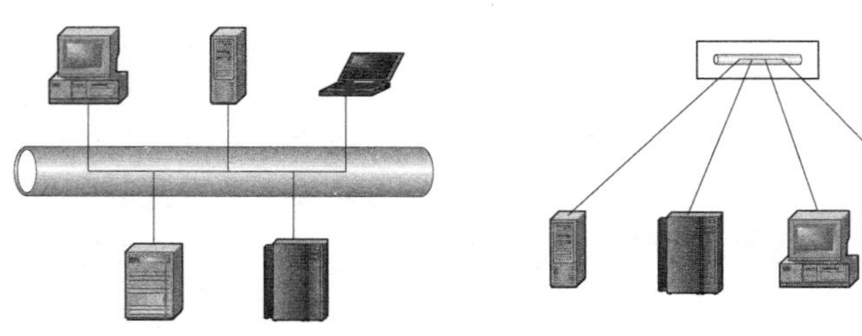

(a) 物理与逻辑统一的总线结构　　(b) 物理上的星型结构与逻辑上的总线结构

图 2-1　共享式以太网的物理结构与逻辑结构

在共享式以太网中，所有结点都可以通过共享介质发送和接收数据，但不允许两个或多个结点在同一时刻同时发送数据，也就是说数据传输应该以“半双工”方式进行。但是，两个或多个结点同时发送的情况总是存在的，这些发生“冲突”的信息在共享介质上相互干扰，接收结点不可能接收到正确的信息。“冲突”问题的产生犹如一个多人参加的讨论会议，一个人发言不会产生问题，如果两个或多个人同时发言，那么会场就会出现混乱，听众就会被干扰。图 2-2 所示为以太网中的“冲突”现象示意图。

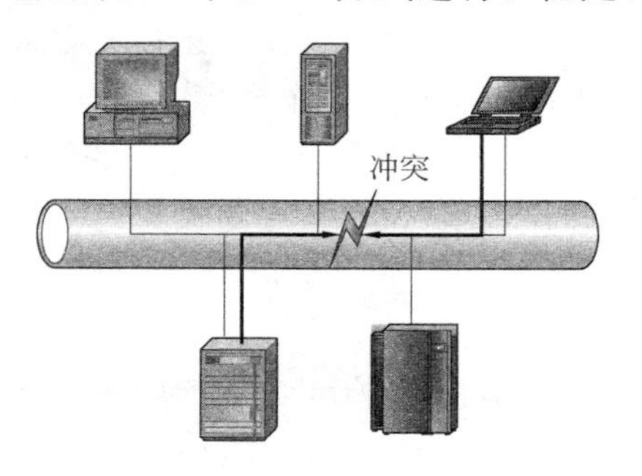

图 2-2　以太网中的“冲突”现象

为了解决“冲突”问题，以太网采用了带有冲突监测的载波侦听多路访问(carrier sense multiple access with collision detection，CSMA/CD)方法对共享介质——总线进行访问控制。CSMA/CD 是一种分散式的介质访问控制方法，它要求以太网中的所有结点都参与对共享介质的访问控制。同时，CSMA/CD 也是一种随机争用式的介质访问控制方法，以太网中的任何结点都没有可预约的发送时间，所有结点都必须平等地争用发送时间。

1. 以太网的发送

在以太网中，结点通过“广播”方式将需要发送的数据送往共享介质，因此连在总线上的所有结点都能“收听”到发送结点发送的数据信号。由于以太网中所有结点都可以利用总线传输，并且没有控制中心，因此冲突的出现将是不可避免的。为了有效地对共享信道进行控制，CSMA/CD 的发送流程可以概括为“先听后发，边听边发，冲突停止，延迟重发”十六个字。图 2-3 给出了以太网结点的发送流程。

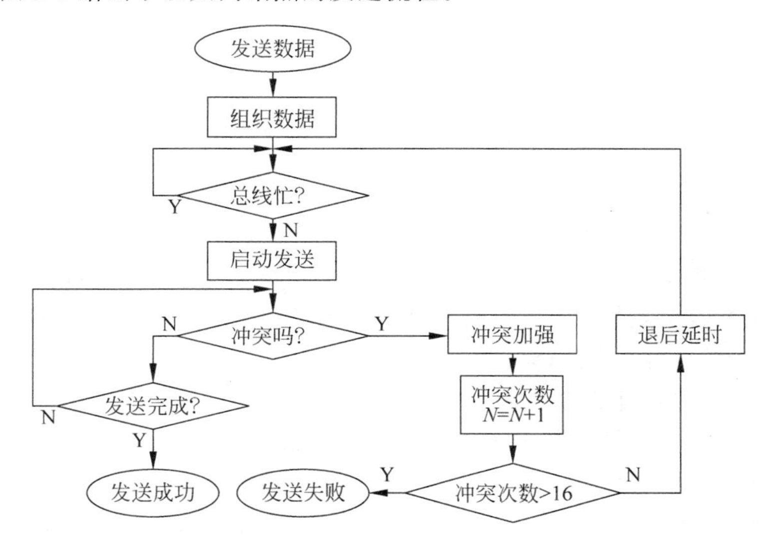

图 2-3　以太网结点的发送流程

在采用CSMA/CD的局域网中每个结点利用总线发送数据时,首先需要将发送的数据组织到一起,然后侦听总线的忙、闲状态。如果总线上已经有数据信号传输,那么它必须等待,直到总线空闲为止;在总线空闲的状态下,结点便可以启动发送过程。当然,在以太网中也存在两个或多个结点在同一时刻同时发送的可能性,一旦出现这种情况,冲突就会产生。因此,CSMA/CD在发送的过程中,一直需要监测信道的状态,当冲突发生时,立即停止发送,并且在随机延迟一段时间后再次进行发送的尝试。

2. 以太网的接收

在接收过程中,以太网中的各结点同样需要监测信道的状态。如果发现信号畸变,说明信道中有两个或多个结点同时发送数据,冲突发生。这时,接收结点需要停止接收并将接收到的数据废弃;如果在整个接收过程中没有发生冲突,接收结点在收到一个完整的数据后即可对数据进行接收处理。图2-4为以太网结点的接收流程。

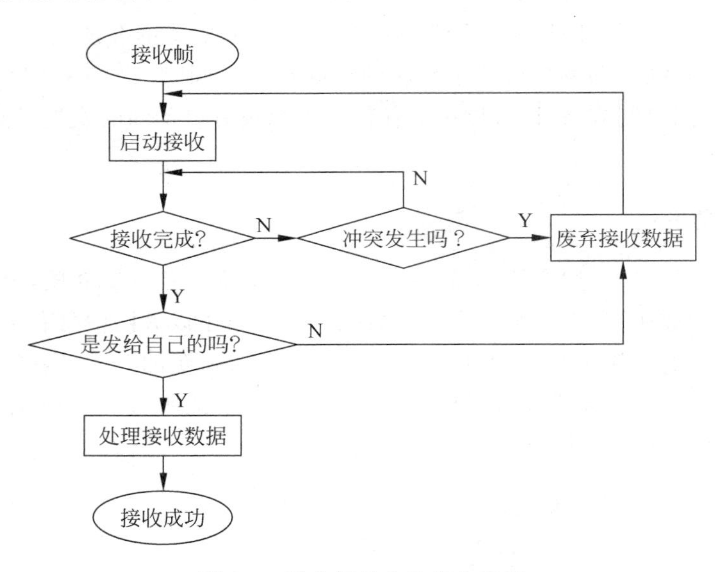

图2-4　以太网结点的接收流程

3. MAC地址

在以太网中,每个结点的发送都是通过"广播"方式进行的。也就是说,如果发送成功,以太网上的所有结点都能正确接收到该信息。在大多数情况下,以太网中一个结点总是希望与另一个结点(而不是所有结点)通信。这样,结点通过网络接收到正确的数据后,需要判断是不是发送给自己的。如果是,则继续处理该信息;如果不是,则废弃该信息。那么,局域网上的计算机怎样表示自己和他人的身份呢?

实际上,连入网络的每台计算机都有一个唯一的物理地址。物理地址是一个数据链路层地址,通常存储在网络接口卡中。在以太网中,物理地址又被称为MAC地址。图2-5显示了一块以太网卡,MAC地址就存储于其中。

图 2-5　MAC 地址存储在网络接口卡中

在向网络发送数据时，源主机带有目的主机的 MAC 地址。当以太网中的结点正确接收到该数据后，它们检查数据中包含的目的主机 MAC 地址是否与自己网卡上的 MAC 地址相符。如果不符，网卡就忽略该数据；如果相符，网卡就保留该数据并将其送往数据链路层做进一步的处理。

以太网中的 MAC 地址用 48 比特表示。为了方便期间，通常使用十六进制数书写（例如：52-54-ab-31-ac-c6）。为了保证 MAC 地址的唯一性，世界上有一个专门的组织负责为网卡的生产厂家分配 MAC 地址。

以太网使用的 CSMA/CD 是一种典型的分布式介质访问控制方法，它没有集中控制中心，网中的所有结点具有相同的优先级。由于发送采用竞争机制，因此发送等待延迟并不固定。同时在高负载情况下，冲突概率的增大会对网络的性能产生一定的影响。但是，由于其方法简单，实现容易，因此被广泛用于办公室自动化等各个领域。目前，以太网在局域网市场占有绝对的主导地位。

2.2　以太网的传输介质

传输介质是指传输信号经过的各种物理环境。对于相互传送编码信息的计算机，传输介质就是物理上将计算机相互连接起来的介质。以太网使用的传输介质主要包括同轴电缆、非屏蔽双绞线（unshielded twisted paired，UTP）、屏蔽双绞线（shielded twisted pair，STP）、光缆等，如图 2-6 所示。

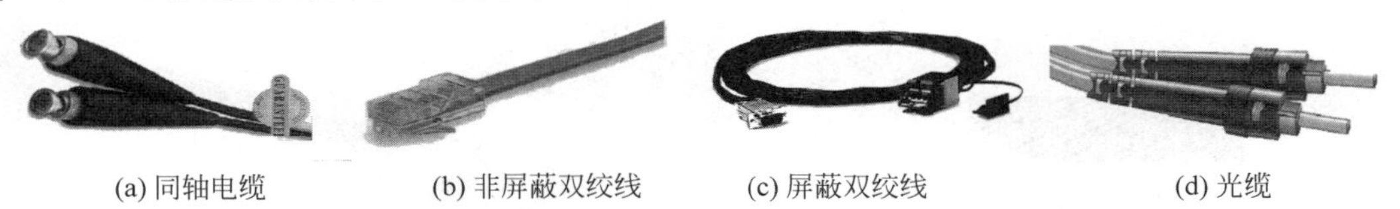

(a) 同轴电缆　(b) 非屏蔽双绞线　(c) 屏蔽双绞线　(d) 光缆

图 2-6　同轴电缆、非屏蔽双绞线、屏蔽双绞线及光缆

1. 同轴电缆

同轴电缆由中空的圆柱状导体包裹着一根实心金属导体组成,如图2-7所示。同轴电缆有两个导电单元。在电缆的中央有一实心铜导体,实心铜导体的周围包裹着塑料绝缘层。绝缘层的外部又包裹着一层金属网(或金属箔),这层金属网(或金属箔)形成了同轴电缆的第二个导体。这里,金属网对内导体起着屏蔽的作用,它能减少外部的干扰,提高传输质量。同轴电缆的最外部为外层保护套,可以保护内部两层导体和加强拉伸力。

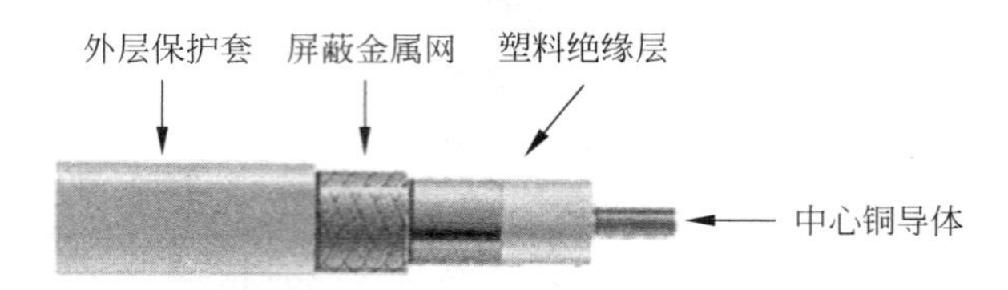

图2-7 同轴电缆结构示意图

相比屏蔽双绞线和非屏蔽双绞线,同轴电缆传输距离远。因此,在没有中继器对传输信号放大的情况下,同轴电缆局域网的覆盖地域范围要比双绞线局域网大。同时,由于同轴电缆用于各种类型数据通信的时间已经很长,因此技术非常成熟。

同轴电缆有多种规格和型号。电缆硬、折曲困难、重量重是同轴电缆的主要问题。由于安装及使用同轴电缆并不是一件简单的事情,因此同轴电缆不适合用于楼宇内的结构化布线。

局域网常用的同轴电缆有粗同轴电缆和细同轴电缆两种。这两种同轴电缆的特征阻抗都为50Ω,但粗同轴电缆的直径为1cm,而细同轴电缆的直径仅为0.5cm。

2. 非屏蔽双绞线

非屏蔽双绞线UTP由8根铜缆组成,如图2-8所示。这8根线由绝缘体分开,每两根线通过相互绞合成螺旋状而形成一对。在这4对线的外部是一层外保护套,用于保护内部纤细的铜导体和加强拉伸力。

非屏蔽双绞线非常适合于楼宇内部的结构化布线。它的外部直径为0.43cm,尺寸小、重量轻、容易弯曲、价格便宜、容易安装和维护是非屏蔽双绞线的主要特点。与此同时,非屏蔽双绞线使用标准RJ-45连接器,如图2-9所示,连接牢固、可靠。非屏蔽双绞线的这些特殊优点,使其在局域网中得到了广泛应用。我们现在见到的大部分局域网都是通过非屏蔽双绞线连接而成的。

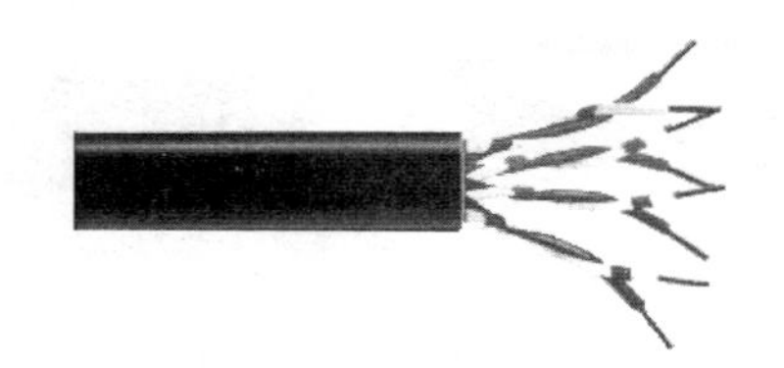

图2-8 非屏蔽双绞线示意图

图2-9 非屏蔽双绞线RJ-45连接器

但是非屏蔽双绞线的抗干扰能力没有同轴电缆、光缆等传输介质好,其传输距离也比较短。

按照传输质量由低到高,非屏蔽双绞线分为 3 类线、4 类线、5 类线和超 5 类线。这些非屏蔽双绞线虽然我们眼睛看上去基本相同,但它们的传输质量、抗干扰能力有很大区别。其中,组建 10M 网络可以使用 3 类以上的线,而组建 100M、1000M 网络则必须使用 5 类线或超 5 类线。

3. 屏蔽双绞线

屏蔽双绞线 STP 是屏蔽技术和绞线技术相结合的产物,如图 2-10 所示。虽然屏蔽双绞线的电缆尺寸和重量与非屏蔽双绞线相当,但是它的传输质量要比非屏蔽双绞线高。如果安装合适,STP 具有很强的抗电磁、抗无线电干扰的能力。当然,如果安装不合适(例如 STP 电缆接地不好),那么 STP 也可能会引入外界干扰(因为屏蔽线可以作为天线,从其他导体中吸入电信号、电噪声等),造成网络不能正常工作。

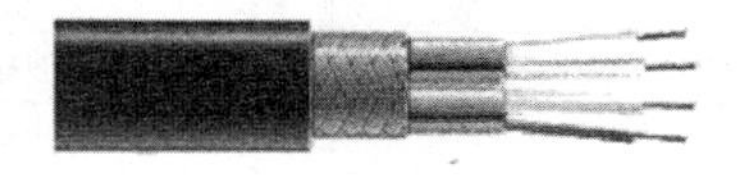

图 2-10　屏蔽双绞线 STP 示意图

4. 光缆

光缆是另一种常用的网络连接介质,这种介质能传输调制后的光信号,如图 2-11(a)所示。用于网络连接的光缆由封装在隔开鞘中的两根光纤组成。从横截面观察,每根光纤都被反射包层、Kevlar 加固材料和外保护套所包围,如图 2-11(b)所示。光缆的导光部分由内核和包层构成。中心的内核由纯度非常高的玻璃构成,其折射率很高。内核外的包层由折射率很低的玻璃或塑料组层,这样在光纤中传输的光将在内核与包层的交界处形成全反射。与管道相似,光缆利用全反射将光线限制在光导玻璃中,即使在弯曲的情况下,光也能传输很远的距离。

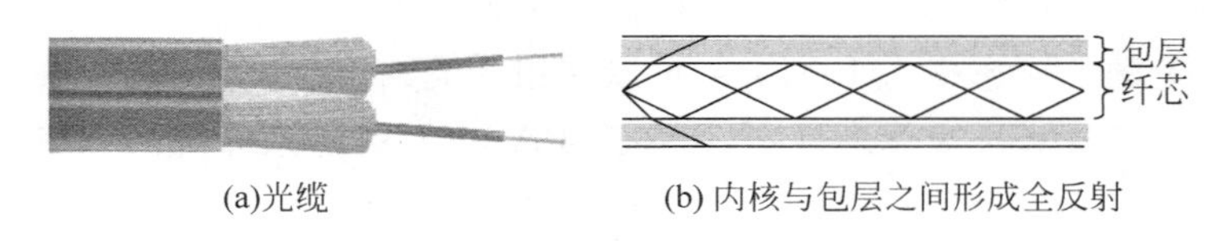

(a)光缆　　(b) 内核与包层之间形成全反射

图 2-11　光缆示意图

Kevlar 加固层的作用是衬垫和保护细如发丝的脆弱玻璃光纤,而外保护套则为整个电缆提供保护。当需要掩埋光纤电缆时,有时还需要增加一根不锈钢丝,以增加其强度。

与 UTP、STP 和同轴电缆相比,光缆的传输速率更高。由于光缆中传输的是光而不是电脉冲,因此光缆既不受电磁干扰也不受无线电干扰,更不会成为雷击的接入点。光缆可以防止内外噪声和传输损耗低的特性,使光纤中的信号能够传输相当远的距离,这对设计覆盖地域范围广的网络非常有用。

尽管光缆细如发丝,但是其价格却相对较高,安装也比较困难,因为光连接器是光连接接口,所以它们必须非常光滑,不能有划痕。即使熟练的安装工也需要几分钟才能接好一个接头。如果工程比较庞大,组建光纤网络费用是惊人的。

光纤可以分为单模光纤和多模光纤,这两种光纤在计算机局域网中都有应用。其中,单模光纤的传输质量比多模光纤的传输质量好,因此单模光纤可以传输更远的距离。

2.3 以太网的相关标准

以太网可以利用同轴电缆、双绞线、光缆等不同的传输介质进行组网,也可以运行10Mbps、100Mbps及1000Mbps的网络速度。但是,不管传输介质和网络速度有多不同,它们使用介质访问控制方法都是CSMA/CD。

有关以太网的主要技术标准包括10BASE5、10BASE2、10BASE-T、100BASE-TX和100BASE-FX。它们的主要技术参数如表2-1所示。

表2-1 以太网的主要标准和技术参数

标　准	主要使用的传输介质	速率/Mbps	物理拓扑
10BASE5	50Ω粗同轴电缆	10	总线型
10BASE2	50Ω细同轴电缆	10	总线型
10BASE-T	3类、4类、5类或超5类非屏蔽双绞线	10	星型
100BASE-TX	5类或超5类非屏蔽双绞线	100	星型
100BASE-FX	光缆	100	星型

10BASE5和10BASE2的传输速率都为10Mbps,它们分别采用50Ω的粗同轴电缆和50Ω的细同轴电缆作为传输介质。10BASE5和10BASE2在以太网发展初期风靡一时,但以后逐渐被易于结构化布线的10BASE-T和100BASE-TX所取代。100BASE-FX采用光缆作为传输介质,其传输速率可以达到100Mbps。但是,由于光网络的连接设备和安装比较昂贵,因此100BASE-FX也未成为主流的组网方式。

10BASE-T的传输速率为10Mbps,可以使用3类、4类、5类或超5类非屏蔽双绞线作为传输介质。10BASE-T标准规定,组装10BASE-T的每条非屏蔽双绞线的长度不能超过100m。

100BASE-TX的传输速率为100Mbps,它也使用非屏蔽双绞线作为传输介质。但是与10BASE-T不同,为了保证信号在100Mbps速率下的通信质量,100BASE-TX要求使用5类或超5类非屏蔽双绞线。与此同时,标准还要求在100BASE-TX网络中使用的5类或超5类非屏蔽双绞线的最大长度为100m。

2.4 组网所需的器件和设备

组装不同类型的局域网需要不同的器件和设备。10BASE-T和100BASE-TX组网所需的器件和设备包括带有RJ-45连接头的UTP电缆、带有RJ-45接口的以太网卡、10M/100M集线器、网桥等。

2.4.1　10M/100M 以太网集线器

集线器处于星型物理拓扑结构的中心，是以太网中最重要、最关键的设备之一。在以太网中，结点只有通过集线器才能相互进行通信。集线器的功能主要有 3 种：①用作以太网的集中连接点；②放大接收到的信号；③通过网络传播信号。

集线器通常采用 RJ-45 标准接口，图 2-12 显示了一个具有多个 RJ-45 端口的以太网集线器(一般集线器可以拥有 2～24 个端口)。计算机或其他终端设备可以通过 UTP 电缆与集线器 RJ-45 端口相连，进而成为网络的一部分。由于集线器具有对信号的放大功能，因此也可以利用集线器的级联将以太网的覆盖范围扩大。

图 2-12　集线器示意图

集线器的主要问题是不能过滤通过的数据流和无路径检测功能。所谓的"过滤"，就是对接收信息进行分析，决定是否将具有一定特征(如具有某一特定源地址或目的地址)的信息转发出去。从逻辑上看，通过集线器组成的以太网(不论是单一集线器组成的还是集线器级联组成的)是由一条电缆连接起来的。当数据达到一个端口后，集线器不经过路径检测及过滤处理，直接将信息"广播"到所有端口，不管这些端口连接的设备是否需要这些数据。结点越多，集线器"广播"量越大，整个网络的性能也就越差。

另外，由于集线器采用将信息"广播"到所有端口的方式进行发送，因此不同速率的集线器不能级联。

2.4.2　10M/100M 网络接口卡

网络接口卡简称为网卡(如图 2-5 所示)，它是构成网络的基本部件。计算机通过添加网卡将自己与局域网中的通信介质相连，从而达到接入网络的目的。网卡的主要功能包括：

- 实现计算机与局域网传输介质之间的物理连接和电信号匹配，接收和执行计算机送来的各种控制命令，完成物理层功能。
- 按照使用的介质访问控制方法，实现共享网络介质访问控制、信息帧的发送与接收、差错校验等数据链路层的基本功能。
- 提供数据缓存能力，实现无盘工作站的复位和引导。

组装双绞线以太网所需的网卡必须带有标准的 RJ-45 接口，以便网卡与双绞线相连。按照传输速率的不同，网卡可以分为 10M、100M、10M/100M 等几类。带有 RJ-45 接口的 10M 网卡可以用来组装 10Mbps 的以太网，通常与符合 10BASE-T 的以太网集线器相连。而带有 RJ-45 接口的 100M 网卡则可以用来组装 100Mbps 的以太网，通常与符合 100BASE-TX 的以太网集线器相连。对于 10M/100M 自适应网卡，则可以根据网络中使用的以太网集线器的类别，自动适应网络的速率。

2.4.3 10M/100M 以太网中的非屏蔽双绞线

作为10BASE-T和100BASE-TX网络的传输介质，非屏蔽双绞线在组网中起着重要的作用。尽管非屏蔽双绞线中拥有4对导线，但10BASE-T和100BASE-TX仅利用其中的两对进行信息传输。

为了使用方便，UTP中的8芯导线采用了不同的颜色。其中橙和橙白形成一对，绿和绿白形成一对，蓝和蓝白形成一对，棕和棕白形成一对。图2-13显示了UTP中颜色与线号的对应关系。

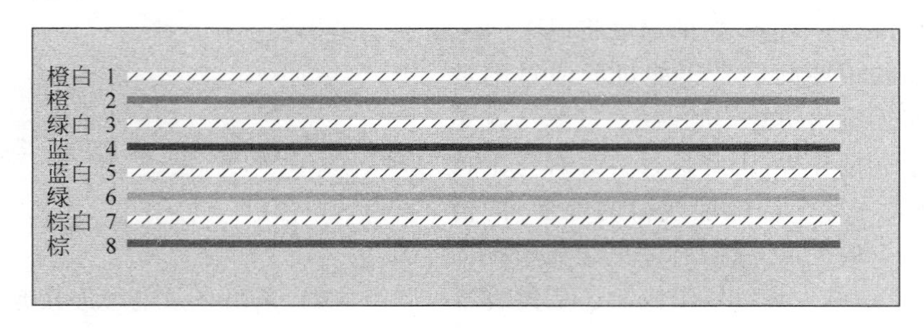

图2-13 UTP中颜色与线号的对应关系

10BASE-T和100BASE-TX规定，以太网上的各站点分别将1、2线作为自己的发送线，3、6线作为自己的接收线，如图2-14所示。

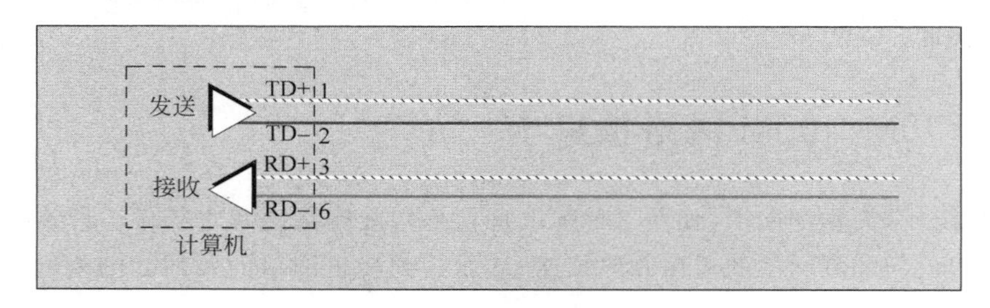

图2-14 以太网上的收发线对

为了将UTP电缆与计算机、中继器等其他设备相连接，每条UTP的两端需要安装RJ-45接头(也叫做RJ-45水晶头)。图2-15显示了RJ-45接头的示意图和一条带有RJ-45接头的UTP电缆。

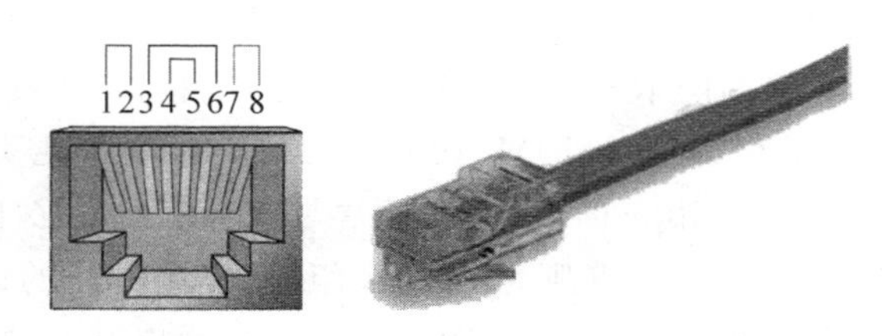

图2-15 RJ-45接头和带有RJ-45接头的UTP电缆

带有 RJ-45 接头的 UTP 电缆可以使用专用的剥线/压线钳制作。根据制作过程中线对的排列不同，以太网使用的 UTP 电缆分为直通 UTP 电缆和交叉 UTP 电缆。

1. 直通 UTP 电缆

在通信过程中，计算机的发线要与集线器的收线相接，计算机的收线要与集线器的发线相连。但由于集线器内部发线和收线进行了交叉，如图 2-16 所示，因此在将计算机连入集线器时需要使用直通 UTP 电缆。

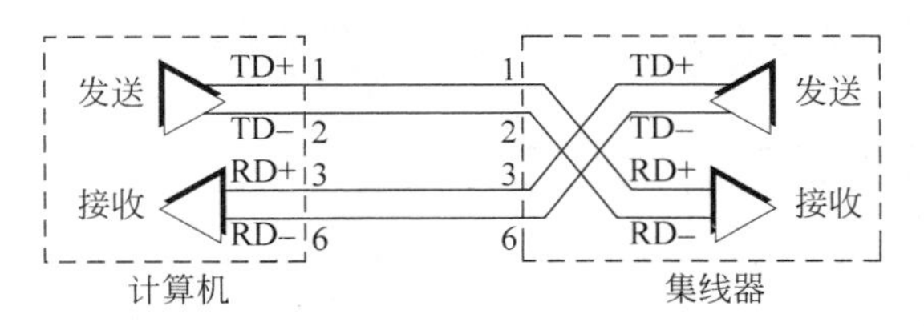

图 2-16　直通 UTP 电缆的使用

直通 UTP 电缆中水晶头触点与 UTP 线对的对应关系如图 2-17 所示。

图 2-17　直通 UTP 电缆的线对排列

2. 交叉 UTP 电缆

计算机与集线器的连接可以使用直通 UTP 电缆，那么集线器之间的级联使用什么样的电缆呢?

集线器之间的级联可以采取两种不同的方法。如果利用集线器的直通级联端口与另一集线器的普通交叉端口相连接，如图 2-18 所示，那么普通的直通 UTP 电缆就可以胜任级联任务。如果利用集线器的普通交叉端口与另一集线器的普通交叉端口相连，如图 2-19 所示，那么必须使用交叉 UTP 电缆。

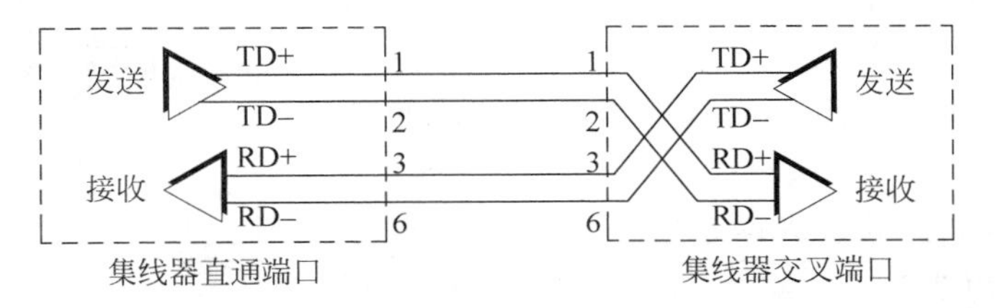

图 2-18　利用直通级联端口与另一集线器的普通端口相连

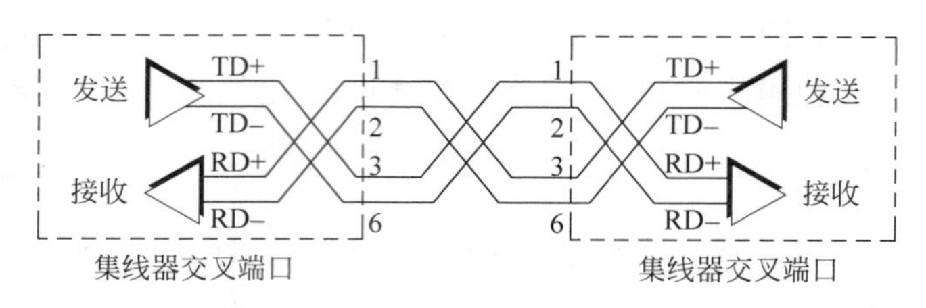

图 2-19 利用两个集线器的普通交叉端口级联

交叉 UTP 电缆中水晶头触点与 UTP 线对的对应关系如图 2-20 所示。

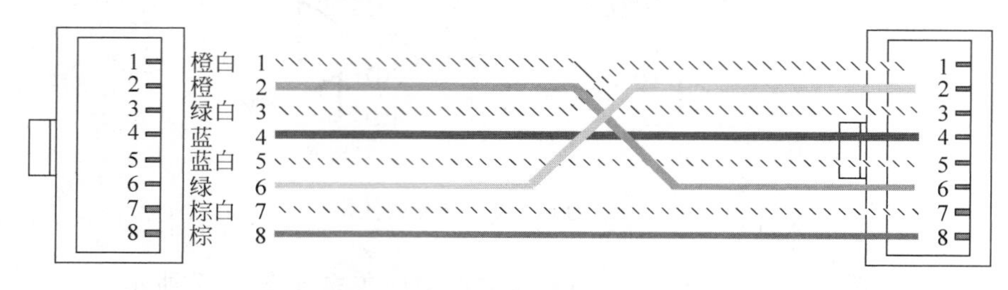

图 2-20 交叉 UTP 电缆的线对排列

2.5 双绞线以太网的组网

根据网络规模和计算机的分布情况,利用非屏蔽双绞线和集线器组装双绞线以太网可以采用单一集线器结构和多集线器级联结构。

2.5.1 单一集线器结构

如果网络的规模不大,需要联网的计算机比较集中,则可以使用单一集线器模式进行组网。根据网络应用对网络速率的要求,可以组成 10Mbps 或 100Mbps 的网络。

如果组装单一集线器结构的 10Mbps 以太局域网,只要将安装有 10M 网卡(或 10M/100M 自适应网卡)的计算机通过 3 类以上的非屏蔽双绞线与 10BASE-T 集线器相连即可。但要注意,结点到集线器的非屏蔽双绞线最大长度不能超过 100m。

组装单一集线器结构的 100Mbps 以太局域网,计算机中必须安装 100M 网卡(或 10M/100M 自适应网卡),并通过 5 类以上的非屏蔽双绞线与 100BASE-TX 集线器相连。对于 100Mbps 单集线器结构的以太网而言,每段非屏蔽双绞线的最大长度同样不能超过 100m。

单一集线器结构的以太网适宜于小型工作组工作模式,一般可以支持 2~24 台计算机联网,其组网示意图如图 2-21 所示。

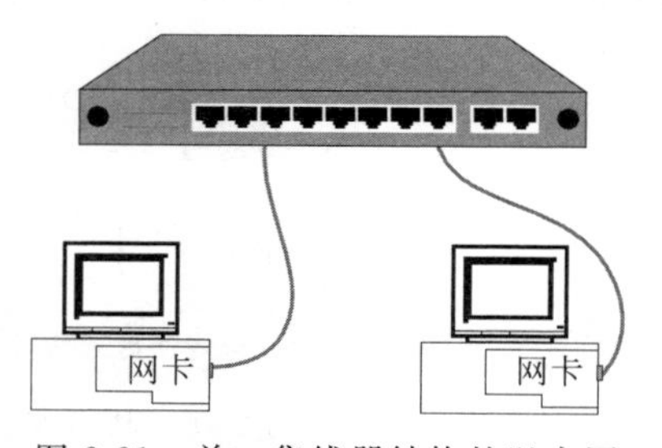

图 2-21 单一集线器结构的以太网

2.5.2　多集线器级联结构

当需要联网的计算机的数量超过单一集线器所能提供的端口数时，或者需要联网的计算机位置比较分散时，可以使用多集线器级联方式进行组网。

通常，集线器会提供一个直通级联端口(也叫做上行端口)，专门用来同其他集线器进行级联。利用上行端口，可以使用直通 UTP 电缆与另一台集线器的普通端口进行级联。当集线器不提供上行级联端口或上行级联端口被占用的情况下(例如多集线器的复杂级联结构)，也可以使用两个集线器上的普通端口进行级联。需要注意，利用一个集线器的普通端口与另一集线器的普通端口级联必须使用交叉 UTP 电缆。

多集线器级联时，一般可以采用平行式级联(如图 2-22 所示)和树型级联(如图 2-23 所示)两种方式。

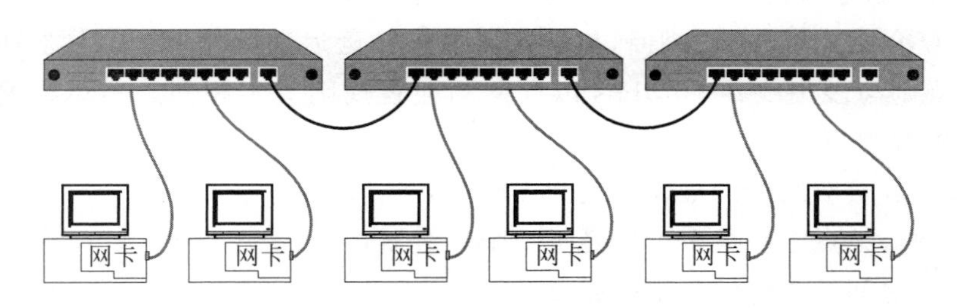

图 2-22　采用平行式结构的多集线器级联

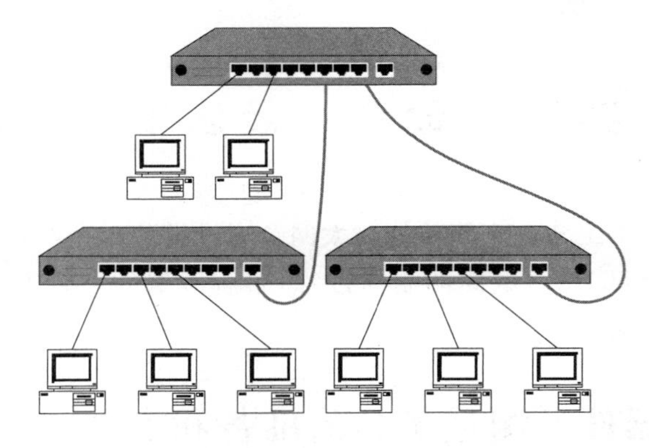

图 2-23　采用树型结构的多集线器级联

利用多集线器级联可以构成规模较大的 10Mbps 或 100Mbps 以太网(但不可能组成 10Mbps、100Mbps 混合型的以太网)。尽管 10Mbps 和 100Mbps 网络的连接方法基本相同，但是多集线器结构的 10Mbps 和 100Mbps 网络的配置规则却大不相同。

1. 多集线器 10Mbps 以太网的配置规则

与单集线器结构的 10Mbps 以太网相同，组装多集线器结构的 10Mbps 以太网也需要使用10BASE-T集线器、10M网卡(或10M/100M自适应网卡)和3类以上非屏蔽双绞线等设备和器件。但是在组网过程中,多集线器10Mbps以太网必须符合以下配置规则,否则就会出现网络不可靠或不通的现象。多集线器10Mbps以太网的配置规则为:

- 每段UTP电缆的最大长度为100m。
- 任意两个结点之间最多可以有5个网段,经过4个集线器。
- 整个网络的最大覆盖范围为500m。
- 网络中不能出现环路。

2. 多集线器100Mbps以太网的配置规则

组装多集线器结构的100Mbps以太网需要使用100BASE-TX集线器、100M网卡(或10M/100M自适应网卡)和5类以上非屏蔽双绞线等设备和器件。由于以太网使用的CSMA/CD介质控制方法的限制和组网器件传输延迟的限制,多集线器100Mbps以太网的配置规则与多集线器10Mbps以太网的配置规则大不相同。多集线器100Mbps以太网的配置规则为:

- 每段非屏蔽双绞线的最大长度为100m。
- 任意两个结点之间最多可以经过2个集线器。
- 集线器之间的电缆长度不能超过5m。
- 整个网络的最大覆盖范围为205m。
- 网络中不能出现环路。

2.6 实训:动手组装简单的以太网

现在,我们自己动手组建一个简单的以太网。通过组装以太网,可以熟悉局域网使用的基本设备和器件,学习UTP电缆的制作过程,了解网卡的配置方法,熟悉网卡驱动程序的安装步骤,掌握以太网的连通性测试方法。

2.6.1 设备、器件及测量工具的准备和安装

1. 所需设备和器件

在动手组装以太网之前,需要准备计算机、网卡、集线器和其他网络器件。作为练习,可以将局域网组装成10M的以太网,也可以组装成100M的以太网。具体所需的设备和配件如表2-2和表2-3所示。

表 2-2　组装 10M 以太网所需的设备和器件

设备和器件名称	数　量
PC	2 台以上
带有 RJ-45 端口的 10M 以太网卡(或 10M/100M 自适应网卡)	2 块以上
10M 以太网集线器	1 台(如组装级联结构的以太网则需 2 台以上)
RJ-45 水晶接头	4 个以上
3 类以上非屏蔽双绞线	若干米

表 2-3　组装 100Mbps 以太网所需的设备和器件

设备和器件名称	数　量
PC	2 台以上
带有 RJ-45 端口的 100M 以太网卡(或 10M/100M 自适应网卡)	2 块以上
100M 以太网集线器	1 台(如组装级联结构的以太网则需 2 台)
RJ-45 水晶接头	4 个以上
5 类以上非屏蔽双绞线	若干米

2. 工具准备

组装以太网，除了需要准备构成以太网所需要的设备和器件外，还需要准备必要的工具。最基本的工具包括制作网线使用的剥线/夹线钳 1 把及测量电缆连通性的电缆检测仪 1 台，如图 2-24 所示。

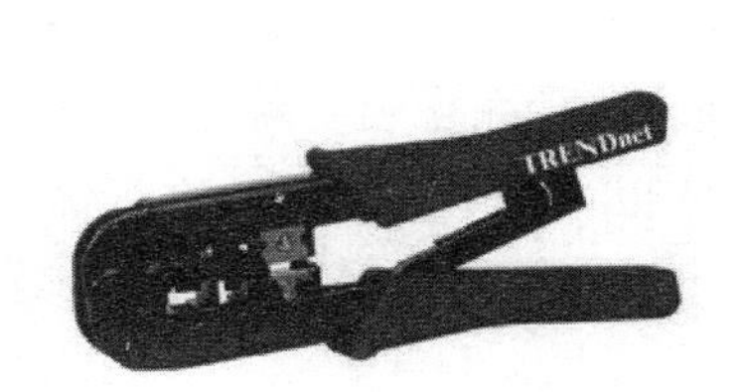

剥线/夹线钳

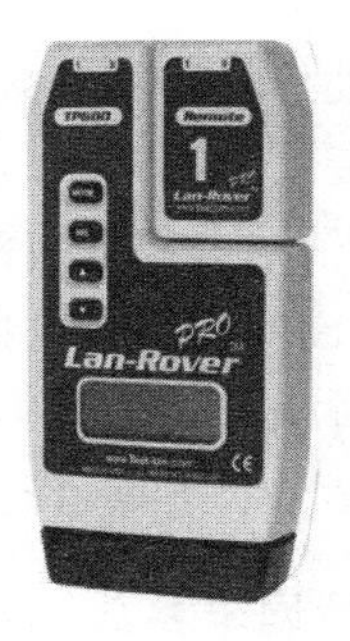

电缆测试仪

图 2-24　剥线/夹线钳和电缆测试仪

3. 制作非屏蔽双绞线

(1) 取一段长度适中的非屏蔽双绞线，用 RJ-45 电缆专用剥线/夹线钳将电缆两端的外皮剥去约 12mm，观察电缆内部 8 芯引线的色彩，并按照图 2-18 所示的色彩顺序排好，再用剥线/夹线钳将 8 芯引线剪齐。

(2) 取出RJ-45水晶头,将排好顺序的非屏蔽双绞线按照图2-17所示插入RJ-45接头内,用RJ-45专用剥线/夹线钳将接头压紧,确保无松动现象。在电缆的另一端,按照同样的方法,将RJ-45水晶头与非屏蔽双绞线相连,形成一条直通UTP电缆。

(3) 利用电缆检测仪测试制作完成的电缆,保证全部接通。

4. 安装以太网卡

网卡是计算机与网络的接口,中断、DMA通道、I/O基地址和存储基地址是以太网卡经常需要配置的参数。根据选用的网卡不同,参数的配置方法也不同。有些网卡可以通过拨动开关进行配置,而有些则需要通过软件进行配置。不管采用哪种方式,在配置参数过程中,应保证网卡使用的资源与计算机中其他设备不发生冲突。目前,大部分以太网卡都支持即插即用的配置方式,如果计算机使用的操作系统也支持即插即用(如Windows系列操作系统),那么系统将对参数进行自动配置,不需要手工配置。

安装网卡的过程很简单,但是需要注意,在打开计算机的机箱前一定要切断计算机的电源。在将设置好的网卡插入计算机扩展槽中后,拧上固定网卡用的螺丝,再重新装好机箱。

5. 将计算机接入网络

利用制作的直通UTP电缆将计算机与集线器连接起来,就形成了一个如图2-25所示的简单以太网。

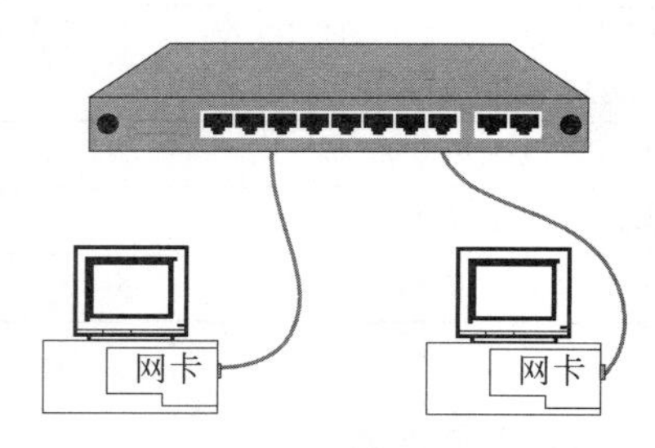

图2-25 简单的以太网示意图

2.6.2 网络连通性测试

在完成计算机与集线器连接之后,打开集线器及计算机的电源,可以观察集线器和网卡状态指示灯的变化情况。

在通常情况下,网卡都带有测试和诊断软件。该软件一般在DOS下运行,通常比较简单,可对安装配置后的网卡及网络的连通性进行测试和诊断。

如图2-26所示为RTL8139 10M/100M以太网卡的测试和诊断软件的主界面。该软件可以查看和配置网卡参数,检测本地网卡的有效性,以及测试网络的连通性。

1. 查看和配置网卡参数

利用查看和修改网卡配置菜单,可以查看网卡参数并对其中某些参数进行修改(如中断、I/O地址等)。图2-27显示了查看网卡配置界面,通过此界面,可以看到这块网卡使用的MAC地址、网络速率、I/O基地址、中断等主要参数。

2. 检测本地网卡的有效性

为了检测本地网卡配置是否有效,可以通过测试菜单进行测试,如图2-28所示。测试软件首先将测试数据包发送至网卡,然后再由网卡送回,以检测本地网卡的有效性。如

图 2-26　RTL8139 以太网卡测试程序主界面

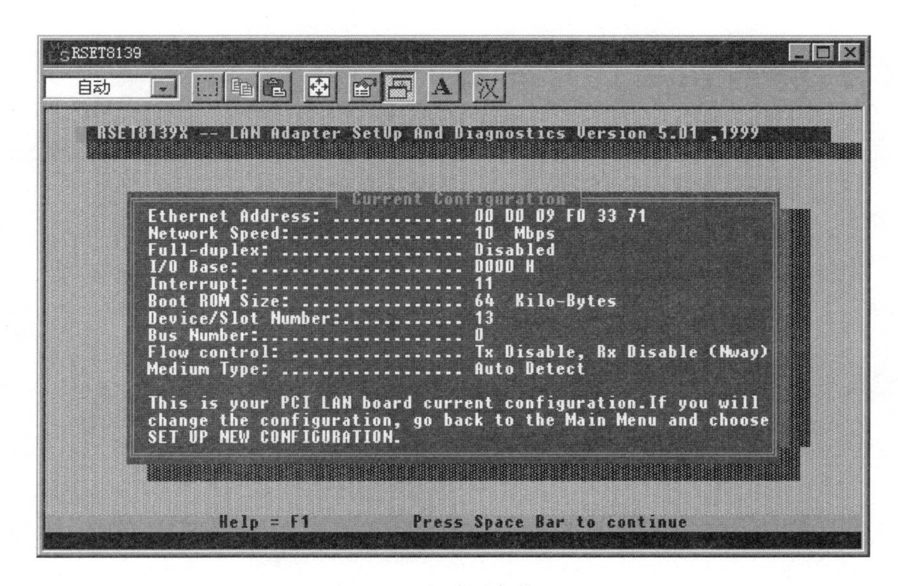

图 2-27　查看网卡的配置

果送出的测试数据包如数返回，那么说明本机使用的网卡参数配置是正确和有效的，如图 2-29 所示。如果出现问题，那么就需要对网卡参数等做出调整并进行再次测试。

3. 网络的连通性测试

在本地网卡的有效性测试完成后，可以测试网络的连通性。测试网络的连通性需要两台运行测试软件的计算机配合完成。一台计算机作为从站，另一台计算机作为主站，如图 2-30 所示。从站发送测试信息，主站接收并将这些信息送回从站。如果从站收到了主

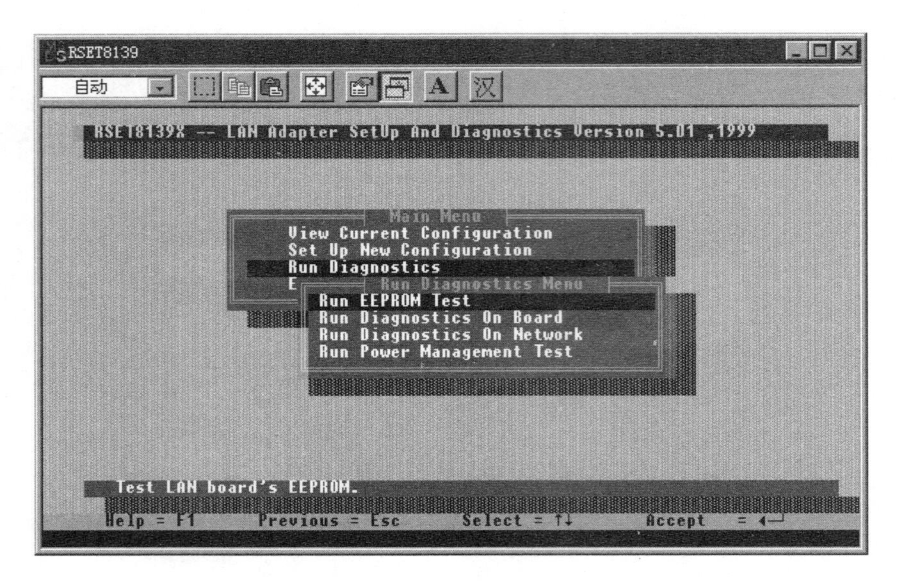

图 2-28　测试网卡菜单

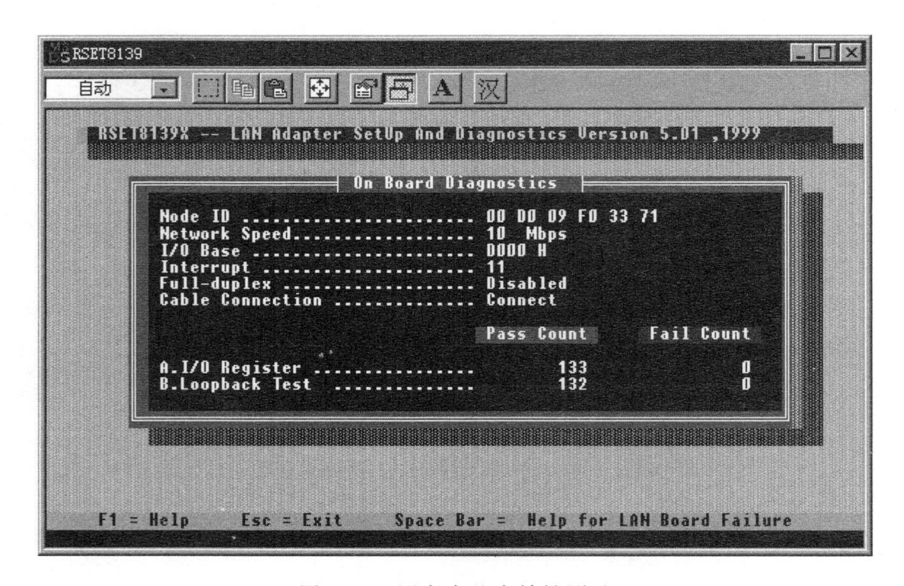

图 2-29　网卡本地有效性测试

站送回的信息,则证实网络的连通性良好,网卡的配置、网线的制作等都没有问题。图 2-31 显示了主站的测试界面,图 2-32 显示了从站的测试界面。

2.6.3　集线器级联

如果你有两台速率相同的集线器,那么可以尝试一下集线器的级联。集线器的级联应严格遵守多集线器级联配置规则。

图 2-30　主站和从站的选择

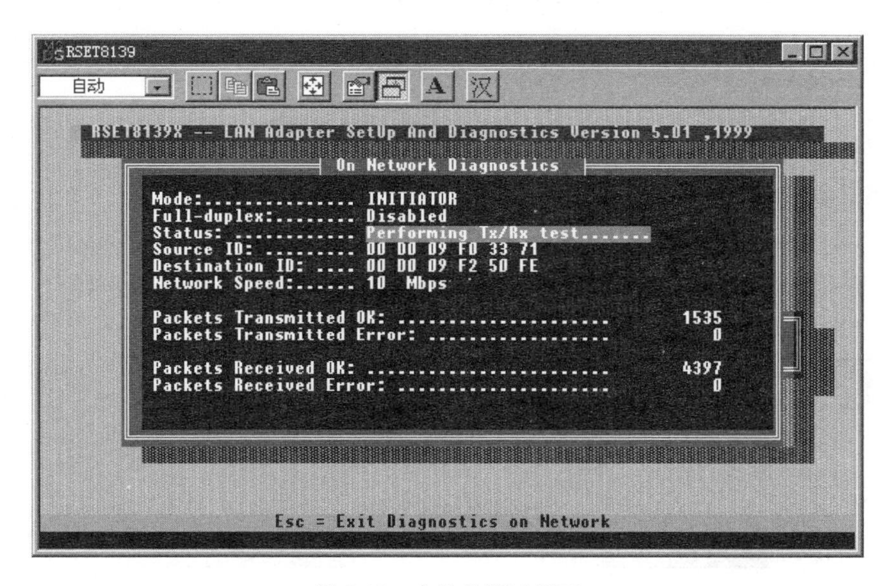

图 2-31　主站的测试界面

如果集线器具有级联端口，那么可以通过直通 UTP 电缆将一台集线器的级联端口连入另一台集线器的普通端口。这条直通 UTP 电缆与计算机接入集线器使用的 UTP 电缆相同，如图 2-33 所示。由于集线器级联使用的直通 UTP 电缆与计算机接入集线器的 UTP 电缆相同，因此在安装过程中不容易产生混乱，管理较为方便。如果可能，建议尽量采用这种级联方式。

如果集线器没有级联端口，那么可以使用两台集线器上的普通端口进行级联。使用普通端口进行级联，必须采用交叉 UTP 电缆，如图 2-34 所示。由于该交叉 UTP 电缆与计算机接入集线器使用的直通 UTP 电缆不同,因此采用这种方式时一定要将级联使用的交叉 UTP 电缆做好标记,以免与计算机接入集线器使用的直通 UTP 电缆混淆。

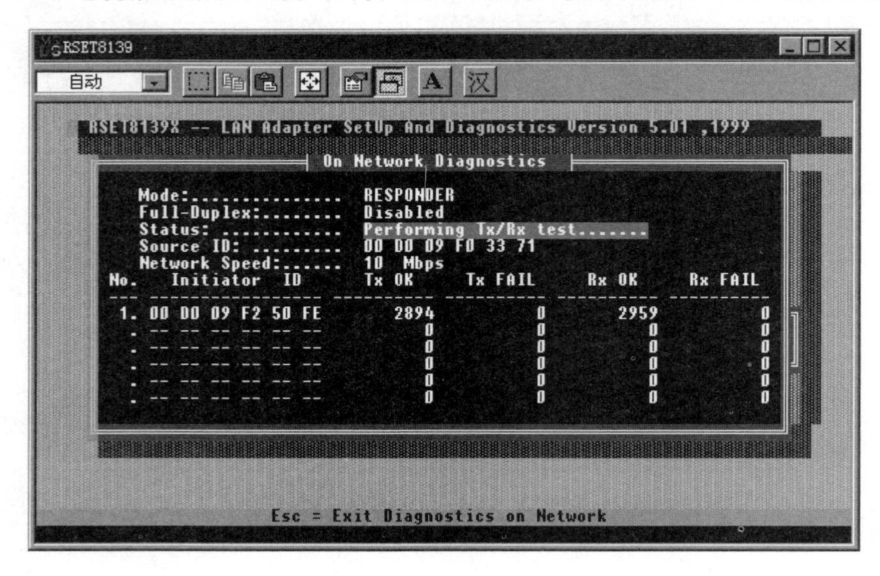

图 2-32　从站的测试界面

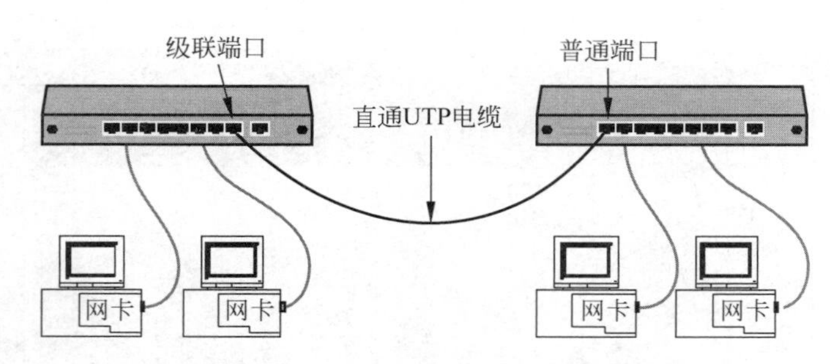

图 2-33　使用直通 UTP 电缆级联集线器

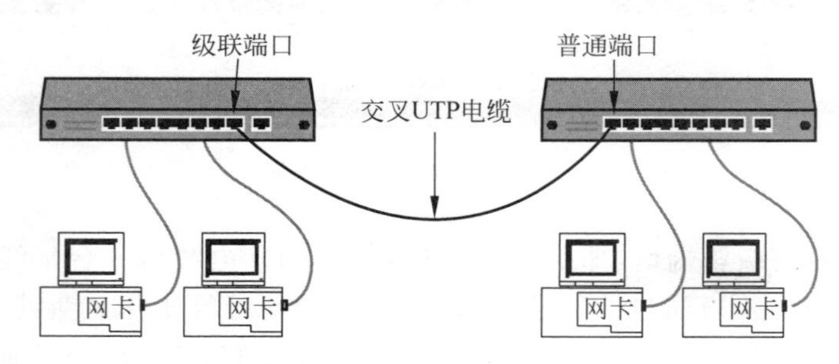

图 2-34　使用交叉 UTP 电缆级联集线器

在完成集线器的级联后,可以按照 2.6.2 小节所述的方法测试网络的连通性。不过这两台进行连通性测试的计算机需要分别连接在两台级联的集线器上。

2.6.4　网络软件的安装和配置

网络硬件安装完成并通过连通性检测后，就可以安装和配置网络软件了。网络软件通常捆绑在网络操作系统之中，既可以在安装网络操作系统时安装，也可以在安装网络操作系统之后安装。Windows 2003、UNIX 和 Linux 等操作系统都提供了强大的网络功能。下面以 Windows 2003 Server 为例，介绍网络软件的安装和配置过程。

1. 网卡驱动程序的安装和配置

网卡驱动程序的安装和配置是网络软件安装的第一步。它的主要功能是实现网络操作系统上层程序与网卡的接口。网卡驱动程序因网卡和操作系统的不同而异，所以不同的网卡在不同的操作系统上都配有不同的驱动程序。

由于操作系统集成了常用的网卡驱动程序，因此安装这些常见品牌的网卡驱动程序不需要额外的软件。如果选用的网卡较为特殊，那么安装就必须利用随同网卡一起发售的驱动程序。

Windows 2003 Server 是一种支持"即插即用"的操作系统。如果使用的网卡也支持"即插即用"，那么 Windows 2003 会自动安装该网卡的驱动程序，不需要手工安装和配置。在网卡不支持"即插即用"的情况下，我们需要进行驱动程序的手工安装和配置工作。手工安装网卡驱动程序可以通过 Windows 2003 Server 桌面任务栏上的"开始→控制面板→添加/删除硬件"功能实现[①]。

2. TCP/IP 模块的安装和配置

为了实现资源共享，操作系统需要安装一种称为"网络通信协议"的模块。网络通信协议有多种，TCP/IP 就是其中之一。下面将介绍 Windows 2003 TCP/IP 模块的简单安装和配置过程，以便进一步测试组装的以太网。本书后面的章节将对 TCP/IP 的有关内容进行详细介绍。

Windows 2003 Server TCP/IP 模块的安装过程如下：

(1) 启动 Windows 2003 Server，通过"开始→控制面板→网络连接→本地连接→属性"功能进入"本地连接 属性"对话框，如图 2-35 所示。

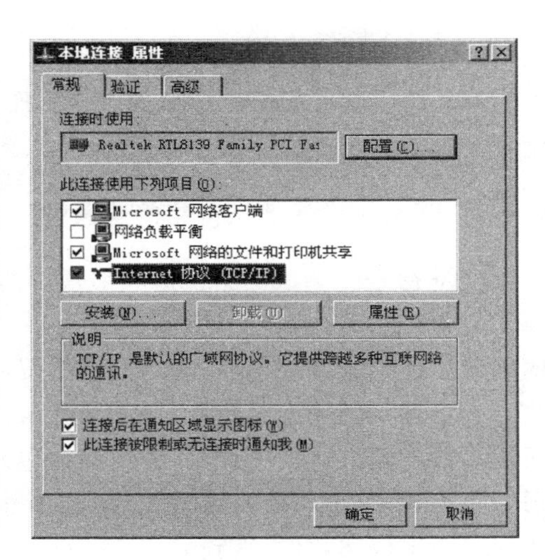

图 2-35　"本地连接 属性"对话框

① Windows 系统的设置不同，桌面"开始"菜单中各个项目的位置稍有差异。本书使用的程序通常可以在桌面"开始"菜单中的"控制面板"、"管理工具"、"附件"及"所有程序"中找到。

(2) 如果"Internet 协议(TCP/IP)"已经显示在"此连接使用下列项目"列表中,说明本机的 TCP/IP 模块已经安装。否则就需要通过单击"安装"按钮添加 TCP/IP 模块。

(3) TCP/IP 模块安装完成后,选中"此连接使用下列项目"列表中的"Internet 协议(TCP/IP)",单击"属性"按钮进行 TCP/IP 配置,如图 2-36 所示。

(4) 在"Internet 协议(TCP/IP)属性"对话框中选中"使用下面的 IP 地址"单选项。在 192.168.0.1 至 192.168.0.254 之间任选一个 IP 地址填入"IP 地址"文本框(注意网络中每台计算机的 IP 地址必须不同),同时将"子网掩码"文本框填入 255.255.255.0,如图 2-37 所示。单击"确定"按钮,返回"本地连接 属性"对话框。

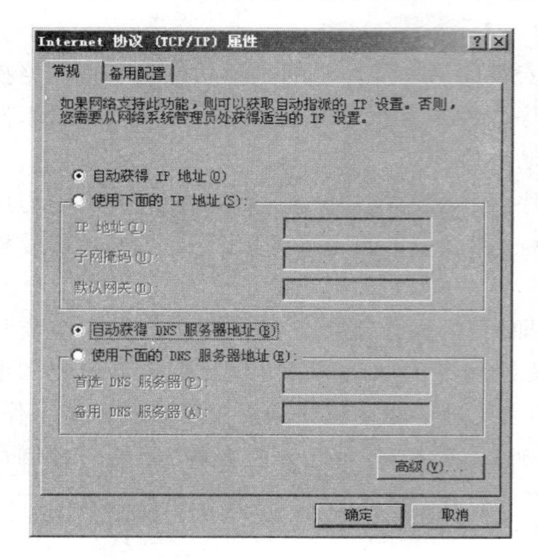

图 2-36 "Internet 协议(TCP/IP)属性"对话框

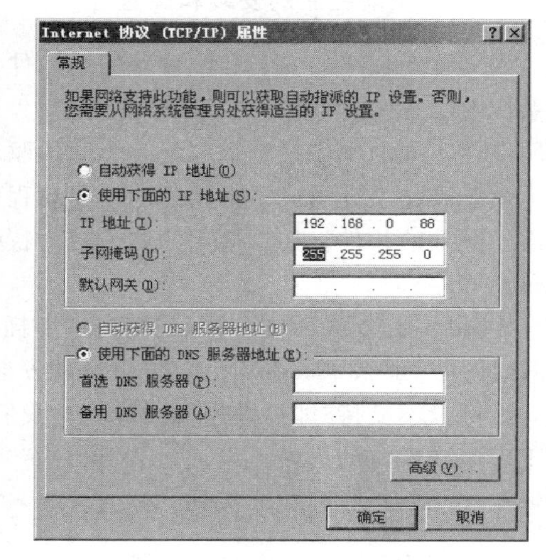

图 2-37 配置 IP 地址和子网掩码

(5) 通过单击"本地连接 属性"界面中的"确定"按钮,完成 TCP/IP 模块的安装和配置。

3. 用 ping 命令测试网络的连通性

ping 命令是测试网络连通性最常用的命令之一。它通过发送数据包到对方主机,再由对方主机将该数据包返回来测试网络的连通性。ping 命令的测试成功不仅表示网络的硬件连接是有效的,而且表示操作系统中网络通信模块的运行是正确的。

ping 命令非常容易使用,只要在 ping 之后加上对方主机的 IP 地址即可,如图 2-38 所示。如果测试成功,命令将给出测试包发出到收回所用的时间,在以太网中,这个时间通常小于 10ms。如果网络不通,那么 ping 命令将给出超时提示,这时,我们需要重新检查网络的硬件和软件,直到 ping 通为止。

网络的硬件和软件安装配置完成后,网络带给我们的便利就可以体现出来。我们可以将 Windows 2003 中的一个文件夹进行共享,也可以通过网络使用其他用户的打印机。网络将计算机连接起来的同时,也将使用计算机的用户连接了起来。

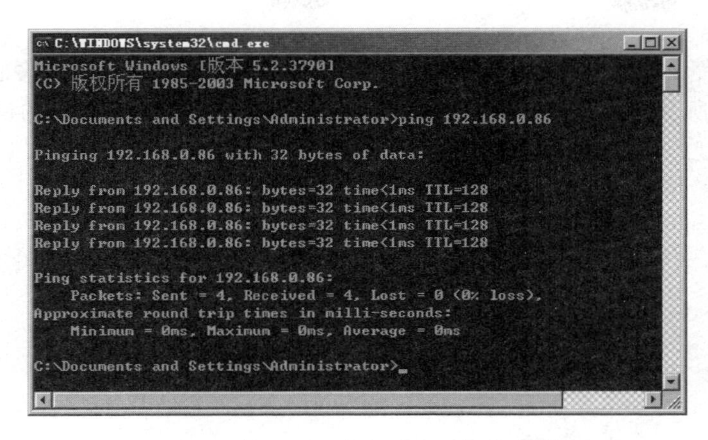

图 2-38　利用 ping 命令测试网络的连通性

练　习　题

一、填空题

(1) 以太网使用的介质访问控制方法为________。

(2) 计算机与 10BASE-T 集线器进行连接时，UTP 电缆的长度不能超过________m。在将计算机与 100BASE-TX 集线器进行连接时，UTP 电缆的长度不能超过________m。

(3) 非屏蔽双绞线由________对导线组成，10BASE-T 用其中的________对进行数据传输，100BASE-TX 用其中的________对进行数据传输。

二、单项选择题

(1) MAC 地址通常存储在计算机的(　　)。

A. 内存中　　B. 网卡上　　C. 硬盘上　　D. CPU 上

(2) 关于以太网中"冲突"的描述中，正确的是(　　)。

A. 冲突是由于电缆过长造成的

B. 冲突是由于介质访问控制方法的错误使用造成的

C. 冲突是由于网络管理员的失误造成的

D. 冲突是一种正常现象

(3) 在以太网中，集线器的级联(　　)。

A. 必须使用直通 UTP 电缆　　B. 必须使用交叉 UTP 电缆

C. 必须使用同一种速率的集线器　　D. 必须使用不同速率的集线器

(4) 下列哪种说法是正确的？(　　)

A. 集线器具有信号放大功能　　B. 集线器具有信息过滤功能

C. 集线器具有路径检测功能　　D. 集线器具有交换功能

三、实训题

在只有两台计算机的情况下,可以利用以太网卡和UTP电缆直接将它们连接起来,构成如图2-39所示的小网络。想一想组装这样的小网络需要什么样的网卡和UTP电缆。动手试一试,验证你的想法是否正确。

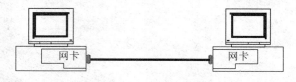

图2-39 两台计算机的小网络

第3章　交换与虚拟局域网

学习本章后需要掌握：

- 交换式以太网的特点
- 以太网交换机的工作过程和数据传输方式
- 以太网交换机的通信过滤、地址学习和生成树协议
- VLAN 的组网方法和特点

学习本章后需要动手：

- 组装简单的交换式以太网
- 配置以太网交换机
- 在交换式以太网上划分 VLAN

以太网变得越来越拥塞和不堪重负，一方面是由于网络应用和网络用户的迅速增长；另一方面则是由于快速 CPU 及快速网络操作系统的出现。现在，处于同一个以太网上的两个工作站就很容易使网络饱和。为了提高局域网的效率，交换技术应运而生了。

3.1　交换式以太网的提出

3.1.1　共享式以太网存在的问题

传统的共享式以太网是最简单、最便宜、最常用的一种局域网。但是在网络应用和组网过程中，共享式以太网也暴露出它的弱点。这些弱点包括如下方面。

- 覆盖的地理范围有限：按照 CSMA/CD 的有关规定，以太网覆盖的地理范围随网络速度的增加而减小。一旦网络速率固定下来，网络的覆盖范围也就固定下来。因此，只要两个结点处于同一个以太网中，它们之间的最大距离就不能超过某一固定值，不管它们之间的连接跨越一个集线器还是多个集线器。如果超过这个值，网络通信就会出现问题。
- 网络总带宽容量固定：传统的以太网是一个共享式的局域网，网络上的所有结点共享同一传输介质。在一个结点使用传输介质的过程中，另一个结点必须等待。因此，共享式以太网的固定带宽容量被网络上的所有结点共同拥有，随机占用。网络中的结点越多，每个结点平均可以使用的带宽越窄，网络的响应速度就会越

慢。例如,对于一个使用100BASE-TX技术的100Mbps以太网,如果连接10个结点,则每个结点平均带宽为10Mbps;如果连接结点增加到100个,则每个结点平均带宽下降为1Mbps。另外,在发送结点竞争共享介质的过程中,冲突和碰撞是不可避免的。冲突和碰撞会造成发送结点随机延迟和重发,进而浪费网络带宽。随着网络中结点数的增加,冲突和碰撞的概率必然加大,随之而来的带宽浪费也会变大。

- 不能支持多种速率:网络应用是多种多样的。有的应用信息传输量小,低速网络就可以满足要求;而有的应用信息传输量大,要求快速的网络响应。不同速率的混合型组网不但有其存在的客观要求,而且可以提高组网的性能价格比。但是,由于传统以太网使用共享传输介质,因此网络中的设备必须保持相同的传输速率,否则一个设备发送的信息,另一个设备不可能正确接收。单一的共享式以太网不可能提供多种速率的设备支持。

3.1.2 交换的提出

通常,人们利用"分段"的方法解决共享式以太网存在的问题。所谓"分段",就是将一个大型的以太网分割成两个或多个小型的以太网,每个段(分割后的每个小以太网)使用CSMA/CD介质访问控制方法维持段内用户的通信。段与段之间通过一种"交换"设备进行沟通。这种交换设备可以将一段接收到的信息,经过简单的处理转发给另一段。

图3-1对一个较大的以太网进行了分段。其中图3-1(a)给出了一个通过集线器级联组成的大型以太网。尽管部门1、部门2和部门3都通过各自的集线器组网,但是由于使用共享式集线器连接各个部门的集线器,因此所构成的网络仍然属于一个大的以太网。这样,每台计算机发送的信息,将在全网流动,即使它访问的是本部门的服务器。

通常,部门内部计算机之间的相互访问是最频繁的。为了限制部门内部信息在全网流动,图3-1(b)将整个大以太网分段,每个部门组成一个小的以太网,部门之间通过交换

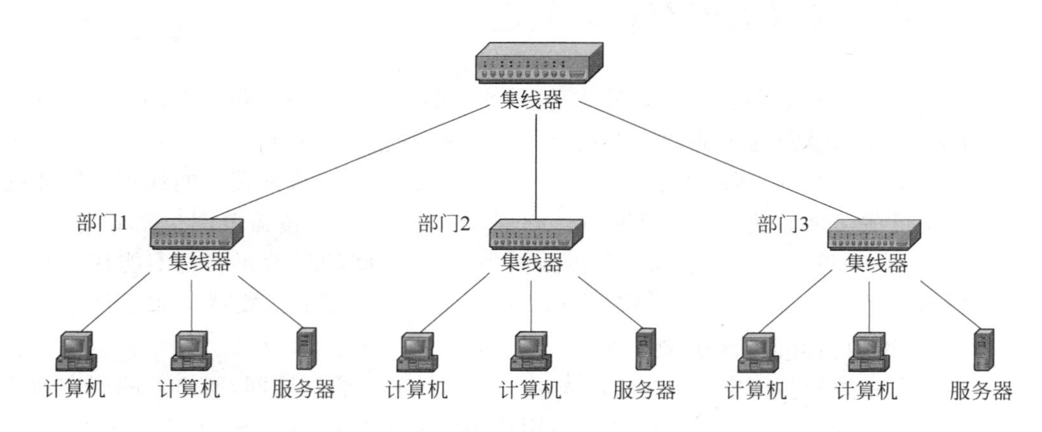

(a) 通过集线器级联组成大型的共享以太网

图3-1 使用交换设备对共享式以太网分段

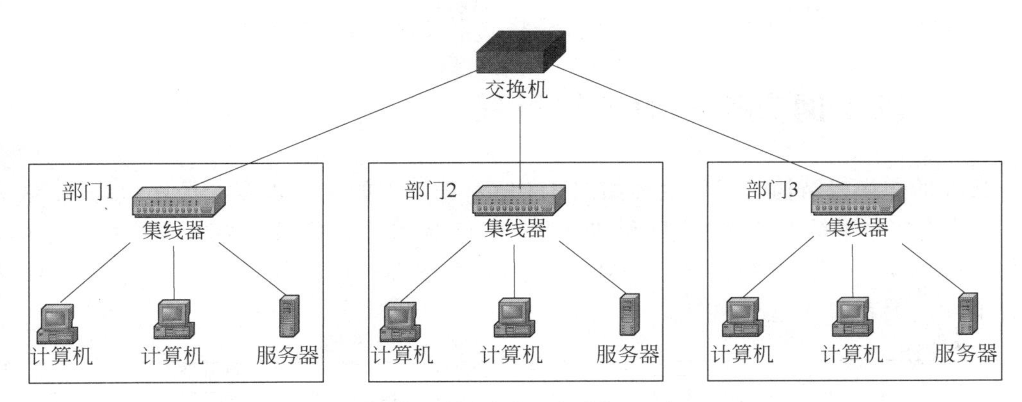

(b) 通过交换设备将共享以太网分段

图　3-1(续)

设备相互连接。通过分段，既可以保证部门内部信息不会流至其他部门，又可以保证部门之间的信息交互。以太网结点的减少使冲突和碰撞的概率更小，网络的效率更高。不仅如此，分段之后各段可按需要选择自己的网络速率，组成性能价格比更高的网络。

交换设备有多种类型，局域网交换机、路由器等都可以作为交换设备。交换机工作于数据链路层，用于连接较为相似的网络(例如以太网—以太网)；而路由器工作于互联层，可以实现异型网络的互联(例如以太网—帧中继)。

3.2　以太网交换机的工作原理

典型的局域网交换机是以太网交换机。以太网交换机可以通过交换机端口之间的多个并发连接，实现多结点之间数据的并发传输。这种并发数据传输方式与共享式以太网在某一时刻只允许一个结点占用共享信道的方式完全不同。

交换式以太网建立在以太网基础之上。利用以太网交换机组网，既可以将计算机直接连到交换机的端口上，也可以将它们连入一个网段，然后将这个网段连到交换机的端口。图 3-2 利用以太网交换机将两台服务器和两个以太网连成了一个交换式的局域网。如果将计算机直接连到交换机的端口，那么它将独享该端口提供的带宽；如果将以太网

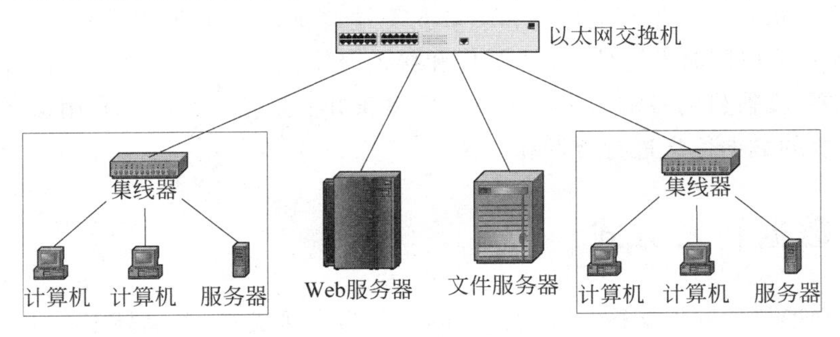

图 3-2　利用交换机连接计算机和以太网

连入交换机，那么该以太网上的所有计算机将共享交换机端口提供的带宽。

3.2.1 以太网交换机的工作过程

典型的交换机结构与工作过程如图3-3所示。图中的交换机有6个端口，其中端口1、5、6分别连接了结点A、结点D和结点E。结点B和结点C通过共享式以太网连入交换机的端口4。于是，交换机“端口/MAC地址映射表”就可以根据以上端口与结点MAC地址的对应关系建立起来。

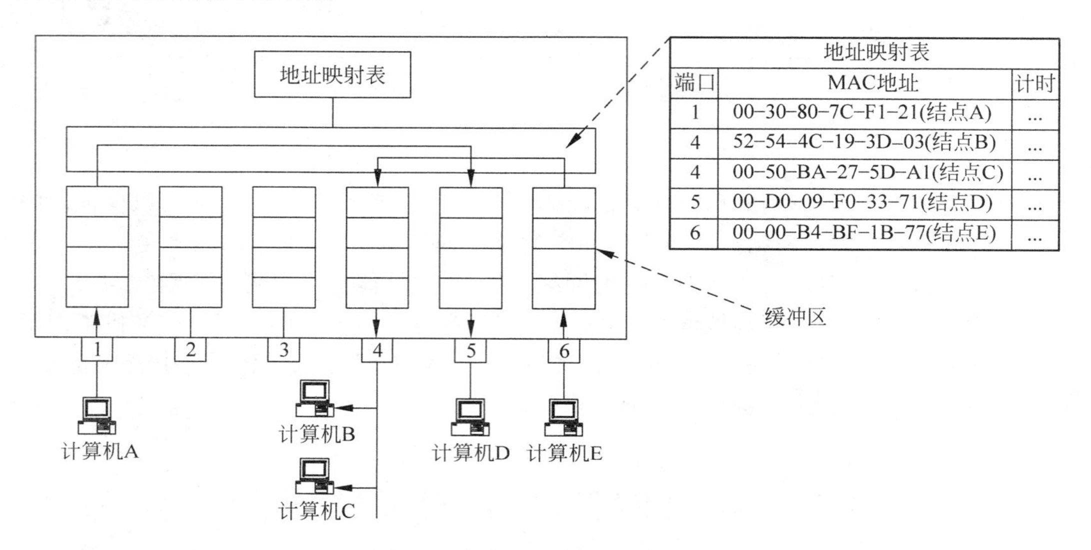

地址映射表		
端口	MAC地址	计时
1	00-30-80-7C-F1-21(结点A)	...
4	52-54-4C-19-3D-03(结点B)	...
4	00-50-BA-27-5D-A1(结点C)	...
5	00-D0-09-F0-33-71(结点D)	...
6	00-00-B4-BF-1B-77(结点E)	...

图3-3 交换机的结构与工作过程

当结点A需要向结点D发送信息时，结点A首先将带有目的地址等于结点D的帧发往交换机端口1。交换机接收该帧，并在检测到其目的地址等于结点D后，在交换机的“端口/MAC地址映射表”中查找结点D所连接的端口号。一旦查到结点D所连接的端口号5，交换机将在端口1与端口5之间建立连接，将信息转发到端口5。

与此同时，结点E需要向结点B发送信息。于是，交换机的端口6与端口4也建立一条连接，并将端口6接收到的信息转发至端口4。

这样，交换机在端口1至端口5和端口6至端口4之间建立了两条并发的连接。结点A和结点E可以同时发送信息，结点D和接入交换机端口4的以太网可以同时接收信息。根据需要，交换机的各端口之间可以建立多条并发连接。交换机利用这些并发连接，对通过交换机的数据信息进行转发和交换。

3.2.2 数据转发方式

以太网交换机的数据交换与转发方式可以分为直接交换、存储转发交换和改进的直接交换三类。

1. 直接交换

在直接交换方式中，交换机边接收边检测。一旦检测到目的地址字段就立即将该数据转发出去，不管这一数据是否出错。出错检测任务由结点主机完成。这种交换方式的优点是交换延迟时间短，缺点是缺乏差错检测能力，不支持不同输入/输出速率的端口之间的数据转发。

2. 存储转发交换

在存储转发方式中，交换机首先完整地接收站点发送的数据，然后对接收的数据进行差错检测。如果数据接收正确，那么交换机根据目的地址确定输出端口号，将数据转发出去。这种交换方式的优点是具有差错检测能力，能支持不同输入/输出速率端口之间的数据转发，缺点是交换延迟时间相对较长。

3. 改进的直接交换

改进的直接交换方式将直接交换与存储转发交换结合起来，在接收到数据的前 64 字节之后，判断数据的头部字段是否正确，如果正确则转发出去。这种方法对于短数据来说，交换延迟与直接交换方式比较接近；而对于长数据来说，由于它只对数据前部的主要字段进行差错检测，因此交换延迟将会明显减少。

3.2.3 地址学习

以太网交换机利用“端口/MAC 地址映射表”进行信息交换，因此端口/MAC 地址映射表的建立和维护显得相当重要。一旦地址映射表出现问题，就可能造成信息转发错误。那么，交换机中的地址映射表是怎样建立和维护的呢？

这里有两个问题需要解决：一是交换机怎样知道哪台计算机连接到哪个端口；二是当计算机在交换机的端口之间移动时，交换机怎样来维护地址映射表。显然，通过人工建立交换机的地址映射表是不切实际的，交换机应该采用一种策略自动建立地址映射表。

通常，以太网交换机利用“地址学习”法来动态建立和维护端口/MAC 地址映射表。以太网交换机的地址学习是通过读取帧的源地址并记录帧进入交换机的端口进行的。当得到 MAC 地址与端口的对应关系后，交换机将检查地址映射表中是否已经存在该对应关系。如果不存在，交换机就将该对应关系添加到地址映射表；如果已经存在，交换机将更新该表项。因此，在以太网交换机中，地址是动态学习的。只要这个结点发送信息，交换机就能捕获到它的 MAC 地址与其所在端口的对应关系。

在每次添加或更新地址映射表的表项时，添加或更改的表项被赋予一个计时器。这使得该端口与 MAC 地址的对应关系能够存储一段时间。如果在计时器溢出之前没有再次捕获到该端口与 MAC 地址的对应关系，该表项将被交换机删除。通过移走过时的或旧的表项，可以使交换机维护好一个精确的和有用的地址映射表。

3.2.4 通信过滤

交换机建立起端口/MAC 地址映射表之后,它就可以对通过的信息进行过滤了。以太网交换机在地址学习的同时还检查每个帧,并基于帧中的目的地址做出是否转发或转发到何处的决定。

图 3-4 显示了两个以太网和两台计算机通过以太网交换机相互连接的示意图。通过一段时间的地址学习,交换机形成了图中所示的端口/MAC 地址映射表。

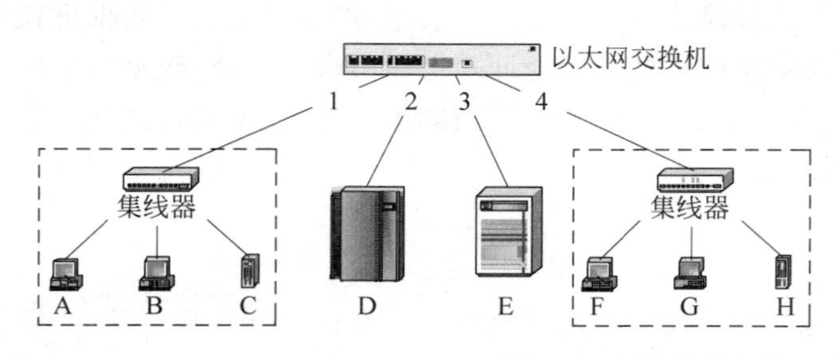

地址映射表		
端口	MAC地址	计时
1	00-30-80-7C-F1-21(A)	...
1	52-54-4C-19-3D-03(B)	...
1	00-50-BA-27-5D-A1(C)	...
2	00-D0-09-F0-33-71(D)	...
4	00-00-B4-BF-1B-77(F)	...
4	00-E0-4C-49-21-25(H)	...

图 3-4 交换机的通信过滤

假设站点 A 需要向站点 F 发送数据,因为站点 A 通过集线器连接到交换机的端口 1,所以交换机从端口 1 读入数据,并通过地址映射表决定将该数据转发到哪个端口。在图 3-4 所示的地址映射表中,站点 F 与端口 4 相连。于是,交换机将信息转发到端口 4,不再向端口 1、端口 2 和端口 3 转发。

假设站点 A 需要向站点 C 发送数据,交换机同样在端口 1 接收该数据。通过搜索地址映射表,交换机发现站点 C 与端口 1 相连,与发送的源站点处于同一端口。遇到这种情况,交换机简单地将数据抛弃,不再进行转发。这样,数据信息被限制在本地流动。

以太网交换机隔离了本地信息,从而避免了网络上不必要的数据流动。这是交换机通信过滤的主要优点,也是它与集线器截然不同的地方。集线器需要在所有端口上重复所有的信号,每个与集线器相连的网段都将听到局域网上的所有信息流。而交换机所连的网段只听到发给它们的信息流,减少了局域网上总的通信负载,因此提供了更多的带宽。

但是,如果站点 A 需要向站点 G 发送信息,交换机在端口 1 读取信息后检索地址映射表,结果发现站点 G 在地址映射表中并不存在。在这种情况下,为了保证信息能够到达正确的目的地,交换机将向除端口 1 之外的所有端口转发信息。当然,一旦站点 G 发送信息,交换机就会捕获到它与端口的连接关系,并将得到的结果存储到地址映射表中。

3.2.5 生成树协议

集线器可以按照水平或树型结构进行级联。但是集线器的级联绝不能出现环路,否则发送的数据将在网中无休止地循环,造成整个网络的瘫痪。那么,图 3-5 所示的具有环路的交换机级联网络是否可以正常工作呢？答案是肯定的。

实际上，以太网交换机除了按照上面所描述的转发机制对信息进行转发外，还执行一种称为生成树协议(spanning tree protocol)所规定的内容。通过实现生成树协议，交换机可以相互交换连接信息。利用这些信息，交换机将网络中的某些环路断开，从而在逻辑上形成一种树型的结构。交换机按照这种逻辑结构转发信息，保证网络上发送的信息不会绕环旋转。图3-5中的具有环路的网络形成的树型无环路逻辑结构如图3-6所示。最终，交换机的信息转发是按照这棵树进行的。

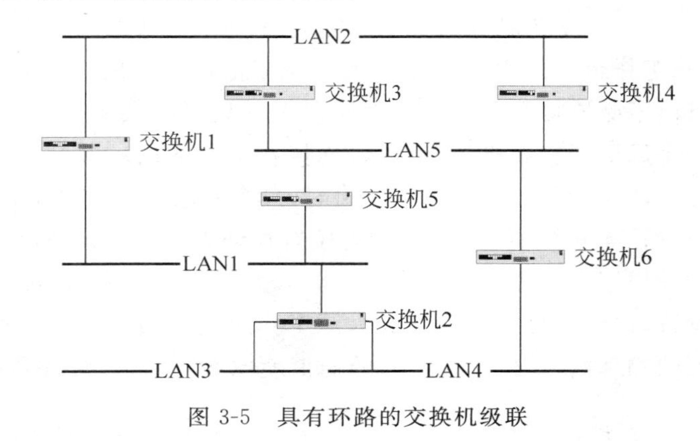

图3-5　具有环路的交换机级联

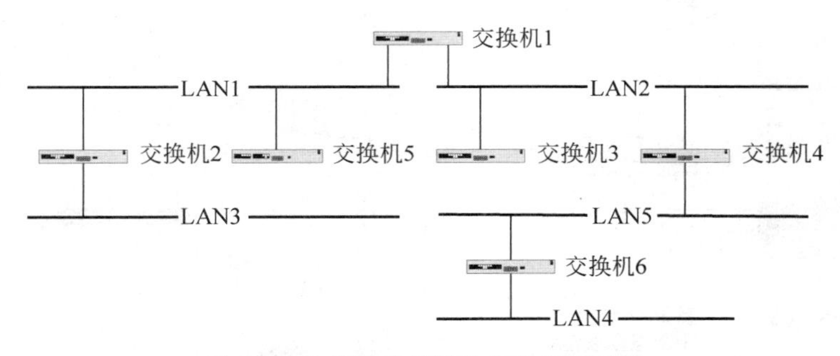

图3-6　数据转发使用的逻辑树型结构

3.3　虚拟局域网VLAN

所谓的虚拟局域网(virtual LAN，VLAN)就是将局域网上的用户或结点划分成若干个"逻辑工作组"，逻辑组的用户或结点可以根据功能、部门、应用等因素划分而无须考虑它们所处的物理位置。通常，通过以太网交换机就可以配置VLAN。

3.3.1　共享式以太网与VLAN

在传统的局域网中，一个工作组通常处于同一网段，每个网段可以是一个逻辑工作组。多个逻辑工作组之间通过交换机(或路由器)等互联设备交换数据，如图3-7(a)所示。如果一个逻辑工作组的站点仅仅需要转移到另一个逻辑工作组(如从LAN1移动到LAN3),那么需要将该计算机从一个集线器(如楼层1的集线器)撤出,连接到另一个集线器(如楼层3的集线器),即使它距离楼层1的集线器更近。如果一个逻辑工作组的站点(如LAN1中的站点)仅仅需要物理位置的移动(如从楼层1移动到楼层3),那么为了保证该站点仍然隶属于原来的逻辑工作组LAN1,它必须连接至楼层1的集线器,即使它连入楼层3的集线器更方便。在某些情况下,改变站点的物理位置或逻辑工作组甚至需要重新布线。因此,逻辑工作组的组成受到了站点所在网段物理位置的限制。

虚拟局域网VLAN建立在局域网交换机之上,它以软件方式实现逻辑工作组的划分与管理。因此,逻辑工作组的站点组成不受物理位置的限制,如图3-7(b)所示。同一逻辑工作组的成员可以不必连接在同一个物理网段上。只要以太网交换机是互联的,它们既可以连接在同一个局域网交换机上,也可以连接在不同的局域网交换机上。当一个站点从一个逻辑工作组转移到另一个逻辑工作组时,只需要通过软件设定,而不需要改变它在网络中的物理位置;当一个站点从一个物理位置移动到另一个物理位置时(例如楼层3的计算机需要移动到楼层1),只要将该计算机接入另一台交换机(例如一楼的交换机),通过交换机软件设置,这台计算机还可以成为原工作组的一员。同一个逻辑工作组的站点可以分布在不同的物理网段,但它们之间的通信就像在同一个物理网段一样。

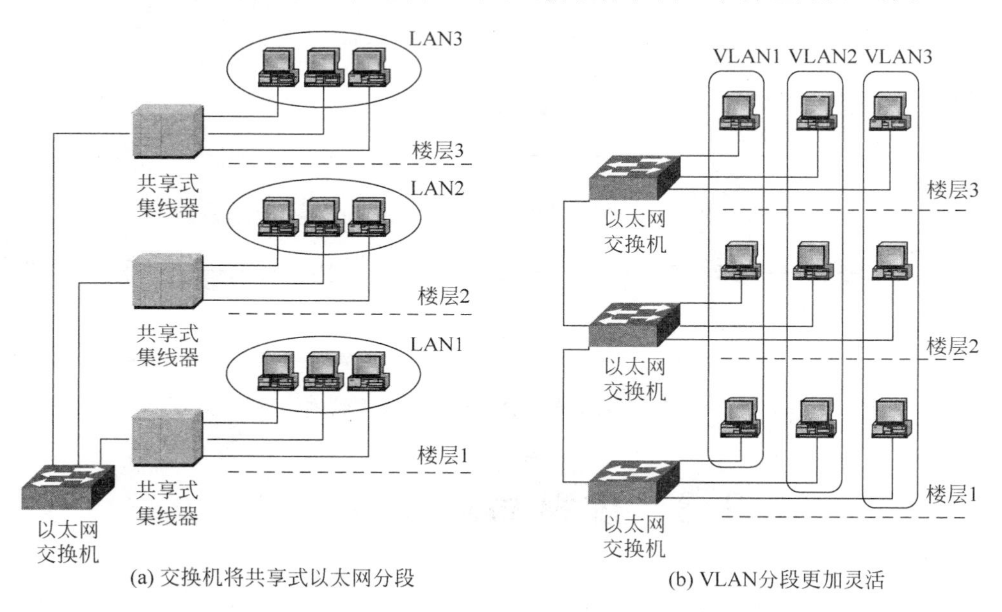

图3-7 共享式以太网与VLAN的比较

3.3.2 VLAN的组网方法

VLAN的划分可以根据功能、部门或应用而无须考虑用户的物理位置。以太网交换机的每个端口都可以分配给一个VLAN。分配给同一个VLAN的端口共享广播域(一个站点发送希望所有站点接收的广播信息,同一VLAN中的所有站点都可以接收到),分配给不同 VLAN 的端口不共享广播域，这将全面提高网络的性能。

VLAN 的组网方法包括静态 VLAN、动态 VLAN 两种。

1. 静态 VLAN

静态 VLAN 就是静态地将以太网交换机上的一些端口划分给一个 VLAN。这些端口一直保持这种配置关系直到人工改变它们。

在图 3-8 所示的 VLAN 配置中，以太网交换机端口 1、端口 2、端口 6 和端口 7 组成 VLAN1，端口 3、端口 4、端口 5 组成 VLAN2。

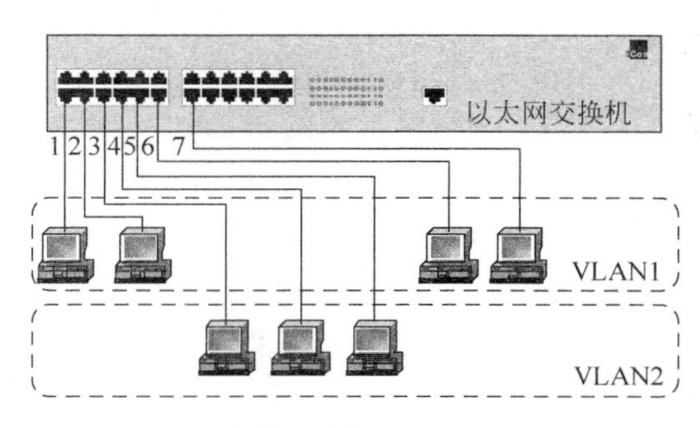

图 3-8 在单一交换机上配置 VLAN

虚拟局域网既可以在单台交换机中实现，也可以跨越多台交换机。在图 3-9 中，VLAN 的配置跨越两台交换机。以太网交换机 1 的端口 2、端口 4、端口 6 和以太网交换机 2 的端口 1、端口 2、端口 4、端口 6 组成 VLAN1，以太网交换机 1 的端口 1、端口 3、端口 5、端口 7 和以太网交换机 2 的端口 3、端口 5、端口 7 组成 VLAN2。

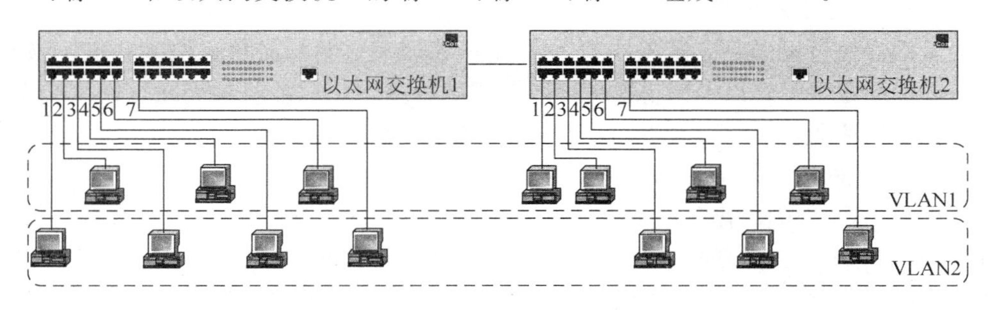

图 3-9 VLAN 可以跨越多台交换机

尽管静态 VLAN 需要网络管理员通过配置交换机软件来改变连接，但它们有良好的安全性，配置简单并可以直接监控，因此很受网络管理员的欢迎。特别是站点设备位置相对稳定时，应用静态 VLAN 是一种最佳选择。

2. 动态 VLAN

所谓的动态 VLAN 是指交换机上 VLAN 端口是动态分配的。通常，动态分配的原则以 MAC 地址、逻辑地址或数据包的协议类型为基础。

如果以 MAC 地址为基础分配 VLAN，网络管理员可以通过指定具有哪些 MAC 地址的计算机属于哪一个 VLAN 进行配置(例如 MAC 地址为 00-30-80-7C-F1-21、52-54-4C-19-3D-03 和 00-50-BA-27-5D-A1 的计算机属于 VLAN1),不管这些计算机连接到哪个交换机的端口。这样,如果计算机从一个位置移动到另一个位置,连接的端口从一个端口换到另一个端口,只要计算机的 MAC 地址不变(计算机使用的网卡不变),它仍将属于原 VLAN 的成员,不需网络管理员对交换机软件进行重新配置。

3.3.3 VLAN 的优点

1. 减少网络管理开销

部门重组和人员流动是网络管理员最头痛的事情之一,也是管理网络的最大开销之一。在有些情况下,部门重组和人员流动不但需要重新布线,而且需要重新配置网络设备。

VLAN 为控制这些改变和减少网络设备的重新配置提供了一个有效的方法。当 VLAN 的站点从一个位置移到另一个位置时,如果它们还在同一个 VLAN 中并且仍可以连接到交换机端口,那么这些站点本身就无须改变。位置的改变只需简单地将站点插入另一个交换机端口并对该端口进行配置。

2. 控制广播活动

广播在每个网络中都存在。广播的频率依赖于网络应用类型、服务器类型、逻辑段数目及网络资源的使用方法。虽然在过去几年里网络应用被很好地封装以减少它们发送广播包的数量,但是多媒体技术的应用又会不可避免地产生广播和组播。

大量的广播可以形成广播风暴,致使整个网络瘫痪。我们必须采取一些措施来预防广播带来的问题。尽管以太网交换机可以利用端口/MAC 地址映射表减少网络流量,但却不能控制广播数据包在所有端口的传播。VLAN 的使用在保持了交换机良好性能的同时,可以保护网络免受潜在广播风暴的危害。

一个 VLAN 中的广播流量不会传输到该 VLAN 之外,邻近的端口和 VLAN 也不会受到其他 VLAN 产生的任何广播信息,如图 3-10 所示。VLAN 越小,VLAN 中受广播活动影响的用户就越少。这种配置方式大大减少了广播流量,为用户的实际流量释放了带宽,弥补了局域网易受广播风暴影响的弱点。

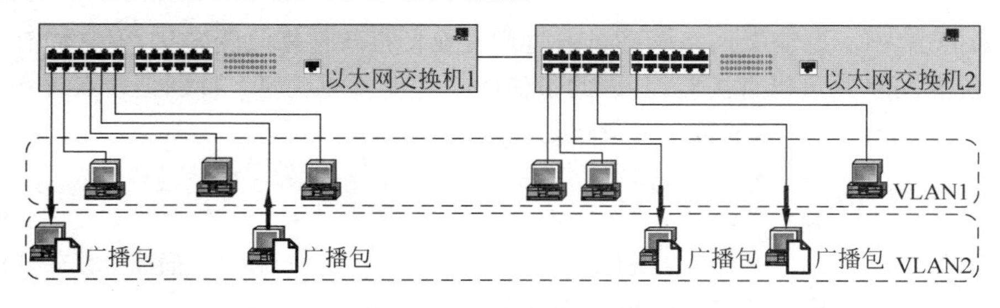

图 3-10 利用 VLAN 限制广播包的传播范围

3. 提供较好的网络安全性

在网络应用中,经常有机密和重要的数据在局域网中传递。机密数据通过对存取加以限制来实现其安全性。共享式以太网的主要安全问题是它很容易穿透。因为网上任一结点都需要侦听共享信道上的所有信息,所以通过插接到集线器的一个活动端口,用户就可以获得该段内所有流动的信息。网络规模越大,安全性越差。

提高安全性的一个经济实惠和易于管理的技术就是利用 VLAN 将局域网分成多个广播域。因为一个 VLAN 上的信息流(不论是单播信息流还是多播信息流)都不会流入另一个 VLAN,因此通过适当地设置 VLAN 和该 VLAN 与外界的连接,就可以提高网络的安全性。

4. 利用现有的集线器以节省开支

目前,网络中的很多集线器已被以太网交换机取代。但这些集线器在许多现存的网络中仍具有实用价值。网络管理员可以将现存的集线器连接到以太网交换机以节省开支。

连接到一个交换机端口上的集线器只能分配给同一个 VLAN,如图 3-11 所示。共享一个集线器的所有站点被分配给相同的 VLAN 组。如果需要将 VLAN 组中的一台计算机连接到其他 VLAN 组,必须将该计算机重新连接到相应的集线器上。

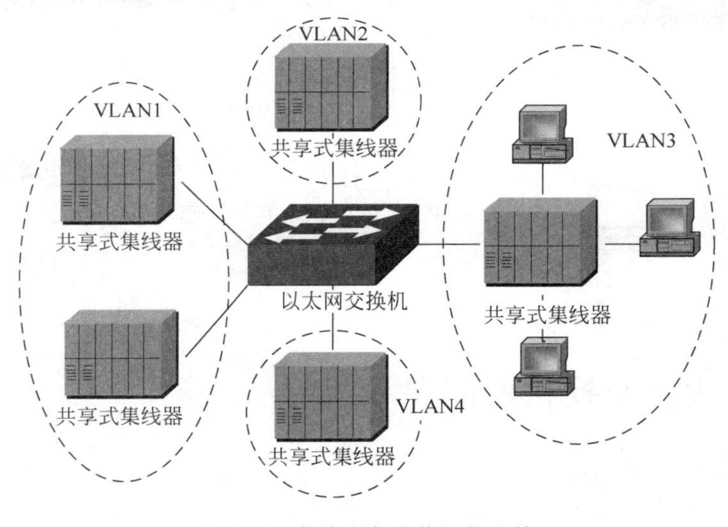

图 3-11　集线器与交换机的连接

3.4　实训:组装简单的交换式以太网

以太网交换机的出现使局域网组网更加丰富多彩。合理地使用交换机可以使网络的运行效率更高、速度更快。

3.4.1 交换式以太网的组网

在学习使用共享式集线器组网之后,组装简单的交换式以太网显得非常简单。交换式以太网的组网需要使用以太网交换机,但是,从设备的端口和外形上很难区分以太网交换机和共享式集线器。尽管交换机与集线器的工作机理相差甚远,但是它们都具有RJ-45端口,连接电缆也完全相同。以太网交换机与共享式集线器的这些共同点,使交换式以太网的组网更加容易。

以太网交换机按照端口速率可以分为10M、100M和10M/100M几种。由于交换机的端口速率可以不同,因此10M/100M自适应交换机有更大的灵活性。它既可以连接装有10M网卡的计算机,也可以连接装有100M网卡的计算机。

因为计算机通过UTP电缆直接连入以太网交换机端口,所以将前面组装的共享式以太网中的集线器换成交换机,UTP电缆、计算机、网卡等其他组件完全不变,就可以简单地组成一个实验性的交换式网络,如图3-12所示。又因为交换机的一个端口可以连接一个网段,所以也可以将以前组装的共享式以太网作为一个整体连入交换机的一个端口,组成如图3-13所示的交换式以太网。与集线器的级联相同,在集线器与交换机的级联中同样需要考虑使用什么样的端口级联,使用直通UTP电缆还是交叉UTP电缆等问题。

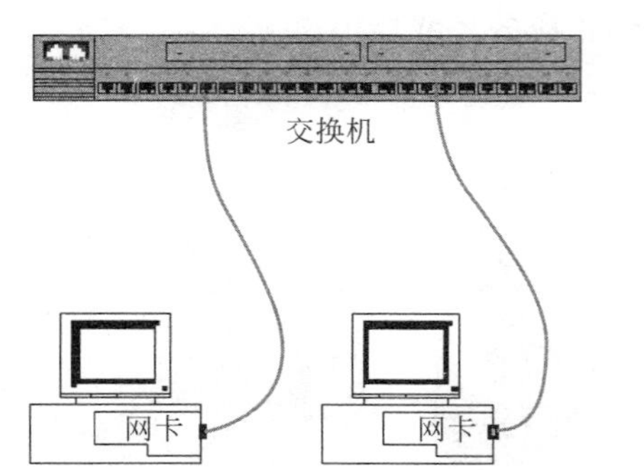

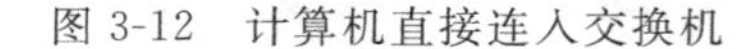

图3-12 计算机直接连入交换机

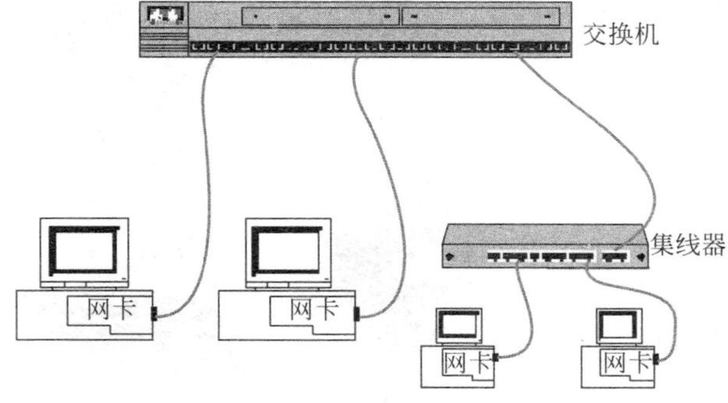

图3-13 将集线器连入交换机

3.4.2 以太网交换机的配置

完成交换式以太网的连接和连通性测试后,还可以查看一下交换机的配置并对这些配置进行某些修改。对以太网交换机进行配置可以有多种方法,其中使用终端控制台查看和修改交换机的配置是最基本、最常用的一种。与以太网交换机的不同,配置方法和配置命令也有很大差异。Cisco2924以太网交换机带有24个端口,并具有10M/100M自适应功能。下面以Cisco2924以太网交换机组成的局域网为例,如图3-14所示,介绍其简单的配置方法。

1. 终端控制台的连接和配置

通过终端控制台查看和修改交换机的配置需要一台PC或一台简易的终端,但是该

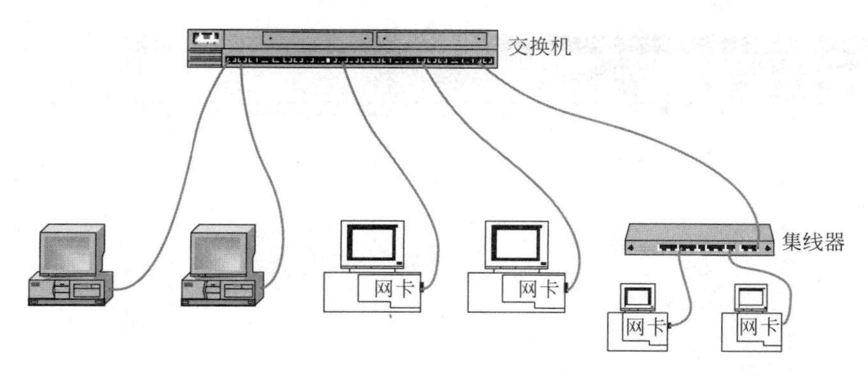

图 3-14　利用 Cisco2924 组成的交换式以太网

PC 或简易终端应该能够仿真 VT100 终端。实际上，Windows 2003 Server 中的"超级终端"软件就可以对 VT100 终端进行仿真。

PC 或终端需要一条电缆进行连接，通常该电缆与交换机一起发售。它一端与以太网交换机的控制台端口相连，另一端与 PC 或终端的串行口(DB9 口或 DB25 口)相连，如图 3-15 所示。

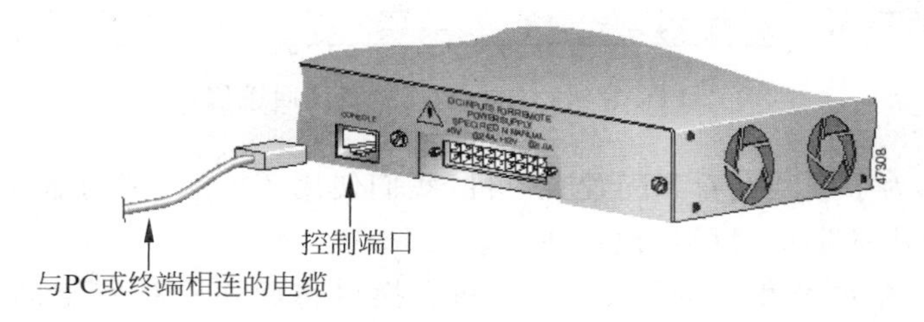

图 3-15　Cisco2924 以太网交换机的控制端口

如果利用 PC 作为控制终端使用，在连接完毕后可以通过以下步骤进行设置：

(1) 启动 Windows 2003 操作系统，通过"开始→程序→附件→通信→超级终端"功能打开超级终端程序。

(2) 选择连接以太网交换机使用的串行口，并将该串行口设置为 9600 波特、8 个数据位、1 个停止位、无奇偶校验和硬件流量控制，如图 3-16 所示。

(3) 按 Enter 键，系统将收到以太网交换机的回送信息，如图 3-17 所示。

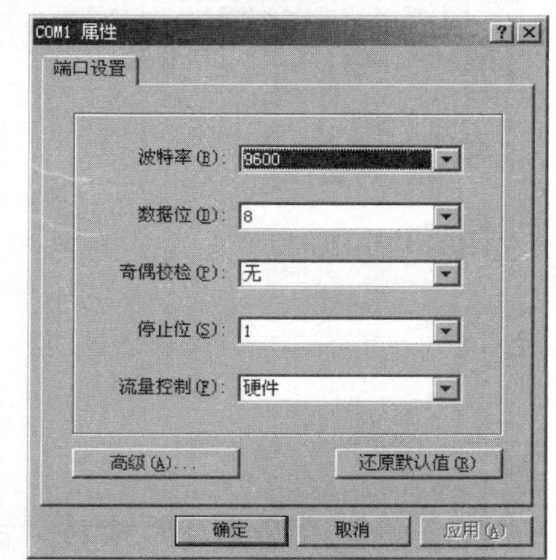

图 3-16　设置超级终端的串行口

2. 查看以太网交换机的端口/MAC 地址映射表

在超级终端与以太网交换机连通后，我们就可以查看和配置交换机。Cisco 交换机的配置命令是分级的，不同级别的管理员可以使用

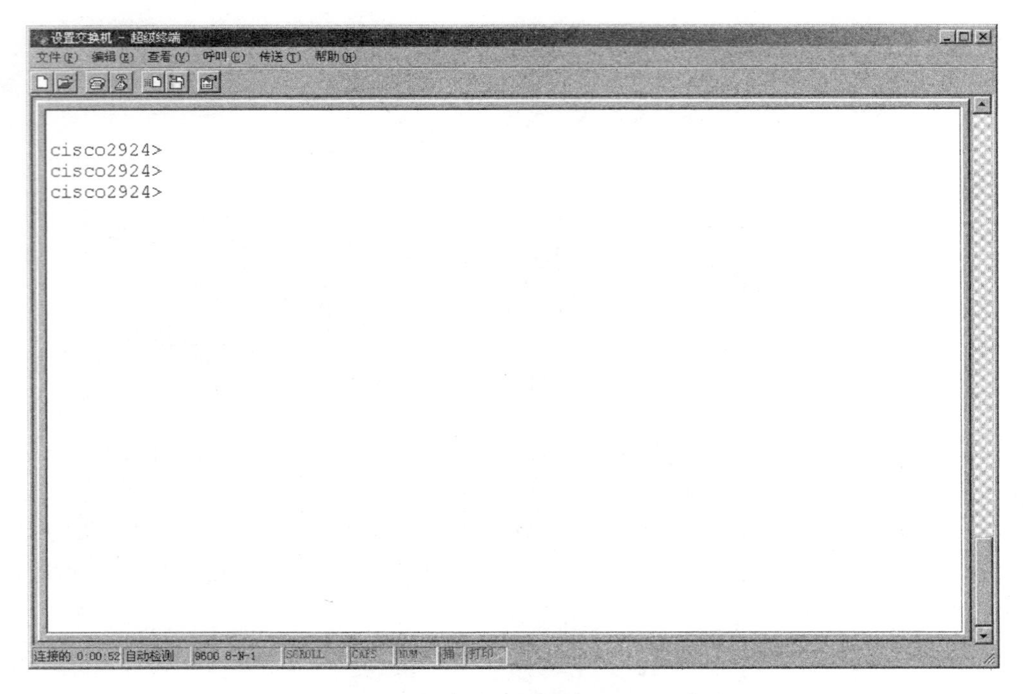

图 3-17　超级终端收到交换机的回送信息

不同的命令集。为了顺利查看和配置交换机,我们使用了 en 级别的命令集。首先,看一看以太网交换机中的端口/MAC 地址映射表。

(1) 输入 en 命令及相应的口令,以太网交换机将回送一种特定的命令提示符,如图 3-18 所示。

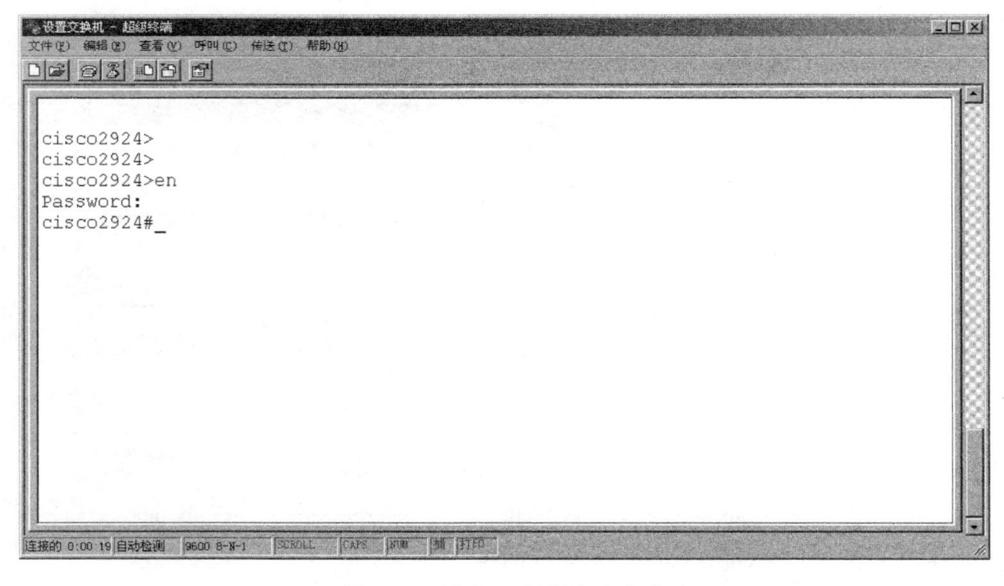

图 3-18　进入 en 级别命令方式

(2) 输入"show mac-address-table"命令，交换机回送当前存储的端口/MAC 地址映射表，如图 3-19 所示。

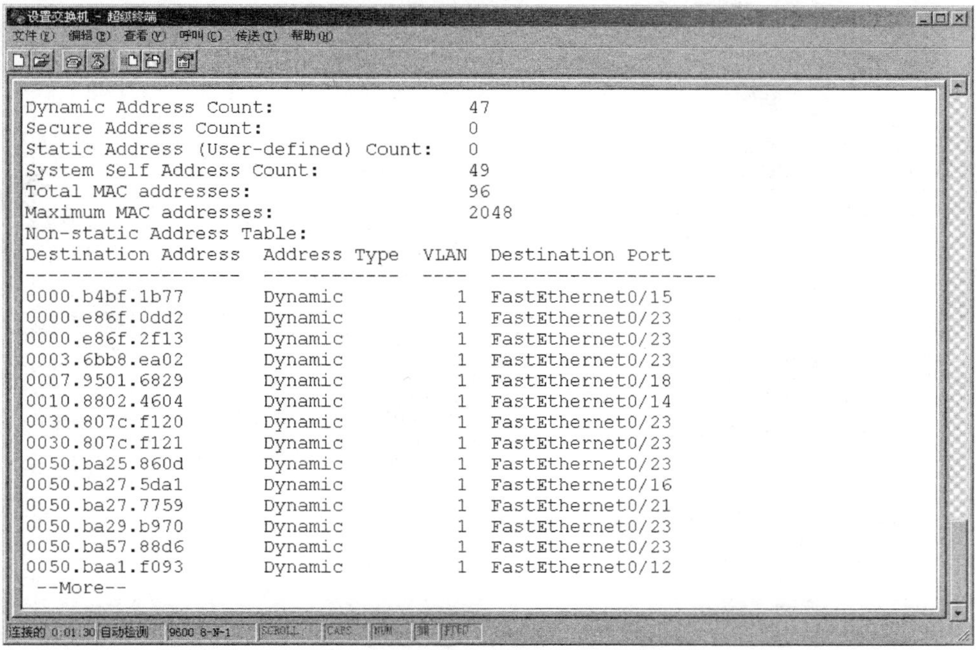
设置交换机 - 超级终端
文件(F) 编辑(E) 查看(V) 呼叫(C) 传送(T) 帮助(H)
Dynamic Address Count: 47
Secure Address Count: 0
Static Address (User-defined) Count: 0
System Self Address Count: 49
Total MAC addresses: 96
Maximum MAC addresses: 2048
Non-static Address Table:
Destination Address Address Type VLAN Destination Port
------------------- ------------ ---- --------------------
0000.b4bf.1b77   Dynamic   1 FastEthernet0/15
0000.e86f.0dd2   Dynamic   1 FastEthernet0/23
0000.e86f.2f13   Dynamic   1 FastEthernet0/23
0003.6bb8.ea02   Dynamic   1 FastEthernet0/23
0007.9501.6829   Dynamic   1 FastEthernet0/18
0010.8802.4604   Dynamic   1 FastEthernet0/14
0030.807c.f120   Dynamic   1 FastEthernet0/23
0030.807c.f121   Dynamic   1 FastEthernet0/23
0050.ba25.860d   Dynamic   1 FastEthernet0/23
0050.ba27.5da1   Dynamic   1 FastEthernet0/16
0050.ba27.7759   Dynamic   1 FastEthernet0/21
0050.ba29.b970   Dynamic   1 FastEthernet0/23
0050.ba57.88d6   Dynamic   1 FastEthernet0/23
0050.baa1.f093   Dynamic   1 FastEthernet0/12
--More--
连接的 0:01:30 自动检测 9600 8-N-1 SCROLL CAPS NUM 捕 打印

图 3-19　当前交换机的端口/MAC 地址映射表

观察图 3-19 所示的端口/MAC 地址映射表，看一看计算机连接的端口与该表给出的结果是否一致。如果某台计算机没有在该表中列出，可以在该计算机上使用 ping 命令 ping 网上其他计算机，然后再使用"show mac-address-table"命令显示交换机的端口/MAC 地址映射表。如果没有差错，表中应该出现这台计算机使用的 MAC 地址。

从图 3-19 可以看到多个 MAC 地址映射到了以太网交换机的端口 23，这是因为端口 23 连接了一个共享式的以太网，如图 3-14 所示。共享式以太网上的所有计算机共享这一端口。

查看端口/MAC 地址映射表是最简单、最基本的一种操作。实际上，通过控制台不但可以查看交换机的各种信息，而且可以对某些配置参数进行修改。

3.4.3　配置 VLAN

VLAN 是交换机的一个重要功能。尽管各种型号的交换机使用的配置方式、命令等不同，但它们大部分都支持 VLAN。

1. 查看交换机的 VLAN 配置

查看交换机的 VLAN 配置可以使用"show vlan"命令，如图 3-20 所示。交换机返回的信息显示了当前交换机配置的 VLAN 个数、VLAN 编号、VLAN 名字、VLAN 状态以及每个 VLAN 所包含的端口号。

```
cisco2924#
cisco2924#
cisco2924#show vlan
VLAN Name                             Status    Ports
---- -------------------------------- --------- -------------------------------
1    default                          active    Fa0/1, Fa0/2, Fa0/3, Fa0/4,
                                                Fa0/5, Fa0/6, Fa0/7, Fa0/8,
                                                Fa0/9, Fa0/10, Fa0/11, Fa0/12,
                                                Fa0/13, Fa0/14, Fa0/15, Fa0/16,
                                                Fa0/17, Fa0/18, Fa0/19, Fa0/20,
                                                Fa0/21, Fa0/22, Fa0/23, Fa0/24
1002 fddi-default                     active
1003 token-ring-default               active
1004 fddinet-default                  active
1005 trnet-default                    active

VLAN Type  SAID       MTU   Parent RingNo BridgeNo Stp  BrdgMode Trans1 Trans2
---- ----- ---------- ----- ------ ------ -------- ---- -------- ------ ------
1    enet  100001     1500  -      -      -        -    -        1002   1003
1002 fddi  101002     1500  -      -      -        -    -        1      1003
1003 tr    101003     1500  1005   0      -        -    srb      1      1002
1004 fdnet 101004     1500  -      -      1        ibm  -        0      0
1005 trnet 101005     1500  -      -      1        ibm  -        0      0
cisco2924#
```

图 3-20　查看 VLAN 的配置

2. 添加 VLAN

VLAN 可以在需要时进行添加。如果要添加一个编号为 0002、名字为 VLAN0002 的虚拟网络,则添加步骤如图 3-21 所示。

(1) 利用"vlan database"命令进入交换机的 VLAN 数据库维护模式。

(2) 利用"vlan 0002 name VLAN0002"命令通知交换机需要建立一个编号为 0002、名字为 VLAN0002 的虚拟网络。

(3) 使用"exit"命令退出 VLAN 数据库维护模式。

添加 VLAN 之后,可以使用"show vlan"命令再次查看交换机的 VLAN 配置,如图 3-22 所示,确认新的 VLAN 已经添加成功。

3. 为 VLAN 分配端口

以太网交换机通过把某些端口分配给一个特定的 VLAN 来建立静态虚拟网。将某一端口(例如端口 1)分配给某一个 VLAN 的过程如图 3-23 所示。

(1) 执行"configure terminal"命令进入配置终端模式。

(2) 利用"interface Fa0/1"命令通知交换机配置的端口号为 1。

(3) 使用"switchport mode access"和"switchport access vlan 0002"命令把交换机的端口 1 分配给 VLAN0002。

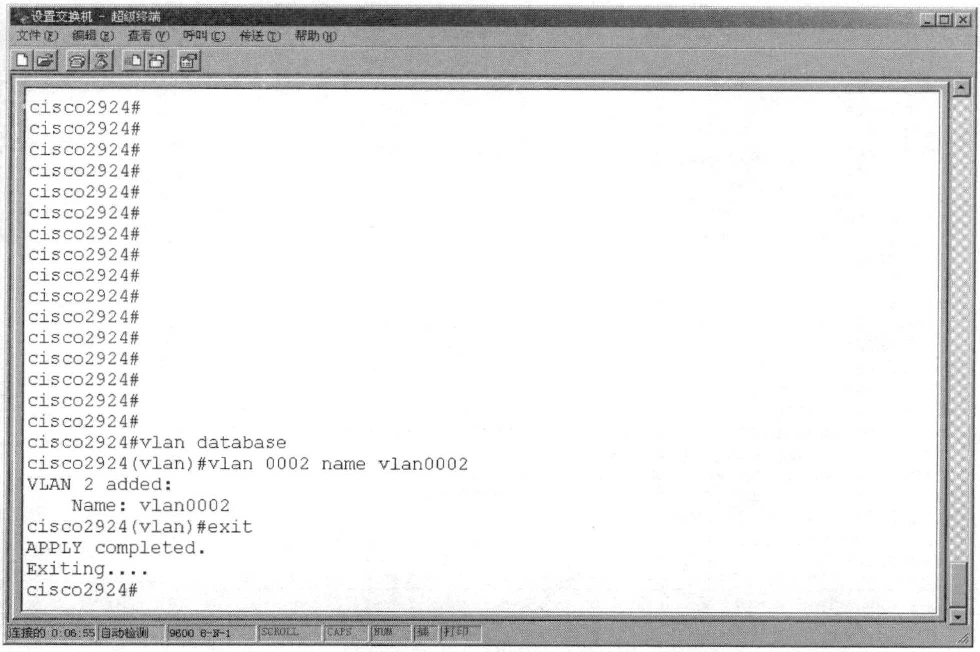

```
cisco2924#
cisco2924#
cisco2924#
cisco2924#
cisco2924#
cisco2924#
cisco2924#
cisco2924#
cisco2924#
cisco2924#
cisco2924#
cisco2924#
cisco2924#
cisco2924#
cisco2924#
cisco2924#
cisco2924#vlan database
cisco2924(vlan)#vlan 0002 name vlan0002
VLAN 2 added:
    Name: vlan0002
cisco2924(vlan)#exit
APPLY completed.
Exiting....
cisco2924#
```

图 3-21　添加 VLAN

```
cisco2924#show vlan
VLAN Name                             Status    Ports
---- -------------------------------- --------- -------------------------------
1    default                          active    Fa0/1, Fa0/2, Fa0/3, Fa0/4,
                                                Fa0/5, Fa0/6, Fa0/7, Fa0/8,
                                                Fa0/9, Fa0/10, Fa0/11, Fa0/12,
                                                Fa0/13, Fa0/14, Fa0/15, Fa0/16,
                                                Fa0/17, Fa0/18, Fa0/19, Fa0/20,
                                                Fa0/21, Fa0/22, Fa0/23, Fa0/24
2    vlan0002                         active
1002 fddi-default                     active
1003 token-ring-default               active
1004 fddinet-default                  active
1005 trnet-default                    active

VLAN Type  SAID       MTU   Parent RingNo BridgeNo Stp  BrdgMode Trans1 Trans2
---- ----- ---------- ----- ------ ------ -------- ---- -------- ------ ------
1    enet  100001     1500  -      -      -        -    -        1002   1003
2    enet  100002     1500  -      -      -        -    -        0      0
1002 fddi  101002     1500  -      -      -        -    -        1      1003
1003 tr    101003     1500  1005   0      -        -    srb      1      1002
1004 fdnet 101004     1500  -      -      1        ibm  -        0      0
1005 trnet 101005     1500  -      -      1        ibm  -        0      0
cisco2924#
```

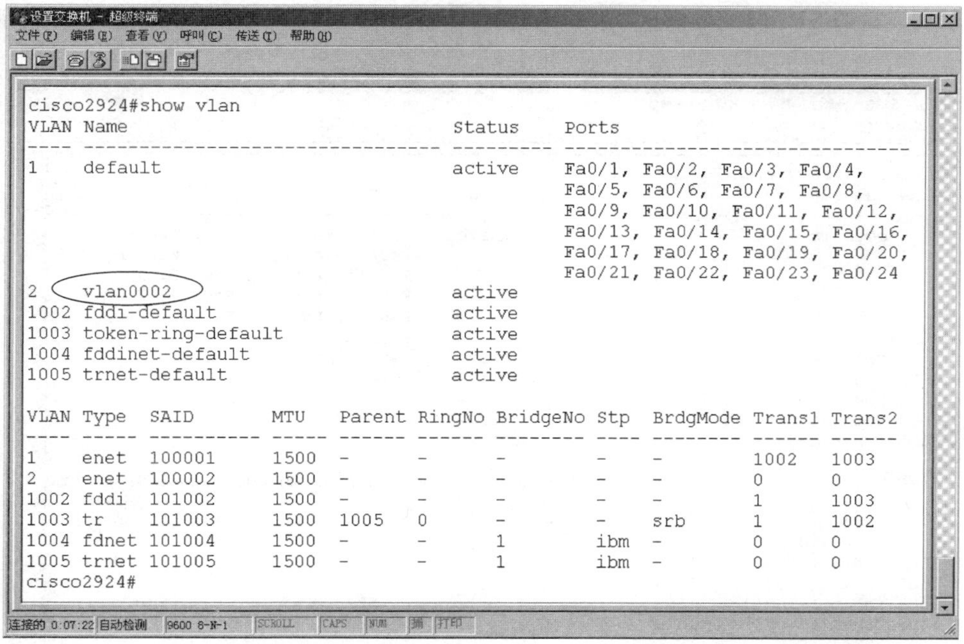

图 3-22　使用“show vlan”命令确认 VLAN 已经加入

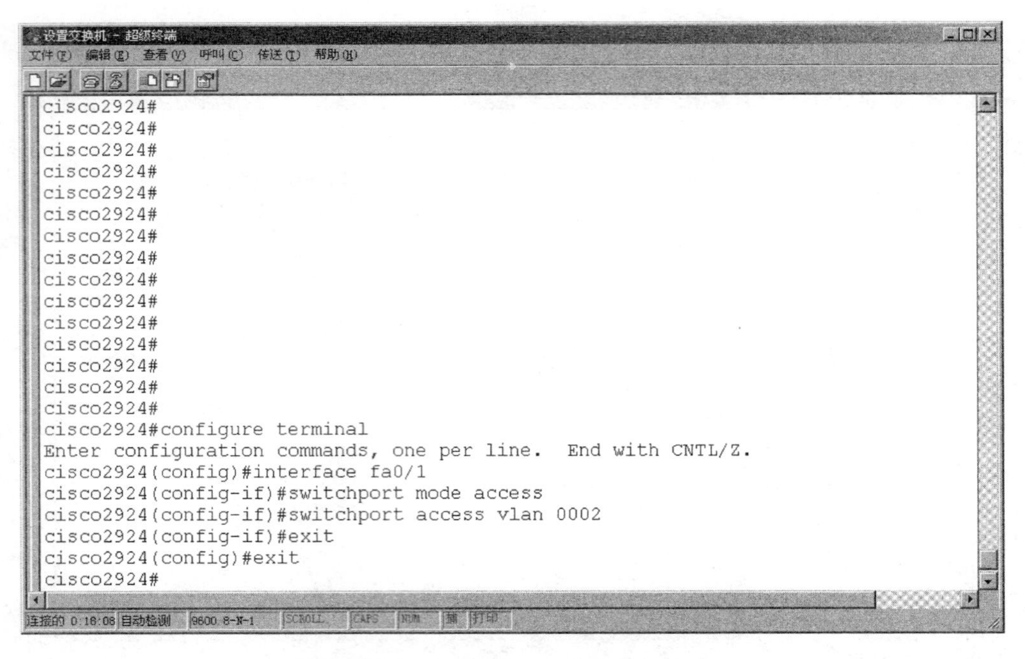

图 3-23　为 VLAN 分配端口

(4) 执行"exit"命令退出配置终端模式。

按照同样的方式,可以将交换机的端口 2 也分配给 VLAN2。之后,利用"show vlan"命令显示交换机的 VLAN 配置信息,端口 1 和端口 2 将出现在 VLAN0002 中,如图 3-24 所示。

```
设置交换机 - 超级终端
文件(F) 编辑(E) 查看(V) 呼叫(C) 传送(T) 帮助(H)

cisco2924#show vlan
VLAN Name                             Status    Ports
---- -------------------------------- --------- -------------------------------
1    default                          active    Fa0/3, Fa0/4, Fa0/5, Fa0/6,
                                                Fa0/7, Fa0/8, Fa0/9, Fa0/10,
                                                Fa0/11, Fa0/12, Fa0/13, Fa0/14,
                                                Fa0/15, Fa0/16, Fa0/17, Fa0/18,
                                                Fa0/19, Fa0/20, Fa0/21, Fa0/22,
                                                Fa0/23, Fa0/24
2    vlan0002                         active    Fa0/1, Fa0/2
1002 fddi-default                     active
1003 token-ring-default               active
1004 fddinet-default                  active
1005 trnet-default                    active

VLAN Type  SAID       MTU   Parent RingNo BridgeNo Stp  BrdgMode Trans1 Trans2
---- ----- ---------- ----- ------ ------ -------- ---- -------- ------ ------
1    enet  100001     1500  -      -      -        -    -        1002   1003
2    enet  100002     1500  -      -      -        -    -        0      0
1002 fddi  101002     1500  -      -      -        -    -        1      1003
1003 tr    101003     1500  1005   0      -        -    srb      1      1002
1004 fdnet 101004     1500  -      -      1        ibm  -        0      0
1005 trnet 101005     1500  -      -      1        ibm  -        0      0
cisco2924#_
连接的 0:20:27 自动检测 9600 8-N-1 SCROLL CAPS NUM 捕 打印
```

图 3-24　用"show vlan"命令确认端口 1 和端口 2 已分配给 VLAN0002

确认端口 1 和端口 2 已分配给 VLAN0002 后，可以用与端口 1 相连的计算机去 ping 与端口 2 相连的计算机，观察有什么结果。然后用与端口 1 相连的计算机去 ping 与端口 3 或端口 4 相连的计算机，再观察有什么结果。

4. 删除 VLAN

当一个 VLAN 的存在没有任何意义时，可以将它删除。删除 VLAN 的步骤如图 3-25 所示。

(1) 利用“vlan database”命令进入 VLAN 数据库管理模式。

(2) 执行“no vlan 0002”命令将 VLAN0002 从数据库中删除。

(3) 使用“exit”命令退出 VLAN 数据库管理模式。

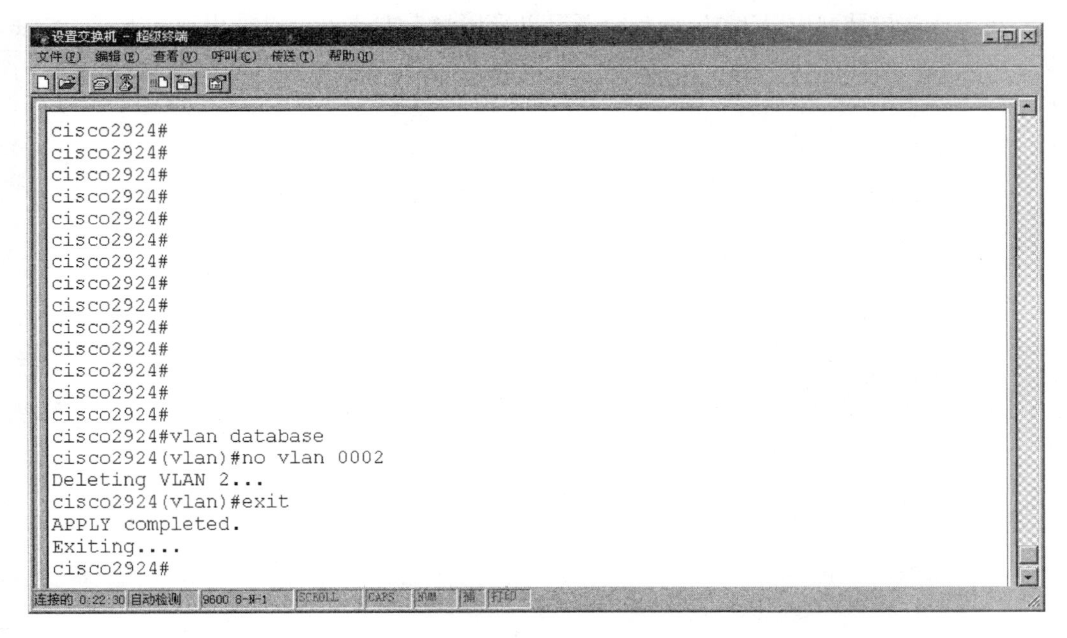

图 3-25 删除 VLAN

注意：在删除一个 VLAN 后，原来分配给这个 VLAN 的端口将处于非激活状态。交换机不会将这些端口自动归入一个现存的 VLAN。当再次分配一个 VLAN 时，这些端口就会被重新激活。

练 习 题

一、填空题

(1) 以太网交换机的数据转发方式可以分为________、________和________三类。

(2) 交换式局域网的核心设备是________。

二、单项选择题

(1) 以太网交换机中的端口/MAC地址映射表是(　　)。

A. 由交换机的生产厂商建立的　　B. 交换机通过学习动态建立的

C. 由网络管理员建立的　　D. 由网络用户利用特殊命令建立的

(2) 下列哪种说法是错误的?(　　)

A. 以太网交换机可以对通过的信息进行过滤

B. 以太网交换机中端口的速率可能不同

C. 在交换式以太网中可以划分VLAN

D. 多个交换机组成的以太网不能出现环路

三、实训题

在交换式局域网中,VLAN的划分既可以采用静态方式也可以采用动态方式。参考以太网交换机的使用说明书,动手配置一个动态VLAN,并验证配置的结果是否正确。

第 4 章　无线局域网组网技术

学习本章后需要掌握：

- ❑ 无线局域网 CSMA/CA 的基本工作原理
- ❑ 无线局域网支持的最大传输速率
- ❑ 无线局域网的组网模式
- ❑ 组网所需的器件和设备

学习本章后需要动手：

- ❑ 组装简单的自组无线局域网
- ❑ 测试网络的连通性

无线局域网(wireless local area network，WLAN)是一种利用空间无线电波作为传输介质的局域网，其网络结点既可以是固定的也可以是移动的，如图 4-1 所示。由于组建无线局域网不需要铺设线缆，因此具有安装简单、使用灵活、易于扩展的特点。随着无线网络技术的发展，无线局域网的应用范围不断扩展，呈现出强劲的发展势头。

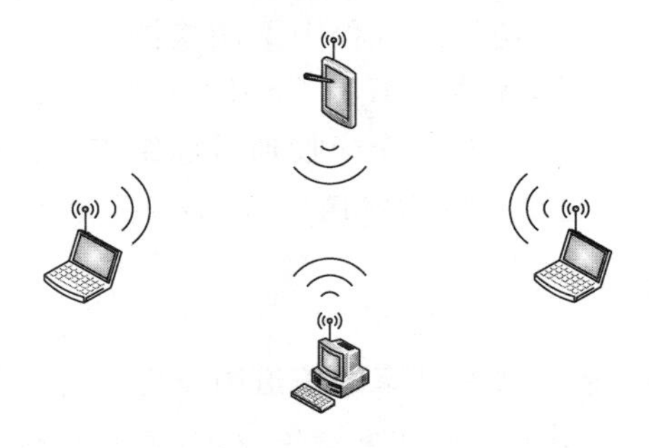

图 4-1　无线局域网 WLAN 示意图

4.1　无线局域网的传输介质

无线传输介质利用空间中传播的电磁波传送数据信号。无线局域网常用的传输技术包括扩频技术和红外技术。扩频技术的主要思想是在比正常频带宽的频带上扩展信号，目的是提高系统的抗干扰能力和可用性。红外传输通常采用漫散射方式，发送方和接收方既不需要互相对准也不需要清楚地看到对方。

无线传输介质是一种人的肉眼看不到的传输介质，它不需要铺设线缆，不受结点布局的限制,既能适应固定网络结点的接入也能适应移动网络结点的接入,具有安装简单、使用灵活、易于扩展的特点。

但是,与有线介质(如非屏蔽双绞线、光缆等)中传输信息相比,无线介质中传输信息的出错概率要大很多。这是因为空间中的电磁波不但在穿过墙壁、家具等不同物体时强度将有不同程度的减弱,而且很容易受到同一频段其他信号源的干扰。同时,经地面或物体的反射,部分电磁波从发送方到接收方走过了不同长度的路径,叠加的信号在接收方变得模糊不清。

4.2 无线局域网与 CSMA/CA

在无线局域网中,结点的发送采用广播方式,其对共享无线信道的访问控制采用带有冲突避免的载波侦听多路访问(CSMA/CA,carrier sense multiple access with collision avoidance)方法。与以太网的 CSMA/CD 方法相似,无线局域网每个结点在发送数据之前需要侦听共享无线信道,如果忙(即其他结点正在发送),那么该站点必须等待。与以太网的 CSMA/CD 方法不同,无线局域网采用的是冲突避免(CA)技术,而不是冲突检测(CD)技术。这意味着无线结点应采取一定的措施尽量避免与其他结点发送的信息发生冲突,而不像有线以太网那样一边发送一边进行冲突检测。未采用冲突检测技术的主要原因之一是冲突检测要求网络结点具有同时发送和接收的能力。由于接收无线信号的强度通常远远小于发送信号的强度,因此实现具有冲突检测能力的网卡代价很大。

由于无线结点在占用信道发送信息过程中不能检测冲突,发送结点不知道发送的信息是否正确到达接收结点,因此,无线局域网 CSMA/CA 方法要求目标接收结点收到完整无损的信息后回送确认信息。只有正确接收到目标结点回送的确认信息,发送结点才可以认为发送成功;否则,发送结点认为发送失败,需要重新发送该信息。

1. 无线局域网的发送

由于无线局域网采用广播方式在共享的信道中发送信息,因此,“冲突”的产生是不可避免的。但是,无线局域网采用了一种冲突避免技术,能有效减少冲突的发生。

实际上,冲突最有可能发生在共享广播信道由“忙”变“闲”的一刹那。这时多个准备发送的结点同时检测到信道空闲,同时争用信道进行发送。为此,CSMA/CA 技术要求每个发送结点在检测到信道空闲后随机选择一个延迟发送时间,只有信道空闲且延迟发送时间到时后,信息的发送过程才能开始。具体发送过程如下:

(1) 发送结点侦听共享信道,直到空闲为止。

(2) 发送结点随机选择一个延迟发送时间值并在信道空闲时递减该值。当侦听到信道忙时,延迟发送时间值保持不变。

(3) 当延迟发送时间值递减为 0 时(由于只有在信道空闲时才递减该值,因此这时的信道一定处于空闲状态),发送结点发送整个数据信息并等待接收确认信息。

(4) 如果在规定的时间内收到确认信息,那么发送结点认为目标结点已经正确接收到发送的信息，发送过程结束；如果未收到确认信息，那么发送结点认为发送失败。

（5）在发送失败的情况下，发送结点根据失败的次数决定是否重发该信息。如果失败的次数小于某一规定的值，那么发送流程转回到步骤（1）重发该信息；否则，发送结点放弃该信息的发送并返回。

图 4-2 显示了一个 CSMA/CA 简单的数据发送过程。在 t_1 和 t_2 时刻，结点 A 和结点 B 分别需要发送数据信息 I_A 和 I_B。于是，它们分别在 t_1 和 t_2 时刻开始侦听信道。当发现信道已经被占用后（这时结点 C 正在占用信道发送数据），结点 A 和结点 B 持续侦听信道直到 t_3 时刻信道空闲（结点 C 发送结束）。这时，结点 A 和结点 B 并不能马上开始发送，而是各自随机选择一个随机延迟发送时间，并在信道空闲时递减该值。在图 4-2 中，t_3 到 t_4 之间信道一直空闲，因此，结点 A 和结点 B 可以顺利递减延迟发送时间值。在时刻 t_4，结点 A 随机选择的发送时间值递减为 0，于是它开始发送其数据信息 I_A。与此同时，由于结点 B 侦听到信道忙（结点 A 已经开始发送数据），因此，它停止其延迟发送时间值的递减并继续侦听信道，直到 t_6 时刻结点 A 发送结束。从时刻 t_6 开始，结点 B 又侦听到信道空闲，于是开始继续递减其延迟发送时间值。由于信道一直空闲，结点 B 在 t_7 时刻顺利将其延迟发送时间值递减到 0，因此，它在 t_7 时刻开始发送自己的数据信息 I_B，直到发送结束。

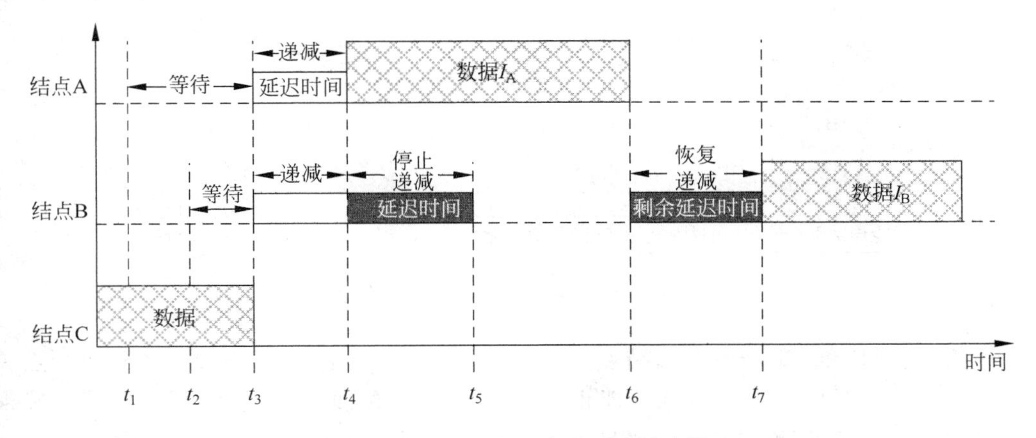

图 4-2　CSMA/CA 发送过程示意图

采用 CSMA/CA 方法的结点 A 和结点 B，由于在 t_3 时刻同时侦听到信道后并没有急于发送，而是采用了随机延迟发送的方法，因此，有效地避免了冲突的发生。

2. RTS 和 CTS 机制

尽管 CSMA/CA 方法在很大程度上能够避免冲突的发生，但是在某些情况下（如两个发送结点选择了相同的延迟发送时间值），冲突的发生又是不可避免的。与以太网使用的 CSMA/CD 方法不同，由于 CSMA/CA 方法在发送过程中不进行侦听，因此，即使在发送过程中发生冲突，发送也不会立即停止。如果一个结点发送的数据与其他结点发送的数据发生冲突，那么，这些错误的数据只有当所有结点都发送完毕，信道空闲后才可能重新发送。因此，如果发生冲突的数据块长度很长，那么冲突数据块占用信道的时间也会很长,这样,信道的利用率就会降低。

为了提高信道的利用率,无线局域网引入了RTS和CTS。RTS和CTS是两个长度很短的控制信息数据。在发送正式的数据之前,发送结点首先发送RTS,正确接收到CTS后,目标结点回送CTS。RTS和CTS用于通知无线局域网中的其他结点,在随后的一段时间内不要发送数据,信道已经被预约,预约时间的长度包含在RTS和CTS控制信息中。由于RTS与CTS长度很短,即使与其他结点发送的信息发生冲突,也不会浪费太多的时间占用信道。

RTS和CTS的引入还在很大程度上解决了无线局域网一个较为特殊的问题——隐藏终端问题。在有线以太网中,一个结点发送信息可以保证该网中的其他结点一定能够接收到。但是在无线局域网中,由于发送功率、障碍物等因素的影响,一个结点可能接收不到另一个结点发送的信息。

在图4-3所示的示意图中,结点B和结点C分别能与结点A通信。但是由于覆盖距离或障碍物(如墙壁)的影响,结点B和C之间互相听不到对方发送的信息,结点B和结点C相互隐藏。当结点B向结点A发送信息过程中,由于结点C侦听不到信道忙,因此,结点C也可能向结点A发送信息,这样,结点A处便会产生冲突。

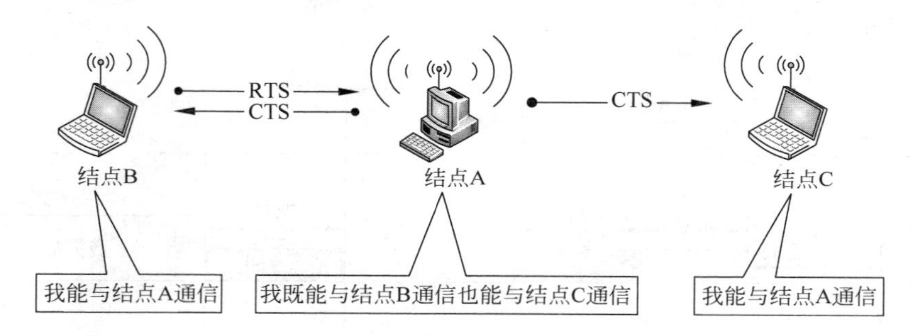

图4-3　隐藏终端、RTS和CTS

在使用RTS和CTS机制后,结点B向结点A发送数据前首先发送RTS,而结点A收到后需要回送CTS。如果结点C能正确接收到结点A回送的CTS,那么它就可以根据CTS信息中的信道预约时间延迟自己的发送,从而避免在结点A处发生冲突。

尽管RTS和CTS的长度都很短,但是传送这些额外的控制信息也需要占用信道宝贵的时间。如果每次发送的数据块长度很短,那么RTS和CTS的引入反而会使信道的利用率下降。因此,在无线局域中,一般用户可以选择是否使用RTS和CTS机制,甚至可以选择发送数据块长度达到多大时使用RTS和CTS机制。

4.3　无线局域网的相关标准

不同标准的无线局域网使用的无线频段范围不同,编码方式也不尽相同,网络速度也有很大不同。但是,目前的无线局域网大都使用CSMA/CA介质访问控制方法。

无线局域网的主要技术标准包括IEEE 802.11b、IEEE 802.11g和IEEE802.11a。

其中,802.11b是最基本、应用最早的无线局域网标准之一。它支持的最大数据传输率为11Mbps,基本上能够满足办公用户的需要,因此得到了广泛的应用。

与802.11b相比,802.11g支持的最大数据传输速率为54Mbps。由于802.11g和802.11b可以使用相同的编码方式并且工作频段相同,因此802.11g与802.11b具有较好的兼容性。

802.11a采用了与802.11b和802.11g不同的工作频段范围,也可以支持54Mbps的最大数据传输速率。802.11a运行在更高的频段上,与802.11b的兼容性也存在一定问题。因此,802.11a的应用范围受到一定的限制,目前逐渐被802.11g替代。

Wi-Fi联盟(Wi-Fi Alliance,无线保真联盟)是一个致力于改善无线局域网产品之间互通性的组织,通过Wi-Fi认证的产品通常具有很好的互通性和兼容性。因此,无线局域网有时也被称为Wi-Fi网。目前,通过Wi-Fi认证的无线局域网产品一般符合802.11b或802.11g标准。

表4-1总结了不同无线局域网标准支持的最高数据传输速率。但是需要注意,受应用环境(如距离、障碍物等)的影响,无线结点之间实际的数据传输速率可能达不到标准规定的最大数据传输速率。例如,802.11b支持的最高数据传输速率为11Mbps,但在实际应用中,根据应用环境的不同,结点之间的数据传输速率可能降至5.5Mbps、2Mbps或1Mbps。

表4-1 不同无线局域网标准支持的最大数据传输速率

标　准	802.11b	802.11g	802.11a
最高速率	11Mbps	54Mbps	54Mbps

4.4 无线局域网的组网模式

自组无线局域网(Ad Hoc wireless LAN)模式和基础设施无线局域网(infrastructure wireless LAN)模式是无线局域网最基本的两种组网模式。通过这两种基本模式,可以组建成多层次、无线与有线并存的计算机网络。

4.4.1 自组无线局域网

自组无线局域网(Ad Hoc)中不存在中心结点,各无线结点具有平等的通信关系。因此,自组无线局域网也称为对等无线局域网网络。在自组无线局域网中,每个无线结点按照CSMA/CA方式竞争无线共享信道,并在获得信道使用权后直接将数据发送给目标结点,而不需要经过某个中心结点转发。图4-4显示了一个由4个结点形成的自组无线局域网,如果结点A需要向结点B发送信息,那么它在获得信道的使用权后直接将信息传送到B结点。

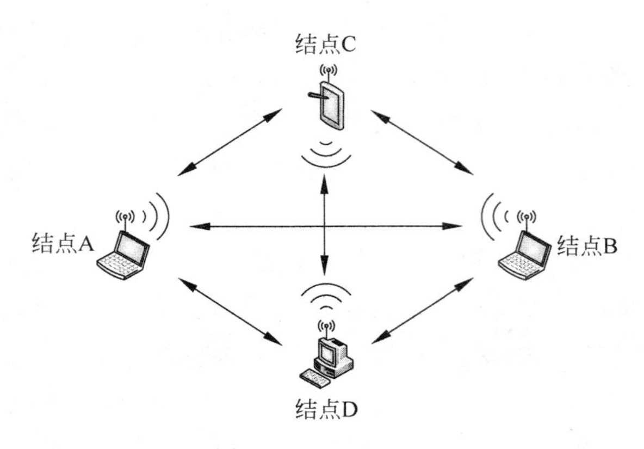

图 4-4　自组无线局域网示意图

组建自组无线局域网只需要在计算机中加装一块无线网卡,不需要其他任何固定设施。因此,自组无线局域网可以在需要时临时组成,具有简单、快速、经济的特点,非常适合于办公会议、野外作业、军事训练与实战等场合使用。

4.4.2　基础设施无线局域网

基础设施无线局域网(infrastructure wireless LAN)存在一个中心结点,网络中其他结点之间的通信需要通过该中心结点转发完成。该结点类似于以太网中的交换机,我们将其称为无线访问接入点(AP,access point)。与自组无线局域网相同,基础设施无线局域网中的各结点(包括 AP 结点)按照 CSMA/CA 方式竞争共享的无线信道,不过结点之间的通信需要 AP 转发。在图 4-5 所示的基础设施无线局域网中,如果结点 A 希望与结点 B 进行通信,那么结点 A 在得到信道使用权后首先将信息发给 AP 结点,然后,由 AP 结点转发给结点 B。

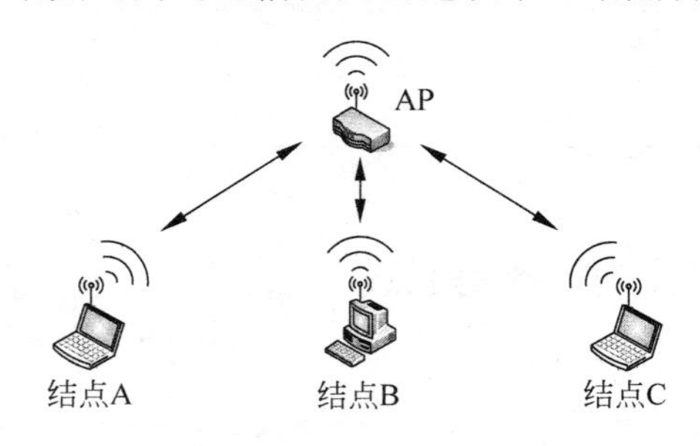

图 4-5　基础设施无线局域网示意图

由于基础设施无线局域网中存在中心结点,因此,比较容易控制其网络的安全性和可靠性。同时,AP 设备一般带有有线网络(如以太网)接口,可以实现无线网络和有线网络的互联。因此,基础设施无线局域网在办公自动化等领域得到了广泛的应用,是目前最常见的无线网络组网模式。

4.5　组网所需的器件和设备

根据组网模式的不同,组装无线局域组网所需的器件和设备也稍有不同。常用的无线局域组网设备包括无线网卡、AP 设备、天线等。

4.5.1　无线网卡

无线网卡能够实现 CSMA/CA 介质访问控制协议，完成类似于有线以太网网卡的功能。它是组装无线局域网的最基本部件，接入无线局域网的每个结点至少应该装有一块无线网卡。

无线网卡有多种类型，最常用的包括 PCI 接口的无线网卡、PCMCIA 接口的无线网卡、USB 接口的无线网卡，如图 4-6 所示。

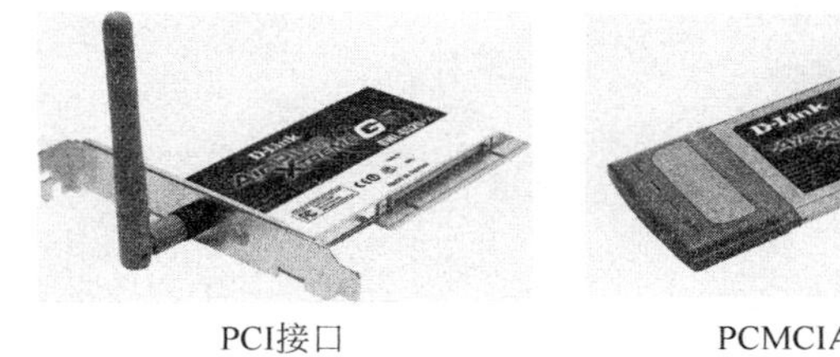

PCI接口　　PCMCIA接口　　USB接口

图 4-6　无线网卡的类型

在组装无线局域网过程中，台式机通常采用 PCI 接口或 USB 接口的无线网卡，而笔记本电脑通常采用 PCMCIA 接口或 USB 接口的无线网卡。很多笔记本电脑内置无线网卡，这些笔记本不需要外加无线网卡就可直接连接无线网。

目前，无线网卡都能支持 802.11b 和 802.11g，有些网卡也可以支持 802.11a 标准。这些网卡基本都具有自适应功能，能够按照当时的环境等状态选择合适的标准和速率。

4.5.2　无线访问接入点

在基础设施无线局域网模式中，无线访问接入点 AP 处于中心位置，其功能类似于以太网集线器。由于无线结点间的通信都需要通过 AP 完成，因此，AP 设备的优劣直接关系到无线网络性能的高低。

AP 设备的种类很多，如图 4-7 所示。它们有的适用于企业，有的适用于家庭；有的适用于室内，有的适用于室外。但这些设备目前都能兼容 802.11b 和 802.11g 标准，有些也兼容 802.11a 标准。

图 4-7　无线 AP 设备

无线AP设备通常都带有有线以太网口,可以作为无线设备接入有线网络的桥梁,实现无线网络数据和有线网络数据的相互转发。

4.5.3 天线

无线网卡和一些AP设备通常自带天线(见图4-8),但为了进一步提高数据传输的稳定性和可靠性,扩大无线局域网的覆盖范围,有时需要外接天线以提高无线信号的信噪比。

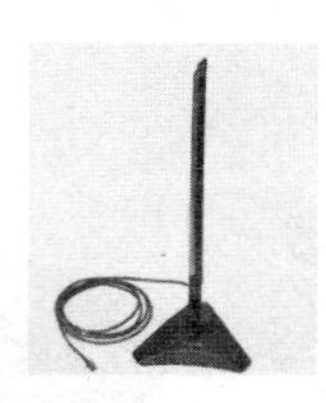
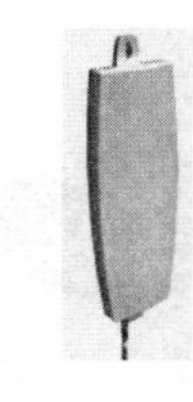
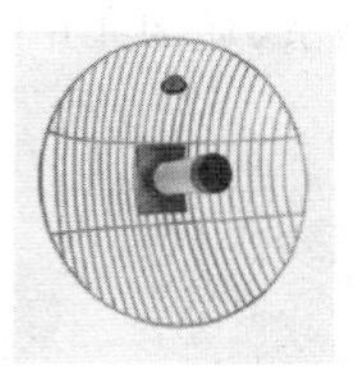

图4-8 天线

外接天线一般可以分为室内天线和室外天线,也可以分为全向天线和定向天线。

4.6 实训:动手组装简单的自组无线局域网

自组无线局域网是最简单、最基本的一种无线局域网组网模式。通过组装简单的自组无线局域网,可以了解无线网卡的配置方法、无线网络的配置过程和网络的连通性测试方法。

4.6.1 设备、器件的准备和安装

与有线以太网相比,组装简单的自组无线局域网所需的设备和器件要简单得多。表4-2列出了组装自组无线局域网所需的设备和器件。实际上,安装有无线网卡的两台微机就可以组成一个最简单的自组无线局域网。自组无线局域网中各结点可以使用不同类型的无线网卡(例如一些结点可以使用PCI接口的无线网卡,另一部分结点可以使用USB接口的无线网卡),但这些网卡支持的无线局域网标准应该相同。例如,如果需要组装最高速率为11Mbps的802.11b标准的自组无线局域网,那么选用的网卡必须支持802.11b标准(或能兼容802.11b、802.11g等多个标准);如果需要组装最高速率为54Mbps的802.11g标准的自组无线局域网,那么选用的网卡必须支持802.11g标准(或能兼容802.11b、802.11g等多个标准)。目前,无线网卡通常都能支持802.11b和802.11g标准,不过需要注意,由于无线网卡发送功率、使用天线等不同,其能够覆盖的地域范围也有差别。同时无线信号较容易受到环境(如墙壁等障碍物)的影响,因此,自组无线局域网中各个结点的距离不应太远。

表 4-2　组装自组无线局域网所需的设备和器件

设备和器件名称	数　量
微机(CPU：PⅢ 133 以上；RAM：128MB；硬盘：1.5GB)	2 台以上
无线网卡	2 块以上

安装接口类型为 USB 或 PCMCIA 的无线网卡非常简单，只要将网卡插入计算机相应的接口即可。如果选用的是 PCI 类型的无线网卡，那么在打开计算机的机箱前，一定要切断计算机的电源。在将无线网卡插入计算机扩展槽后，拧上固定网卡用的螺钉，重新装好机箱后再接通电源。

4.6.2　无线网卡驱动程序的安装

在无线局域网组网过程中，无线网卡驱动程序的安装是其第一步。与有线以太网相同，无线网卡驱动程序也是网络操作系统上层程序与网卡的接口。因此，网卡不同，需要的驱动程序也不同。在组装无线局域网过程中，一般可以使用随同无线网卡一起发售的驱动程序。

下面以配备 D-Link 公司 DWL-G122 无线网卡的计算机为例，介绍 Windows 2003 操作系统中无线网卡驱动程序的安装过程。

在 Windows 2003 操作系统下，安装 DWL-G122 无线网卡驱动程序非常简单。只要按照安装程序向导的提示，就可以一步步完成驱动程序的安装工作，如图 4-9 所示。

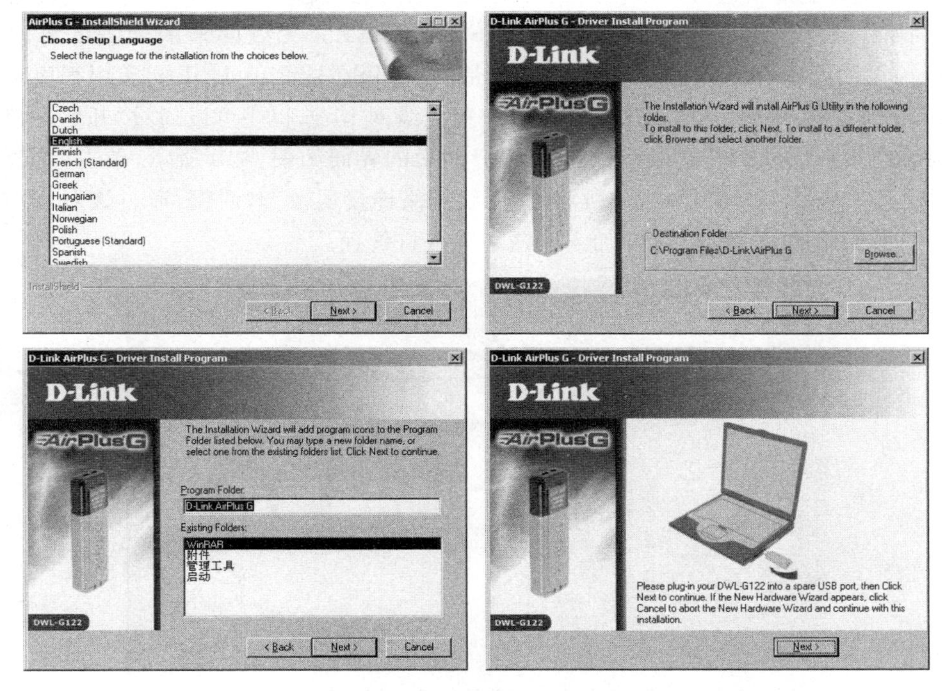

图 4-9　DWL-G122 无线网卡驱动程序安装向导

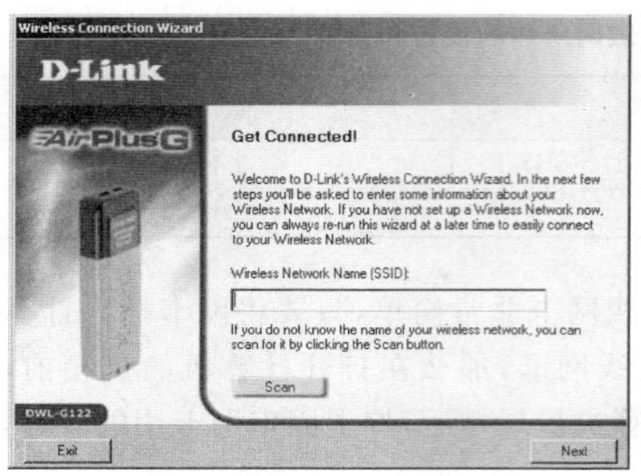

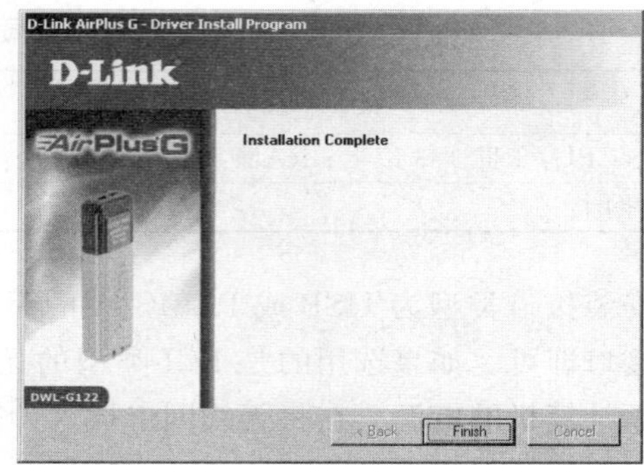

图 4-9(续)

通过安装向导,可以选择使用的语言、程序的安装位置等内容。通常按照默认设置,直接单击 Next(下一步)按钮即可。另外,利用 DWL-G122 无线网卡驱动程序安装向导,可以直接配置基础设施无线局域网。由于本实训需要组装的网络为自组无线局域网,因此,当安装向导提示输入"Wireless Network Name [SSID]"时,可以单击 Exit 按钮结束驱动程序的安装。如果安装正确,屏幕右下方会出现图标。

4.6.3 无线局域网的配置

无线局域网的配置项较多,但除了无线局域网的名称、组网模式、IP 地址和加密认证方法外,其他的配置项通常可以使用默认配置。同时,无线网卡的型号不同,其配置方法也有所不同。在 Windows 2003 操作系统下,DWL-G122 无线网卡的配置既可以使用 Windows 无线配置程序,也可以使用网卡自带的 D-link AirPlus Utility 实用程序。默认情况下,系统使用 Windows 无线配置程序配置无线网卡,该程序可以通过"开始→控制面板→网络连接→无线网络连接"功能启动,启动后的界面如图 4-10 所示,单击"更改高级设置"按钮,系统将显示如图 4-11 所示的"无线网络连接属性"对话框,通过该对话框可以对无线网卡使用的 IP 地址、需要加入的网络等进行设置。

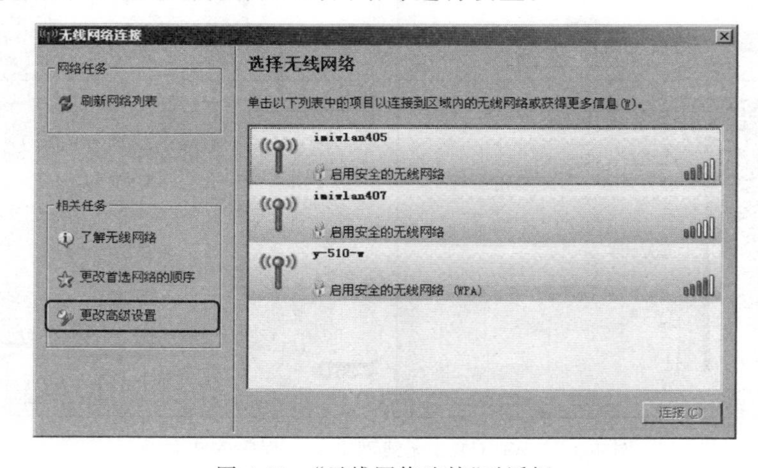

图 4-10 "无线网络连接"对话框

1. IP 地址配置

与配置有线网络连接的 IP 地址一样，在图 4-11 显示的“无线网络连接 属性”对话框中选中“Internet 协议(TCP/IP)”并单击“属性”按钮，当系统弹出“Internet 协议”对话框后(如图 4-12 所示)便可以对 IP 地址进行配置。为了与第 2.6 节组装的有线以太网区别，我们将自组无线局域网的 IP 地址范围限制在 10.0.0.1～10.0.0.254 之间，子网掩码为 255.0.0.0。在图 4-12 中填写“IP 地址”和“子网掩码”后，单击“确定”按钮，系统将返回“无线网络连接 属性”对话框。

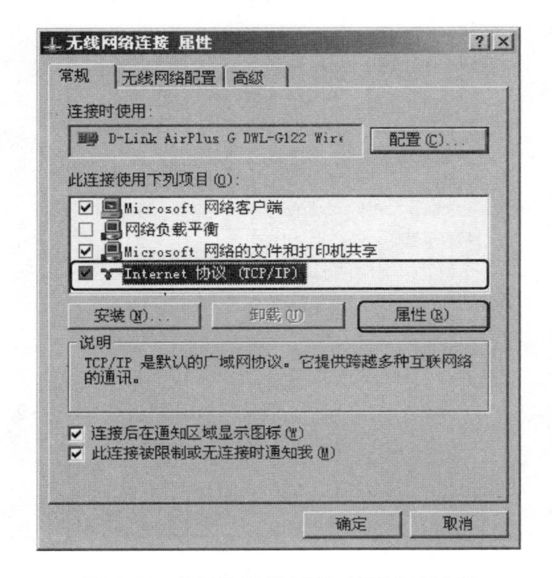

图 4-11　“无线网络连接 属性”对话框

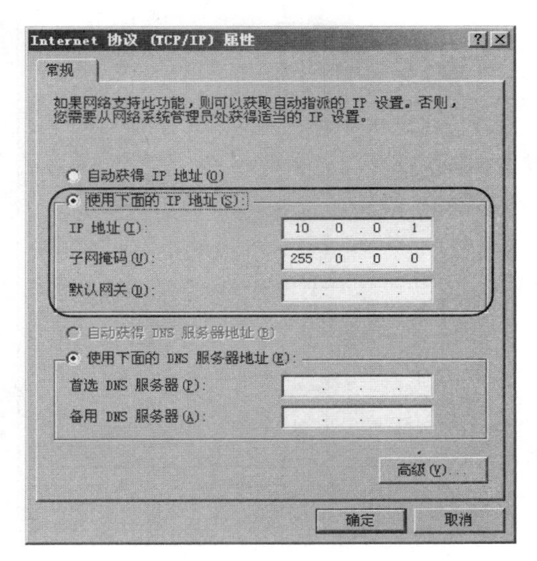

图 4-12　“Internet 协议(TCP/IP)属性”对话框

2. 配置需要连接的网络

在“无线网络连接 属性”对话框中单击并打开“无线网络配置”选项卡，可以配置系统可以连接的无线网络，如图 4-13 所示。Windows 系统维护一个首选网络列表，这个列表保存了主机希望连接的无线网络。如果主机同时搜索到多个可用无线网络，那么主机按照首选网络列表中的次序自动连接到一个可用网络。要向首选网络列表中加入网络，可以单击图 4-13 中的“添加”按钮，在系统显示图 4-14 所示的添加界面后，填入希望加入网络的网络名 SSID、加密和认证方式、是否为自组无线网、是否自动连接等信息即可。

- 配置网络名 SSID：如果希望加入一个无线局域网，那么需要告诉系统该无线局域网的名字。无线局域网的名字通过设置无线局域网的 SSID(service set identifier)实现。如果我们将组装的自组无线局域网的名字定为 AdHocTest，那么可以在 SSID 文本框中输入 AdHocTest 即可。
- 选择加密和认证方式：可以利用认证和加密方式加强无线局域网的安全性。无线局域网可以使用的认证和加密方法有多种，但配置相对比较简单。只要坚持每台主机都选用相同的安全配置,其网络的连通性基本上就可以保证。为了简化组网实训过程,我们将网络身份验证设置为“开放式”(本机对网上所有主机可见),数据加密设置为“已禁用”(不进行数据加密)。

- 配置无线局域网组网模式:无线局域网可以配置为基础设施模式或自组网络模式。通常情况下,默认的配置模式通常为基础设施模式。更改无线局域网的自组模式可以通过选中或去除图4-14下方的“这是一个计算机到计算机(特定的)网络;没有使用无线访问点”复选框。由于我们需要组装的是自组无线网络,因此需要选中该复选框。

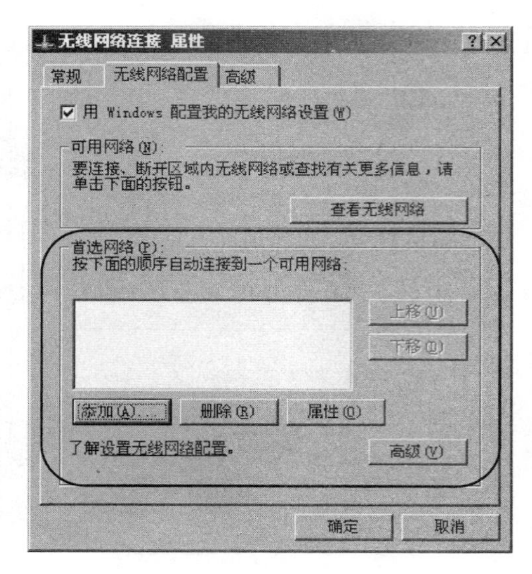

图4-13 “无线网络配置”选项卡

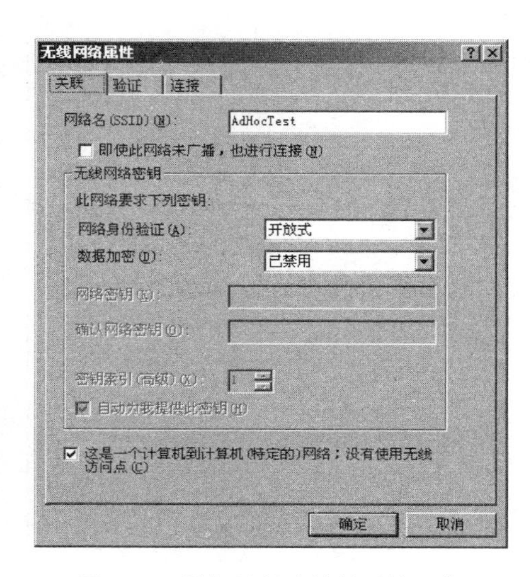

图4-14 添加希望连接的无线网络

- 选择是否自动连接:单击图4-14中的“连接”选项卡,可以配置是否自动连接到配置的网络,如图4-15所示。如果希望本机在所在区域检测到该网络就进行自动连接,那么可以选中“当此网络在区域内时自动连接”复选框。

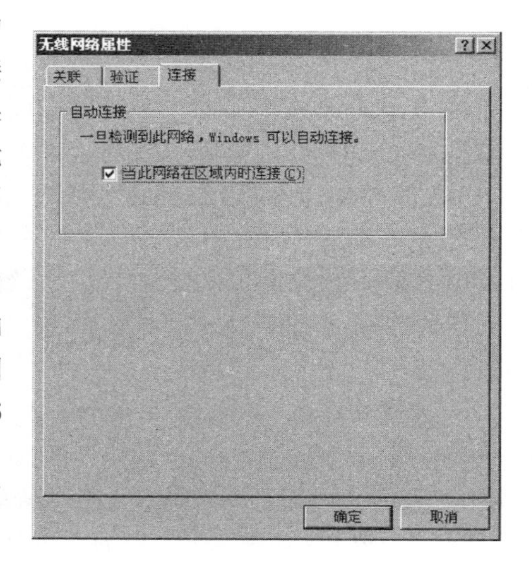

图4-15 “无线网络属性”对话框的“连接”选项卡

当添加完希望接入的无线网络后,新添加的无线网络将出现在首选项列表中,如图4-16所示。如果首选项列表中没有出现刚刚配置的AdHocTest网络,那么可以单击图4-16中的“高级”按钮,并在出现的[高级]对话框中选中“任何可用的网络(首选访问点)”选项(见图4-17)。这时,我们再次通过“开始→控制面板→网络连接→无线网络连接”功能查看本区域的无线网络,AdHocTest应该出现在本区域的无线网络列表中，如图 4-18 所示。

如果希望使用无线网卡自带的配置程序，那么需要将“无线网络连接 属性”对话框中“无线网络配置”选项卡(如图 4-13 所示)上部的“用 Windows 配置我的无线网络配置”复选框的选中状态取消。对于 DWL-G122 无线网卡来说，其配置程序可以通过 Windows 2003 桌面上的“开始”→“程序”→“D-Link AirPlus G→D-link AirPlus Utility”功能启动，启动后的界面如图 4-19 所示。

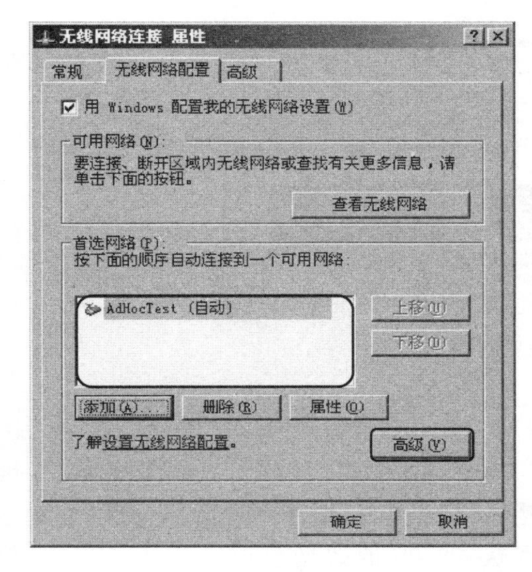

图 4-16　添加希望接入的无线网络后的“无线网络连接 属性”对话框

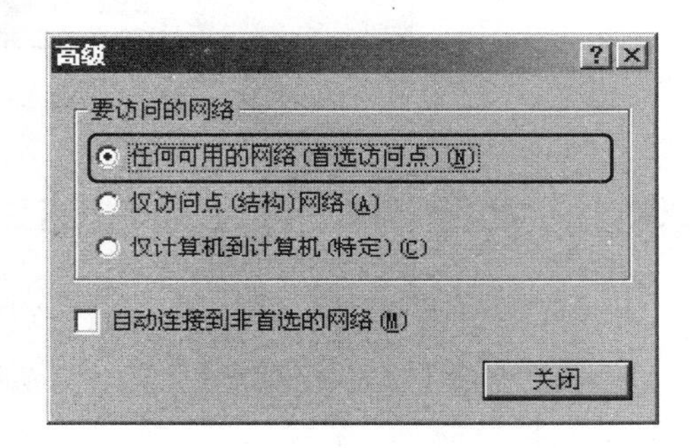

图 4-17　“高级”对话框

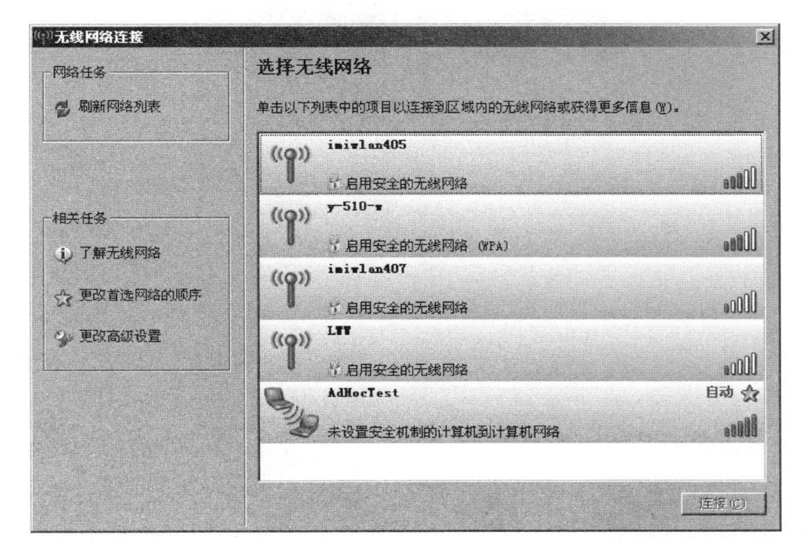

图 4-18　添加 AdHocTest 后的无线网络连接界面

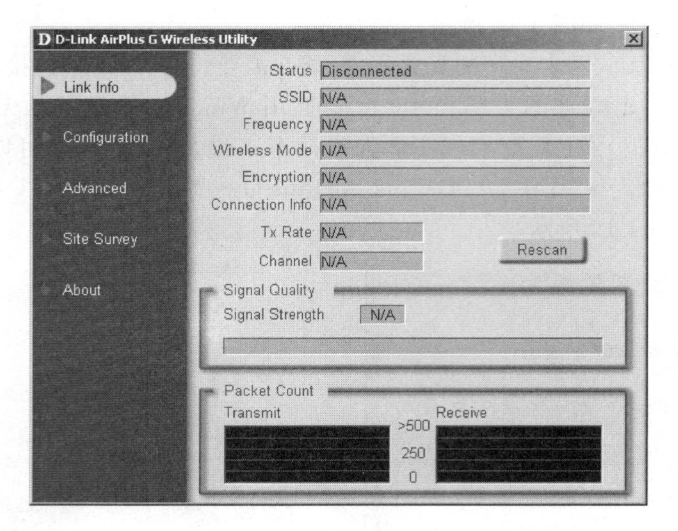

图 4-19　DWL-G122 无线网卡的配置和状态显示程序界面

4.6.4　无线网络的连通性测试

当软件配置完成后,SSID 相同的计算机可以形成一个自组网络。一旦连入成功,屏幕右下方的"通知区域"的图标会变成图标。单击其中的图标,可以查看连接的网络、持续时间、连接速度、信号强度、发送和接收的数据包数量等状态信息,如图 4-20 所示。

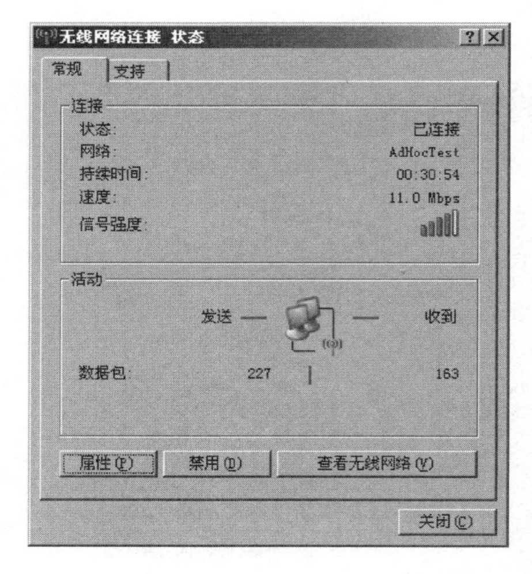

图 4-20　无线网络连接状态对话框

另外,可以利用 ping 命令进一步测试组装的自组无线局域网的连通性。与测试有线以太网的连通性相同,利用 ping 命令测试无线网络的连通性只需要在 ping 之后加上另一台主机的 IP 地址即可,如图 4-21 所示。如果 ping 发出的测试数据成功返回,则说明无线网络已经连通，组网成功；如果 ping 命令给出超时提示，则说明无线网络的软硬件配置仍有问题，需要重新查找原因。

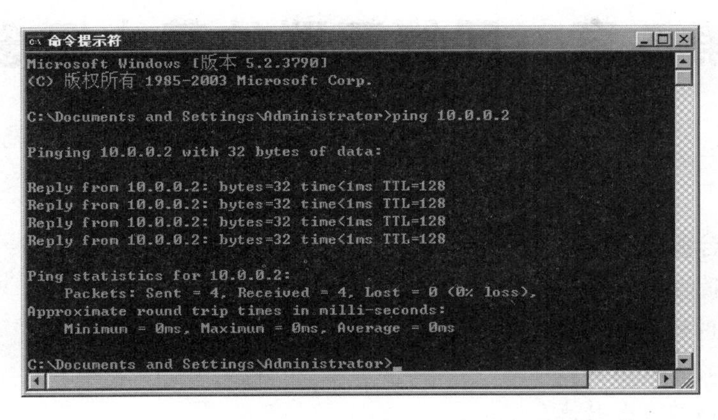

图 4-21　利用 ping 命令测试自组无线局域网的连通性

练　习　题

一、填空题

(1) 无线局域网使用的介质访问控制方法为________。

(2) IEEE 802.11b 支持的最高数据传输速率为________ Mbps，IEEE 802.11g 支持的最高数据传输速率为________ Mbps。

(3) 无线局域网有两种组网模式，它们是________和________。

二、单项选择题

(1) 关于自组无线局域网和基础设施无线局域网的描述中，正确的是(　　)。

A. 自组无线局域网存在中心结点，基础设施无线局域网不存在中心结点

B. 自组无线局域网不存在中心结点，基础设施无线局域网存在中心结点

C. 自组无线局域网和基础设施无线局域网都存在中心结点

D. 自组无线局域网和基础设施无线局域网都不存在中心结点

(2) 关于无线局域网的描述中，错误的是(　　)。

A. 发送结点在发送信息的同时监测信道是否发生冲突

B. 发送结点发送信息后需要目的结点的确认

C. ap 结点的引入解决了无线局域网的发送冲突问题

D. 无线局域网和有线以太网都存在隐藏终端问题

三、实训题

无线局域网使用空间无线电波作为传输介质，其交换数据信息很容易被他人截获。为了防止非法用户的窃听，无线局域网通常需要对发送的信息进行加密。对自组无线局域网的加密功能进行配置，使其能够对结点间交互的信息进行加密。测试配置的自组无线局域网，观察密码不同的结点间能否进行通信。

第5章　网络互联的基本概念

学习本章后需要掌握：

- ❑ 网络互联的意义、作用和解决方案
- ❑ IP 互联网的工作机理
- ❑ IP 提供的主要服务
- ❑ IP 互联网的主要特点

5.1　网络互联

作为一种局域网，以太网仅能够在较小的地理范围内提供高速可靠的服务。实际上，世界上存在着各种各样的网络，而每种网络都有其与众不同的技术特点。这些网络有的提供短距离高速服务（如以太网），有的则提供长距离大容量服务（如 DDN 网）。因为在寻址机制、分组最大长度、差错恢复、状态报告、用户接入等方面存在很大差异，所以这些物理网络不能直接相连，形成了相互隔离的网络孤岛，如图 5-1 所示。

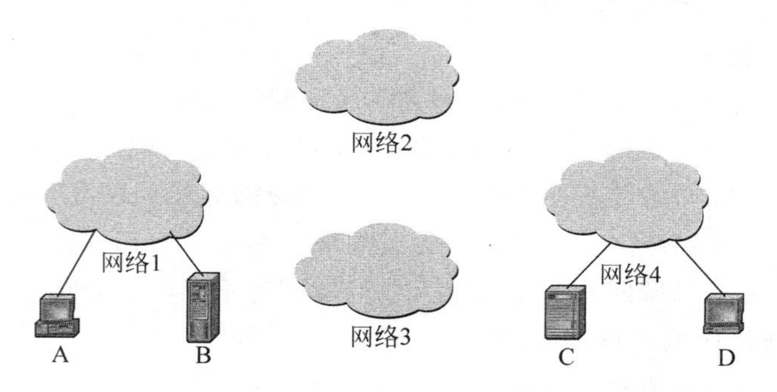

图 5-1　物理网络形成了相互隔离的孤岛

随着网络应用的深入和发展，用户越来越不满足网络孤岛的现状。不但一个网上的用户有与另一个网上用户通信的需要（如图 5-1 中的用户 A 与用户 B），而且一个网上的用户也有共享另一个网上资源的需求（如图 5-1 中的用户 A 和用户 D 需要共享服务器 B 中的数据）。在强大用户需求的推动下，互联网络诞生了。

互联网络（internetwork）简称为互联网（internet），是利用互联设备（也称为路由器 Router）将两个或多个物理网络相互连接而形成的，如图 5-2 所示。

互联网屏蔽了各个物理网络的差别（例如寻址机制的差别、分组最大长度的差别、差错

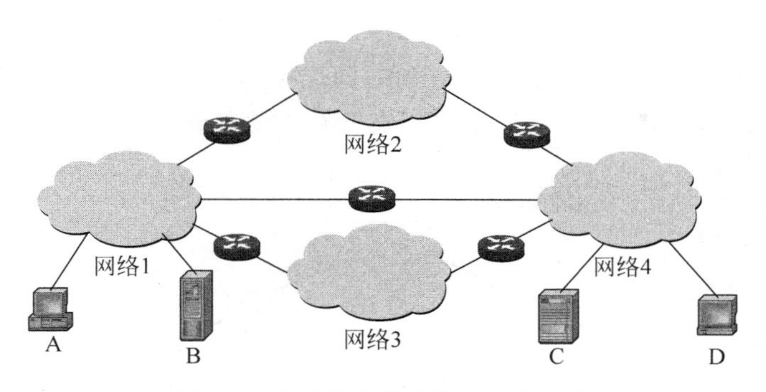

图 5-2　利用路由器将物理网络相连

恢复的差别等)，隐藏了各个物理网络实现细节，为用户提供通用服务(universal service)。因此，用户常常把互联网看成是一个虚拟网络(virtual network)系统，如图 5-3 所示。这个虚拟网络系统是对互联网结构的抽象，它提供通用的通信服务，能够将所有的主机互联起来，实现全方位的通信。

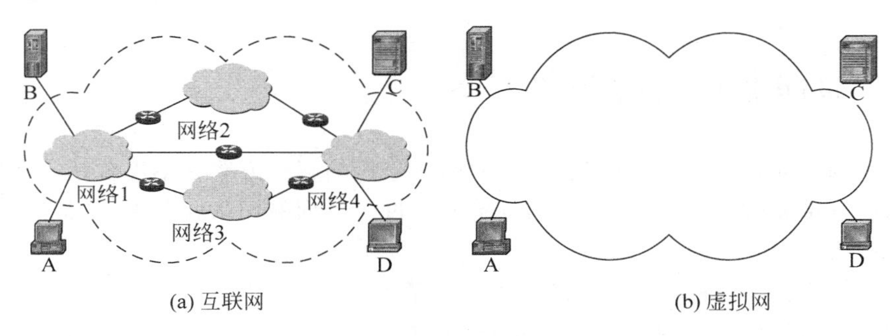

图 5-3　互联网与虚拟网的概念

5.2　网络互联解决方案

网络互联是 ISO/OSI 参考模型的网络层或 TCP/IP 体系结构的互联层需要解决的问题。网络互联可以采用面向连接的和面向非连接的两种解决方案。

5.2.1　面向连接的解决方案

面向连接的解决方案要求两个结点在通信时建立一条逻辑通道，所有的信息单元沿着这条逻辑通道传送。路由器将一个网络中的逻辑通道连接到另一个网络中的逻辑通道，最终形成一条从源结点至目的结点的完整通道。

在图 5-4 中，结点 A 和结点 B 通信时形成了一条逻辑通道。该通道经过网络 1、网络 2 和网络 4，并利用路由器 i 和路由器 m 连接起来。一旦该通道建立起来，结点 A 和结点 B 之间的信息传输就会沿着该通道进行。

面向连接的解决方案要求互联网中的每一个物理网络(如图5-4中的网络1、网络2、网络3和网络4)都能够提供面向连接的服务,而这样的要求并不现实。尽管很多学者在这方面做了很大的努力,但是面向连接的解决方案并没有被世人所接受。

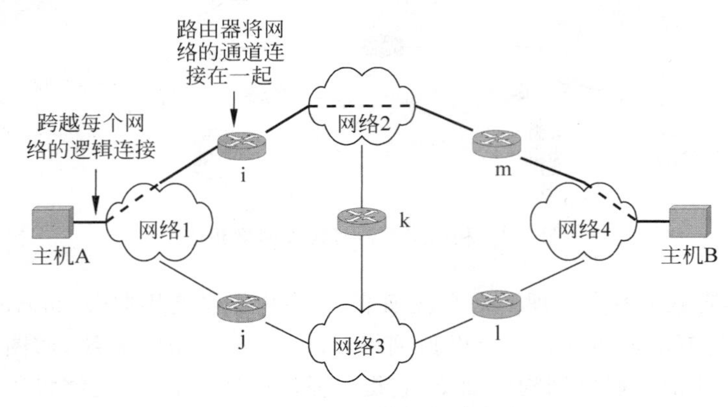

图5-4　面向连接的解决方案

5.2.2　面向非连接的解决方案

与互联网面向连接的解决方案不同,面向非连接的解决方案并不需要建立逻辑通道。网络中的信息单元被独立对待,这些信息单元经过一系列的网络和路由器,最终到达目的结点。

图5-5显示了一个面向非连接的解决方案示意图。当主机A需要发送一个数据单元P1到主机B时,主机A首先进行路由选择,判断P1到达主机B的最佳路径。如果它认为P1经过路由器i到达主机B是一条最佳路径,那么主机A就将P1投递给路由器i。路由器i收到主机A发送的数据单元P1后,根据自己掌握的路由信息为P1选择一条到达主机B的最佳路径,从而决定将P1传递给路由器k还是m。这样,P1经过多个路由器的中继和转发,最终将到达目的主机B。

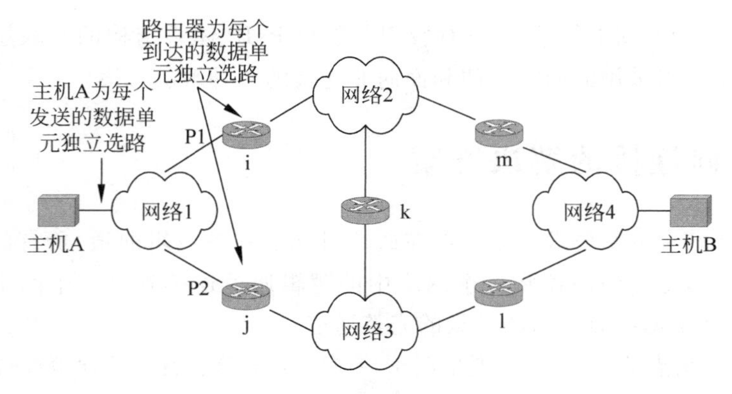

图5-5　面向非连接的解决方案

如果主机 A 需要发送另一个数据单元 P2 到主机 B，那么主机 A 同样需要对 P2 进行路由选择。在面向非连接的解决方案中，由于设备对每一数据单元的路由选择独立进行，因此数据单元 P2 到达目的主机 B 可能经过了一条与 P1 完全不同的路径。

面向非连接的互联解决方案是一种简单而实用的解决方案。事实上，目前流行的互联网都采用了这种方案。

IP 协议（Internet Protocol）是面向非连接的互联解决方案中最常使用的协议。尽管 IP 协议不是国际标准，但由于它效率高、互操作性好、实现简单、比较适合于异构网络，因此被众多著名的网络供应商（如 IBM、Microsoft、Novell、Cisco 等）采用，成为事实上的标准。支持 IP 协议的路由器称为 IP 路由器（IP router），IP 协议处理的数据单元叫做 IP 数据报（IP datagram）。

实际上，世界上最具影响力的因特网（Internet）就是一种计算机互联网。它是由分布在世界各地的、数以万计的、各种规模的计算机网络，借助于网络互联设备——路由器，相互连接而形成的全球性的互联网。这个正以惊人速度发展的 Internet 采用的互联协议就是 IP 协议。高效、可靠的 IP 协议为 Internet 的发展起到了不可低估的作用。

5.3　IP 协议与 IP 层服务

如果说 IP 数据报是 IP 互联网中行驶的车辆，那么 IP 协议就是 IP 互联网中的交通规则，连入互联网的每台计算机及处于十字路口的路由器都必须熟知和遵守该交通规则。发送数据的主机需要按 IP 协议装载数据，路由器需要按 IP 协议指挥交通，接收数据的主机需要按 IP 协议拆卸数据。满载着数据的 IP 数据包从源主机出发，在沿途各个路由器的指挥下就可以顺利地到达目的主机。

IP 协议精确定义了 IP 数据报格式，并且对数据报寻址和路由、数据报分片和重组、差错控制和处理等做出了具体规定。

5.3.1　IP 互联网的工作机理

图 5-6 给出了一个 IP 互联网示意图，它包含了两个以太网和一个广域网，其中主机 A 与以太网 1 相连，主机 B 与以太网 2 相连，两台路由器除了分别连接两个以太网外还与广域网相连。从图中可以看到，主机 A、主机 B、路由器 X 和路由器 Y 都加有 IP 层并运行 IP 协议。由于 IP 层具有将数据单元从一个网转发至另一个网的功能，因此互联网上的数据可以进行跨网传输。

如果主机 A 发送数据至主机 B，IP 互联网封装、处理和投递该信息的过程如下。

（1）主机 A 的应用层形成要发送的数据并将该数据经传输层送到 IP 层处理。

（2）主机 A 的 IP 层将该数据封装成 IP 数据报，并对该数据报进行路由选择，最终决定将它投递到路由器 X。

（3）主机 A 把 IP 数据报送交给它的以太网控制程序，以太网控制程序负责将数据报

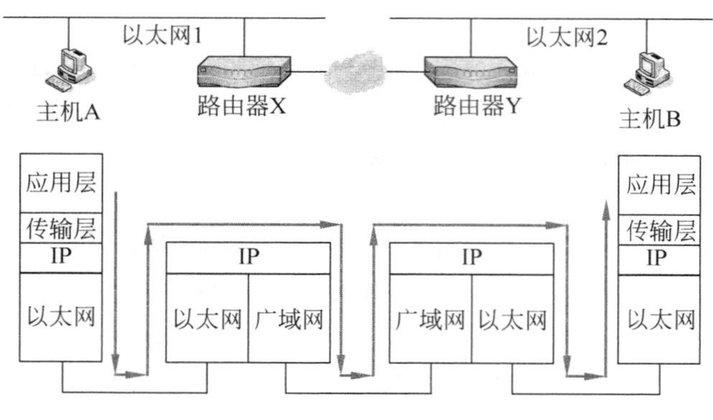

图 5-6　IP 互联网工作机理示意图

传递到路由器 X。

(4) 路由器 X 的以太网控制程序收到主机 A 发送的信息后,将该信息送到它的 IP 层处理。

(5) 路由器 X 的 IP 层对该 IP 数据报进行拆封和处理。经过路由选择得知该数据必须穿越广域网才能到达目的地。

(6) 路由器 X 对数据再次封装,并将封装后的数据报送到它的广域网控制程序。

(7) 广域网控制程序负责将 IP 数据报从路由器 X 传递到路由器 Y。

(8) 路由器 Y 的广域网控制程序将收到的数据信息提交给它的 IP 层处理。

(9) 与路由器 X 相同,路由器 Y 对收到的 IP 数据报拆封并进行处理。通过路由选择得知,路由器 Y 与目的主机 B 处于同一以太网,可直接投递到达。

(10) 路由器 Y 再次将数据封装成 IP 数据报,并将该数据报转交给自己的以太网控制程序发送。

(11) 以太网控制程序负责把 IP 数据报由路由器 Y 传送到主机 B。

(12) 主机 B 的以太网控制程序将收到的数据送交给它的 IP 层处理。

(13) 主机 B 的 IP 层拆封和处理该 IP 数据报,在确定数据目的地为本机后,将数据经传输层提交给应用层。

5.3.2 IP 层服务

互联网应该屏蔽低层网络的差异,为用户提供通用的服务。具体地讲,运行 IP 协议的互联层为其高层用户提供的服务有三个特点:

(1) 不可靠的数据投递服务。这意味着 IP 不能保证数据报的可靠投递,IP 本身没有能力证实发送的报文是否被正确接收。数据报可能在线路延迟、路由错误、数据报分片和重组等过程中受到损坏,但 IP 不检测这些错误。在错误发生时,IP 也没有可靠的机制来通知发送方或接收方。

(2) 面向无连接的传输服务。它不管数据报沿途经过哪些结点,甚至也不管数据报起始于哪台计算机、终止于哪台计算机。从源结点到目的结点的每个数据报都可能经过不同的传输路径。

（3）尽最大努力投递服务。尽管 IP 层提供的是面向非连接的不可靠服务，但是 IP 并不随意地丢弃数据报。只有当系统的资源用尽、接收数据错误或网络故障等状态下，IP 才被迫丢弃报文。

5.3.3 IP 互联网的特点

IP 互联网是一种面向非连接的互联网络，它对各个物理网络进行高度的抽象，形成一个大的虚拟网络。总地来说，IP 互联网具有如下特点。

- IP 互联网隐藏了低层物理网络细节，向上为用户提供通用的、一致的网络服务。因此，尽管从网络设计者角度看 IP 互联网是由不同的网络借助 IP 路由器互联而成的，但从用户的观点看，IP 互联网是一个单一的虚拟网络。
- IP 互联网不指定网络互联的拓扑结构，也不要求网络之间全互联。因此，IP 数据报从源主机至目的主机可能要经过若干中间网络。一个网络只要通过路由器与 IP 互联网中的任意一个网络相连，这个网络上的计算机就具有访问整个互联网的能力，如图 5-7 所示。

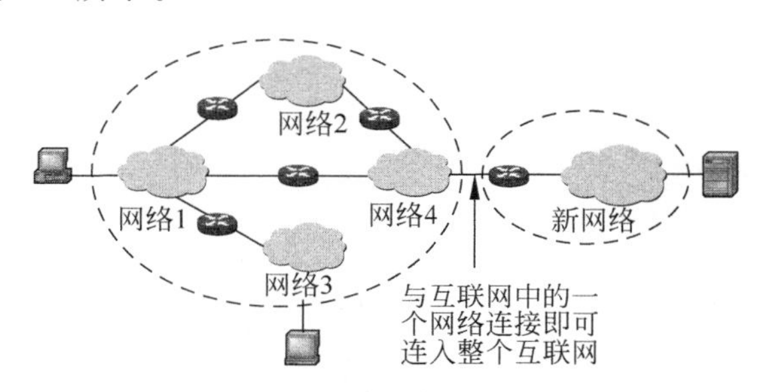

图 5-7 IP 互联网不要求网络之间全互联

- IP 互联网能在物理网络之间转发数据，信息可以跨网传输。
- IP 互联网中的所有计算机使用统一的、全局的地址描述法。
- IP 互联网平等地对待互联网中的每一个网络，不管这个网络规模是大还是小，也不管这个网络的速度是快还是慢。实际上，在 IP 互联网中，任何一个能传输数据单元的通信系统均被看做网络（无论该通信系统的特性如何）。因此，大到广域网，小到局域网，甚至两台机器间的点到点连接都被当作网络，IP 互联网平等对待它们。

练 习 题

一、填空题

（1）网络互联的解决方案有两种，一种是________；另一种是________。其中，________是目前主要使用的解决方案。

(2) IP 服务的特点为________、________和________。

二、单项选择题

(1) Internet 使用的互联协议是(　　)。

A. IPX　　B. IP

C. AppleTalk　　D. NetBEUI

(2) 关于 IP 层功能的描述中,错误的是(　　)。

A. 可以屏蔽各个物理网络的差异

B. 可以代替各个物理网络的数据链路层工作

C. 可以隐藏各个物理网络的实现细节

D. 可以为用户提供通用的服务

三、问答题

简述 IP 互联网的主要作用和特点。

第6章　IP地址

学习本章后需要掌握：

- IP地址的作用
- IP地址的层次结构
- 广播地址和网络地址
- 子网编址方法

学习本章后需要动手：

- 规划子网
- 在局域网上划分子网

6.1　IP地址的作用

以太网利用MAC地址(物理地址)标识网络中的一个结点，两个以太网结点的通信需要知道对方的MAC地址。但是以太网并不是唯一的网络，世界上存在着各种各样的网络，这些网络使用的技术不同，使用的物理地址的长度、格式等表示方法也不相同(例如以太网的物理地址采用48位的二进制数表示，而电话网则采用14位的十进制数表示)。因此如何统一结点的地址表示方式、保证信息跨网传输是互联网面临的一大难题。

显然，统一物理地址的表示方法是不现实的，因为物理地址表示方法是和每一种物理网络的具体特性联系在一起的。因此，互联网对各种物理网络地址的“统一”必须通过上层软件完成。确切地说，互联网对各种物理网络地址的“统一”要在IP层完成。

IP协议提供了一种互联网通用的地址格式，该地址由32位的二进制数表示，用于屏蔽各种物理网络的地址差异。IP协议规定的地址叫做IP地址，IP地址由IP地址管理机构进行统一管理和分配，保证互联网上运行的设备(如主机、路由器等)不会产生地址冲突。

在互联网上，IP地址的作用是标识主机(或其他互联网设备)到网络的连接。因为一条网络连接总是与设备上的一个接口联系在一起，所以也可以说IP地址的作用是标识主机(或其他互联网设备)上的接口。通俗地讲，IP地址就是网络连接(或接口)的“名字”。当给出一个IP地址时，我们可以唯一地确定一条连接(或一个接口)。因此，具有多个网络连接(或接口)的互联网设备就应具有多个IP地址。在图6-1中，路由器的两个接口分别与两个不同的网络相连,因此它应该具有两个不同的 IP 地址。多宿主主机(装有多块网卡的主机)由于每块网卡都可以提供一条连接(或一个接口),因此也应该具有多个 IP 地址。

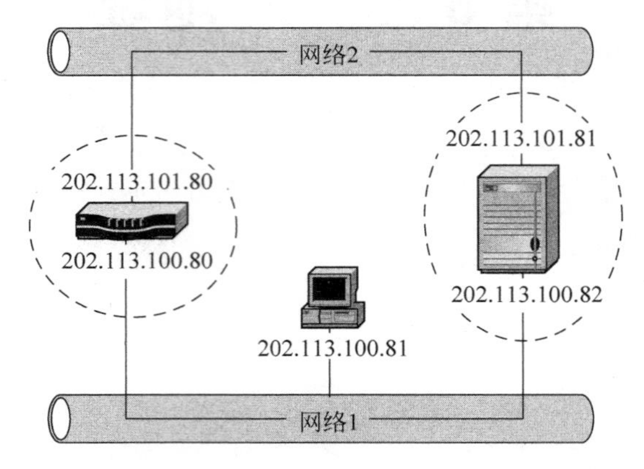

图 6-1　IP 地址的作用是标识网络连接或接口

在实际应用中,可以将多个 IP 地址绑定到一条连接(或一个接口)上,使一条连接(或一个接口)具有多个 IP 地址。这类似于为一条连接(或一个接口)分配多个"名字"。因为通过 IP 地址可以找到相应的接口,通过接口可以找到拥有接口的主机,所以我们有时也用 IP 地址指定一台具体的主机。

6.2　IP 地址的组成

6.2.1　IP 地址的层次结构

一个互联网包括了多个网络,而一个网络又包括了多台主机,因此,互联网是具有层次结构的,如图 6-2 所示。与互联网的层次结构对应,互联网使用的 IP 地址也采用了层次型的结构,如图 6-3 所示。

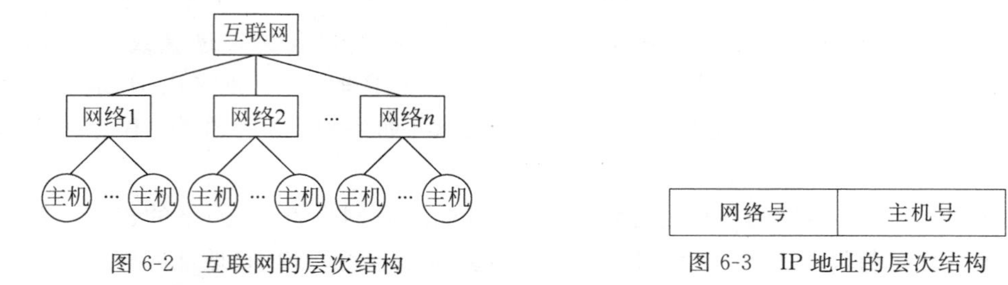

图 6-2　互联网的层次结构　　图 6-3　IP 地址的层次结构

IP 地址由网络号(netid)和主机号(hostid)两个层次组成。网络号用来标识互联网中的一个特定网络,而主机号则用来表示该网络中主机的一个特定连接(或接口)。因此,IP

地址的编址方式明显地携带了位置信息。如果给出一个具体的 IP 地址，马上就能知道它位于哪个网络，这给 IP 互联网的路由选择带来很大好处。

由于 IP 地址不仅包含了主机本身的地址信息，而且还包含了主机所在网络的地址信息，因此在将主机从一个网络移到另一个网络时，主机 IP 地址必须做出修改以正确地反映这个变化。在图 6-4 中，如果具有 IP 地址 202.113.100.81 的主机需要从网络 1 移动到网络 2，那么当它加入网络 2 后，必须为它分配新的 IP 地址（如 202.113.101.66），否则就不可能与互联网上的其他主机正常通信。

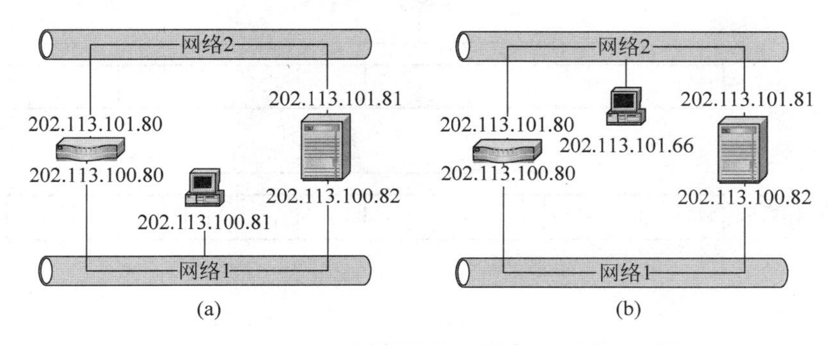

图 6-4 主机在网络间的移动

实际上，IP 地址与生活中的邮件地址非常相似。生活中的邮件地址描述了信件收发人的地理位置，也具有一定的层次结构（如城市、区、街道等）。如果收件人的位置发生变化（如从一个区搬到了另一个区），那么邮件的地址就必须随之改变，否则邮件就不可能送达收件人。

6.2.2 IP 地址的分类

IP 协议规定，IP 地址的长度为 32 位。这 32 位包括了网络号部分（netid）和主机号部分（hostid）。那么，在这 32 位中，哪些位代表网络号，那些位代表主机号呢？这个问题看似简单，意义却很重大，因为当地址长度确定后，网络号长度将决定整个互联网中能包含多少个网络，主机号长度则决定每个网络能容纳多少台主机。

在互联网中，网络数是一个难以确定的因素，而不同种类的网络规模也相差很大。有的网络具有成千上万台主机，而有的网络只有几台主机。为了适应各种网络规模的不同，IP 协议将 IP 地址分成 A、B、C、D 和 E 五类，它们分别使用 IP 地址的前几位加以区分，如图 6-5 所示。从图中可以看到，利用 IP 地址的前四位就可以分辨出它的地址类型。但事实上，只需利用前两位就能做出判断，因为 D 类和 E 类 IP 地址很少使用。

每类地址所包含的网络数与主机数不同，用户可根据网络的规模进行选择。A 类 IP 地址用 7 位表示网络，24 位表示主机，因此，它可以用于大型网络。B 类 IP 地址用于中型规模的网络，它用 14 位表示网络，16 位表示主机。而 C 类 IP 地址仅用 8 位表示主机，21 位用于表示网络，在一个网络中最多只能连接 256 台设备，因此适用于较小规模的网络。最后，D 类 IP 地址用于多目的地址发送，而 E 类则保留为今后使用。

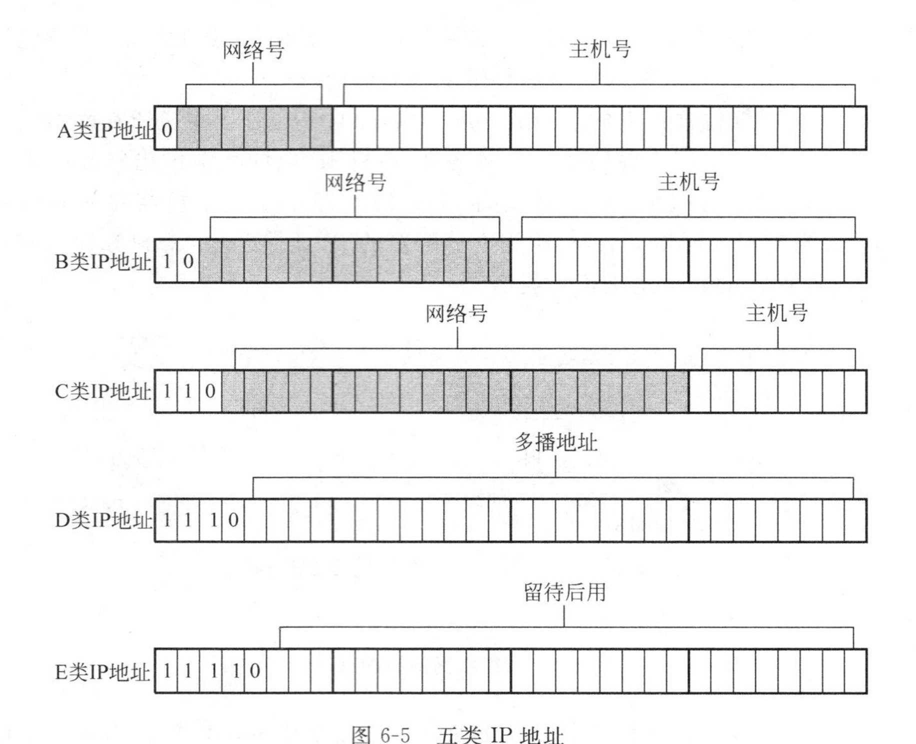

图 6-5 五类 IP 地址

IP 地址的分类是经过精心设计的,它能适应不同的网络规模,具有一定的灵活性。表 6-1 简要地总结了 A、B、C 三类 IP 地址可以容纳的网络数和主机数。

表 6-1 A、B、C 三类 IP 地址可以容纳的网络数和主机数

类别	第一字节范围	网络地址长度	最大的主机数目	适用的网络规模
A	1～126	1 个字节	16 777 214	大型网络
B	128～191	2 个字节	65 534	中型网络
C	192～223	3 个字节	254	小型网络

6.2.3 IP 地址的直观表示法

IP 地址由 32 位二进制数值组成(4 个字节),但为了方便用户的理解和记忆,它采用了点分十进制标记法,即将 4 个字节的二进制数值转换成 4 个十进制数值,每个数值小于等于 255,数值中间用“.”隔开,表示成 w. x. y. z 的形式,如图 6-6 所示。

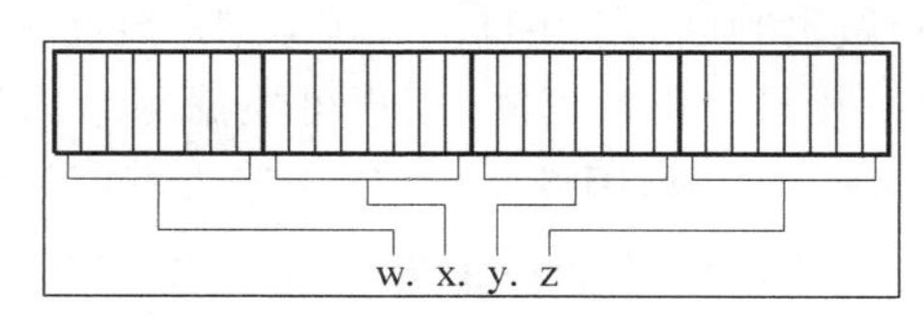

图 6-6 IP 地址的点分十进制标记法

例如，二进制 IP 地址：

字节 1	字节 2	字节 3	字节 4
11001010	01011101	01111000	00101100

用点分十进制表示法可以表示成：202.93.120.44。

202.93.120.44 为一个 C 类 IP 地址，前三个字节为网络号，后一个字节为主机号。

6.3　特殊的 IP 地址形式

IP 地址除了可以标识主机的物理连接外，还有几种特殊的表现形式。

6.3.1　网络地址

在互联网中，经常需要使用网络地址，那么怎么来表示一个网络呢？IP 地址方案规定，网络地址包含了一个有效的网络号和一个全“0”的主机号。例如，在 A 类网络中，地址 113.0.0.0 就表示该网络的网络地址。而一个具有 IP 地址为 202.93.120.44 的主机所处的网络为 202.93.120.0，它的主机号为 44。

6.3.2　广播地址

当一个设备向网络上所有的设备发送数据时，就产生了广播。为了使网络上所有设备能够注意到这样一个广播，必须使用一个可进行识别和侦听的 IP 地址。通常这样的 IP 地址以全“1”结尾。

IP 广播有两种形式，一种叫直接广播；另一种叫有限广播。

1. 直接广播

如果广播地址包含一个有效的网络号和一个全“1”的主机号，那么技术上称之为直接广播(directed broadcasting)地址。在 IP 互联网中，任意一台主机均可向其他网络进行直接广播。

例如，C 类地址 202.93.120.255 就是一个直接广播地址。互联网上的一台主机如果使用该 IP 地址作为数据报的目的 IP 地址，那么 202.93.120.0 网络上的所有主机都应该接收和处理该数据报。

直接广播的一个主要问题是在发送前必须知道目的网络的网络号。

2. 有限广播

32 位全为“1”的 IP 地址(255.255.255.255)用于本网广播，该地址叫做有限广播(limited broadcasting)地址。实际上，有限广播将广播限制在最小的范围内。如果采用标准的IP编址,那么有限广播将被限制在本网络之中;如果采用子网编址(见6.5节),那么有限广播将被限制在本子网之中。

有限广播不需要知道网络号。因此在不知道本机所处的网络时(如主机的启动过程中),主机可以进行有限广播。

6.3.3 回送地址

A类网络地址127.0.0.0是一个保留地址,用于网络软件测试以及本地机器进程间通信。这个IP地址叫做回送地址(loopback address)。无论什么程序,一旦使用回送地址发送数据,协议软件不进行任何网络传输,立即将之返回。因此含有网络号127的数据报不可能出现在任何网络上。

6.4 编址实例

在组网过程中怎么分配IP地址呢?考虑一个大的组织,它建有四个物理网络,现需要通过路由器将这四个物理网络组成专用的IP互联网。

在为每台主机分配IP地址之前,首先需要按照每个物理网络的规模为它们选择IP地址类别。小型网络选择C类地址,中型网络选择B类地址,大型网络选择A类地址。实际上,由于一般物理网络的主机数都不会超过6万台,因此,A类地址很少用到。

在上面所述的专用互联网中,如果3个是小型网络,1个是中型网络,那么可以为3个小型网络分配3个C类地址(如202.113.27.0,202.113.28.0和202.113.29.0),为1个中型网络分配1个B类地址(如128.211.0.0)。图6-7显示了这4个物理网络互联的情况。

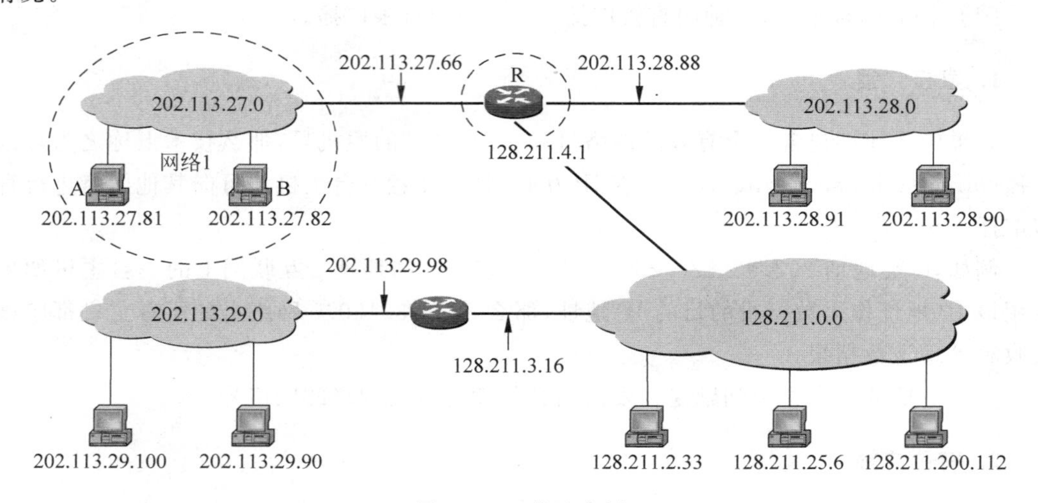

图6-7 IP编址实例

在为互联网上的主机和路由器分配具体 IP 地址时需要注意：

(1) 连接到同一网络中所有主机的 IP 地址共享同一 netid(网络身份标识)。在图 6-7 中，主机 A 和主机 B 都接入了物理“网络 1”，由于“网络 1”分配到的网络地址为 202.113.27.0，因此主机 A 和 B 都应共享 202.113.27.0 这个 netid。

(2) 路由器可以接连接多个物理网络，每个连接都应该拥有自己的 IP 地址，而且该 IP 地址的 netid 应与分配给这个网络的 netid 相同。如图 6-7 所示，由于路由器 R 分别连接 202.113.27.0、202.113.28.0 和 128.211.0.0 三个网络，因此该路由器被分配了 3 个不同的 IP 地址。其中连接“网络 1”的 IP 地址要具有“网络 1”的 netid(202.113.27.0)，而连接其他网络的 IP 地址则必须具有所连网络的 netid。

6.5　子网编址

通过网络号和主机号的层次划分，A、B、C 三类 IP 地址可以适应不同的网络规模。使用 A 类 IP 地址的网络可以容纳 1600 万台主机，而使用 C 类 IP 地址的网络只可以容纳 254 台主机。但是，随着计算机的发展和网络技术的进步，个人计算机应用迅速普及，小型网络(特别是小型局域网络)越来越多。这些网络多则拥有几十台主机，少则拥有两三台主机。对于这样一些小规模网络，即使采用一个 C 类地址仍然是一种浪费(C 类地址可以容纳 254 台主机)，因而在实际应用中，人们开始寻找新的解决方案以克服 IP 地址的浪费现象。其中子网编址就是其中之一。

6.5.1　子网编址方法

我们已经知道，IP 地址具有层次结构，标准的 IP 地址分为网络号和主机号两层。为了避免 IP 地址的浪费，子网编址将 IP 地址的主机号部分进一步划分成子网部分和主机部分，如图 6-8 所示。

为了创建一个子网地址，网络管理员从标准 IP 地址的主机号部分“借”位并把它们指定为子网号部分。只要主机号部分能够剩余两位，子网地址可以借用主机号部分的任何位数(但至少应借用 2 位)。因为 B 类网络的主机号部分只有两个字节，所以最多能够借用 14 位去创建子网。而在 C 类网络中，由于主机号部分只有一个字节，因此最多能够借用 6 位去创建子网。

网络号	主机号		标准 IP
网络号	子网号	主机号	子网 IP

图 6-8　子网编址的层次结构

130.66.0.0 是一个 B 类 IP 地址，它的主机号部分有两个字节。在图 6-9 中，借用了其中的一个字节分配子网。

当然，如果从 IP 地址的主机号部分借用来创建子网，相应子网中的主机数目就会减少。例如一个 C 类网络，它用一个字节表示主机号，可以容纳的主机数为 254 台。当利用这个 C 类网络创建子网时，如果借用 2 位作为子网号，那么可以用剩下的 6 位表示子网

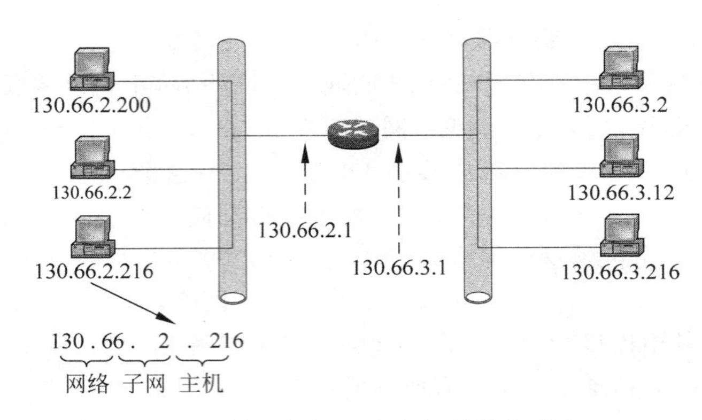

图 6-9 借用标准 IP 的主机号创建子网

中的主机,可以容纳的主机数为 62 台;如果借用 3 位作为子网号,那么仅可以使用剩下的 5 位来表示子网中的主机,可以容纳的主机数也就减少到 30 台。

6.5.2 子网地址和子网广播地址

与标准的 IP 地址相同,子网编址也为子网网络和子网广播保留了地址编号。在子网编址中,以二进制全"0"结尾的 IP 地址用来表示子网,而以二进制全"1"结尾的 IP 地址则为子网广播所保留。

假设有一个网络号为 202.113.26.0 的 C 类网络,我们借用主机号部分的 3 位来划分子网,其中子网号、主机号范围、可容纳的主机数、子网地址、子网广播地址如表 6-2 所示。

表 6-2 对一个 C 类网络进行子网划分

子 网	二进制子网号	二进制主机号范围	十进制主机号范围	可容纳的主机数	子网地址	广播地址
第 1 个子网	001	00000～11111	.32～.63	30	202.113.26.32	202.113.26.63
第 2 个子网	010	00000～11111	.64～.95	30	202.113.26.64	202.113.26.95
第 3 个子网	011	00000～11111	.96～.127	30	202.113.26.96	202.113.26.127
第 4 个子网	100	00000～11111	.128～.159	30	202.113.26.128	202.113.26.159
第 5 个子网	101	00000～11111	.160～.191	30	202.113.26.160	202.113.26.191
第 6 个子网	110	00000～11111	.192～.223	30	202.113.26.192	202.113.26.223

由于这个 C 类地址最后一个字节的 3 位用作划分子网,因此子网中的主机号只能用剩下的 5 位来表达。在这 5 位中,全部为"0"的表示该子网网络,全部为"1"的表示子网广播,其余的可以分配给子网中的主机。

为了与标准的 IP 编址保持一致,二进制全"0"或全"1"的子网号不能分配给实际的子网。在上面的例子中,除"0"和"7"外(二进制"000"和"111"),其他的子网号都可进行分配。

我们知道 32 位全为"1"的 IP 地址(255.255.255.255)为有限广播地址,如果在子网中使用该广播地址,广播将被限制在本子网内。

6.5.3　子网表示法

对于标准的 IP 地址而言，网络的类别可以通过它的前几位进行判定。而对于子网编址来说，机器怎么知道 IP 地址中哪些位表示网络和子网，哪些位表示主机部分呢？通常，可以使用子网掩码法或斜杠标记法对子网进行表示。

1. 子网掩码表示法

子网编址可以使用子网掩码（或称为子网屏蔽码）对子网进行表示。对应 IP 地址的 32 位二进制数值，子网掩码也采用了 32 位二进制数值。IP 协议规定，在子网掩码中，与 IP 地址的网络号和子网号部分相对应的位用“1”表示，与 IP 地址的主机号部分相对应的位用“0”表示。将 IP 地址和它的子网掩码相结合，就可以判断出 IP 地址中哪些位表示网络和子网，哪些位表示主机。

例如，给出一个经过子网编址的 B 类 IP 地址 128.22.25.6，我们并不知道在子网划分时到底借用了几位主机号来表示子网，但是，当给出它的子网掩码 255.255.255.0 后，如图 6-10(a)所示，就可以根据与子网掩码中“1”相对应的位表示网络的规定，得到该子网划分借用了 8 位来表示子网，并且该 IP 地址所处的子网号为 25。

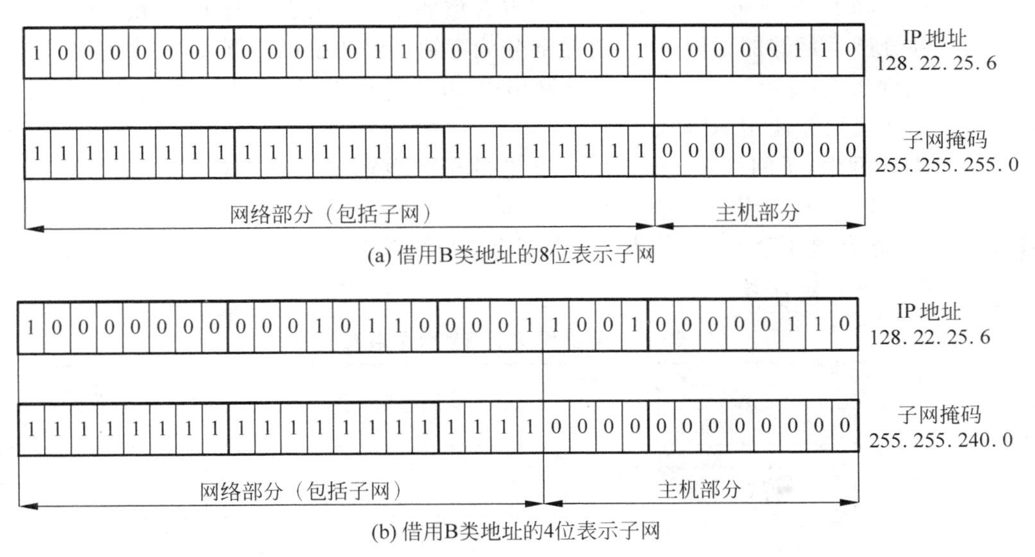

图 6-10　子网掩码

如果借用该 B 类 IP 地址的 4 位主机号来划分子网，如图 6-10(b)所示，那么它的子网掩码为 255.255.240.0，IP 地址 128.22.25.6 所处的子网号为 1。

2. 斜杠标记表示法

在 IP 地址中，通常网络号位于 IP 地址的前部，子网号位于 IP 地址的中部，而主机号位于IP地址的尾部。为此,只要说明前面多少位为网络号部分(包括网络号和子网号),就可以说明IP地址中哪些位为网络号,哪些位为子网号,哪些位为主机号。

斜杠标记表示法采取了标记网络号部分长度的思想。在这种表示法中,我们可以通过“IP地址/n”的方法表示IP地址中哪些位为网络号部分,哪些位为主机号部分。例如在图6-10(a)中,IP地址为128.22.25.6,子网掩码为255.255.255.0的子网地址,按照斜杠标记表示法可以写为128.22.25.6/24。其中,/24表示在32位的IP地址中,前24位为网络号部分(包括网络号和子网号),剩下的8位表示主机号。图6-10(b)中IP地址为128.22.25.6,子网掩码为255.255.240.0的子网地址,按照斜杠标记表示法可以写为128.22.25.6/20。其中,/20表示在32位的IP地址中,前20位为网络号部分,后12位为主机号部分。

6.6 实训:子网规划与划分

6.6.1 子网规划

子网规划和IP地址分配在网络规划中占有重要地位。在选择子网号和主机号中应使子网号部分产生足够的子网,而主机号部分能容纳足够的主机。例如,一个网络被分配了一个C类地址202.113.27.0。如果该网络由20个子网组成,每个子网包含5台主机,那么应该怎样规划和使用IP地址呢?

在C类子网中,子网位数、子网掩码、容纳的子网数和主机数的对应关系如表6-3所示。从表中可以看出,子网位数为5位,子网掩码为255.255.255.248,可以产生30个子网,每个子网能容纳6台主机,满足本例中要有20个子网、每个子网5台主机的要求,因此可以采取如下规划方案。

表6-3 C类网络子网划分关系表

子网位数	子网掩码	子网数	主机数
2	255.255.255.192	2	62
3	255.255.255.224	6	30
4	255.255.255.240	14	14
5	255.255.255.248	30	6
6	255.255.255.252	62	2

如果选择B类子网,可以按照表6-4所描述的子网位数、子网掩码、可容纳的子网数和主机数对应关系进行子网规划和划分。

需要注意的是,进行子网互联的路由器也需要占用有效的IP地址,因此在计算网络中(或子网中)需要使用的IP数时,不要忘记连接该网络(或子网)的路由器。在图6-11中,尽管“子网3”只有3台主机,但由于两个路由器分别有一条连接线与该网相连,因此该子网至少需要5个有效的IP地址。

表 6-4　B 类网络子网划分关系表

子网位数	子 网 掩 码	子网数	主机数
2	255.255.192.0	2	16 382
3	255.255.224.0	6	8190
4	255.255.240.0	14	4094
5	255.255.248.0	30	2046
6	255.255.252.0	62	1022
7	255.255.254.0	126	510
8	255.255.255.0	254	254
9	255.255.255.128	510	126
10	255.255.255.192	1022	62
11	255.255.255.224	2046	30
12	255.255.255.240	4094	14
13	255.255.255.248	8190	6
14	255.255.255.252	16 382	2

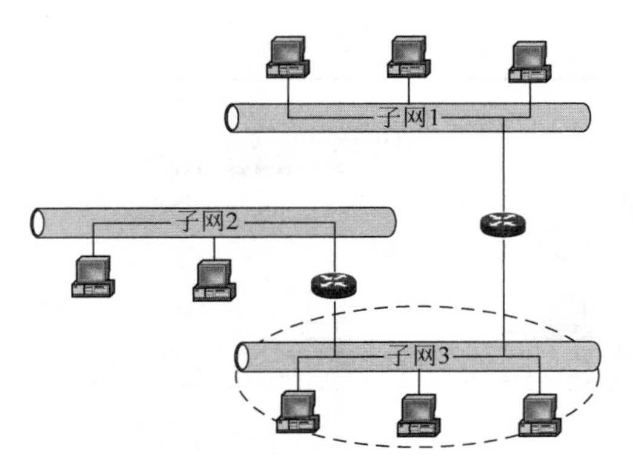

图 6-11　路由器的每个连接也需要占用有效的 IP

6.6.2　在局域网上划分子网

尽管子网编址的初衷是为了避免小型或微型网络浪费 IP 地址，但是有时候将一个大规模的物理网络划分成几个小规模的子网是有益的。由于各个子网在逻辑上是独立的，因此没有路由器的转发，子网之间的主机不能相互收发 IP 数据报，尽管这些主机可能处于同一个物理网络中。

在前面的实训中，我们已经组装了一个以太网。现在，以 3 台或 4 台计算机为一组，将组装好的以太网在逻辑上划分成多个子网。

本次实训可以采用 192.168.1.0 作为网络地址。最简单的子网划分方法就是利用最后一个字节前 4 位作为子网地址，后 4 位作为主机地址。这样，子网掩码为 255.255.255.240，子网号可以在 1～14 之间选择，而每个子网中的主机号从 1 开始直到 14。表 6-5 给出了这个 C 类子网在掩码为 255.255.255.240 时的地址分配表，图 6-12 给出了按照这种方案进行子网划分的具体例子。

表 6-5　192.168.1.0 在掩码为 255.255.255.240 时的地址分配表

子网	子网掩码	IP 地址范围	子网地址	直接广播	有限广播
1	255.255.255.240	192.168.1.17 ～ .30	192.168.1.16	192.168.1.31	255.255.255.255
2	255.255.255.240	192.168.1.33 ～ .46	192.168.1.32	192.168.1.47	255.255.255.255
3	255.255.255.240	192.168.1.49 ～ .62	192.168.1.48	192.168.1.63	255.255.255.255
4	255.255.255.240	192.168.1.65 ～ .78	192.168.1.64	192.168.1.79	255.255.255.255
5	255.255.255.240	192.168.1.81 ～ .94	192.168.1.80	192.168.1.95	255.255.255.255
6	255.255.255.240	192.168.1.97 ～ .110	192.168.1.96	192.168.1.111	255.255.255.255
7	255.255.255.240	192.168.1.113 ～ .126	192.168.1.112	192.168.1.127	255.255.255.255
8	255.255.255.240	192.168.1.129 ～ .142	192.168.1.128	192.168.1.143	255.255.255.255
9	255.255.255.240	192.168.1.145 ～ .158	192.168.1.144	192.168.1.159	255.255.255.255
10	255.255.255.240	192.168.1.161 ～ .174	192.168.1.160	192.168.1.175	255.255.255.255
11	255.255.255.240	192.168.1.177 ～ .190	192.168.1.176	192.168.1.191	255.255.255.255
12	255.255.255.240	192.168.1.193 ～ .206	192.168.1.192	192.168.1.207	255.255.255.255
13	255.255.255.240	192.168.1.209 ～ .222	192.168.1.208	192.168.1.223	255.255.255.255
14	255.255.255.240	192.168.1.225 ～ .238	192.168.1.224	192.168.1.239	255.255.255.255

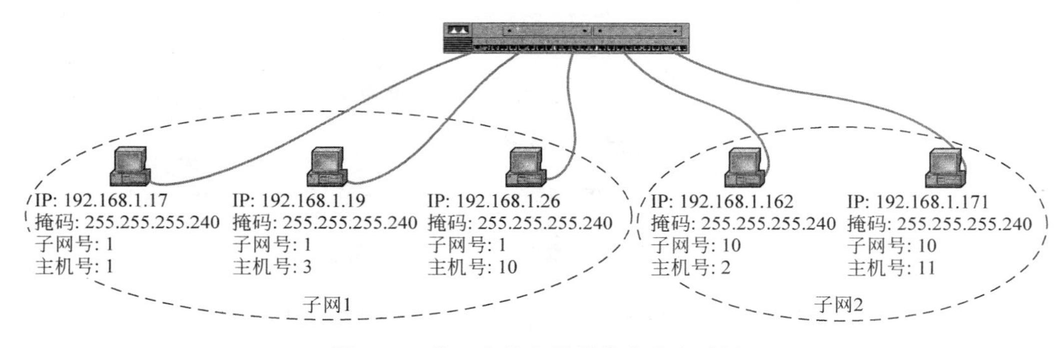

图 6-12　将一个以太网划分成多个子网

在子网划分方案定好后,我们可以动手修改计算机的配置。配置方法如下:

(1) 启动 Windows 2003 Server,通过"开始→控制面板→网络连接→本地连接→属性"功能进入"本地连接 属性"对话框,如图 6-13 所示。

(2) 选中"此连接使用下列项目"列表中的"Internet 协议(TCP/IP)",单击"属性"按钮,打开"Internet 协议(TCP/IP) 属性"对话框进行 TCP/IP 配置,如图 6-14 所示。

(3) 按照图 6-12 给出的 IP 地址分配方案,修改计算机原有的 IP 地址配置,将正确的 IP 地址和子网掩码分别填入"IP 地址"和"子网掩码"文本框,如图 6-15 所示。单击"确定"按钮,返回"本地连接 属性"对话框。

(4) 通过单击"本地连接 属性"对话框中的"确定"按钮,完成 IP 地址的修改和配置。

在 Windows 系统中,可以利用 ipconfig 命令获得和显示主机的 IP 地址、子网掩码等配置信息。ipconfig 需要在命令行界面下运行,其运行界面和结果如图 6-16 所示。

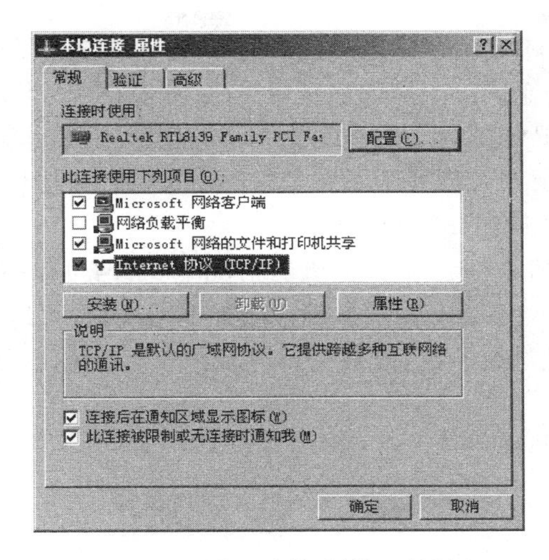

图 6-13　“本地连接 属性”对话框

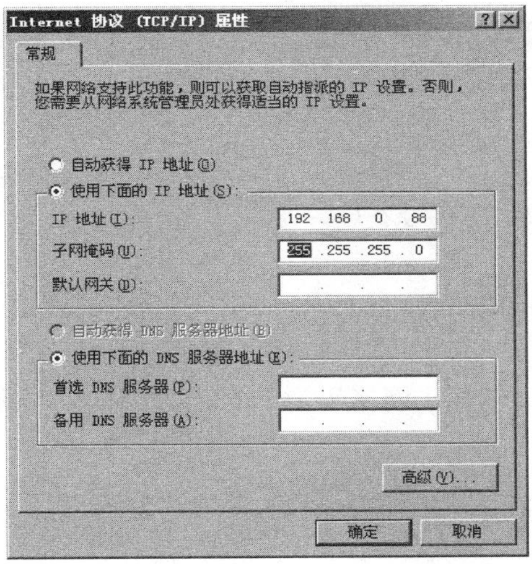

图 6-14　“Internet 协议(TCP/IP) 属性”对话框

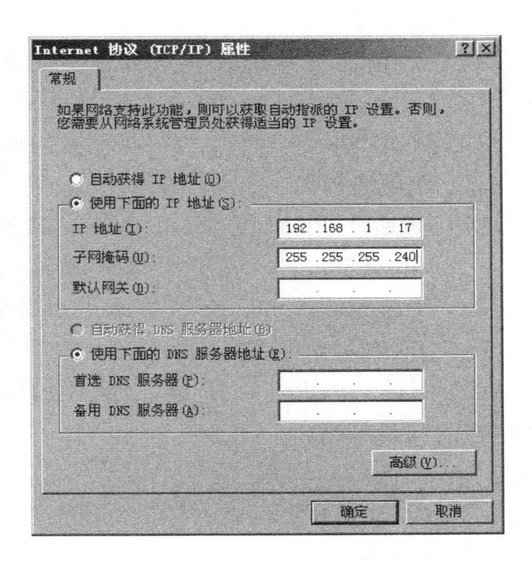

图 6-15　配置 IP 地址和子网掩码

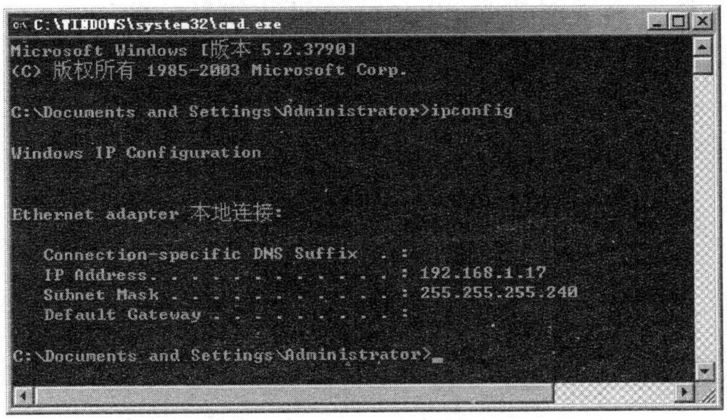

图 6-16　利用 ipconfig 命令显示网络配置

ping命令依然是测试子网的划分、IP分配和计算机配置是否正确的重要工具。用一台主机去ping与自己处于同一子网的另一台主机(如利用IP地址为192.168.1.17的主机去用ping命令测试IP地址为192.168.1.19的主机),观察ping命令输出的结果;然后,再用这台主机去ping与自己处于不同子网的主机(如IP地址为192.168.1.162的主机),观察ping命令的输出结果有何变化。

在保证每个子网能容纳3至4台主机的情况下,子网可以按照多种方法进行划分。实训中你可以对C类子网192.168.1.0重新进行子网规划,写出它的地址分配表并通过重新配置主机的IP地址进行验证,以加深对IP地址、子网掩码、子网规划等IP编址问题的理解。

练　习　题

一、填空题

(1) IP地址由网络号和主机号两部分组成,其中网络号表示________,主机号表示________。

(2) IP地址由________位二进制数组成。

二、单项选择题

(1) IP地址205.140.36.88的哪一部分表示主机号?(　　)

A. 205　　B. 205.140　　C. 88　　D. 36.88

(2) IP地址129.66.51.37的哪一部分表示网络号?(　　)

A. 129.66　　B. 129　　C. 192.66.51　　D. 37

(3) 假设一个主机的IP地址为192.168.5.121,子网掩码为255.255.255.248,那么该主机的网络号为(　　)。

A. 192.168.5.12　　B. 192.168.5.121

C. 192.168.5.120　　D. 192.168.5.32

三、实训题

现需要对一个局域网进行子网划分,其中,第一个子网包含2台计算机,第二个子网包含260台计算机,第三个子网包含62台计算机。如果分配给该局域网一个B类地址128.168.0.0,请写出你的IP地址分配方案,并在组建的局域网上验证方案的正确性。

第 7 章　地址解析协议 ARP

学习本章后需要掌握：

- ❑ 为什么要使用 ARP
- ❑ ARP 的基本原理
- ❑ ARP 的改进技术

学习本章后需要动手：

- ❑ 显示主机的 ARP 表
- ❑ 添加和删除 ARP 表项

在互联网中，IP 地址能够屏蔽各个物理网络地址的差异，为上层用户提供"统一"的地址形式。但是这种"统一"是通过在物理网络上覆盖一层 IP 软件实现的，互联网并不对物理地址做任何修改。高层软件通过 IP 地址指定源地址和目的地址，而低层的物理网络通过物理地址发送和接收信息。

考虑一个网络上的两台主机 A 和 B，它们的 IP 地址分别为 I_A 和 I_B，物理地址为 P_A 和 P_B。在主机 A 需要将信息传送到主机 B 时，它使用 I_A 和 I_B 作为它的源地址和目的地址。但是，信息最终的传递必须利用下层的物理地址 P_A 和 P_B 实现。那么，主机 A 怎么将主机 B 的 IP 地址 I_B 映射到它的物理地址 P_B 上呢？

将 IP 地址映射到物理地址的实现方法有多种（例如静态表格、直接映射等），每种网络都可以根据自身的特点选择适合于自己的映射方法。地址解析协议 ARP（address resolution protocol）是以太网经常使用的映射方法，它充分利用了以太网的广播能力，将 IP 地址与物理地址进行动态联编（dynamic binding）。

7.1　ARP 协议的基本思想

以太网具有强大的广播能力。针对这种具备广播能力、物理地址位数长但长度固定的网络，通常可以采用动态联编方式进行 IP 地址到物理地址的映射。ARP 协议是一种最常用的动态联编协议，可以将 IP 地址映射为物理地址。

假定在一个以太网中，主机 A 欲获得主机 B 的 IP 地址 I_B 与 MAC 地址 P_B 的映射关系。ARP 协议的工作过程如图 7-1 所示。

(1) 主机 A 广播一个带有 I_B 的请求信息包，请求主机 B 用它的 IP 地址 I_B 和 MAC 地址 P_B 的映射关系进行响应。

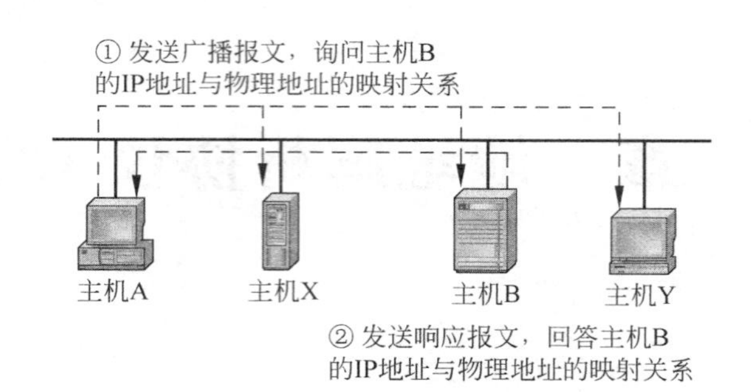
① 发送广播报文，询问主机B
的IP地址与物理地址的映射关系
主机A
主机X
主机B
主机Y
② 发送响应报文，回答主机B
的IP地址与物理地址的映射关系

图 7-1 ARP 协议的基本思想

(2) 以太网上的所有主机接收到这个请求信息(包括主机 B 在内)。

(3) 主机 B 识别该请求信息,并向主机 A 发送带有自己的 IP 地址 I_B 和 MAC 地址 P_B 映射关系的响应信息包。

(4) 主机 A 得到 I_B 与 P_B 的映射关系,并可以在随后的发送过程中使用该映射关系。

7.2 ARP 协议的改进

ARP 请求信息和响应信息的频繁发送和接收必然对网络的效率产生影响。为了提高效率,ARP 可以采用以下改进技术。

1. 高速缓存技术(caching)

在每台使用 ARP 的主机中保留了一个专用的高速缓存区(cache),用于保存已知的 ARP 表项。一旦收到 ARP 应答,主机就将获得的 IP 地址与物理地址的映射关系存入高速 cache 的 ARP 表中。当发送信息时,主机首先到高速 cache 的 ARP 表中查找相应的映射关系,若找不到,再利用 ARP 进行地址解析。利用高速缓存技术,主机不必为每个发送的 IP 数据报使用 ARP 协议,这样就可以减少网络流量,提高处理的效率。

主机的物理地址通常存储在网卡上,一旦网卡从一台主机换到另一台主机,其 IP 地址与物理地址的对应关系也就发生了变化。为了保证主机中 ARP 表的正确性,ARP 表必须经常更新。为此,ARP 表中的每一个表项都被分配了一个计时器,一旦某个表项超过了计时时限,主机就会自动将它删除,以保证 ARP 表的有效性。

实验表明,由于多数网络通信都需要持续发送多个信息包,因此即使高速缓存区保存一个小的 ARP 表也可以大大提高 ARP 的效率。

2. 其他改进技术

为了提高网络效率,有些软件在 ARP 实现过程中还采取了以下措施。

- 主机在发送 ARP 请求时,信息包中包含了自己的 IP 地址与物理地址的映射关系。这样,目的主机可以将该映射关系存储在自己的 ARP 表中,以备随后使用。

由于主机之间的通信一般是相互的，因此当主机 A 发送信息到主机 B 后，主机 B 通常需要做出回应。利用这种 ARP 改进技术，可以防止目的主机紧接着为解析源主机的 IP 地址与物理地址的映射关系而再来一次 ARP 请求。

- 由于 ARP 请求是通过广播发送的，因此网络中的所有主机都会收到源主机的 IP 地址与物理地址的映射关系。于是，它们可以将该 IP 地址与物理地址的映射关系存入各自的高速缓存区中，以备将来使用。
- 网络中的主机在启动时，可以主动广播自己的 IP 地址与物理地址的映射关系，以尽量避免其他主机对它进行 ARP 请求。

7.3　完整的 ARP 工作过程

假设以太网上有 4 台主机，它们分别是主机 A、B、X 和 Y，如图 7-2 所示。现在，主机 A 的应用程序需要和主机 B 的应用程序交换数据。在主机 A 发送信息前，必须首先得到主机 B 的 IP 地址与 MAC 地址的映射关系。一个完整的 ARP 软件的工作过程如下：

（1）主机 A 检查自己高速 cache 中的 ARP 表，判断 ARP 表中是否存有主机 B 的 IP 地址与 MAC 地址的映射关系。如果找到，则完成 ARP 地址解析；如果没有找到，则转至下一步。

（2）主机 A 广播含有自身 IP 地址与 MAC 地址映射关系的请求信息包，请求解析主机 B 的 IP 地址与 MAC 地址映射关系。

（3）包括主机 B 在内的所有主机接收到主机 A 的请求信息，然后将主机 A 的 IP 地址与 MAC 地址的映射关系存入各自的 ARP 表中。

（4）主机 B 发送 ARP 响应信息，通知自己的 IP 地址与 MAC 地址的对应关系。

（5）主机 A 收到主机 B 的响应信息，并将主机 B 的 IP 地址与 MAC 地址的映射关系存入自己的 ARP 表中，从而完成主机 B 的 ARP 地址解析。

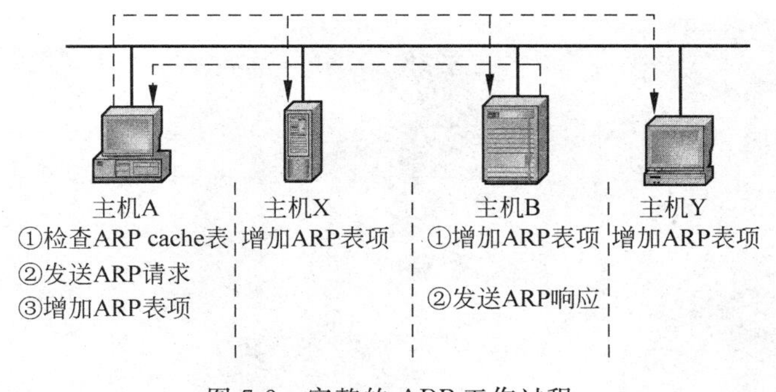

图 7-2　完整的 ARP 工作过程

当主机 A 得到主机 B 的 IP 地址与 MAC 地址的映射关系后，主机 A 就可以顺利地与主机 B 进行通信。在整个 ARP 工作期间，不但主机 A 得到了主机 B 的 IP 地址与 MAC 地址的映射关系，而且主机 B、X 和 Y 也都得到了主机 A 的 IP 地址与 MAC 地址的映射关系。如果主机B的应用程序需要立刻返回数据给主机A的应用程序,那么主机B不必再次执行上面描述的ARP请求过程。

网络互联离不开路由器,如果一个网络(如以太网)利用ARP协议进行地址解析,那么与这个网络相连的路由器也应该实现ARP协议。

7.4 实训:arp命令的使用

多数网络操作系统(包括Windows 2003)都内置了一个arp命令,用于查看、添加和删除高速缓存区中的ARP表项。

在Windows 2003中,高速缓存(cache)中的ARP表可以包含动态表项和静态表项。动态表项随时间推移自动添加和删除,而静态表项则一直保留在高速缓存中,直到人为删除或重新启动主机为止。

在ARP表中,每个动态表项的潜在生命周期是十分钟。新表项加入时定时器开始计时,如果某个表项添加后两分钟内没有被再次使用,则此表项过期并从ARP表中删除。如果某个表项被再次使用,则该表项又收到两分钟的生命周期。如果某个表项始终在使用,则它的最长生命周期为十分钟。

7.4.1 显示高速缓存中的ARP表

显示高速缓存(cache)中的ARP表可以使用"arp -a"命令,因为ARP表在没有进行手工配置之前通常为动态ARP表项,所以表项的变动较大,"arp -a"命令输出的结果有时也相差很多。如果高速缓存中的ARP表项为空,则"arp -a"命令输出的结果为"No ARP Entries Found";如果ARP表中存在IP地址与MAC地址的映射关系,则"arp -a"命令显示该映射关系,如图7-3所示。

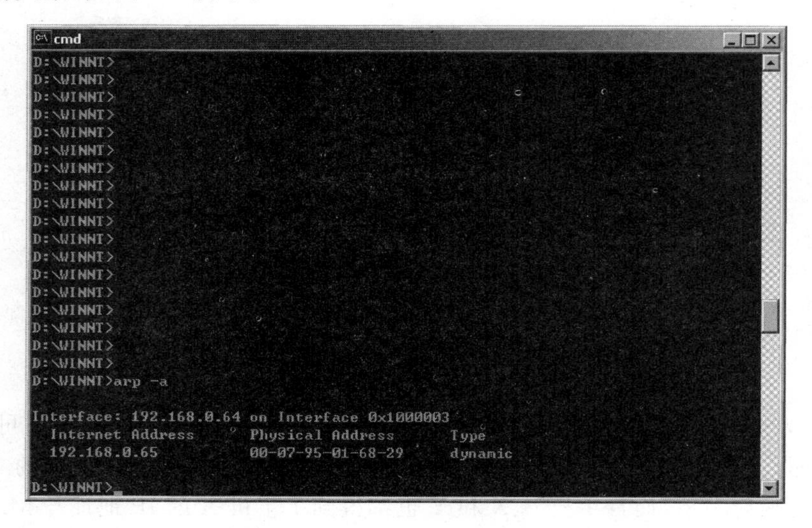

图7-3 利用"arp -a"命令显示高速cache中的ARP表

也许你所希望看到的 IP 地址与 MAC 地址的映射关系并没有包含在 ARP 表中，没关系，你可以使用下面简单的办法将这个映射关系加入到该表中。因为主机在向一个站点发送信息之前必须得到目的站点 IP 地址与 MAC 地址的映射关系，所以可以利用 ping 命令向一个站点发送信息方法，将这个站点 IP 地址与 MAC 地址的映射关系加入到 ARP 表中。图 7-4 显示了使用“ping 192.168.0.100”之后 ARP 表项的变化情况。

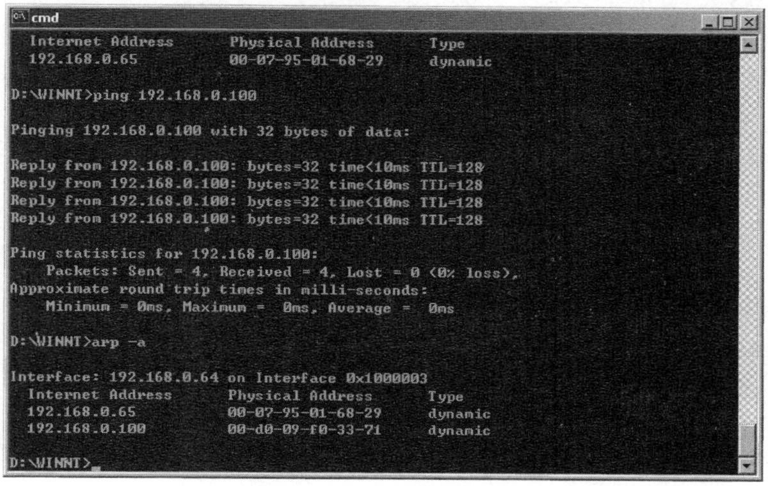

```
cmd
  Internet Address      Physical Address      Type
  192.168.0.65          00-07-95-01-68-29     dynamic

D:\WINNT>ping 192.168.0.100

Pinging 192.168.0.100 with 32 bytes of data:

Reply from 192.168.0.100: bytes=32 time<10ms TTL=128
Reply from 192.168.0.100: bytes=32 time<10ms TTL=128
Reply from 192.168.0.100: bytes=32 time<10ms TTL=128
Reply from 192.168.0.100: bytes=32 time<10ms TTL=128

Ping statistics for 192.168.0.100:
    Packets: Sent = 4, Received = 4, Lost = 0 (0% loss),
Approximate round trip times in milli-seconds:
    Minimum = 0ms, Maximum =  0ms, Average =  0ms

D:\WINNT>arp -a

Interface: 192.168.0.64 on Interface 0x1000003
  Internet Address      Physical Address      Type
  192.168.0.65          00-07-95-01-68-29     dynamic
  192.168.0.100         00-d0-09-f0-33-71     dynamic

D:\WINNT>
```

图 7-4　利用 ping 命令将一个站点的 IP 地址与 MAC 地址的映射关系加入 ARP 表

7.4.2　添加 ARP 静态表项

存储在高速 cache 中的 ARP 表既可以有动态表项也可以有静态表项。通过“arp -s inet_addr eth_addr”命令，可以将 IP 地址与 MAC 地址的映射关系手工加入到 ARP 表中。其中，“inet_addr”为 IP 地址，“eth_addr”为与其相对应的 MAC 地址。通过“arp -s”命令加入的表项是静态表项，系统不会自动将它从 ARP 表中删除。如果要移除静态 ARP 表项，可以使用 ARP 表项手动删除命令或重新启动计算机。图 7-5 利用“arp -s 192.168.0.100 00-d0-09-f0-33-71”在 ARP 表中添加了一个表项。通过“arp -a”命令可以看到，该表项是静态的(static)而不是动态的(dynamic)。

在人为增加 ARP 表项时，一定要确保 IP 地址与 MAC 地址对应关系的正确性，否则将导致发送失败。可以利用“arp -s”命令增加一条错误的 IP 地址与 MAC 地址映射信息，再通过 ping 命令判断该主机是否能够正确向目的主机发送信息。

7.4.3　删除 ARP 表项

无论是动态表项还是静态表项，都可以通过“arp -d inet_addr”命令删除，其中“inet_addr”为该表项的 IP 地址。如果要删除 ARP 表中的所有表项，也可以使用“ * ”代替具体的 IP 地址。图 7-6 给出了“arp -d”命令的具体事例，并利用“arp -a”显示了运行“arp -d”

命令后 ARP 表的具体变化情况。

```
cmd
D:\WINNT>arp -a

Interface: 192.168.0.64 on Interface 0x1000003
  Internet Address      Physical Address      Type
  192.168.0.65          00-07-95-01-68-29     dynamic

D:\WINNT>arp -s 192.168.0.100 00-d0-09-f0-33-71

D:\WINNT>arp -a

Interface: 192.168.0.64 on Interface 0x1000003
  Internet Address      Physical Address      Type
  192.168.0.65          00-07-95-01-68-29     dynamic
  192.168.0.100         00-d0-09-f0-33-71     static

D:\WINNT>ping 192.168.0.100

Pinging 192.168.0.100 with 32 bytes of data:

Reply from 192.168.0.100: bytes=32 time<10ms TTL=128
Reply from 192.168.0.100: bytes=32 time<10ms TTL=128
Reply from 192.168.0.100: bytes=32 time<10ms TTL=128
Reply from 192.168.0.100: bytes=32 time<10ms TTL=128

Ping statistics for 192.168.0.100:
    Packets: Sent = 4, Received = 4, Lost = 0 (0% loss),
Approximate round trip times in milli-seconds:
    Minimum = 0ms, Maximum =  0ms, Average =  0ms

D:\WINNT>_
```

图 7-5　利用“arp -s”命令添加静态表项

```
cmd
D:\WINNT>
D:\WINNT>
D:\WINNT>
D:\WINNT>
D:\WINNT>arp -a

Interface: 192.168.0.64 on Interface 0x1000003
  Internet Address      Physical Address      Type
  192.168.0.65          00-07-95-01-68-29     dynamic
  192.168.0.100         00-d0-09-f0-33-71     dynamic

D:\WINNT>arp -d 192.168.0.100

D:\WINNT>arp -a

Interface: 192.168.0.64 on Interface 0x1000003
  Internet Address      Physical Address      Type
  192.168.0.65          00-07-95-01-68-29     dynamic

D:\WINNT>arp -d *

D:\WINNT>arp -a
No ARP Entries Found

D:\WINNT>
```

图 7-6　利用“arp -d”命令删除 ARP 表项

练　习　题

一、填空题

(1) 以太网利用________协议获得目的主机 IP 地址与 MAC 地址的映射关系。

(2) 为高速缓冲区中的每一个 ARP 表项分配定时器的主要目的是________。

二、单项选择题

(1) 关于高速缓存区中的ARP表,以下哪种说法是错误的?(　　)

A. 它是由人工建立的　　B. 它是由主机自动建立的

C. 它是动态的　　D. 它保存了IP地址与物理地址的映射关系

(2) 下列哪种情况需要启动ARP请求?(　　)

A. 主机需要接收信息,ARP表中没有源IP地址与MAC地址的映射关系

B. 主机需要接收信息,ARP表中已经具有源IP地址与MAC地址的映射关系

C. 主机需要发送信息,ARP表中没有目的IP地址与MAC地址的映射关系

D. 主机需要发送信息,ARP表中已经具有目的IP地址与MAC地址的映射关系

三、实训题

为了提高ARP的解析效率,可以使用多种改进技术。想一想是否所有的主机必须使用同样的改进技术ARP才能正常工作?制订一个实验方案,观察和判断Windows 2003 Server实现了哪些ARP改进方案。

第 8 章　IP 数据报

学习本章后需要掌握：

- ❑ IP 数据报的格式及主要字段的功能
- ❑ IP 数据报的分片与重组
- ❑ 源路由、记录路由及时间戳选项
- ❑ ICMP 的主要功能

学习本章后需要动手：

- ❑ 剖析 ping 命令
- ❑ 使用 ping 命令及其选项

IP 数据报(datagram)是 IP 协议使用的数据单元。在 IP 层，数据和控制信息都需要封装成 IP 数据报才能进行传递。

8.1　IP 数据报的格式

IP 数据报的格式可以分为报头区和数据区两大部分，其中数据区包含高层需要传输的数据，而报头区是为了正确传输高层数据而增加的控制信息。图 8-1 给出了 IP 数据报的具体格式。

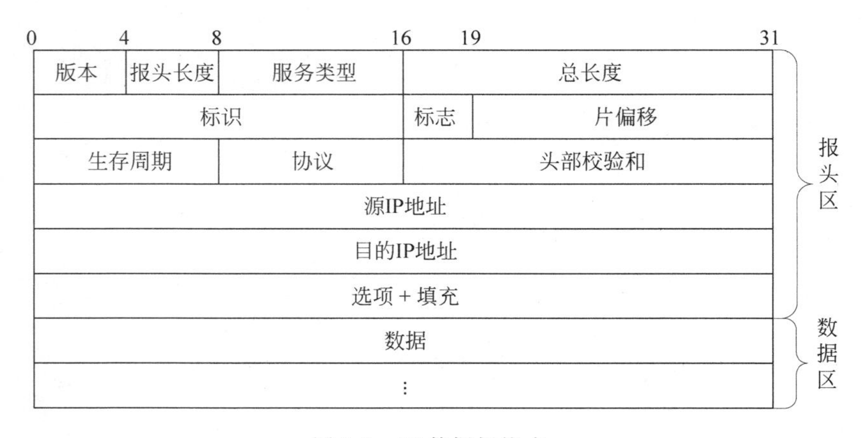

图 8-1　IP 数据报格式

下面介绍报头中各主要字段的功能。

报头区包含了源 IP 地址、目的 IP 地址等控制信息，下面分别介绍各主要字段的功能。

1. 版本与协议类型

在 IP 报头中，版本字段表示该数据报对应的 IP 协议版本号。不同 IP 协议版本规定的数据报格式稍有不同，目前主要使用的 IP 协议版本号为“4”。为了避免错误解释报文格式和内容，所有 IP 软件在处理数据报之前都必须检查版本号，以确保版本正确。

协议字段表示该数据报数据区数据的高级协议类型（如 TCP），用于指明数据区数据的格式。

2. 长度

报头中有两个表示长度的字段，一个为报头长度；一个为总长度。

报头长度以 32 位双字为单位，指出该报头区的长度。在没有选项和填充的情况下，该值为“5”。一个含有选项的报头长度取决于选项域的长度。但是，报头长度应当是 32 位的整数倍，如果不是，需在填充域加 0 凑齐。

总长度以 8 位字节为单位，表示整个 IP 数据报的长度（其中包含头部长度和数据区长度）。

3. 服务类型

服务类型字段指定中途转发路由器对本数据报的处理方式。利用该字段，发送端可以为 IP 数据报分配一个转发优先级，并可以要求中途转发路由器尽量使用低延迟、高吞吐率或高可靠性的线路投递。但是，中途的路由器能否按照 IP 数据报要求的服务类型进行处理，则依赖于路由器的实现方法和底层物理网络技术。

4. 生存周期

在路由选择过程中，每个路由器具有其独立性，因此从源主机到目的主机的传输延迟也具有随机性。如果路由表发生错误，数据报有可能进入一条循环路径，无休止地在网络中流动。为了有效地防止这一情况的发生，IP 报头中设置了生存周期字段。在 IP 数据报转发过程中，“生存周期”域随时间而递减。在该域为“0”时，报文将被删除，从而避免死循环的发生。

5. 头部校验和

头部校验和用于保证 IP 数据报报头的完整性。需要注意，在 IP 数据报中只含有报头校验字段，而没有数据区校验字段。这样做的最大好处是可以节约路由器处理 IP 数据报的时间，并允许不同的上层协议选择自己的数据校验方法。

6. 地址

在 IP 数据报报头中，源 IP 地址和目的 IP 地址分别表示该 IP 数据报的发送者和接收者。在整个数据报传输过程中,无论经过什么路由,无论如何分片,此两字段一直保持不变。

8.2 IP封装、分片与重组

因为IP数据报可以在互联网上传输,所以它可能要跨越多个网络。作为一种高层网络数据,IP数据报最终也需要封装成帧进行传输。图8-2显示了一个IP数据报从源主机至目的主机被多次封装和解封装的过程。

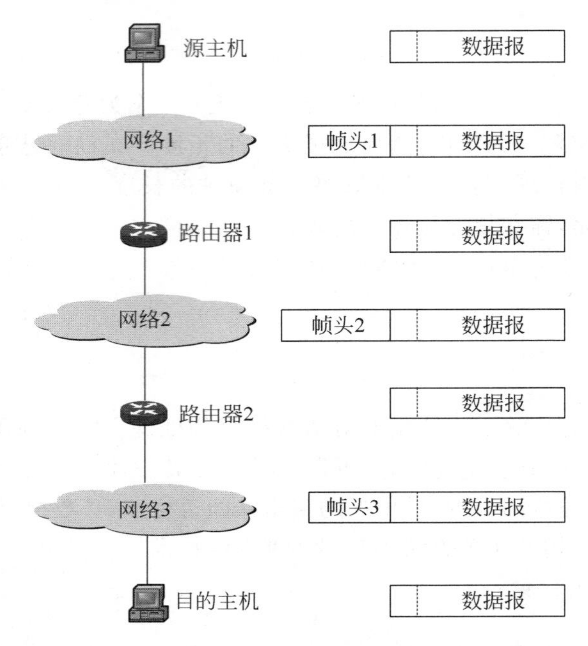

图8-2 IP数据报在各个网络中被重新封装

从图8-2中可以看出,主机和路由器只在内存中保留了整个IP数据报而没有附加的帧头信息。只有在通过一个物理网络时,IP数据报才会被封装进一个合适的帧中。帧头的大小依赖于相应的网络技术。例如,如果网络1是一个以太网,帧1有一个以太网头部;如果网络2是一个FDDI环网,则帧2有一个FDDI头部。需要注意,在数据报通过互联网的整个过程中,帧头并没有累积起来。当数据报到达它的最终目的地时,数据报的大小与其最初发送时是一样的。

8.2.1 MTU与分片

根据网络使用的技术不同,每种网络都规定了一个帧最多能够携带的数据量,这一限制称为最大传输单元(maximum transmission unit,MTU)。因此,当IP数据报的长度小于或等于网络的 MTU 时，封装后的数据帧才能在这个网络中进行传输。

互联网可以包含各种各样的异构网络，一个路由器也可以连接具有不同 MTU 值的多个网络，能从一个网络上接收 IP 数据报并不意味着一定能在另一个网络上直接发送该数据报。在图 8-3 中，一个路由器连接连了两个网络，其中一个网络的 MTU 为 1500 字节，另一个为 1000 字节。

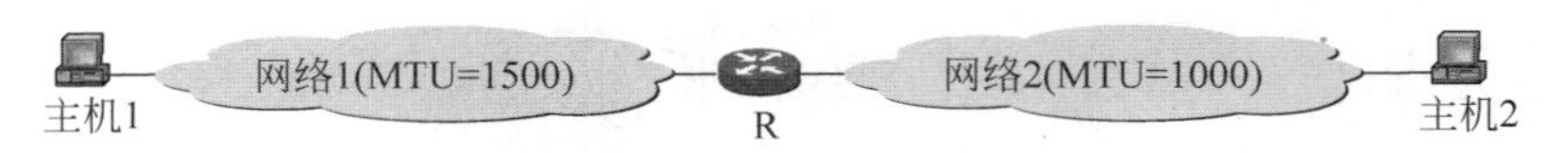

图 8-3　路由器连接具有不同 MTU 的网络

主机 1 连接着 MTU 值为 1500 的网络 1，因此每次传送 IP 数据报字节数不超过 1500 字节。而主机 2 连接着 MTU 值为 1000 的网络 2，因此主机 2 可以传送的 IP 数据报最大尺寸为 1000 字节。在主机 1 需要将一个 1400 字节的数据报发送给主机 2 时，路由器 R 尽管能够收到主机 1 发送的数据报却不能在网络 2 上直接转发它。

为了解决这一问题，IP 互联网通常采用分片与重组技术。当一个数据报的尺寸大于将发往网络的 MTU 值时，路由器会将 IP 数据报分成若干较小的部分，称为分片，然后再将每片独立地进行发送。

与未分片的 IP 数据报相同，分片后的数据报也由报头区和数据区两部分构成，而且除一些分片控制域（如标志域、片偏移域）之外，分片的报头与原 IP 数据报的报头非常相似，如图 8-4 所示。

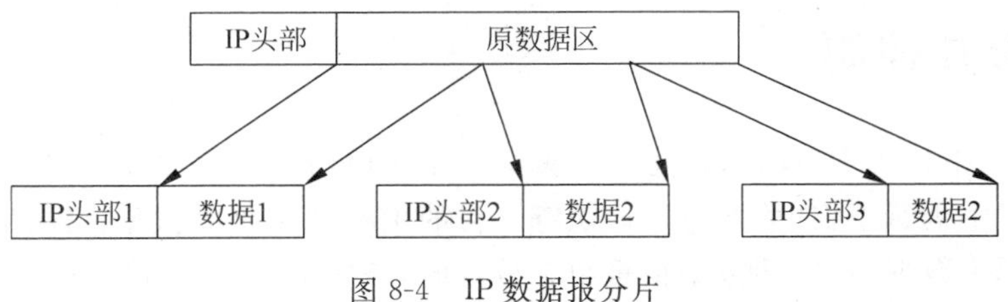

图 8-4　IP 数据报分片

一旦进行分片，每片都可以像正常的 IP 数据报一样经过独立的路由选择等处理过程，最终到达目的主机。

8.2.2　重组

在接收到所有分片后，主机对分片进行重新组装的过程叫做 IP 数据报重组。IP 协议规定，只有最终的目的主机才可以对分片进行重组。这样做有两大好处，首先，在目的主机进行重组减少了路由器的计算量。当转发一个 IP 数据报时，路由器不需要知道它是不是一个分片；其次，路由器可以为每个分片独立选路，每个分片到达目的地所经过的路径可以不同。图 8-5 显示了一个 IP 数据报分片、传输及重组的过程。

如果主机 A 需要发送一个 1400 字节长的 IP 数据报到主机 B，那么该数据报首先经过网络 1 到达路由器 R1。由于网络 2 的 MTU＝1000，因此 1400 字节的 IP 数据报必须

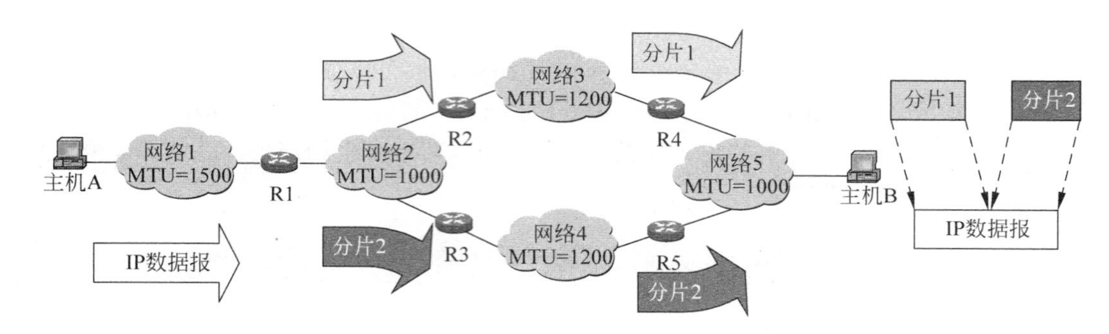

图 8-5 分片、传输及重组

在 R1 中分成 2 片才能通过网络 2。在分片完成之后，分片 1 和分片 2 被看成独立的 IP 数据报，路由器 R1 分别为它们进行路由选择。于是，分片 1 经过网络 2、路由器 R2、网络 3、路由器 R4、网络 5 最终到达主机 B；而分片 2 则经过网络 2、路由器 R3、网络 4、路由器 R5、网络 5 到达主机 B。当分片 1 和分片 2 全部到达后，主机 B 对它们进行重组，并将重组后的数据报提交高层处理。

从 IP 数据报的整个分片、传输及重组过程可以看出，尽管路由器 R1 对数据报进行了分片处理，但路由器 R2、R3、R4、R5 并不理会所处理的数据报是分片数据报还是非分片数据报，并按照完全相同的算法对它们进行处理。同时，由于分片可能经过不同的路径到达目的主机，因此中间路由器不可能对分片进行重组。

8.2.3 分片控制

在 IP 数据报报头中，标识、标志和片偏移 3 个字段与控制分片和重组有关。

标识是源主机赋予 IP 数据报的标识符。目的主机利用此域和源、目的地址判断收到的分片属于哪个数据报，以便数据报重组。分片时，该域必须不加修改地复制到新分片的报头中。

标志字段用来告诉目的主机该数据报是否已经分片，是否是最后一个分片。

片偏移字段指出本片数据在初始 IP 数据报数据区中的位置，位置偏移量以 8 个字节为单位。由于各分片数据报独立地进行传输，其到达目的主机的顺序无法保证，而路由器也不向目的主机提供附加的片顺序信息，因此重组的分片顺序由片偏移提供。

8.3 IP 数据报选项

IP 选项主要用于控制和测试两大目的。作为选项，用户可以使用也可以不使用。但作为 IP 协议的组成部分，所有实现 IP 协议的设备必须能处理 IP 选项。

在使用选项过程中，有可能造成数据报的头部不是 32 位整数倍的情况。在这种情况发生时，需要使用填充域将数据报的头部长度凑成 32 位的整倍数。

IP 数据报选项由选项码、长度和选项数据三部分组成。其中选项码用于指定该选项的种类,选项数据说明选项的具体内容,选项数据部分的长度填充在选项长度字段中。

1. 源路由

所谓的源路由是指 IP 数据报穿越互联网所经过的路径是由源主机指定的,它区别于由主机或路由器的 IP 层软件自行选路后得出的路径。

源路由选项既可用于测试某特定网络的吞吐率,也可使数据报绕开出错的网络。

源路由选项可以分为两类,一类是严格源路由(strict source route)选项;一类是松散源路由(loose source route)选项。

(1) 严格源路由选项:严格源路由选项指定 IP 数据报转发需要经过的所有路由器,相邻路由器之间不得经过非指定路由器,并且所经过路由器的顺序不可更改。

(2) 松散源路由选项:松散源路由选项只是给出 IP 数据报必须经过的一些"要点",并不给出一条完备的路径,无直接连接的路由器之间的路由尚需 IP 软件的寻址功能补充。

2. 记录路由

在处理带有记录路由选项的 IP 数据报时,路由器需要将自己的 IP 地址添加到该 IP 数据报中。这样,当 IP 数据报到达目的主机时,我们可以判断 IP 数据报传输过程中所经过的路径。该选项通常用于测试互联网中路由器的路由配置是否正确。

3. 时间戳

在处理带有时间戳(time stamp)选项的 IP 数据报时,路由器需要将自己的 IP 地址和当时的时间添加到该 IP 数据报中。这样,当 IP 数据报到达目的主机时,我们不但可以判断 IP 数据报传输过程中所经过的每个路由器,而且还可以知道经过每个路由器的时间。时间戳中的时间采用格林尼治时间(universal time)表示,以千分之一秒为单位。

时间戳选项提供了 IP 数据报传输中的时域参数,用于分析网络吞吐率、拥塞情况、负载情况等。

8.4 差错与控制报文

在任何网络体系结构中,控制功能都是必不可少的。IP 层使用的控制协议是互联网控制报文协议(internet control message protocol, ICMP)。ICMP 不仅用于传输控制报文,而且还用于传输差错报文。

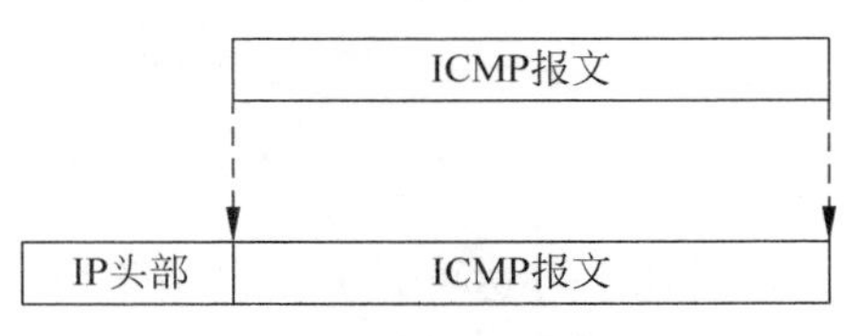

图 8-6 ICMP 报文封装在 IP 报文中传输

实际上,ICMP 报文是作为 IP 数据报的数据部分而传输的,如图 8-6 所示。ICMP 报文的最终目的地总是目标主机上的 IP 软件,ICMP

软件作为 IP 软件的一个模块而存在。

8.4.1 ICMP 差错控制

作为 IP 层的差错报文传输机制,ICMP 最基本的功能是提供差错报告。但 ICMP 协议并不严格规定对出现的差错采取什么处理方式。事实上,源主机接收到 ICMP 差错报告后,常常需将差错报告与应用程序联系起来才能进行相应的差错处理。

ICMP 差错报告采用路由器到源主机的模式,也就是说,所有的差错信息都需要向源主机报告。这一方面是因为 IP 数据报本身只包含源主机地址和目的主机地址,将错误报告给目的主机显然没有意义(有时也不可能);另一方面互联网中各路由器独立选路,发现问题的路由器不可能知道出错 IP 数据报经过的路径,从而无法将出错情况通知相应路由器。

ICMP 差错报文有以下几个特点:

- 差错报告不享受特别优先权和可靠性,作为一般数据传输。在传输过程中,它有可能丢失、损坏或被抛弃。
- ICMP 差错报告数据中除包含故障 IP 数据报报头外,还包含故障 IP 数据报数据区的前 64 位数据。通常,利用这 64 位数据可以了解高层协议(如 TCP 协议)的重要信息。
- ICMP 差错报告是伴随着抛弃出错 IP 数据报而产生的。IP 软件一旦发现传输错误,它首先把出错报文抛弃,然后调用 ICMP 向源主机报告差错信息。

ICMP 出错报告包括目的地不可达报告、超时报告、参数出错报告等。

1. 目的地不可达报告

路由器的主要功能是进行 IP 数据报的路由选择和转发,但是路由器的路由选择和转发并不是总能成功。在路由选择和转发出现错误的情况下,路由器便发出目的地不可达报告,如图 8-7 所示。

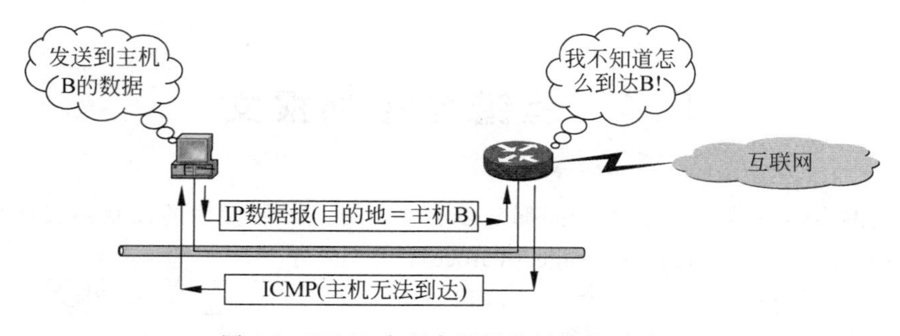

图 8-7 ICMP 向源主机报告目的地不可达

目的地不可达可以分为网络不可达、主机不可达、协议和端口不可达等多种情况。根据每一种不可达的具体原因,路由器发出相应的 ICMP 目的地不可达差错报告。

2. 超时报告

在 IP 互联网中，每个路由器独立地为 IP 数据报选路。一旦路由器的路由选择出现问题，IP 数据报的传输就有可能出现兜圈子的情况。

利用 IP 数据报报头的生存周期字段，可以有效地避免 IP 数据报在互联网中无休止地循环传输。IP 数据报在互联网中一旦超过生存周期，路由器立刻将其抛弃。与此同时，路由器也产生一个 ICMP 超时差错报告，通知源主机该数据报已被抛弃。

3. 参数出错报告

另一类重要的 ICMP 差错报文是参数出错报文，该报文报告错误的 IP 数据报报头和错误的 IP 数据报选项参数等。一旦参数错误严重到机器不得不抛弃 IP 数据报时，机器便向源主机发送此报文，指出可能出现错误的参数位置。

8.4.2　ICMP 控制报文

IP 层控制主要包括拥塞控制、路由控制两大内容。与之对应，ICMP 提供相应的控制报文。

1. 拥塞控制与源抑制报文

所谓的拥塞就是路由器被大量涌入的 IP 数据报“淹没”的现象。造成拥塞的原因有以下两种：

(1) 路由器的处理速度太慢，不能完成 IP 数据报排队等日常工作。

(2) 路由器传入数据速率大于传出数据速率。

无论何种形式的拥塞，其实质都在于没有足够的缓冲区存放大量涌入的 IP 数据报。只要有足够的缓冲区，路由器总可以将传入的数据报存入队列，等待处理，而不至于被“淹没”。

为了控制拥塞，IP 软件采用了“源站抑制”(source quench)技术，利用 ICMP 源抑制报文抑制源主机发送 IP 数据报的速率。路由器对每个接口进行密切监视，一旦发现拥塞，立即向相应源主机发送 ICMP 源抑制报文，请求源主机降低发送 IP 数据报的速率。通常，IP 软件发送源抑制报文的方式有以下三种：

(1) 如果路由器的某输出队列已满，那么在缓冲区空出之前，该队列将抛弃新来的 IP 数据报。每抛弃一个数据报，路由器便向该 IP 数据报的源主机发送一个 ICMP 源抑制报文。

(2) 为路由器的输出队列设置一个阈值，当队列中数据报的数量超过阈值后，如果再有新的数据报到来，那么路由器就向数据报的源主机发送 ICMP 源抑制报文。

(3) 更为复杂的源站抑制技术不是简单地抑制每一引起路由器拥塞的源主机，而是有选择地抑制 IP 数据报发送率较高的源主机。

当收到路由器的源抑制 ICMP 控制报文后，源主机可以采取行动降低发送 IP 数据报的速率。但是需要注意,当拥塞解除后,路由器并不主动通知源主机。源主机是否可以恢复发送数据报的速率,什么时候恢复发送数据报的速率可以根据当前一段时间内是否收到源抑制 ICMP 控制报文自主决定。

2. 路由控制与重定向报文

在 IP 互联网中,主机可以在数据传输过程中不断地从相邻的路由器获得新的路由信息。通常,主机在启动时都具有一定的路由信息。虽然这些信息可以保证主机将 IP 数据报发送出去,但是不能保证经过的路径是最优的。路由器一旦检测到某 IP 数据报经非优路径传输,它一方面继续转发该报文;另一方面向主机发送一个路由重定向 ICMP 报文,通知主机去往相应目的地的最优路径。这样经过不断积累,主机便能掌握越来越多的路由信息。ICMP 重定向机制的优点是保证主机拥有一个动态的、既小且优的路由表。

遗憾的是,ICMP 重定向机制只能用于同一网络的路由器与主机之间(如图 8-8 中主机 A 与路由器 R1、R2 之间,主机 B 与路由器 R4、R5 之间),对路由器之间的路由刷新无能为力。

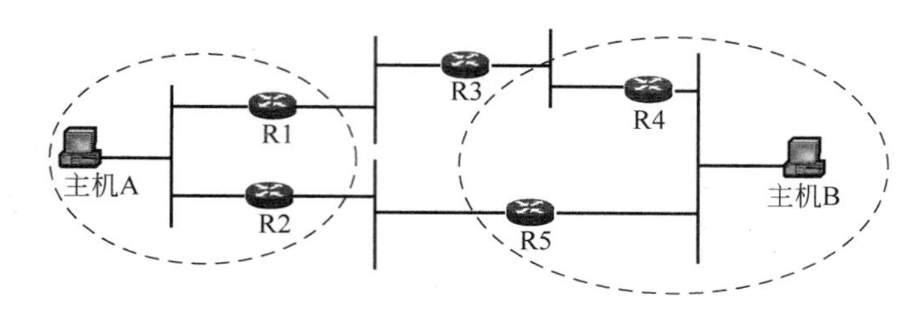

图 8-8 ICMP 重定向机制适用于同一网络的路由器与主机之间

8.4.3 ICMP 请求/应答报文对

为了便于进行故障诊断和网络控制,ICMP 设计了 ICMP 请求和应答报文对,用于获取某些有用的信息。

1. 回应请求与应答

回应请求/应答 ICMP 报文对用于测试目的主机或路由器的可达性,如图 8-9 所示。

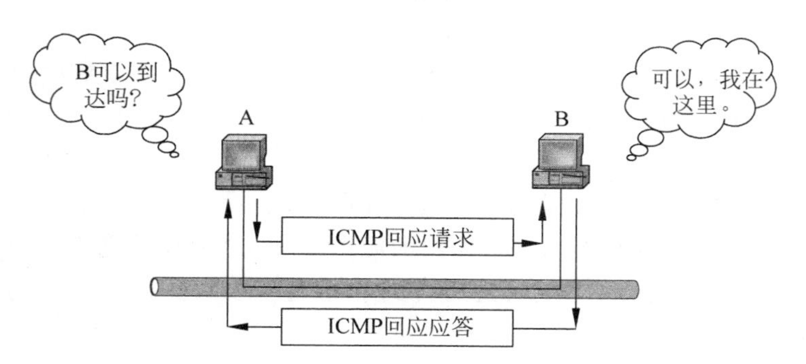

图 8-9 回应请求/应答 ICMP 报文对用于测试可达性

请求者(一个主机)向特定目的IP地址发送一个包含任选数据区的回应请求,要求具有目的IP地址的主机或路由器响应。当目的主机或路由器收到该请求后,发回相应的回应应答,其中包含请求报文中任选数据的拷贝。

因为请求/应答ICMP报文均以IP数据报形式在互联网中传输,所以如果请求者成功收到一个应答(应答报文中的数据拷贝与请求报文中的任选数据完全一致),则可以说明:

- 目的主机(或路由器)可以到达。
- 源主机与目的主机(或路由器)的ICMP软件和IP软件工作正常。
- 回应请求与应答ICMP报文经过的中间路由器的路由选择功能正常。

2. 时间戳请求与应答

设计时间戳请求/应答ICMP报文是同步互联网上主机时钟的一种努力,尽管这种时钟同步技术的能力是极其有限的。

IP层软件利用时间戳请求/应答ICMP报文从其他机器获取其时钟的当前时间,经估算后再同步时钟。

3. 掩码请求与应答

在主机不知道自己所处网络的子网掩码时,可以利用掩码请求ICMP报文向路由器询问。路由器在收到请求后以掩码应答ICMP报文形式通知请求主机所在网络的子网掩码。

8.5 实训:ping命令剖析与使用

在使用互联网过程中,ping是最常用的一种命令。不论UNIX、Linux还是Windows都集成了ping命令。在前面的章节中,我们经常使用ping命令来测试网络的连通性和可达性。现在,对ping命令的工作原理和使用方法做一总结。

实际上,ping命令就是利用回应请求/应答ICMP报文来测试目的主机或路由器的可达性。不同网络操作系统对ping命令的实现稍有不同,较复杂实现方法是发送一系列的回送请求ICMP报文、捕获回送应答并提供丢失数据报的统计信息。而简单实现方法则只发送一个回送请求ICMP报文并等待回送应答。

在Windows 2003网络操作系统中,除了可以使用简单的“ping 目的IP地址”形式外,还可以使用ping命令的选项。完整的ping命令形式为:

```
ping [-t] [-a] [-n count] [-l size] [-f] [-i TTL] [-v TOS] [-r count] [-s count]
        [[-j host-list] | [-k host-list]] [-w timeout] 目的IP地址
```

表8-1给出了ping命令各选项的具体含义。从表中可以看出,ping命令的很多选项实际上是指定互联网如何处理和对待携带回应请求/应答ICMP报文的IP数据报的。例如选项-f通过指定IP报头的标志字段告诉互联网上的路由器不要对携带回应请求/应答ICMP报文的IP数据报进行分片。

表 8-1 ping 命令选项

选　　项	意　　义
-t	连续发送和接收回送请求和应答 ICMP 报文直到手动停止(Ctrl+Break：查看统计信息,Ctrl+C：停止 ping 命令)
-a	将 IP 地址解析为主机名
-n count	发送回送请求 ICMP 报文的次数(默认值为 4)
-l size	发送探测数据包的大小(默认值为 32 字节)
-f	不允许分片(默认为允许分片)
-i TTL	指定生存周期
-v TOS	指定要求的服务类型
-r count	记录路由
-s count	使用时间戳选项
-j host-list	使用松散源路由选项
-k host-list	使用严格源路由选项
-w timeout	指定等待每个回送应答的超时时间(以毫秒为单位,默认值为 1000)

下面通过一些的实例来介绍 ping 命令的具体用法。

1. 连续发送 ping 探测报文

在有些情况下,连续发送 ping 探测报文可以方便互联网的调试工作。例如,在路由器的调试过程中,可以让测试主机连续发送 ping 测试报文。一旦配置正确,测试主机可以立即报告目的地可达信息。

连续发送 ping 探测报文可以使用-t 选项。图 8-10 给出了利用"ping -t 192.168.0.88"命令连续向 IP 地址为 192.168.0.88 的主机发送 ping 探测报文的情况。其中,我们可以使用"Ctrl+Break"显示发送和接收回送请求/应答 ICMP 报文的统计信息,如图 8-11 所示,也可使用"Ctrl+C"结束 ping 命令。

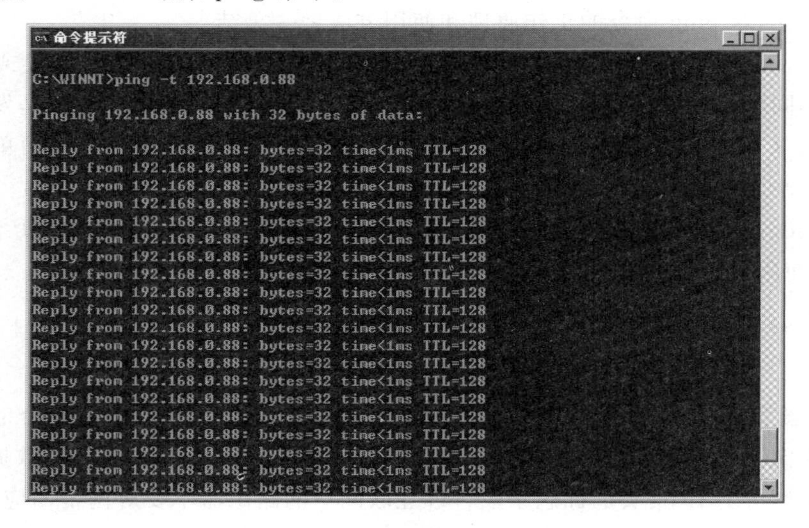

图 8-10 利用"-t"选项连续发送 ping 探测报文

```
cmd
D:\WINNT>ping -t 192.168.0.88

Pinging 192.168.0.88 with 32 bytes of data:

Reply from 192.168.0.88: bytes=32 time<10ms TTL=128
Reply from 192.168.0.88: bytes=32 time<10ms TTL=128
Reply from 192.168.0.88: bytes=32 time<10ms TTL=128
Reply from 192.168.0.88: bytes=32 time<10ms TTL=128
Reply from 192.168.0.88: bytes=32 time<10ms TTL=128
Reply from 192.168.0.88: bytes=32 time<10ms TTL=128
Reply from 192.168.0.88: bytes=32 time<10ms TTL=128
Reply from 192.168.0.88: bytes=32 time<10ms TTL=128
Reply from 192.168.0.88: bytes=32 time<10ms TTL=128
Reply from 192.168.0.88: bytes=32 time<10ms TTL=128
Reply from 192.168.0.88: bytes=32 time<10ms TTL=128
Reply from 192.168.0.88: bytes=32 time<10ms TTL=128
Reply from 192.168.0.88: bytes=32 time<10ms TTL=128

Ping statistics for 192.168.0.88:
    Packets: Sent = 13, Received = 13, Lost = 0 (0% loss),
Approximate round trip times in milli-seconds:
    Minimum = 0ms, Maximum =  0ms, Average =  0ms
Control-Break
Reply from 192.168.0.88: bytes=32 time<10ms TTL=128
Reply from 192.168.0.88: bytes=32 time<10ms TTL=128
```

图 8-11　利用“Ctrl＋Break”查看统计信息

2. 自选数据长度的 ping 探测报文

在默认情况下，ping 命令使用的探测报数据长度为 32 字节。如果希望使用更大的探测数据报，可以使用“-l”选项。图 8-12 利用“ping -l 1450 192.168.0.88”向 IP 地址为 192.168.0.88 的主机发送数据长度为 1450 字节的探测数据报。

```
cmd
D:\WINNT>
D:\WINNT>
D:\WINNT>
D:\WINNT>
D:\WINNT>
D:\WINNT>
D:\WINNT>
D:\WINNT>
D:\WINNT>
D:\WINNT>
D:\WINNT>ping -l 1450 192.168.0.88

Pinging 192.168.0.88 with 1450 bytes of data:

Reply from 192.168.0.88: bytes=1450 time<10ms TTL=128
Reply from 192.168.0.88: bytes=1450 time<10ms TTL=128
Reply from 192.168.0.88: bytes=1450 time<10ms TTL=128
Reply from 192.168.0.88: bytes=1450 time<10ms TTL=128

Ping statistics for 192.168.0.88:
    Packets: Sent = 4, Received = 4, Lost = 0 (0% loss),
Approximate round trip times in milli-seconds:
    Minimum = 0ms, Maximum =  0ms, Average =  0ms

D:\WINNT>
```

图 8-12　利用“-l”选项指定 ping 探测数据报的长度

3. 不允许路由器对 ping 探测报文分片

主机发送的 ping 探测报文通常允许中途的路由器分片，以便使探测报文通过 MTU 较小的网络。如果不允许 ping 报文在传输过程中被分片，我们可以使用“-f”选项。图 8-13 利用“ping -f 192.168.0.88”命令，禁止途中的路由器对该探测报文分片。

```
cmd
D:\WINNT>
D:\WINNT>
D:\WINNT>
D:\WINNT>
D:\WINNT>
D:\WINNT>
D:\WINNT>
D:\WINNT>
D:\WINNT>
D:\WINNT>
D:\WINNT>ping -f 192.168.0.88

Pinging 192.168.0.88 with 32 bytes of data:

Reply from 192.168.0.88: bytes=32 time<10ms TTL=128
Reply from 192.168.0.88: bytes=32 time<10ms TTL=128
Reply from 192.168.0.88: bytes=32 time<10ms TTL=128
Reply from 192.168.0.88: bytes=32 time<10ms TTL=128

Ping statistics for 192.168.0.88:
    Packets: Sent = 4, Received = 4, Lost = 0 (0% loss),
Approximate round trip times in milli-seconds:
    Minimum = 0ms, Maximum =  0ms, Average =  0ms

D:\WINNT>
```

图 8-13　利用"-f"选项禁止中途的路由器对该探测报文分片

如果指定的探测报文的长度太大,并且又不允许分片,那么探测数据报就不可能到达目的地并返回应答。例如,在以太网中,如果指定不允许分片的探测数据报长度为 2000 字节,那么系统将给出目的地不可达报告,如图 8-14 所示。在"-f"和"-l"选项一同使用时,可以对探测报文经过路径上的最小 MTU 进行估计。

```
cmd
D:\WINNT>
D:\WINNT>
D:\WINNT>
D:\WINNT>
D:\WINNT>
D:\WINNT>
D:\WINNT>
D:\WINNT>
D:\WINNT>
D:\WINNT>
D:\WINNT>ping -f -l 2000 192.168.0.88

Pinging 192.168.0.88 with 2000 bytes of data:

Packet needs to be fragmented but DF set.
Packet needs to be fragmented but DF set.
Packet needs to be fragmented but DF set.
Packet needs to be fragmented but DF set.

Ping statistics for 192.168.0.88:
    Packets: Sent = 4, Received = 0, Lost = 4 (100% loss),
Approximate round trip times in milli-seconds:
    Minimum = 0ms, Maximum =  0ms, Average =  0ms

D:\WINNT>
```

图 8-14　在禁止分片的情况下,探测报文过长造成目的地不可达

4. 修改 ping 命令的请求超时时间

默认情况下,系统等待 1000 毫秒(1 秒)的时间以便让每个响应返回。如果超过 1000 毫秒,那么系统将显示"Request timed out(请求超时)"。在 ping 探测数据报经过延迟较长的链路时(如卫星链路),响应可能会花费较长的时间才能返回,这时可以使用

“-w”选项指定更长的超时时间。“ping -w 5000 192.168.0.88”指定超时时间为 5000 毫秒，如图 8-15 所示。

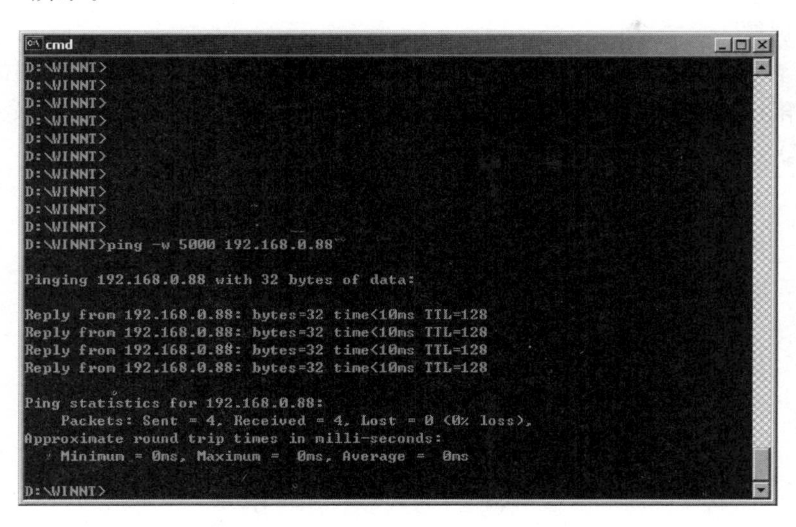

图 8-15　利用“-w”选项指定超时时间

如果目的地不可达，系统对 ping 命令的屏幕响应随不可达原因的不同而异。最常见的有以下两种情况。

(1) 目的网络不可达(Destination net unreachable)：说明没有到达目的地的路由，通常是由于“Reply from”中列出的路由器路由信息错误造成的。

(2) 请求超时(Request timed out)：表明在指定的超时时间内(默认为 1000 毫秒)，探测主机没有收到响应报文。其原因可能为路由器关闭、目标主机关闭、响应返回时路由错误或响应的等待时间大于指定的超时时间等。

练　习　题

一、填空题

(1) 在转发一个 IP 数据报过程中，如果路由器发现该数据报报头中的 TTL 字段为 0，那么它首先将该数据报________，然后向________发送 ICMP 报文。

(2) 源路由选项可以分为两类，一类是________；另一类是________。

二、单项选择题

(1) 对 IP 数据报分片的重组通常发生什么设备上？(　　)。

A. 源主机　　B. IP 数据报经过的路由器

C. 目的主机　　D. 源主机或路由器

(2) 使用 ping 命令 ping 另一台主机，即使收到正确的应答也不能说明(　　)。

A. 源主机的 ICMP 软件和 IP 软件运行正常

B. 目的主机的 ICMP 软件和 IP 软件运行正常

C. ping 报文经过的路由器路由选择正常

D. ping 报文经过的网络具有相同的 MTU

三、实训题

你知道自己组装的局域网的 MTU 是多少吗?利用 ping 命令对你使用的局域网进行测试,并给出该局域网 MTU 的估算值(注意:回应请求与应答 ICMP 报文包含一个 8 字节的头部)。

第9章　路由器与路由选择

学习本章后需要掌握：

- ❑ 表驱动IP路由选择的基本原理
- ❑ 路由选择算法
- ❑ 互联网中IP数据报的传输和处理过程
- ❑ 静态路由和动态路由
- ❑ RIP协议与OSPF协议

学习本章后需要动手：

- ❑ 配置静态路由
- ❑ 配置动态路由

在IP互联网中，路由选择(routing)是指选择一条路径发送IP数据报的过程，而进行这种路由选择的计算机就叫做路由器(router)。

实际上，互联网就是由具有路由选择功能的路由器将多个网络连接所组成的。由于IP互联网使用面向非连接的互联网解决方案，因此互联网中的每个自治的路由器独立地对待IP数据报。一旦IP数据报进入互联网，路由器就要负责为这些数据报选路，并将它们从源主机送往目的主机。

那么，互联网中什么设备需要具有路由选择功能呢？首先，路由器应该具有路由选择功能。它处于网络与网络连接的十字路口，主要任务就是路由选择(如图9-1中的路由器R1、R2、R3和R4)；其次，具有多个物理连接的主机(多宿主主机)需要具有路由选择功能。在发送IP数据报前，它需要决定将数据报发送到哪个物理连接更好(如图9-1中的具有两条物理连接的多宿主主机C)；再次，具有单个物理连接的主机也需要具有路由选择功能。如果它通过网络与两个或多个路由器相连，那么在发送IP数据报之前它必须决定将数据报发送给哪个路由器(如图9-1中的主机A和主机B)。

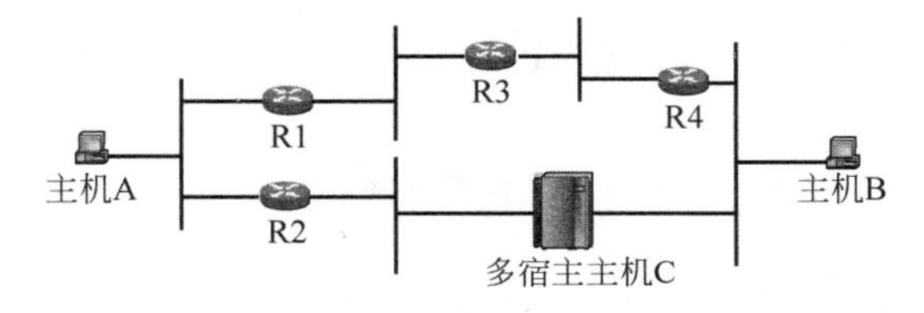

图9-1　互联网中需要具有路由选择功能的设备

9.1 路由选择

9.1.1 表驱动 IP 选路

在 IP 互联网中,需要进行路由选择的设备一般采用表驱动的路由选择算法。每台需要路由选择的设备保存一张 IP 路由表(也叫 IP 选路表),该表存储着有关可能的目的地址及怎样到达目的地址的信息。在需要传送 IP 数据报时,它就查询该 IP 路由表,决定把数据报发往何处。

那么,在 IP 路由表中目的地址怎么来表示呢?互联网可以包含成千上万台主机,如果路由表列出到达所有主机的路径信息,不但需要巨大的内存资源,而且需要很长的路由表查询时间。显然,路由表中列出所有目的主机不太可能。幸运的是,IP 地址的编址方法可以帮助我们隐藏互联网上大量的主机信息。由于 IP 地址可以分为网络号(netid)和主机号(hostid)两部分,而连接到同一网络的所有主机共享同一网络号(netid),因此可以把有关特定主机的信息与它所存在的环境隔离开来,IP 路由表中仅保存相关的网络信息,使远端的主机在不知道细节的情况下将 IP 数据报发送过来。

9.1.2 标准路由选择算法

一个标准的 IP 路由表通常包含许多(N,R)对序偶,其中 N 指的是目的网络的 IP 地址,R 指的是到网络 N 路径上的"下一个"路由器的 IP 地址。因此,在路由器 R 中的路由表仅指定了从 R 到目的网络路径上的一步,而路由器并不知道到达目的地的完整路径。这就是下一站选路的基本思想。

需要注意的是,为了减小路由设备中路由表的长度,提高路由算法的效率,路由表中的 N 常常使用目的网络的网络地址,而不是目的主机地址,尽管我们可以将目的主机地址放入路由表中。图 9-2 给出了一个简单的网络互联图示意图,表 9-1 为路由器 R 的 IP 路由表。

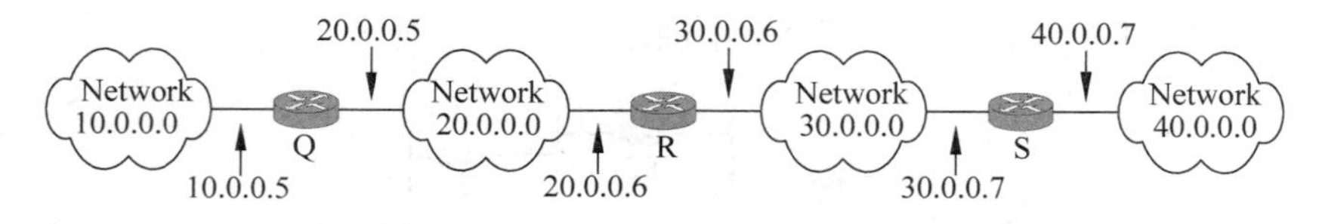

图 9-2 通过 3 个路由器互联的 4 个网络(一)

在图 9-2 中,网络 20.0.0.0 和网络 30.0.0.0 都与路由器 R 直接相连,路由器 R 收到一个 IP 数据报,如果其目的 IP 地址的网络号为 20.0.0.0 或 30.0.0.0,那么 R 就可以将该报文直接传送给目的主机。如果收到报文的目的地网络号为 10.0.0.0,那么 R 就需要将该报文传送给与其直接相连的另一个路由器 Q,由路由器 Q 再次投递该报文。同理,如果接收报文的目的地网络号为 40.0.0.0，那么 R 就需要将报文传送给路由器 S。

表 9-1　路由器 R 的路由表(一)

要到达的网络	下一路由器	要到达的网络	下一路由器
20.0.0.0	直接投递	10.0.0.0	20.0.0.5
30.0.0.0	直接投递	40.0.0.0	30.0.0.7

基本的下一站路由选择算法如图 9-3 所示。

```
RouteDatagram(Datagram,RoutingTable)          //Datagram:数据报
                                              //RoutingTable:路由表
    {
    从 Datagram 中提取目的 IP 地址 D,计算 netid 网络号 N;
    If N 与路由器直接连接的网络地址匹配
    Then 在该网络上直接投递(封装、物理地址绑定、发送等)
    ElseIf RoutingTable 中含到 N 的路由
    Then 将 Datagram 发送到 RoutingTable 中指定的下一站
    Else 路由选择错误;
    }
```

图 9-3　基本的下一站路由选择算法

9.1.3　子网选路——标准路由选择算法的扩充

我们知道，很多的网络并没有采用标准的 IP 编址，而是采用了对标准 IP 地址做进一步层次划分的子网编址。显然，引入子网编址以后，必须对标准路由选择算法进行修改和扩充，以满足子网选路的需要。

首先要修改和扩充的是路由表表目。标准的路由表包含很多(N,R)对序偶，由于不携带子网信息，因此不可能用于子网选路。

标准路由选择算法从 IP 地址前几位判断地址类别，从而获得哪一部分对应于网络号，哪一部分对应于主机号。而在子网编址方式下，仅凭地址类别来判断网络号和主机号是不可能的，因此必须在 IP 路由表中加入子网掩码，以判断 IP 地址中哪些位代表网络号，哪些位代表主机号。扩充子网掩码后的 IP 路由表可以表示为(M,N,R)三元组。其中，M 表示子网掩码，N 表示目的网络地址，R 表示到网络 N 路径上的“下一个”路由器的 IP 地址。

当进行路由选择时，将 IP 数据报中的目的 IP 地址取出，与路由表表目中的“子网掩码”进行逐位“与”运算，运算的结果再与表目中“目的网络地址”比较。如果相同，则说明路由选择成功，IP 数据报沿“下一站地址”传送出去。

图 9-4 显示了通过 3 台路由器互联 4 个子网的简单例子，表 9-2 给出了路由器 R 的路由表。如果路由器 R 收到一个目的地址为 10.4.0.16 的 IP 数据报，那么它在进行路由选择时首先将该 IP 地址与路由表第一个表项的子网掩码 255.255.0.0 进行“与”操作，

由于得到的操作结果 10.4.0.0 与本表项目的网络地址 10.2.0.0 不相同,说明路由选择不成功,需要对路由表的下一个表项进行相同的操作。当对路由表的最后一个表项操作时,IP 地址 10.4.0.16 与子网掩码 255.255.0.0“与”操作的结果 10.4.0.0 同目的网络地址 10.4.0.0 一致,说明选路成功,于是,路由器 R 将报文转发给该表项指定的下一路由器 10.3.0.7(即路由器 S)。

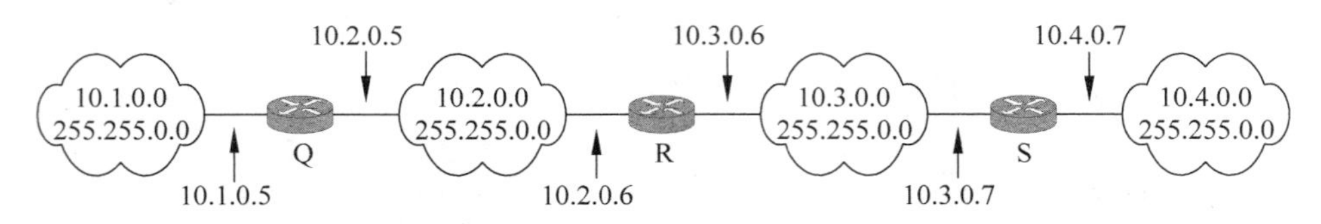

图 9-4 通过 3 台路由器互联的 4 个子网(二)

表 9-2 路由器 R 的路由表(二)

子网掩码	要到达的网络	下一路由器
255.255.0.0	10.2.0.0	直接投递
255.255.0.0	10.3.0.0	直接投递
255.255.0.0	10.1.0.0	10.2.0.5
255.255.0.0	10.4.0.0	10.3.0.7

当然,路由器 S 接收到该 IP 数据报后也需要按照自己的路由表进行路由选择,从而决定该数据报的去向。

9.1.4 路由表中的特殊路由

用网络地址作为路由表的目的地址可以极大地缩小路由表的规模,既可以节省空间又可以提高处理速度。但是,路由表也可以包含两种特殊的路由表目,一种是默认路由;另一种是特定主机路由。

1. 默认路由

为了进一步隐藏互联网细节,缩小路由表的长度,经常用到一种称为“默认路由”技术。在路由选择过程中,如果路由表没有明确指明一条到达目的网络的路由信息,那么可以把数据报转发到默认路由指定的路由器。

在图 9-4 中,如果路由器 Q 建立一个指向路由器 R 的默认路由,那么就不必建立到达子网 10.3.0.0 和 10.4.0.0 的路由了。只要收到的数据报的目的 IP 地址不属于与 Q 直接相连的 10.1.0.0 和 10.2.0.0 子网,路由器 Q 就按照默认路由将它们转发至路由器 R。

2. 特定主机路由

我们知道,路由表的主要表项(包括默认路由)都是基于网络地址的。但是 IP 协议也允许为一特定的主机建立路由表表项。对单个主机(而不是网络)指定一条特别的路径就是所谓的特定主机路由。

特定主机路由方式赋予了本地网络管理人员更大的网络控制权，可用于安全性、网络连通性调试及路由表正确性判断等目的。

9.1.5　统一的路由选择算法

如果允许使用任意的掩码形式，那么子网路由选择算法不但能按照同样的方式处理网络路由、默认路由、特定主机路由，以及直接相连网络路由，而且还可以将标准路由选择算法作为它的一个特例。

在路由表中，对特定主机路由，可采用 255.255.255.255 作为子网掩码，采用目的主机 IP 地址作为目的地址；对默认路由，则采用 0.0.0.0 作为子网掩码，0.0.0.0 作为目的地址，默认路由器的地址作为下一路由器地址；对于标准网络路由，以 A 类 IP 地址为例，则采用 255.0.0.0 作为子网掩码，而目的网络地址作为目的地址；而对于一般的子网路由，则用相应的子网掩码和相应的目的子网地址构造路由表表项。这样，整个路由表的统一导致了路由选择算法的极大简化。

统一的路由选择算法如图 9-5 所示。

```
RouteDatagram(Datagram,RoutingTable)          //Datagram:数据报
                                              //RoutingTable:路由表
    {
    从 Datagram 中提取目的 IP 地址 D,
    If D 所处的网络与路由器直接连接
    Then 在该网络上直接投递(封装、物理地址绑定、发送等)
    Else
        For 路由表中每一表项 do
            N = D 与子网掩码逐位求"与";
            If N = 表项中的目的地址域
            Then 将 Datagram 发往表项中指定的下一站;
        Endfor loop;
    If 无匹配表项
    Then 路由选择错误;
    }
```

图 9-5　统一的路由选择算法

9.1.6　IP 数据报传输与处理过程

在学习了路由算法之后，我们看看 IP 数据报在互联网中较为完整的传输与处理过程。

图 9-6 显示了由 3 个路由器互联 3 个以太网的互联网示意图，表 9-3～表 9-7 给出了主机 A、B 和路由器 R1、R2、R3 的路由表。假如主机 A 的某个应用程序需要发送数据到主机 B 的某个应用程序，IP 数据报在互联网中的传输与处理大致要经历如下过程。

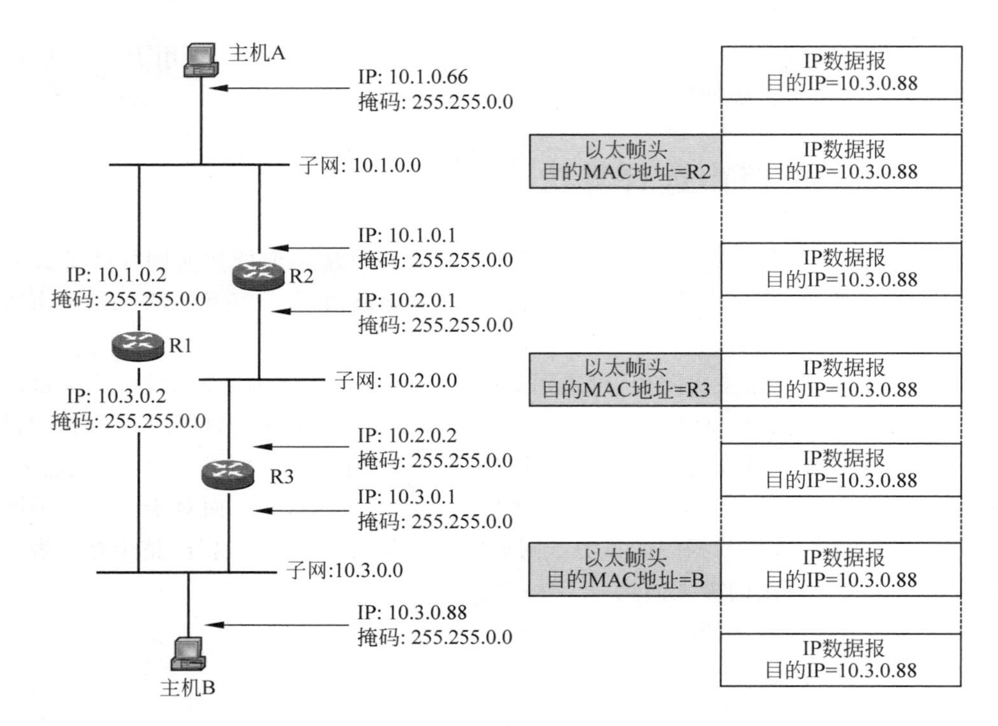

图 9-6　IP 数据报在互联网中的传输与处理过程

表 9-3　主机 A 的路由表

子网掩码	目的网络	下一站地址
255.255.0.0	10.1.0.0	直接投递
0.0.0.0	0.0.0.0	10.1.0.1

表 9-4　路由器 R1 的路由表

子网掩码	目的网络	下一站地址
255.255.0.0	10.1.0.0	直接投递
255.255.0.0	10.3.0.0	直接投递
255.255.0.0	10.2.0.0	10.1.0.1

表 9-5　路由器 R2 的路由表

子网掩码	目的网络	下一站地址
255.255.0.0	10.1.0.0	直接投递
255.255.0.0	10.2.0.0	直接投递
255.255.0.0	10.3.0.0	10.2.0.2

表 9-6　路由器 R3 的路由表

子网掩码	目的网络	下一站地址
255.255.0.0	10.2.0.0	直接投递
255.255.0.0	10.3.0.0	直接投递
255.255.0.0	10.1.0.0	10.2.0.1

表 9-7　主机 B 路由表

子网掩码	目的网络	下一站地址
255.255.0.0	10.3.0.0	直接投递
0.0.0.0	0.0.0.0	10.3.0.2

1. 主机发送 IP 数据报

如果主机 A 要发送数据给互联网上的另一台主机 B，那么主机 A 首先要构造一个目的 IP 地址为主机 B 的 IP 数据报（目的 IP 地址＝10.3.0.88），然后对该数据报进行路由选择。利用路由选择算法和主机 A 的路由表（表 9-3）可以得到，目的主机 B 和主机 A 不在同一网络，需要将该数据报转发到默认路由器 R2（IP 地址 10.1.0.1）。

尽管主机 A 需要将数据报首先送到它的默认路由器 R2 而不是目的主机 B，但是它既不会修改原 IP 数据报的内容，也不会在原 IP 数据报上面附加内容（甚至不附加下一默认路由器的 IP 地址）。那么主机 A 怎样将数据报发送给下一路由器呢？在发送数据报之前，主机 A 首先调用 ARP 地址解析软件得到下一默认路由器 IP 地址与 MAC 地址的映射关系，然后以该 MAC 地址为帧的目的地址形成一个帧，并将 IP 数据报封装在帧的数据区，最后由具体的物理网络（以太网）完成数据报的真正传输。由此可见，在为 IP 数据报选路时，主机 A 使用数据报的目的 IP 地址计算得到下一跳步的 IP 地址（这里为默认路由器 R2 的 IP 地址）。但真正的数据传输是通过将 IP 数据报封装成帧，并利用默认路由器 R2 的 MAC 地址实现的。

2. 路由器 R2 处理和转发 IP 数据报

路由器 R2 接收到主机 A 发送给它的帧后，去掉帧头，并把 IP 数据报提交给 IP 软件处理。由于该 IP 数据报的目的地并不是路由器 R2，因此 R2 需要将它转发出去。

利用路由选择算法和路由器 R2 的路由表（见表 9-5）可知，如果要到达数据报的目的地，那么必须将它投递到 IP 地址为 10.2.0.2 的路由器（路由器 R3）。

通过以太网投递时，路由器 R2 需要调用 ARP 地址解析软件得到路由器 R3 的 IP 地址与 MAC 地址的映射关系，并利用该 MAC 地址作为帧的目的地址将 IP 数据报封装成帧，最后由以太网完成真正的数据投递。

需要注意的是，路由器在转发数据报之前，IP 软件需要从数据报报头的“生存周期”减去一定的值。若“生存周期”小于或等于 0，则抛弃该报文；否则重新计算 IP 数据报的校验和并继续转发。

3. 路由器 R3 处理和转发 IP 数据报

与路由器 R2 相同,路由器 R3 接收到路由器 R2 发送的帧后也需要去掉帧头,并把 IP 数据报提交给 IP 软件处理。与路由器 R2 不同,路由器 R3 在路由选择过程中发现该数据报指定的目的网络与自己直接相连,可以直接投递。于是,路由器 R3 调用 ARP 地址解析软件得到主机 B 的 IP 地址与 MAC 地址的映射关系。利用该 MAC 地址作为帧的目的地址,路由器 R3 将 IP 数据报封装成帧,并通过以太网传递出去。

4. 主机 B 接收 IP 数据报

当封装 IP 数据报的帧到达主机 B 后,主机 B 对该帧进行解封装,并将 IP 数据报送主机 B 上的 IP 软件处理。IP 软件确认该数据报的目的 IP 地址 10.3.0.88 为自己的 IP 地址后,将 IP 数据报中封装的数据信息送交高层协议软件处理。

从 IP 数据报在互联网中被处理和传递的过程可以看到,每个路由器都是一个自治的系统,它们根据自己掌握的路由信息对每一个 IP 数据报进行路由选择和转发。路由表在路由选择过程中发挥着重要作用,如果一个路由器的路由表发生变化,那么到达目的网络所经过的路径就有可能发生变化。例如,假如主机 A 路由表中的默认路由不是路由器 R2(10.1.0.1)而是路由器 R1(10.1.0.2),那么主机 A 发往主机 B 的 IP 数据报就不会沿 A→R2→R3→B 路径传递,它将通过 R1 到达主机 B。

另外,图 9-6 所示的互联网是 3 个以太网的互联。由于它们的 MTU 相同,因此 IP 数据报在传递过程中不需要分片。如果路由器连接不同类型的网络,而这些网络的 MTU 又不相同,那么路由器在转发之前可能需要对 IP 数据报分片。对接收到的数据报,不管它是分片后形成的 IP 数据报还是未分片的 IP 数据报,路由器都一视同仁,进行相同的路由处理和转发。

9.2 路由表的建立与刷新

IP 互联网的路由选择的正确性依赖于路由表的正确性,如果路由表出现错误,那么 IP 数据报就不可能按照正确的路径转发。

路由可以分为静态路由和动态路由两类。静态路由是通过人工设定的,而动态路由则是路由器通过自己的学习得到的。

9.2.1 静态路由

静态路由是由人工管理的。根据互联网的拓扑结构和连接方式,网络管理员可以为一个路由器建立静态路由。由于静态路由在正常工作中不会自动发生变化,因此到达某一目的网络的 IP 数据报的路径是固定的。当然,如果互联网的拓扑结构或连接方式发生变化,网络管理员必须手工对静态路由做出更新。

静态路由的主要优点是安全可靠、简单直观，同时静态路由还避免了动态路由选择的开销。在互联网络结构不太复杂的情况下，使用静态路由表是一种很好的选择。实际上，Internet 上的很多路由器都使用了静态路由。

但是，对于复杂的互联网拓扑结构，静态路由的配置会让网络管理员感到头痛。不但工作量很大，而且很容易出现路由环，致使 IP 数据报在互联网中兜圈子。在图 9-7 中，R1 认为到达网络 4 应经过 R2，而 R2 认为到达网络 4 应经过 R1。由于路由器 R1 和 R2 的静态路由配置不合理，故而造成去往网络 4 的 IP 数据报在 R1 和 R2 之间来回传递。

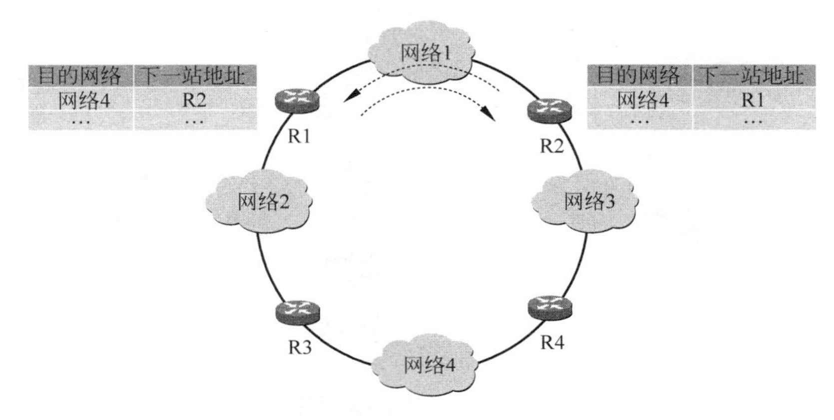

图 9-7　配置路由错误导致 IP 数据报在互联网中兜圈子

另外，在静态路由配置完毕后，去往某一网络的 IP 数据报将沿着固定路径传递。一旦该路径出现故障，目的网络就变得不可到达，即使存在着另外一条到达该目的网络的备份路径。如图 9-8 所示，在静态路由配置完成后，主机 A 到主机 B 的所有 IP 数据报都经过路由器 R1、R2、R4 传递。即使该路径出现问题(例如路由器 R2 故障)，IP 数据报也不会自动经备份路径 R1、R3、R4 到达主机 B，除非网络管理员对静态路由重新配置。

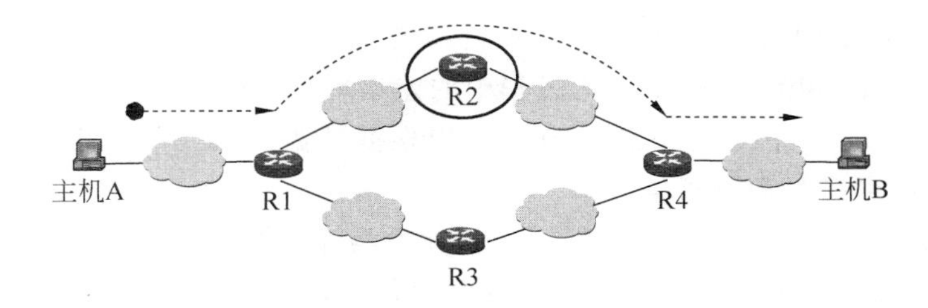

图 9-8　动态路由可以在必要时自动使用备份路由，而静态路由则不能

9.2.2　动态路由

与静态路由不同，动态路由可以通过自身的学习，自动修改和刷新路由表。当网络管理员通过配置命令启动动态路由后，无论何时从互联网中收到新的路由信息，路由器都会利用路由管理进程自动更新路由表。

动态路由具有更多的自主性和灵活性，特别适合于拓扑结构复杂、网络规模庞大的互联网环境。如果图9-8所示的互联网采用动态路由,那么根据各个路由器生成的路由表,开始时主机A发送的数据报可能通过路由器R1、R2、R4到主机B。一旦路由器R2发生故障,路由器可以自动调整路由表,通过备份路径R1、R3、R4继续发送数据。当然,在路由器R2恢复正常工作后,路由器可再次自动修改路由表,仍然使用路径R1、R2、R4发送数据。

当路由器自动刷新和修改路由表时,它的首要目标是要保证路由表中包含有最佳的路径信息。为了区分速度的快慢、带宽的宽窄、延迟的长短,修改和刷新路由时需要给每条路径生成一个数字,该数字被称为度量值(metric)。度量值越小,说明这条路径越好,如图9-9所示。作为与路径相关的重要信息,度量值通常也保存在路由表中。

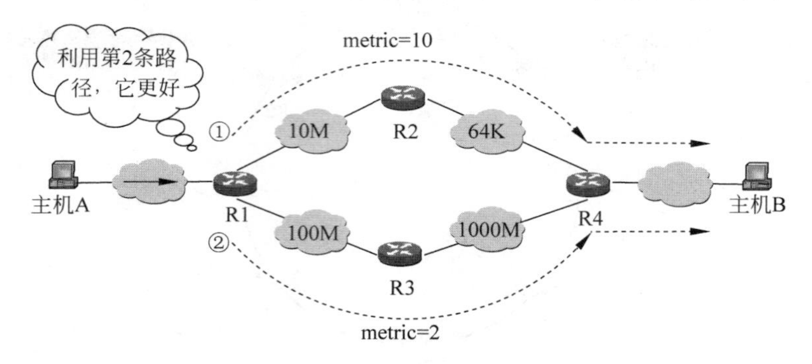

图9-9 metric越小,路径越好

度量值的计算可以基于路径的一个特征,也可以基于路径的多个特征。在计算中经常使用的特征可以总结为:

- 跳数(hop count):IP数据报到达目的地必须经过的路由器个数。跳数越少,路由越好。下面将要介绍RIP协议就是使用“跳数”作为其metric的。
- 带宽(bandwidth):链路的数据能力。
- 延迟(delay):将数据从源送到目的地所需的时间。
- 负载(load):网络中(如路由器中或链路中)信息流的活动数量。
- 可靠性(reliability):数据传输过程中的差错率。
- 开销(cost):一个变化的数值,通常可以根据带宽、建设费用、维护费用、使用费用等因素由网络管理员指定。

为了实现动态路由,路由器之间需要经常地交换路由信息。交换路由信息势必要占用网络的带宽。如果设计不合理,那么大量路由信息的交换就会影响正常数据的传送。另外,路由表的动态修改和刷新需要通计算实现,这种计算也需要占用路由器的内存和CPU处理时间,消耗路由器的资源。

9.3 路由选择协议

为了使用动态路由,互联网中的路由器必须运行相同的路由选择协议,执行相同的路由选择算法。

目前，应用最广泛的路由选择协议有两种，一种叫做路由信息协议（routing information protocol，RIP），另一种叫做开放式最短路径优先协议（open shortest path first，OSPF）。RIP 协议利用向量—距离算法，而 OSPF 则使用链路—状态算法。

不管采用何种路由选择协议和算法，路由信息应以精确的、一致的观点反映新的互联网拓扑结构。当一个互联网中的所有路由器都运行着相同的、精确的、足以反映当前互联网拓扑结构的路由信息时，我们就说路由已经收敛（convergence）。快速收敛是路由选择协议最希望具有的特征，因为它可以尽量避免路由器利用过时的路由信息进行路由选择，保证选路的正确性和经济性。

9.3.1 RIP 协议与向量—距离算法

RIP 协议是互联网中使用较早的一种动态路由选择协议。由于算法简单，因此 RIP 协议得到了广泛的应用。

1. 向量—距离路由选择算法

向量—距离（vector-distance，V-D）路由选择算法也称为 Bellman-Ford 算法。其基本思想是路由器周期性地向其相邻路由器广播自己知道的路由信息，用于通知相邻路由器自己可以到达的网络以及到达该网络的距离（通常用“跳数”表示），相邻路由器可以根据收到的路由表修改和刷新自己的路由表。

如图 9-10 所示，路由器 R1 向相邻的路由器（例如 R2）广播自己的路由信息，通知 R2 自己可以到达 net1、net2 和 net4。由于 R1 送来的路由信息包含了两条 R2 不知的路由（到达 net1 和 net4 的路由），于是 R2 将 net1 和 net4 加入自己的路由表，并将下一站指定为 R1。也就是说，如果 R2 收到的目的网络为 net1 和 net4 的 IP 数据报，它将转发给路由器 R1，由 R1 进行再次投递。由于 R1 到达网络 net1 和 net4 的距离分别为 0 和 1，因此，R2 通过 R1 到达这两个网络的距离分别为 1 和 2。

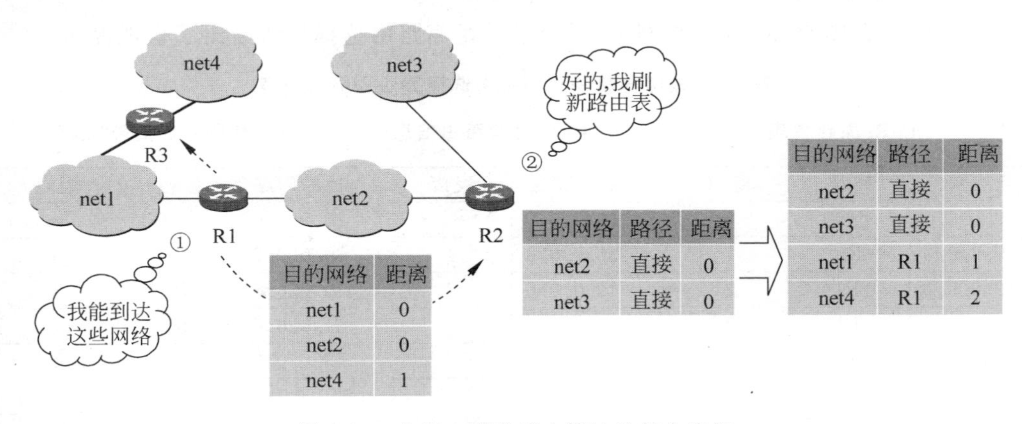

图 9-10　向量—距离路由算法的基本思想

下面对向量—距离算法进行具体描述。

首先,路由器启动时对路由表进行初始化,该初始路由表包含所有去往与本路由器直接相连的网络路径。因为去往直接相连的网络不经过中间路由器,所以初始化的路由表中各路径的距离均为0。图9-11(a)显示了路由器R1附近的互联网拓扑结构,图9-11(b)给出了路由器R1的初始路由表。

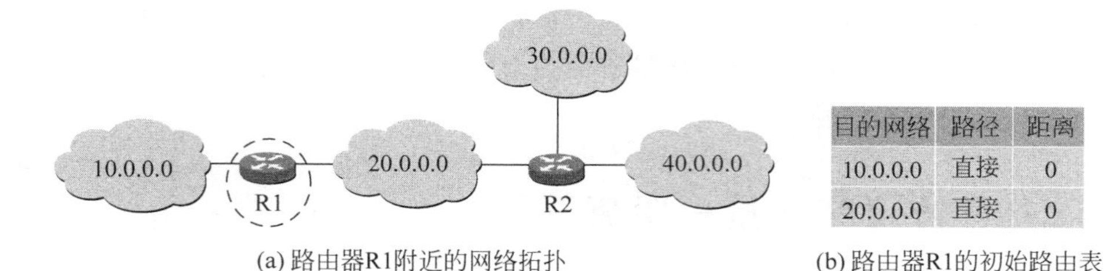

目的网络	路径	距离
10.0.0.0	直接	0
20.0.0.0	直接	0

(a) 路由器R1附近的网络拓扑　　(b) 路由器R1的初始路由表

图9-11　路由器启动时初始化路由表

然后,各路由器周期性地向其相邻的路由器广播自己的路由表信息。与该路由器直接相连(位于同一物理网络)的路由器收到该路由表报文后,据此对本地路由表进行刷新。刷新时,路由器逐项检查来自相邻路由器的路由信息报文,遇到下述表目之一,须修改本地路由表(假设路由器Ri收到路由器Rj的路由信息报文)。

(1) Rj列出的某表目Ri路由表中没有。则Ri路由表中须增加相应表目,其“目的网络”是Rj表目中的“目的网络”,其“距离”为Rj表目中的距离加1,而“路径”则为Rj。

(2) Rj去往某目的地的距离比Ri去往该目的地的距离减1还小。这种情况说明Ri去往某目的网络如果经过Rj,距离会更短。于是,Ri需要修改本表目,其“目的网络”不变,“距离”为Rj表目中的距离加1,“路径”为Rj。

(3) Ri去往某目的地经过Rj,而Rj去往该目的地的路径发生变化。则:

- 如果Rj不再包含去往某目的地的路径,则Ri中相应路径须删除。
- 如果Rj去往某目的地的距离发生变化,则Ri中相应表目的“距离”须修改,以Rj中的“距离”加1取代之。

表9-8假设Ri和Rj为相邻网关,对向量—距离路由选择算法给出了直观说明。

表9-8　按照向量—距离路由选择算法更新路由表

(a) Ri原路由表

目的网络	路径	距离
10.0.0.0	直接	0
30.0.0.0	Rn	7
40.0.0.0	Rj	3
45.0.0.0	Rl	4
180.0.0.0	Rj	5
190.0.0.0	Rm	10
199.0.0.0	Rj	6

(b) Rj广播的路由信息

目的网络	距离
10.0.0.0	4
30.0.0.0	4
40.0.0.0	2
41.0.0.0	3
180.0.0.0	5

(c) Ri刷新后的路由表

目的网络	路径	距离
10.0.0.0	直接	0
30.0.0.0	Rj	5
40.0.0.0	Rj	3
41.0.0.0	Rj	4
45.0.0.0	Rl	4
180.0.0.0	Rj	6
190.0.0.0	Rm	10

向量—距离路由选择算法的最大优点是算法简单、易于实现。但是由于路由器的路径变化需要像波浪一样从相邻路由器传播出去，过程非常缓慢，有可能造成慢收敛等问题，因此它不适合应用于路由剧烈变化的或大型的互联网网络环境。另外，向量—距离路由选择算法要求互联网中的每个路由器都参与路由信息的交换和计算，而需要交换的路由信息报文与自己的路由表的大小几乎一样，因此需要交换的信息量很大。

2. RIP 协议

RIP 协议是向量—距离路由选择算法在局域网上的直接实现。它规定了路由器之间交换路由信息的时间、交换信息的格式、错误的处理等内容。

在通常情况下，RIP 协议规定路由器每 30 秒钟与其相邻的路由器交换一次路由信息，该信息来源于本地的路由表，其中，路由器到达目的网络的距离以“跳数”计算。

RIP 协议除严格遵守向量—距离路由选择算法进行路由广播与刷新外，在具体实现过程中还做了一些改进，主要包括如下方面。

- 对相同开销路由的处理：在具体应用中，到达同一网络可能会有若干条距离相同的路径。对于这种情况，RIP 通常按照先入为主的原则进行处理。如图 9-12 所示，由于路由器 R1 和 R2 都与 net1 直接相连，因此它们都向相邻路由器 R3 发送到达 net1 距离为 0 的路由信息。R3 按照先入为主的原则，先收到哪个路由器的路由信息报文，就将去往 net1 的路径定为哪个路由器，直到该路径失效或被新的、更短的路径代替。

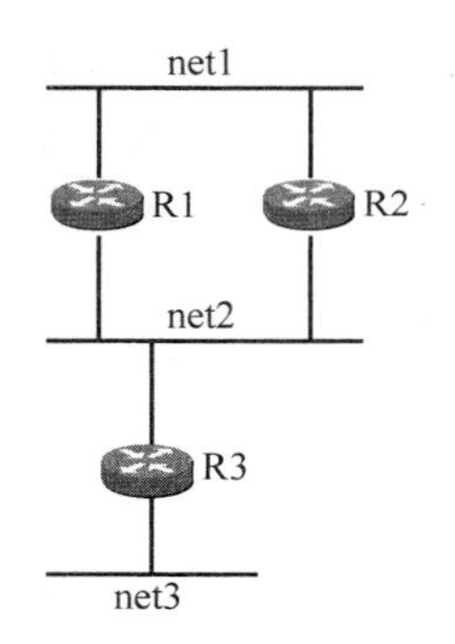

图 9-12　相同开销路由处理

- 对过时路由的处理：根据向量—距离路由选择算法，路由表中的一条路径被刷新是因为出现了一条开销更小的路径，否则该路径会在路由表中保持下去。按照这种思想，一旦某条路径发生故障，过时的路由表项会在互联网中长期存在下去。在图 9-12 中，假如 R3 到达 net1 经过 R1，如果 R1 发生故障后不能向 R3 发送路由刷新报文，那么 R3 关于到达 net1 需要经过 R1 的路由信息将永远保持下去，尽管这是一条坏路由。为了解决这个问题，RIP 协议规定，参与 RIP 选路的所有机器要为其路由表的每个表目增加一个定时器。在收到相邻路由器发送的路由刷新报文中如果包含关于此路径的表目，则将定时器清零，重新开始计时。如果在规定时间内一直没有收到关于该路径的刷新信息，则定时器溢出。定时器溢出说明该路径已经崩溃，需要将它从路由表中删除。RIP 协议规定路径的超时时间为 180 秒，相当于 6 个 RIP 刷新周期。

3. 慢收敛问题及对策

慢收敛问题是 RIP 协议的一个严重缺陷。那么慢收敛问题是怎么产生的呢？

图 9-13(a)是一个正常的互联网拓扑结构，从 R1 可直接到达 net1，从 R2 经 R1(距离

为1)可到达net1。正常情况下,R2收到R1广播的刷新报文后,会建立一条距离为1经R1到达net1的路由。

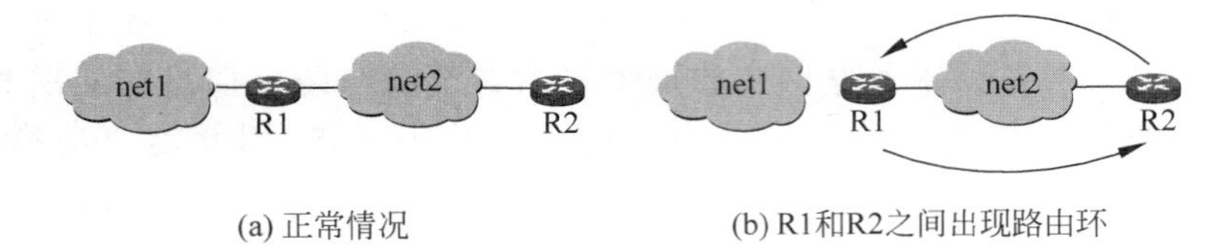

图 9-13 慢收敛问题的产生

现在,假设从R1到net1的路径因故障而崩溃,但R1仍然可以正常工作。当然,R1一旦检测到net1不可到达,会立即将去往net1的路由废除。然后会出现两种可能:

(1) 在收到来自R2的路由刷新报文之前,R1将修改后的路由信息广播给相邻的路由器R2,于是R2修改自己的路由表,将原来经R1去往net1的路由删除。这没有什么问题。

(2) R2赶在R1发送新的路由刷新报文之前,广播自己的路由刷新报文。该报中必然包含一条说明R2经过一个路由器可以到达net1的路由。由于R1已经删除了到达net1的路由,按照向量—距离路由选择算法,R1会增加通过R2到达net1的新路径,不过路径的距离变成了2。这样,在路由器R1和R2之间就形成了路由环,R2认为通过R1可以到达net1,R1则认为通过R2可以到达net1。尽管路径的"距离"会越来越大,但该路由信息不会从R1和R2的路由表中消失。这就是慢收敛问题的产生原因。

为了解决慢收敛问题,RIP协议采用了以下解决对策。

(1) 限制路径最大"距离":产生路由环以后,尽管无效的路由不会从路由表中消失,但是其路径的"距离"会变得越来越大。为此,可以通过限制路径的最大"距离"来加速路由表的收敛。一旦"距离"到达某一最大值,就说明该路由不可达,需要从路由表中删除。RIP协议规定"距离"的最大值为16,距离超过或等于16的路由为不可达路由。当然,在限制路径最大距离为16的同时,也限制了应用RIP协议的互联网规模。在使用RIP协议的互联网中,每条路径经过的路由器数目不应超过15个。

(2) 水平分割:当路由器从某个网络接口发送RIP路由刷新报文时,其中不能包含从该接口获取的路由信息,这就是水平分割(split horizon)对策的基本原理。在图9-13中,如果R2不把从R1获得的路由信息再广播给R1,那么R1和R2之间就不可能出现路由环,慢收敛问题也就不会发生。

(3) 保持对策:仔细分析慢收敛的原因,我们发现崩溃路由的信息传播比正常路由的信息传播慢了许多。针对这种现象,RIP协议的保持(hold down)对策规定在得知目的网络不可到达后的一定时间内(RIP规定为60秒),路由器不接收关于此网络的任何可到达性信息。这样,可以给路由崩溃信息充分的传播时间,使它尽可能赶在路由环形成之前传出去,防止慢收敛问题的出现。

(4) 带触发刷新的毒性逆转:毒性逆转(poison reverse)对策的基本原理是当某路径崩溃后,最早广播此路由的路由器将原路由继续保留在若干路由刷新报文中,但指明该路由的距离为无限长(距离为16)。与此同时,还可以使用触发刷新(trigged update)技术,一旦检测到路由崩溃，立即广播路由刷新报文，而不必等待下一刷新周期。

4. RIP 协议与子网路由

RIP 协议的最大优点是配置和部署相当简单。早在 RFC 正式颁布 RIP 协议的第一个版本之前，RIP 协议已经被广泛使用。但是，RIP 的第一个版本使用标准的分类 IP 地址，并不支持子网路由。直到第二个版本的出现，RIP 协议才结束了不能为子网选路的历史。与此同时，RIP 协议的第二个版本还具有身份验证、支持多播等特性。

9.3.2　OSPF 协议与链路—状态算法

在互联网中，OSPF 是另一种经常被使用的路由选择协议。OSPF 使用链路—状态路由选择算法，可以在大规模的互联网环境下使用。OSPF 协议比 RIP 协议复杂很多。这里，我们仅对 OSPF 协议和链路—状态路由选择算法做一简单介绍。

链路—状态（link-status，L-S）路由选择算法也称为最短路径优先（shortest path first，SPF）算法。其基本思想是互联网上的每个路由器周期性地向其他路由器广播自己与相邻路由器的连接关系，以使各个路由器都可以画出一张互联网拓扑结构图。利用这张图和最短路径优先算法，路由器就可以计算出自己到达各个网络的最短路径。

如图 9-14 所示，路由器 R1、R2 和 R3 首先向互联网上的其他路由器（R1 向 R2 和 R3，R2 向 R1 和 R3，R3 向 R1 和 R2）广播报文，通知其他路由器自己与相邻路由器的关系（例如，R3 向 R1 和 R2 广播自己通过 net1 和 net3 与路由器 R1 相连）。利用其他路由器广播的信息，互联网上的每个路由器都可以形成一张由点和线相互连接而成的抽象拓扑结构图（图 9-14(b)给出了路由器 R1 形成的抽象拓扑结构图）。一旦得到了这张图，路由器就可以按照最短路径优先算法计算出以本路由器为根的 SPF 树（图 9-14(b)显示了以 R1 为根的 SPF 树）。这棵树描述了该路由器（例如 R1）到达每个网络（例如 net1、net2、net3 和 net4）的路径和距离。通过这棵 SPF 树，路由器就可以生成自己的路由表（图 9-14(b)显示了路由器 R1 按照 SPF 树生成的路由表）。

从以上介绍可以看到，链路—状态路由选择算法与向量—距离路由选择算法有很大的不同。向量—距离路由选择算法并不需要路由器了解整个互联网的拓扑结构，它通过相邻的路由器了解到达每个网络的可能路径；而链路—状态路由选择算法则依赖于整个互联网的拓扑结构图，利用该图得到 SPF 树，再由 SPF 树生成路由表。

以链路—状态算法为基础的 OSPF 路由选择协议具有收敛速度快、支持服务类型选路、提供负载均衡和身份认证等特点，非常适合于在规模庞大、环境复杂的互联网中使用。

但是，OSPF 协议也存在一些缺陷，主要包括以下方面。

- 要求较高的路由器处理能力：在一般情况下，运行 OSPF 路由选择协议要求路由器具有更大的存储器和更快的 CPU 处理能力。与 RIP 协议不同，OSPF 要求路由器保存整个互联网的拓扑结构图、相邻路由器的状态等众多的路由信息，并且利用比较复杂的算法生成路由表。互联网的规模越大，OSPF 协议对内存和 CPU 的要求越高。

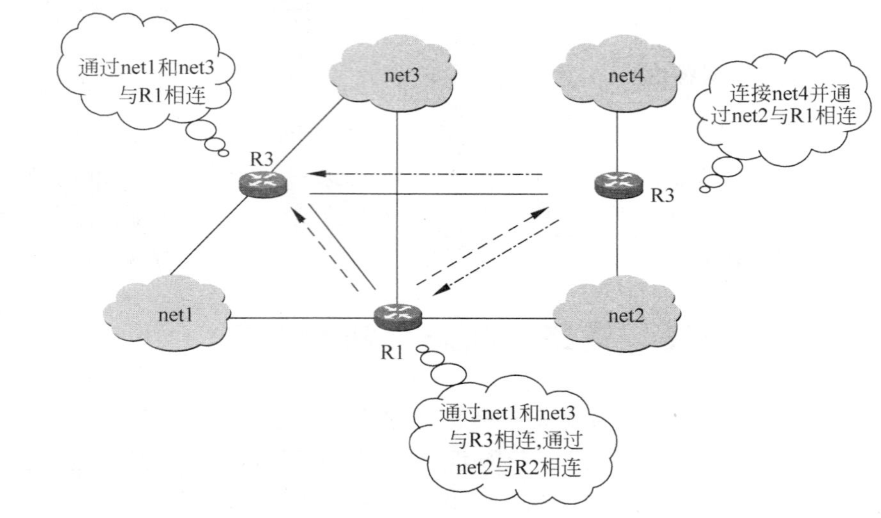

(a) 互联网上每个路由器向其他路由器广播自己与相邻路由器的关系

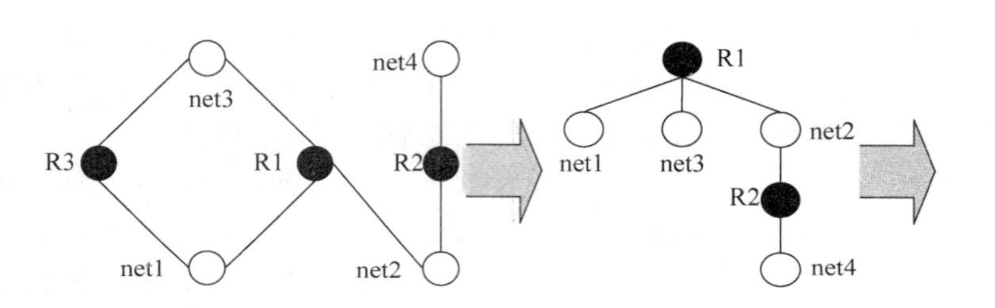

目的网络	下一站
net1	直接
net2	直接
net3	直接
net4	R2

(b) 路由器R1利用形成的互联网拓扑图计算路由

图 9-14　链路—状态路由选择算法的基本思想

- 一定的带宽需求：为了得到与相邻路由器的连接关系，互联网上的每一个路由器都需要不断地发送和应答查询信息，与此同时，每个路由器还需要将这些信息广播到整个互联网。因此，OSPF 对互联网的带宽有一定的要求。

为了适应更大规模的互联网环境，OSPF 协议通常利用分层、指派路由器等一系列的方法来解决这些问题。所谓分层就是将一个大型的互联网分成几个不同的区域，一个区域中的路由器只需要保存和处理本区域的网络拓扑和路由，区域之间的路由信息交换由几个特定的路由器完成。而指派路由器则是指在互联的局域网中，路由器将自己与相邻路由器的关系发送给一个或多个指定路由器(而不是广播给互联网上的所有路由器)，指派路由器生成整个互联网的拓扑结构图，以便其他路由器查询。

9.4　部署和选择路由协议

静态路由、RIP 路由选择协议、OSPF 路由选择协议都有其各自的特点，可以适应不同的互联网环境。

1. 静态路由

静态路由最适合于在小型的、单路径的、静态的 IP 互联网环境下使用。其中：

- 小型互联网可以包含 2～10 个网络。
- 单路径表示互联网上任意两个结点之间的数据传输只能通过一条路径进行。
- 静态表示互联网的拓扑结构不随时间而变化。

一般来说，小公司、家庭办公室等小型机构建设的互联网具有这些特征，可以采用静态路由。

2. RIP 路由选择协议

RIP 路由选择协议比较适合于小型到中型的、多路径的、动态的 IP 互联网环境。其中：

- 小型到中型互联网可以包含 10～50 个网络。
- 多路径表明在互联网的任意两个结点之间有多个路径可以传输数据。
- 动态表示互联网的拓扑结构随时会更改（通常是由于网络和路由器的改变而造成的）。

通常，在中型企业、具有多个网络的大型分支机构等互联网环境中可以考虑使用 RIP 协议。

3. OSPF 路由选择协议

OSPF 路由选择协议最适合较大型到特大型、多路径的、动态的 IP 互联网环境。其中：

- 大型到特大型互联网应该包含 50 个以上的网络。
- 多路径表明在互联网的任意两个结点之间有多个路径可以传播数据。
- 动态表示互联网的拓扑结构随时会更改（通常是由于网络和路由器的改变而造成的）。

OSPF 路由选择协议通常在企业、校园、部队、机关等大型机构的互联网上使用。

9.5　实训：配置路由

路由技术是互联网最核心的技术之一，掌握路由的配置过程和方法对理解互联网的工作机理非常有益。

9.5.1　实训方案的选择

为了练习所学的内容，我们可以采用以下任意一种实训方案。

1. 路由器方案

互联网是将多个网络通过路由器相互连接而成的,因此利用路由器组建互联网是天经地义的。路由器的主要任务之一就是路由选择,利用实际的路由器学习配置路由的方法和过程是最好的一种解决方案。

路由器通常具有两个或多个网络接口,如图9-15所示,可以同时连接不同的网络。不同品牌路由器的配置过程和方法存在很大的差异,有的采用命令行方式,有的采用图形界面方式,甚至有的采用基于Web的浏览器方式。因此,如果需要配置一个路由器的路由,那么就需要学习这种品牌路由器的专用配置方法。

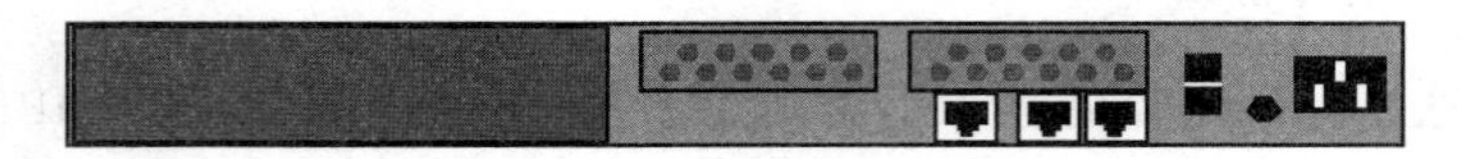

图9-15　Cisco 2610路由器

为了实践路由配置过程和方法,可以选择任意一款具有两个以太网接口的路由器(如Cisco 2610),连接成如图9-16所示的互联网。当然,如果条件允许,也可以增加路由器的数量或路由器接口的数量,组成结构更复杂的互联网。

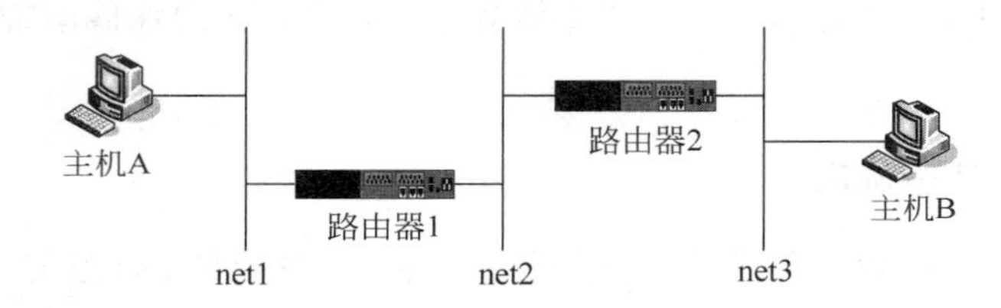

图9-16　利用路由器组建实训互联网

由于路由器具有转发效率高、性能稳定可靠等特点,因此在实际应用中,强烈推荐使用路由器建设互联网。但是,利用路由器组建互联网的费用相对较高,如果你在组建实验互联网过程中不能承受路由器昂贵的价格,那么可以采用如下两种实训方案。

2. 双网卡(或多网卡)方案

实际上,路由器就是具有多个网络接口,提供路由选择和数据报转发服务的专用计算机。如果在一台计算机插入多块网卡并运行相应的路由软件,那么该计算机就完全可以作为一台路由器使用。目前,大多数的网络操作系统(如Windows 2003 Server、UNIX、Linux、Netware等)都支持多块网卡并提供了路由转发功能,我们可以利用网络操作系统的这些特性,组建比较廉价的实验性互联网。

将两块(或多块)以太网卡插入同一台计算机,同时,通过电缆将每块网卡连入不同的网络就构成了一个简单的互联网。图9-17显示了实训可以使用的简单互联网结构。由于利用双网卡(或多网卡)计算机组建实验性互联网的费用不是很高,因此在实训过程中可以使用多个双网卡(或多网卡)计算机组成结构更加复杂的互联网。通过对这些计算机的路由配置,可以加深我们对路由的理解程度。

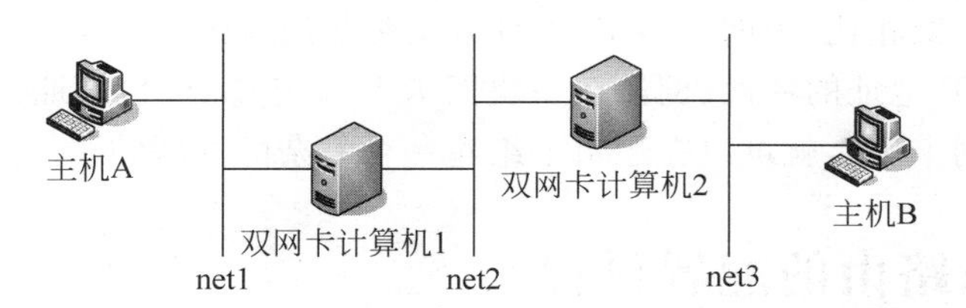

图 9-17　利用双网卡计算机组建实训互联网

需要注意的是，在实际应用中，并不推荐将双网卡（或多网卡）计算机当作路由器使用。路由软件在为数据报选路和转发过程中，需要占用计算机大量的资源和 CPU 处理时间。如果一台计算机在提供路由服务的同时还提供其他服务（如文件服务、Web 服务等），那么就可能造成转发数据报速度缓慢等问题，影响互联网用户的正常使用。

3. 单网卡多 IP 地址方案

多数的网络操作系统（如 Windows 2003 Server、UNIX、Linux、Netware 等）都可以将两个（或多个）IP 地址绑定到一块网卡。如果这两个（或多个）IP 地址分别属于不同的网络，那么这些网络也可以相互连接而构成逻辑上的互联网。利用网络操作系统的这种特性和路由软件，可以组建更加廉价的实验性互联网。

将两个或多个 IP 地址绑定到一块网卡，构成一台具有单网卡多 IP 地址的计算机，这台计算机就可以在两个（或多个）逻辑网络之间转发数据报，实现路由功能。

图 9-18 给出了利用单网卡双 IP 计算机组建的互联网实训方案。从图中可以看出，尽管从逻辑上这是 3 个网络通过两个路由设备相互连接而形成的互联网，如图 9-18(a)所示，但在物理上各个网络设备仍然连接到同一个以太网交换机或集线器，如图 9-18(b)所示。

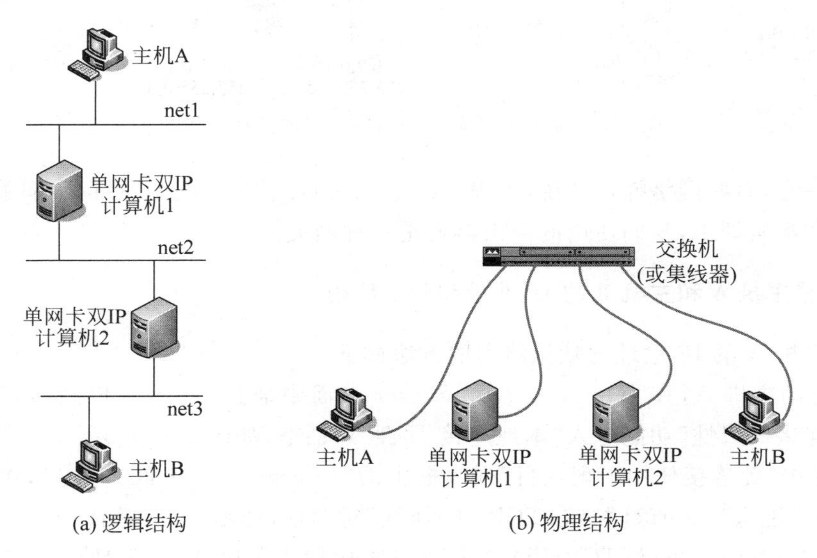

图 9-18　利用单网卡双 IP 计算机组建实训互联网

与其他两个方案相比,单网卡多 IP 地址方案是最经济的一种实训方案。利用一个网卡可以绑定多个 IP 地址的特性(例如在一块网卡上绑定 3 个 IP 地址),不需要增加物理设备(如路由器、网卡等),就可以在逻辑上组建一个复杂的互联结构。

9.5.2 静态路由的配置过程

Windows 2003 Server 网络操作系统提供了很强的路由功能,可以将多个 IP 地址绑定到一块网卡。在前面的实训中,已经组建了一个以交换机(或集线器)为中心的 Windows 2003 以太网。由于单网卡多 IP 地址实训方案不但不需要昂贵的专用路由器,而且不需要对已组装网络的物理硬件进行改动,因此我们以该实训方案为例,介绍静态路由和动态路由的配置过程。

不管是实际应用的互联网还是实验性的互联网,在进行路由配置之前都应该绘制一张互联网的拓扑结构图,用于显示网络、路由器以及主机的布局。与此同时,这张图还应该反映每个网络的网络号、每条连接的 IP 地址以及每台路由器使用的路由协议。

图 9-19 给出了本次实训需要配置静态路由的互联网拓扑结构图。该互联网由 10.1.0.0、10.2.0.0 和 10.3.0.0 三个子网通过 R1、R2 两个路由设备相互连接而成。尽管图 9-19 中的 R1 和 R2 是由两台具有单网卡双 IP 地址的普通主机组成,但由于它们需要完成路由选择和数据报转发等工作,因此我们仍以路由器符号表示。

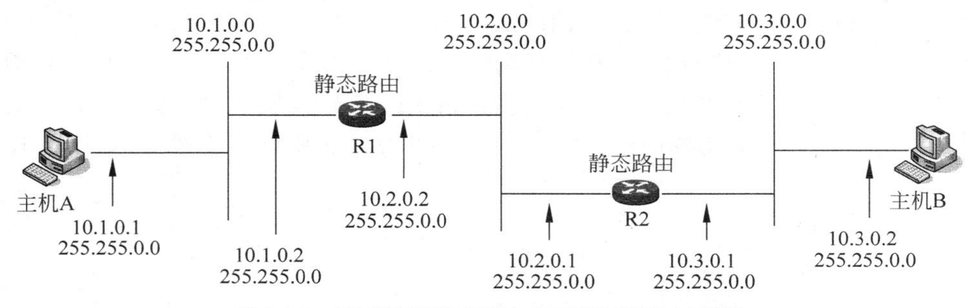

图 9-19　需要配置静态路由的互联网拓扑结构图

需要注意,有些网络操作系统(如 Windows 2003)使用了“网关”一词。网关的意义比较广泛。在本实训中,我们使用的路由器就是一种网关。

1. 配置主机 A 和主机 B 的 IP 地址和默认路由

配置主机 A 的 IP 地址与默认路由的方法如下:

(1) 启动主机 A,在 Windows 2003 Server 桌面中通过“开始→控制面板→网络连接→本地连接→属性”功能进入“本地连接 属性”对话框,如图 9-20 所示。

(2) 选中“此连接使用下列项目”列表框中的“Internet 协议(TCP/IP)”,单击“属性”按钮,系统将进入“Internet 协议(TCP/IP)属性”对话框,如图 9-21 所示。

(3) 在“Internet 协议(TCP/IP)属性”对话框中输入主机 A 的 IP 地址 10.1.0.1 和子网掩码 255.255.0.0,如图 9-21 所示。

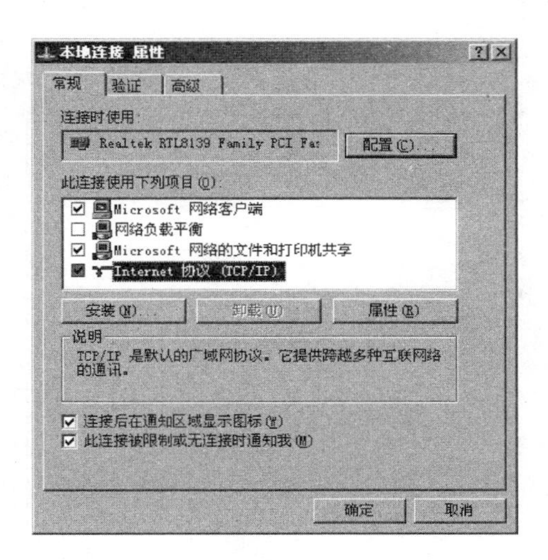

图 9-20 主机 A 的“本地连接 属性”对话框

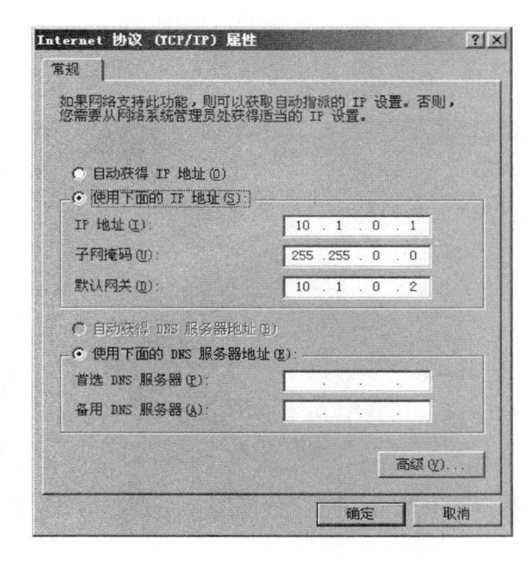

图 9-21 主机 A 的“Internet 协议(TCP/IP)属性”对话框

(4) 由于主机 A 将通过 R1 访问整个互联网，因此把主机 A 的“默认网关”设为 R1 的 IP 地址 10.1.0.2，如图 9-21 所示。需要注意，一个主机默认路由的 IP 地址应与该主机的 IP 地址处于同一网络或子网(例如，主机 A 的默认路由应该为 10.1.0.2 而不是 10.2.0.2)。

(5) 单击“确定”按钮，从“Internet 协议(TCP/IP) 属性”对话框返回“本地连接 属性”对话框。然后，单击“本地连接 属性”对话框中的“确定”按钮，完成主机 A 的 IP 地址与默认路由的设置。

主机 B 的配置过程与主机 A 相同，只是主机 B 的 IP 地址为 10.3.0.2，默认路由为 10.3.0.1。

2. 配置路由设备 R1 和 R2 的 IP 地址

路由设备 R1 和 R2 通过将两个属于不同子网的 IP 地址绑定到一块网卡实现两个子网的互联。R1 把两个 IP 地址绑定到一块网卡的配置过程如下：

(1) 启动 R1，在 Windows 2003 Server 桌面中通过“开始→控制面板→网络连接→本地连接→属性”功能进入“本地连接 属性”对话框，如图 9-22 所示。

(2) 选中“此连接使用下列项目”列表框中的“Internet 协议(TCP/IP)”，单击“属性”按钮，系统将进入“Internet 协议(TCP/IP) 属性”对话框，如图 9-23 所示。

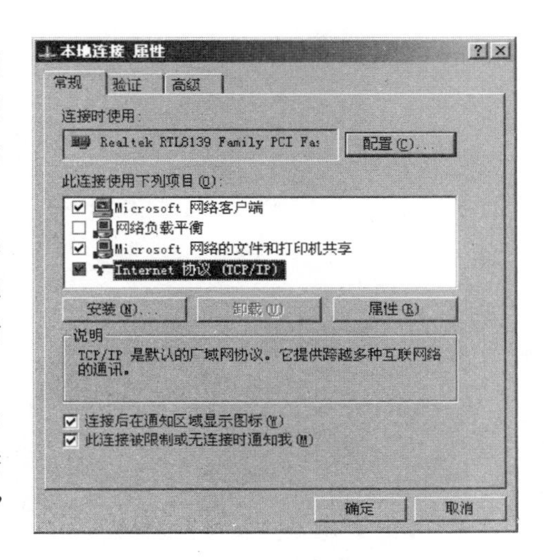

图 9-22 R1 的“本地连接 属性”对话框

(3) 在“Internet 协议(TCP/IP) 属性”对话框中单击“高级”按钮,将出现“高级 TCP/IP 设置”对话框,如图 9-24 所示。

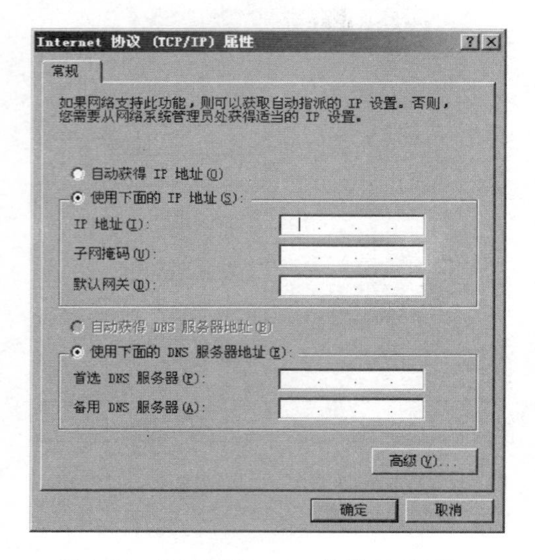

图 9-23 R1 的“Internet 协议(TCP/IP)属性”对话框

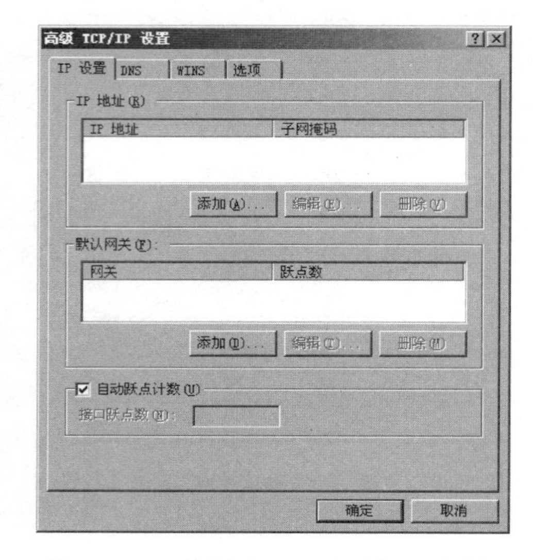

图 9-24 R1 的“高级 TCP/IP 设置”对话框

(4) 利用 IP 地址的“添加”按钮,可以依次将 R1 的两个 IP 地址添加到“IP 地址”列表框,如图 9-25 所示。

(5) 完成两个 IP 地址的添加后,如图 9-26 所示,单击“确定”按钮,返回“Internet 协议(TCP/IP) 属性”对话框。然后,通过单击“Internet 协议(TCP/IP) 属性”对话框中的“确定”按钮和“本地连接 属性”对话框中的“确定”按钮,结束 R1 的 IP 地址配置过程。

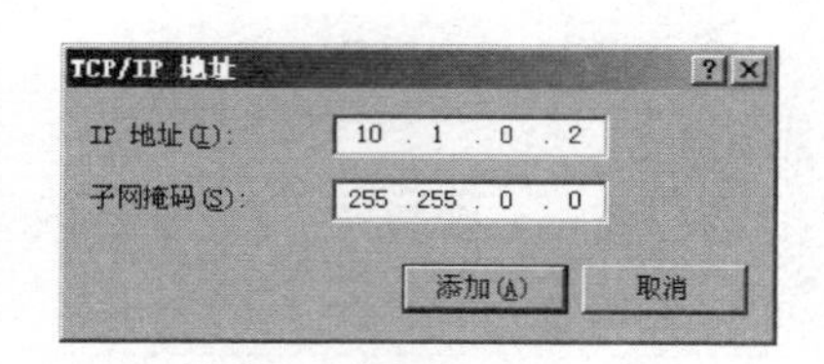

图 9-25 添加 R1 的“TCP/IP 地址”的对话框

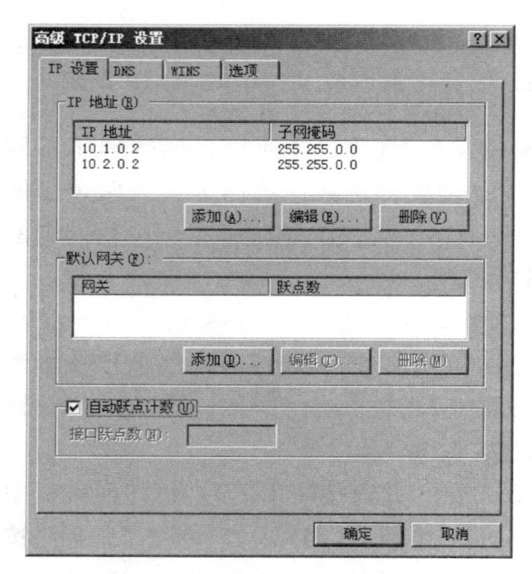

图 9-26 添加完两个 IP 地址后的“高级 TCP/IP 设置”对话框

路由选择设备 R2 的 IP 地址配置过程与 R1 的配置过程完全相同，这里不再赘述。

3. 利用命令行程序配置 R1 和 R2 的静态路由

与其他网络操作系统相同，Windows 2003 网络操作系统也提供一个叫做“route”的命令行程序，用于显示和配置机器的路由。“route”命令具有如下功能。

- 显示路由信息：“route PRINT”命令可用于显示和查看机器当前使用的路由表，如图 9-27 所示。

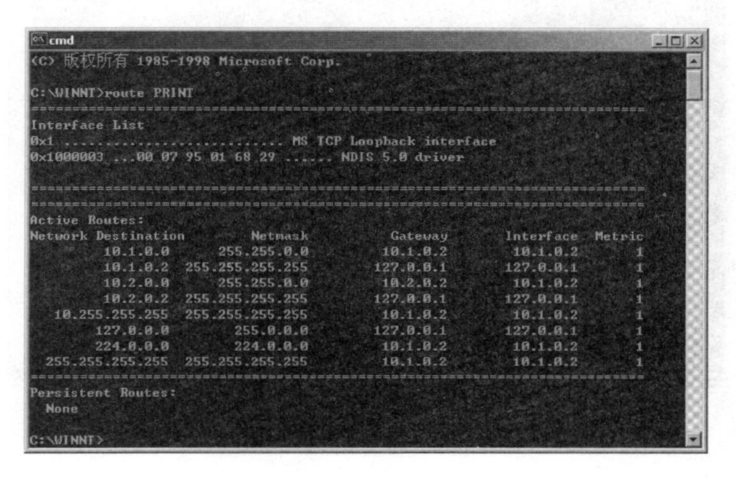

图 9-27　使用“route PRINT”显示路由表

- 增加路由表项：在机器中增加一个路由表项，可以使用“route ADD”命令。例如：“route ADD 10.3.0.0 MASK 255.255.0.0 10.2.0.1”命令就是向路由表中增加一个目的子网为 10.3.0.0、子网掩码为 255.255.0.0、其下一路由器地址为 10.2.0.1的表项，如图 9-28 所示。增加完成后，可以使用“route PRINT”命令查看路由表的变化。

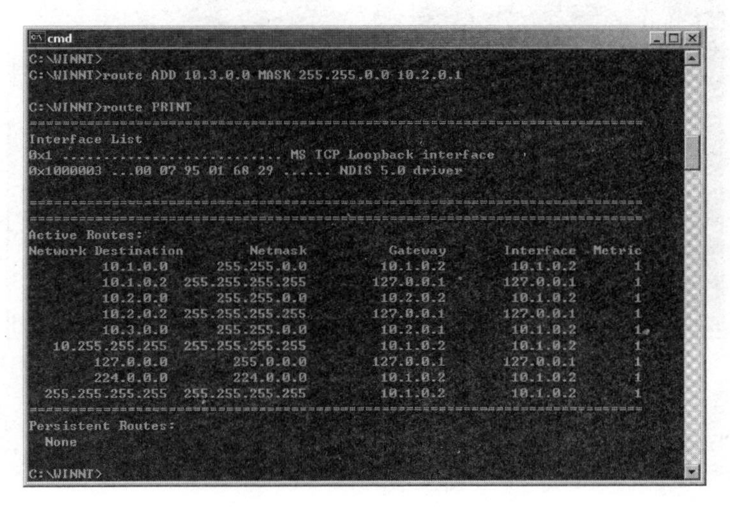

图 9-28　利用“route ADD”命令增加路由

- 修改现有的路由表项：利用“route CHANGE”命令可以修改现有的路由表项。比如“route CHANGE 10.3.0.0 MASK 255.255.0.0 10.1.0.101”将目的子网 10.3.0.0 的下一路由器 IP 地址由 10.2.0.1 改为 10.1.0.101，如图 9-29 所示。然后可以利用“route PRINT”命令显示修改结果。

```
cmd
C:\WINNT>route CHANGE 10.3.0.0 MASK 255.255.0.0 10.1.0.101

C:\WINNT>route PRINT
===========================================================================
Interface List
0x1 ........................... MS TCP Loopback interface
0x1000003 ...00 07 95 01 68 29 ...... NDIS 5.0 driver
===========================================================================
===========================================================================
Active Routes:
Network Destination        Netmask          Gateway       Interface  Metric
         10.1.0.0      255.255.0.0         10.1.0.2        10.1.0.2       1
         10.1.0.2  255.255.255.255        127.0.0.1       127.0.0.1       1
         10.2.0.0      255.255.0.0         10.2.0.2        10.1.0.2       1
         10.2.0.2  255.255.255.255        127.0.0.1       127.0.0.1       1
         10.3.0.0      255.255.0.0       10.1.0.101        10.1.0.2       1
   10.255.255.255  255.255.255.255         10.1.0.2        10.1.0.2       1
        127.0.0.0        255.0.0.0        127.0.0.1       127.0.0.1       1
        224.0.0.0        224.0.0.0         10.1.0.2        10.1.0.2       1
  255.255.255.255  255.255.255.255         10.1.0.2        10.1.0.2       1
===========================================================================
Persistent Routes:
  None

C:\WINNT>
```

图 9-29 用“route CHANGE”命令修改现有的路由表项

- 删除路由：如果希望将路由表中的某个路由删除，可以使用“route DELETE”命令。图 9-30 利用“route DELETE 10.3.0.0”命令删除刚才增加的表项，并用“route PRINT”命令显示了删除后路由表的变化。

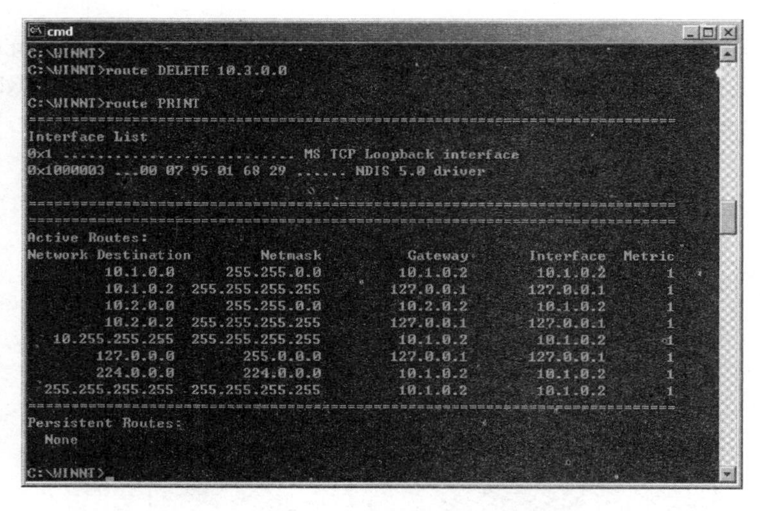
```
cmd
C:\WINNT>
C:\WINNT>route DELETE 10.3.0.0

C:\WINNT>route PRINT
===========================================================================
Interface List
0x1 ........................... MS TCP Loopback interface
0x1000003 ...00 07 95 01 68 29 ...... NDIS 5.0 driver
===========================================================================
===========================================================================
Active Routes:
Network Destination        Netmask          Gateway       Interface  Metric
         10.1.0.0      255.255.0.0         10.1.0.2        10.1.0.2       1
         10.1.0.2  255.255.255.255        127.0.0.1       127.0.0.1       1
         10.2.0.0      255.255.0.0         10.2.0.2        10.1.0.2       1
         10.2.0.2  255.255.255.255        127.0.0.1       127.0.0.1       1
   10.255.255.255  255.255.255.255         10.1.0.2        10.1.0.2       1
        127.0.0.0        255.0.0.0        127.0.0.1       127.0.0.1       1
        224.0.0.0        224.0.0.0         10.1.0.2        10.1.0.2       1
  255.255.255.255  255.255.255.255         10.1.0.2        10.1.0.2       1
===========================================================================
Persistent Routes:
  None

C:\WINNT>
```

图 9-30 用“route DELETE”命令删除路由

现在利用“route”命令配置图 9-19 中路由设备 R1 和 R2 的静态路由，其具体配置过程如下。

(1) 由于 R1 到达子网 10.3.0.0 必须通过 R2，因此在 R1 上可以使用"route ADD 10.3.0.0 MASK 255.255.0.0 10.2.0.1"将到达目的子网 10.3.0.0 的下一站指向 IP 地址 10.2.0.1，如图 9-31 所示。同理，R2 到达子网 10.1.0.0 必须通过 R1，因此在 R2 上可以利用"route ADD 10.1.0.0 MASK 255.255.0.0 10.2.0.2"将到达目的子网 10.1.0.0 的下一站指向 IP 地址 10.2.0.2，如图 9-32 所示。

```
cmd
C:\WINNT>route ADD 10.3.0.0 MASK 255.255.0.0 10.2.0.1

C:\WINNT>route PRINT
===========================================================================
Interface List
0x1 ........................... MS TCP Loopback interface
0x1000003 ...00 07 95 01 68 29 ...... NDIS 5.0 driver

===========================================================================
===========================================================================
Active Routes:
Network Destination        Netmask          Gateway       Interface  Metric
         10.1.0.0      255.255.0.0         10.1.0.2        10.1.0.2       1
         10.1.0.2  255.255.255.255        127.0.0.1       127.0.0.1       1
         10.2.0.0      255.255.0.0         10.2.0.2        10.1.0.2       1
         10.2.0.2  255.255.255.255        127.0.0.1       127.0.0.1       1
         10.3.0.0      255.255.0.0         10.2.0.1        10.1.0.2       1
   10.255.255.255  255.255.255.255         10.1.0.2        10.1.0.2       1
        127.0.0.0        255.0.0.0        127.0.0.1       127.0.0.1       1
        224.0.0.0        224.0.0.0         10.1.0.2        10.1.0.2       1
  255.255.255.255  255.255.255.255         10.1.0.2        10.1.0.2       1
===========================================================================
Persistent Routes:
  None

C:\WINNT>_
```

图 9-31　R1 增加到达子网 10.3.0.0 的路由

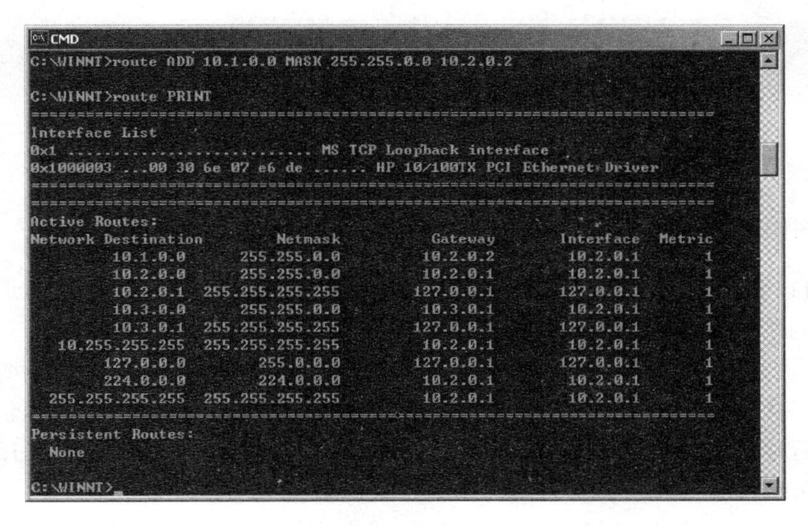

```
CMD
C:\WINNT>route ADD 10.1.0.0 MASK 255.255.0.0 10.2.0.2

C:\WINNT>route PRINT
===========================================================================
Interface List
0x1 ........................... MS TCP Loopback interface
0x1000003 ...00 30 6e 07 e6 de ...... HP 10/100TX PCI Ethernet Driver
===========================================================================
===========================================================================
Active Routes:
Network Destination        Netmask          Gateway       Interface  Metric
         10.1.0.0      255.255.0.0         10.2.0.2        10.2.0.1       1
         10.2.0.0      255.255.0.0         10.2.0.1        10.2.0.1       1
         10.2.0.1  255.255.255.255        127.0.0.1       127.0.0.1       1
         10.3.0.0      255.255.0.0         10.3.0.1        10.2.0.1       1
         10.3.0.1  255.255.255.255        127.0.0.1       127.0.0.1       1
   10.255.255.255  255.255.255.255         10.2.0.1        10.2.0.1       1
        127.0.0.0        255.0.0.0        127.0.0.1       127.0.0.1       1
        224.0.0.0        224.0.0.0         10.2.0.1        10.2.0.1       1
  255.255.255.255  255.255.255.255         10.2.0.1        10.2.0.1       1
===========================================================================
Persistent Routes:
  None

C:\WINNT>_
```

图 9-32　R2 增加到达子网 10.1.0.0 的路由

(2) 虽然 R1 和 R2 已经配置了到达其他网络的路由，但是在默认状态下，Windows 2003 Server 并不允许 IP 数据报转发。为了启动数据报转发，需要修改 Windows 2003 Server 的注册表。在命令行中输入"regedt32"，启动注册表编辑器，在注册表编辑器中定位于"HKEY_LOCAL_MACHINE\SYSTEM\CurrentControlSet\Services\Tcpip\

Parameters”表项，如图9-33所示，其中“IPEnableRouter”参数控制IP数据报的转发。如果IPEnableRouter为REG_DWORD:0x0，则不允许本机转发数据报；如果IPEnableRouter为REG_DWORD:0x1，则允许转发数据报。双击IPEnableRouter，系统将弹出参数编辑对话框，这时可以修改IPEnableRouter的值。作为路由设备，R1和R2应具有IP数据报的转发功能，因此R1和R2上的IPEnableRouter都必须修改为REG_DWORD:0x1。一旦修改完毕，退出注册表编辑程序后，R1和R2即可正常工作，主机A与主机B也应能正常通信。

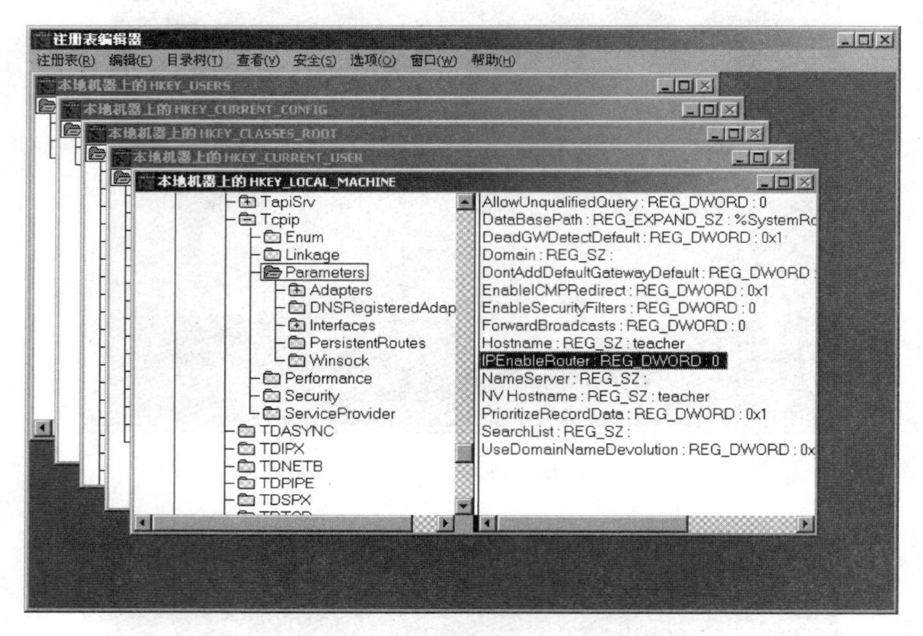

图9-33 Windows 2003 Server 注册表编辑器

4. 利用图形界面配置R1和R2的静态路由

除了可以利用命令行配置路由外，Windows 2003 Server还可以通过图形界面配置路由。R1利用图形界面配置路由的过程如下：

(1) 启动R1上的Windows 2003 Server，通过“开始→管理工具→路由和远程访问”功能进入“路由和远程访问”程序。如果这是第一次使用该程序，路由和远程访问将处于禁止状态，程序的界面将如图9-34所示。如果路由和远程访问已经启动，程序的窗口将如图9-36所示。

(2) 如果路由和远程访问处于禁止状态，首先需要启动和配置路由和远程访问。右击需要配置的服务器，在弹出的菜单中执行“配置并启用路由和远程访问”命令，系统将显示“路由和远程访问服务器安装向导”，如图9-35所示。“安装向导”是一种用户界面良好的应用程序，它可以引导我们一步一步完成安装和配置任务。在使用向导安装和配置路由和远程访问服务器时，除了需要在“配置”页面选择“自定义配置”选项外，还需要在“自定义配置”页面选择“LAN路由”选项。在路由和远程访问启动后，程序的界面如图9-36所示。

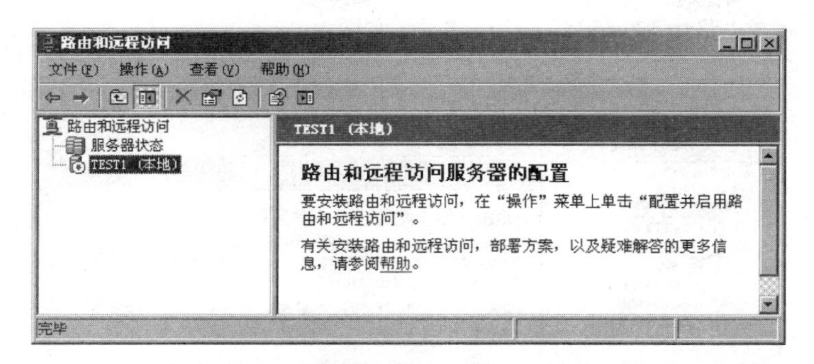

图 9-34　处于禁止状态时的路由和远程访问窗口

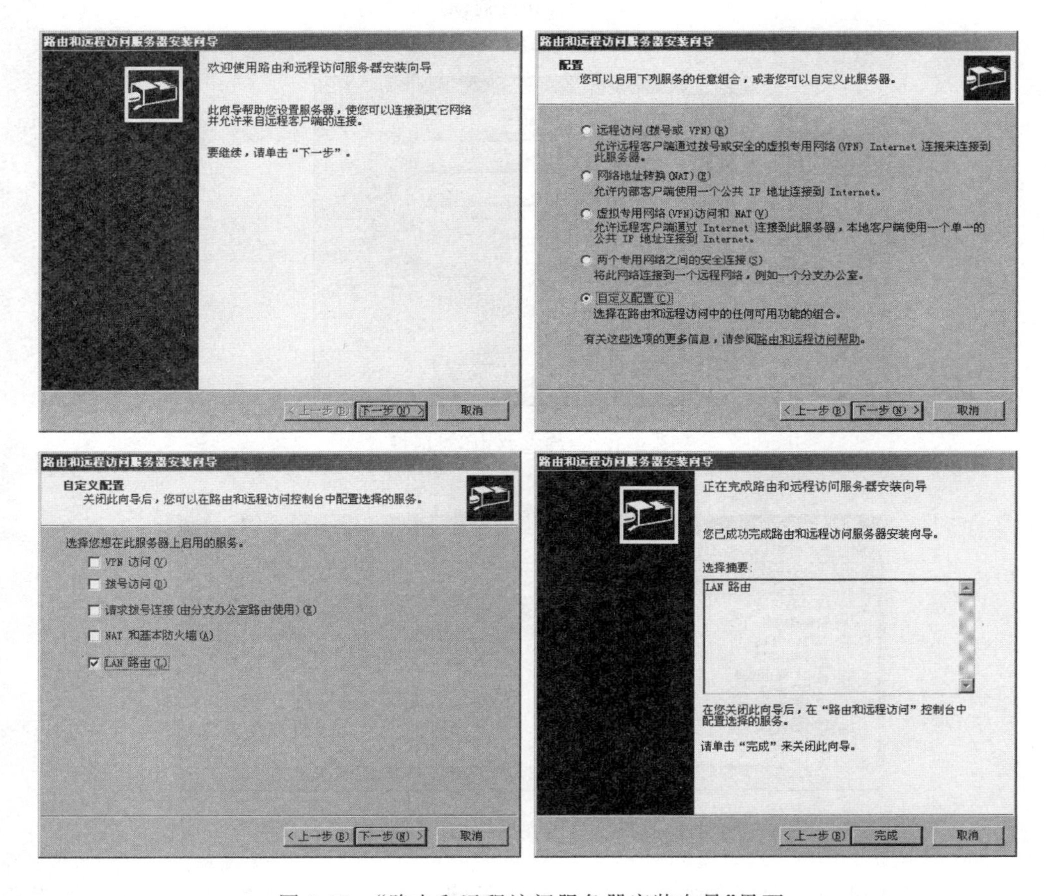

图 9-35　“路由和远程访问服务器安装向导”界面

(3) 为了增加到子网 10.3.0.0 的路由，需要右击“路由和远程访问”窗口中的“静态路由”，执行弹出式菜单中的“新建静态路由”命令，这时系统将显示“静态路由”对话框，如图 9-37 所示。

(4) 将目的子网 10.3.0.0、子网掩码 255.255.0.0 和下一路由器 IP 地址 10.2.0.1 分别填入“静态路由”对话框中的“目标”、“网络掩码”、“网关”文本框，单击“确定”按钮，增加的路由将显示在“路由和远程访问”窗口中,如图 9-38 所示。

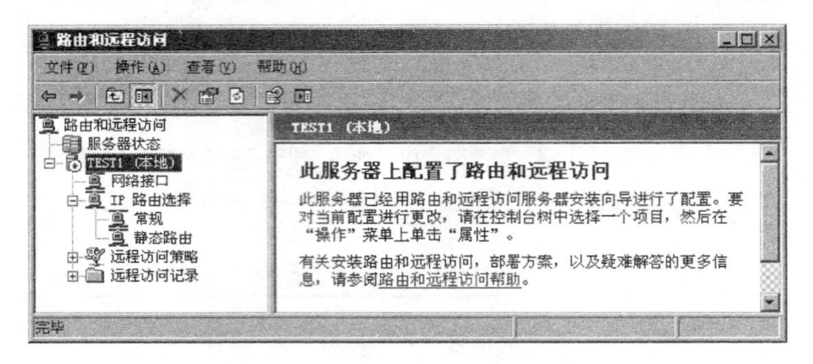

图 9-36 路由和远程访问启动后的程序窗口

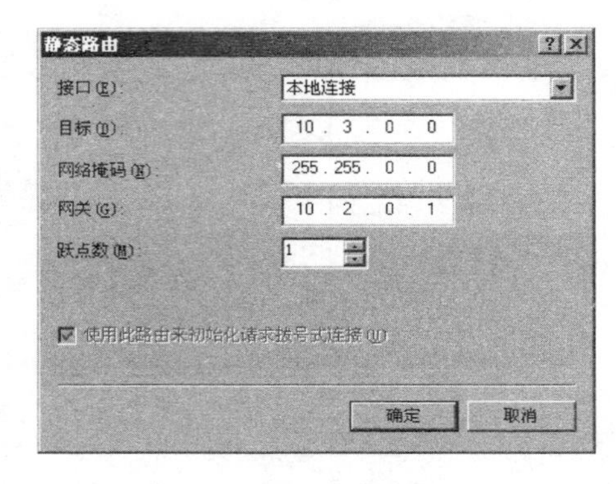

图 9-37 “静态路由”对话框

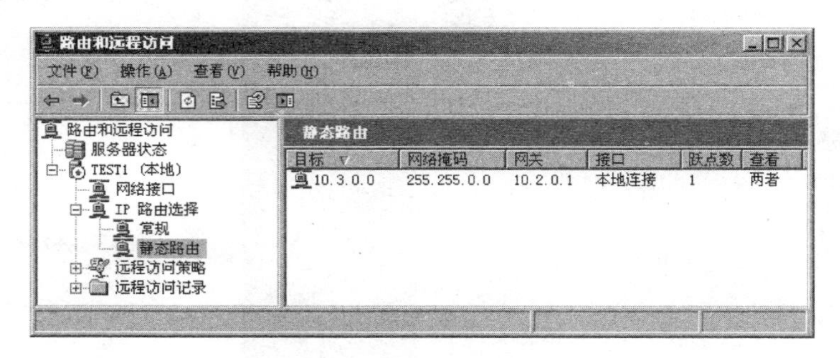

图 9-38 增加的路由显示在“路由和远程访问”窗口中

(5) 可以通过查看 R1 的路由表,证实到达子网 10.3.0.0 的路由已经加入。如果希望利用图形界面显示路由表,可以右击“路由和远程访问”窗口中的“静态路由”,然后执行弹出式菜单中的“显示 IP 路由表”命令即可,如图 9-39 所示。

至此,我们完成了 R1 的路由配置任务。按照同样的方法,可以将到达子网 10.1.0.0 的路由加到 R2 的路由表中。当 R1 和 R2 的路由配置完成后,主机 A 和主机 B 就可以相互交换数据了。

TEST1 - IP 路由表

目标	网络掩码	网关	接口	跃点数	通讯协议
10.1.0.0	255.255.0.0	10.1.0.2	本地连接	20	本地
10.1.0.2	255.255.255.255	127.0.0.1	环回	20	本地
10.2.0.0	255.255.0.0	10.2.0.2	本地连接	20	本地
10.2.0.2	255.255.255.255	127.0.0.1	环回	20	本地
10.3.0.0	255.255.0.0	10.2.0.1	本地连接	1	静态（非请求拨号）
10.255.255.255	255.255.255.255	10.1.0.2	本地连接	20	本地
127.0.0.0	255.0.0.0	127.0.0.1	环回	1	本地
127.0.0.1	255.255.255.255	127.0.0.1	环回	1	本地
224.0.0.0	240.0.0.0	10.1.0.2	本地连接	20	本地
255.255.255.255	255.255.255.255	10.1.0.2	本地连接	1	本地

图 9-39　R1 的路由表

9.5.3　动态路由的配置过程

下面以 RIP 路由选择协议为例，介绍动态路由的配置过程。

我们知道，利用 RIP 作为路由选择协议的互联网直径不能超过 16 个路由器。如果一条路由的"距离"值大于或等于 16，RIP 协议会认为这是一条无限长的路径，目的地不可达。但是，Windows 2003 路由软件认为，所有从非 RIP 协议获知的路由都有固定跳数 2。静态路由，甚至是直接连接到网络的静态路由，都被认为是非 RIP 路由。当 Windows 2003 的 RIP 路由软件公布其直接连接的网络时，即使只越过一个路由器，也会公布其距离为 2。因此，利用 Windows 2003 路由软件组建基于 RIP 协议的互联网，其最大直径为 14 个路由器。

与配置静态路由相同，在配置动态路由之前也需要绘制一张用于显示网络、路由器以及主机布局的互联网拓扑结构图。为简单起见，本次动态路由配置实训和静态路由配置实训使用相同的互联网拓扑结构图，但在绘图过程中需要将路由设备使用的路由选择协议改为 RIP 协议，如图 9-40 所示。

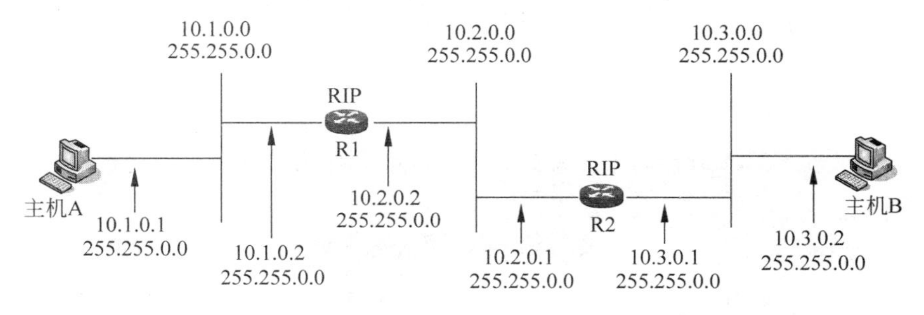

图 9-40　需要配置动态路由的互联网拓扑结构图

在 Windows 2003 Server 中，配置 RIP 路由选择协议的过程非常简单。R1 和 R2 的 RIP 协议配置过程如下：

(1) 启动 R1 上的 Windows 2003 Server，通过"开始→管理工具→路由和远程访问"功能进入"路由和远程访问"程序，如图 9-41 所示。请注意，如果路由和远程访问服务处于禁止状态，则需要配置并启动路由和远程访问服务器。具体启动过程请参考利用图形界面配置静态路由部分。

(2) 右击"常规"选项，在弹出的菜单中执行"新增路由协议"命令，系统则弹出"新路

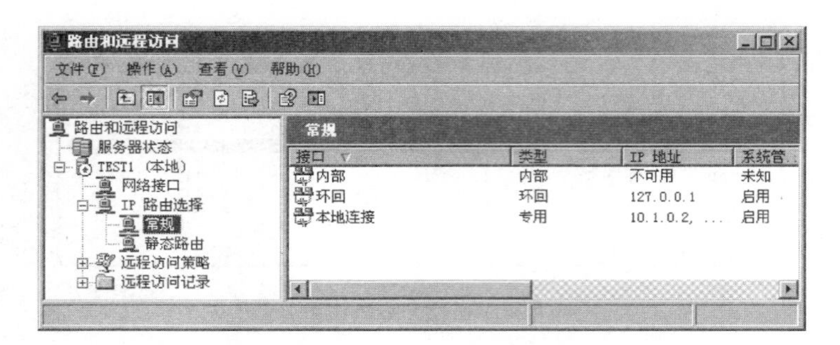

图 9-41 “路由和远程访问”窗口

由协议”对话框,如图 9-42 所示。在这里,选中需要使用的路由协议“用于 Internet 协议的 RIP 版本 2”,单击“确定”按钮,“路由和远程访问”窗口将增加一个新的条目“RIP”,如图 9-43 所示。

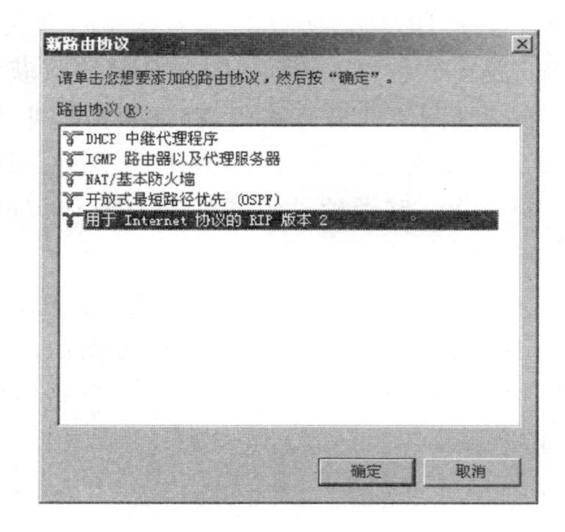

图 9-42 “新路由协议”对话框

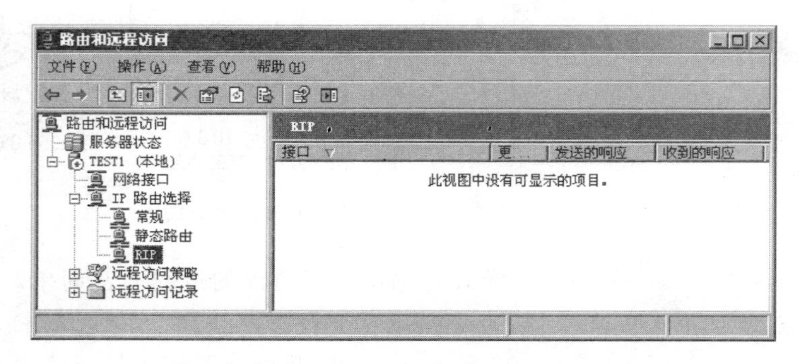

图 9-43 增加 RIP 协议后的“路由和远程访问”窗口

(3) 现在,需要通知系统让哪个网络接口用于 RIP 协议。右击“路由和远程访问”窗口的“RIP”条目,在弹出的菜单中执行“新增接口”命令,系统将引导你将新的接口添加到 RIP 协议中,如图 9-44 所示。

(4) 选择需要执行 RIP 协议的新接口(这里是“本地连接”),单击“确定”按钮,系统将弹出“RIP 属性”对话框,如图 9-45 所示。

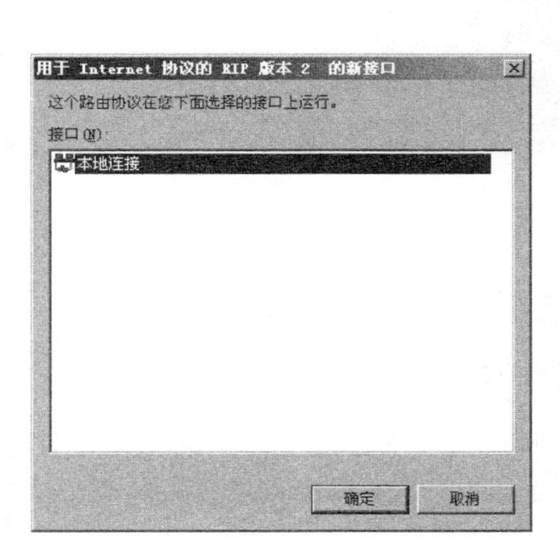

图 9-44　向 RIP 协议添加新接口

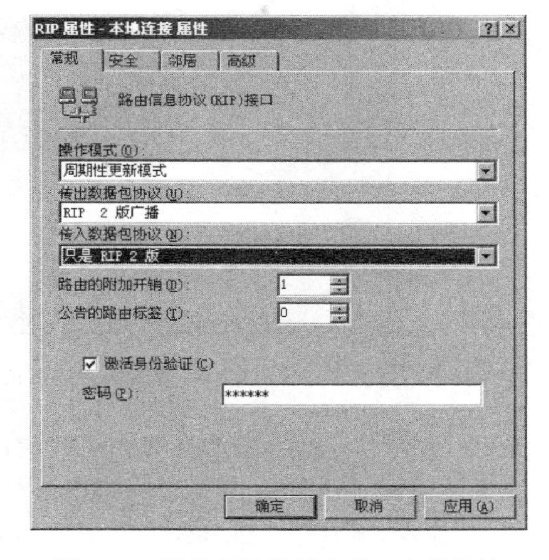

图 9-45　配置 RIP 协议在接口上的属性

(5) 由于 RIP 协议的第 2 版才支持子网路由,因此在“传出数据包协议”下拉列表中选择“RIP2 版广播”,当然,如果互联网上的所有路由器都支持第 2 版的 RIP 协议,那么还可以在“传入数据包协议”下拉列表中选择“只是 RIP2 版”。为了安全起见,还可以激活身份验证,并输入 RIP 协议之间交换路由信息所使用的密码。需要注意,如果启用身份验证,交换路由信息的 RIP 路由器必须具有相同的密码。

(6) 如果你是高手,那么还可以通过单击图 9-45 中的“高级”标签,进行“水平分割”、“毒性反转”等 RIP 协议的高级配置,如图 9-46 所示。

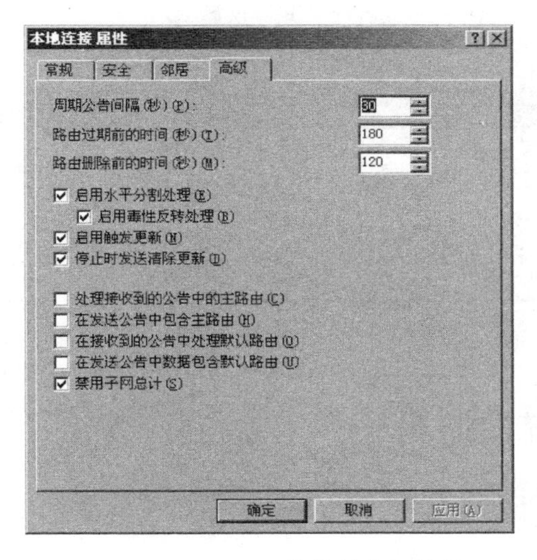

图 9-46　配置 RIP 协议的高级特性

(7) 单击“确定”按钮,新增加的接口将显示在“路由和远程访问”窗口之中,如图 9-47 所示。

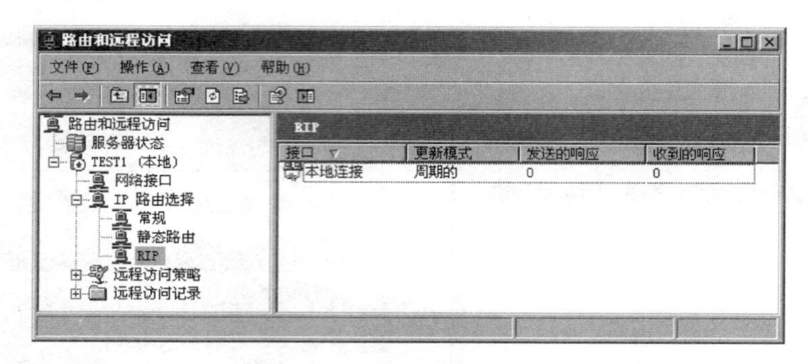

图 9-47 增加新接口后的“路由和远程访问”窗口

至此,完成了 R1 的 RIP 路由协议配置。我们可以按照相同的步骤,在 R2 上配置 RIP 协议。一旦配置完成,就可以通过右击“静态路由”,执行弹出式菜单中的“显示 IP 路由选择表”命令,显示 R1 和 R2 的路由表,如图 9-48 和图 9-49 所示。从表中可以看到,R1 路由表中自动增加了到达子网 10.3.0.0 的路由,R2 路由表中自动增加了到达子网 10.1.0.0 的路由。

TEST1 - IP 路由表

目标	网络掩码	网关	接口	跃点数	通讯协议
10.3.0.0	255.255.0.0	10.2.0.1	本地连接	3	RIP
10.1.0.0	255.255.0.0	10.1.0.2	本地连接	20	本地
10.1.0.2	255.255.255.255	127.0.0.1	环回	20	本地
10.2.0.0	255.255.0.0	10.2.0.2	本地连接	20	本地
10.2.0.2	255.255.255.255	127.0.0.1	环回	20	本地
10.255.255.255	255.255.255.255	10.1.0.2	本地连接	20	本地
127.0.0.0	255.0.0.0	127.0.0.1	环回	1	本地
127.0.0.1	255.255.255.255	127.0.0.1	环回	1	本地
224.0.0.0	240.0.0.0	10.1.0.2	本地连接	20	本地
255.255.255.255	255.255.255.255	10.1.0.2	本地连接	1	本地

图 9-48 运行 RIP 协议后 R1 的路由表

TEST1 - IP 路由表

目标	网络掩码	网关	接口	跃点数	通讯协议
10.3.0.0	255.255.0.0	10.2.0.1	本地连接	3	RIP
255.255.255.255	255.255.255.255	10.1.0.2	本地连接	1	本地
224.0.0.0	240.0.0.0	10.1.0.2	本地连接	20	本地
127.0.0.1	255.255.255.255	127.0.0.1	环回	1	本地
127.0.0.0	255.0.0.0	127.0.0.1	环回	1	本地
10.255.255.255	255.255.255.255	10.1.0.2	本地连接	20	本地
10.2.0.2	255.255.255.255	127.0.0.1	环回	20	本地
10.2.0.0	255.255.0.0	10.2.0.2	本地连接	20	本地
10.1.0.2	255.255.255.255	127.0.0.1	环回	20	本地
10.1.0.0	255.255.0.0	10.1.0.2	本地连接	20	本地

图 9-49 运行 RIP 协议后 R2 的路由表

9.5.4 测试配置的路由

不论是静态路由还是动态路由,不论是实际应用中的路由还是实验性路由,在配置完成后都需要进行测试。

路由测试最常使用的是 ping 命令,如果需要测试实训时配置的路由是否正确,可以在主机 A 上通过“ping 10.3.0.2”测试 IP 数据报是否能顺利通过配置的路由器到达目的主机 B。图 9-50 给出了路由配置正确后 ping 命令的显示结果。

```
cmd
D:\WINNT>
D:\WINNT>
D:\WINNT>
D:\WINNT>
D:\WINNT>
D:\WINNT>
D:\WINNT>
D:\WINNT>
D:\WINNT>
D:\WINNT>
D:\WINNT>ping 10.3.0.2

Pinging 10.3.0.2 with 32 bytes of data:

Reply from 10.3.0.2: bytes=32 time<10ms TTL=126
Reply from 10.3.0.2: bytes=32 time<10ms TTL=126
Reply from 10.3.0.2: bytes=32 time<10ms TTL=126
Reply from 10.3.0.2: bytes=32 time<10ms TTL=126

Ping statistics for 10.3.0.2:
    Packets: Sent = 4, Received = 4, Lost = 0 (0% loss),
Approximate round trip times in milli-seconds:
    Minimum = 0ms, Maximum =  0ms, Average =  0ms

D:\WINNT>
```

图 9-50　使用 ping 命令测试路由的配置情况

但是，ping 命令只可以显示 IP 数据报从一台主机顺利到达另一台主机，并不能显示 IP 数据报到底沿着那条路径转发和前进。为了能够显示 IP 数据报所走过的路径，可以使用 Windows 2003 网络操作系统提供的 tracert 命令（有的网络操作系统写为 traceroute）。tracert 命令不但可以给出数据报是否能够顺利到达目的结点，而且可以显示数据报在前进过程中所经过的路由器。图 9-51 显示的是主机 A(10.1.0.1)发送给 IP 主机 B(10.3.0.2)的 IP 数据报所走过的路径。从图中可以看出，IP 数据报经过 10.1.0.2(R1)和 10.2.0.1(R2)最终到达目的地 10.3.0.2(主机 B)。如果 IP 数据报不能到达目的地，tracert 命令会显示哪个路由器终止了 IP 数据报的转发。在这种情况下，通常可以断定该路由器到达这个目的地的路由发生了故障。

```
cmd
D:\WINNT>
D:\WINNT>
D:\WINNT>
D:\WINNT>
D:\WINNT>
D:\WINNT>
D:\WINNT>
D:\WINNT>
D:\WINNT>
D:\WINNT>
D:\WINNT>
D:\WINNT>
D:\WINNT>
D:\WINNT>
D:\WINNT>tracert -d 10.3.0.2

Tracing route to 10.3.0.2 over a maximum of 30 hops

  1   <10 ms   <10 ms   <10 ms  10.1.0.2
  2   <10 ms   <10 ms   <10 ms  10.2.0.1
  3   <10 ms   <10 ms   <10 ms  10.3.0.2

Trace complete.

D:\WINNT>
```

图 9-51　tracert 命令可以显示数据报转发所经过的路径

练　习　题

一、填空题

(1) 在IP互联网中,路由通常可以分为________路由和________路由。

(2) IP路由表通常包括三项内容,它们是子网掩码、________和________。

(3) RIP协议使用________算法,OSPF协议使用________算法。

二、单项选择题

(1) 在IP互联网中,不需要具备IP路由选择功能的是(　　)。

A. 具有单网卡的主机　　B. 路由器

C. 具有多网卡的宿主主机　　D. 交换机

(2) 路由器中的路由表通常需要包含(　　)。

A. 到达所有主机的完整路径信息　　B. 到达所有主机的下一步路径信息

C. 到达目的网络的完整路径信息　　D. 到达目的网络的下一步路径信息

(3) 关于OSPF和RIP适应的互联网环境,下列哪种说法最准确?(　　)

A. OSPF和RIP都适合于庞大、动态的互联网环境

B. OSPF和RIP都适合于小型、静态的互联网环境

C. OSPF适合于小型、静态的互联网环境,RIP适合于大型、动态的互联网环境

D. OSPF适合于大型、动态的互联网环境,RIP适合于小型、动态的互联网环境

三、实训题

图9-52是一个互联网的互联结构图。如果该互联网被分配了一个A类IP地址10.0.0.0,请你动手做以下工作:

(1) 为互联网上的主机和路由器分配IP地址。

(2) 写出路由器R1、R2、R3和R4的静态路由表。

(3) 在你组装的局域网上模拟该互联网并验证你写的路由表是否正确。

(4) 将运行静态路由的R1、R2、R3和R4改为运行RIP协议,试一试主机之间是否还能进行正常的通信。

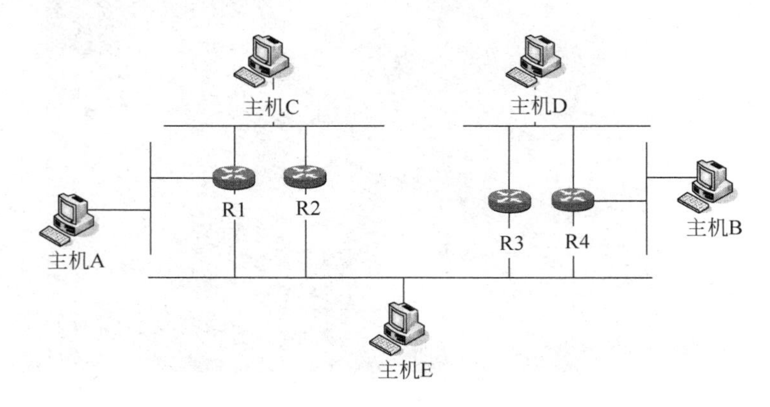

图9-52　互联结构图

第 10 章　IPv6

学习本章后需要掌握:

- IPv6 地址表示法和地址类型
- IPv6 数据报的组成
- ICMPv6 的主要功能
- IPv6 的自动配置方式
- IPv6 的路由选择方法

学习本章后需要动手:

- 安装 IPv6 协议
- 采用手工和自动方式配置 IPv6 地址
- 测试配置的正确性

目前,通常使用的 IP 协议为其第 4 个版本(即 IPv4)。IPv4 协议不但部署较为简单,而且在运行中表现出良好的健壮性和互操作性。30 多年的实践充分证明了 IPv4 协议的基本设计思想是正确的。但是,随着 Internet 规模的增长和应用的深入,人们也发现 IPv4 存在地址空间不足、转发效率有待提高、配置烦琐、安全性难于控制等问题。于是,一种新版本的 IP 协议——IPv6 协议逐渐浮出水面,并逐渐开始在 Internet 中部署和应用。

IPv6 是一个正在迅速发展并不断完善的标准。本章主要介绍 IPv6 的主要设计思想和工作原理。

10.1　IPv6 的新特征

在介绍 IPv6 协议的主要特征之前,我们先讨论一下 IPv4 协议的局限性。IPv4 的局限性主要包括以下方面。

(1) 地址空间不足: IPv4 地址的长度为 32 位,可以提供 2^{32} 个 IP 地址。随着 Internet 规模呈指数级增长,IP 地址空间逐渐耗尽。尽管子网划分方法可以解决部分 IP 地址浪费问题,但该方法并不能使 IP 地址的数量增大。NAT 技术可以使多台主机共享一个公用 IP 地址,但这种技术使 IP 协议失去了点到点的特性①。IPv4 地址空间的危机

① 关于 NAT 技术的讨论参见第 11 章。

是IP协议升级的主要动力。

(2) 性能有待提高：使用IP协议的主要目的是在不同网络之间进行高效的数据传递。尽管IPv4在很大程度上已经实现了此目标，但是在性能上还有改进的余地。例如，IP报头的设计、IP选项和头部校验和的使用等严重影响路由器的转发效率。

(3) 安全性缺乏：在公共的Internet上进行隐私数据的传输需要IP协议提供加密和认证服务，但是IP协议在设计之初对这些安全性考虑很少。尽管后来出现了一个提供安全数据传输的IPSec协议，但是该协议只是IPv4的一个选项，在现实的解决方案中并不流行。

(4) 配置较为烦琐：目前，IPv4地址、掩码等配置工作以手工方式进行。随着互联网中主机数量的增多，手工配置方法显得非常烦琐。尽管动态主机配置协议(dynamic host configuration protocol，DHCP)的出现在一定程度上解决了地址的自动配置问题，但需要部署DHCP服务器并对其进行管理。人们需要一种更为简便和自动的地址配置方法。

(5) 服务质量欠缺：IPv4中的服务质量(quality of service，QoS)保证主要依赖于IP报头中的"服务类型"字段，但是，"服务类型"字段的功能有限，不能满足保证实时数据传输质量的要求。为了支持互联网中的实时多媒体应用，需要IP协议能够提供有效的QoS保障机制。

针对IPv4存在的局限性，IETF推出了下一代IP协议标准——IPv6。IPv6沿用了IPv4的核心设计思想，但对报文格式、地址表示等进行了重新设计。IPv6的新特征主要包括以下方面。

(1) 全新的报文结构：在IPv6报文中，报头分为基本头和扩展头两部分。基本头的长度固定，包含有中途路由器转发数据报必须的信息。扩展头位于基本头之后，包含有一些扩展字段。这种设计能使路由器快速定位转发需要的信息，提高转发效率。

(2) 巨大的地址空间：IPv6地址长度为128位，可以提供超过3×10^{38}个IP地址。IPv6地址空间是IPv4地址空间的296倍。如果这些IP地址均匀分布于地球表面，那么每平方米可以获得6.65×10^{23}个。

(3) 有效的层次化寻址和路由结构：IPv6巨大的地址空间能够更好地将路由结构划分出层次，允许使用多级子网划分和地址分配。由于IPv6地址可以使用的网络号部分位数较长，因此层次的划分可以覆盖从主干网到部门内部子网的多级结构。同时，合理的层次划分和地址分配可以使路由表的聚合性更好，有利于数据报的高效寻址和转发。

(4) 内置的安全机制：IPSec是IPv6协议要求的标准组成部分。它可以对IP数据报加密和认证，增强网络的安全性。

(5) 自动地址配置：为了简化主机的配置过程，IPv6支持有状态和无状态两种自动地址配置方式。在有状态的自动地址配置中，主机借助于DHCP服务器获取IPv6地址；在无状态的自动地址配置中，主机借助于路由器获取IPv6地址。即使没有DHCP服务器和路由器，主机也可以自动生成一个链路本地地址而无需人工干预。

(6) QoS服务支持：IPv6在其报头中设计了一个流标签，用于标识从源到目的地的一个数据流。中途路由器可以识别这些数据流并可以对它们进行特殊的处理。

10.2 IPv6 地址

与 IPv4 相同，IPv6 地址用于表示主机（或路由器）到一个网络的连接（或接口），因此具有多个网络连接（或接口）的主机（或路由器）应该具有多个 IPv6 地址。同样，多个 IPv6 地址可以绑定到一条物理连接（或接口）上，使一条物理连接（或接口）具有多个 IP 地址。与 IPv4 不同，IPv6 地址长度为 128 位二进制数，理论上 IP 地址的数量为 2^{128}(340,282,366,920,938,463,463,374,607,431,768,211,456)个。本节讨论 IPv6 地址表示法和 IPv6 地址分类。

10.2.1 IPv6 地址表示法

IPv4 地址采用点分十进制表示法，32 位的 IP 地址按每 8 位划分为一个位段，每个位段转换为相应的十进制数，十进制数之间用“.”隔开。由于 IPv6 地址的长度较长，使用点分十进制表示法显得非常烦琐，因此在 IPv6 标准中采用了新表示法。

新的表示法分为两种，一种为冒号十六进制表示法，一种为双冒号表示法。不过双冒号表示法可以看成冒号十六进制表示法的简化方式。另外，IPv6 使用地址前缀标识 IPv6 地址中哪些部分表示网络，哪些部分标识主机。

1. 冒号十六进制表示法

所谓冒号十六进制表示法是将 IPv6 的 128 位地址按每 16 位划分为一个位段，每个位段转换为一个十六进制数，十六进制数之间用“:”隔开。

例如，一个 128 位的 IPv6 地址如下：

0010000000000001000000000000000100000000000000000000000000000000
0000000000000000000000000000000011000000001100001011111101110110

这 128 位的地址按每 16 为一组划分为 8 个位段为：

0010000000000001 0000000000000001 0000000000000000 0000000000000000
0000000000000000 0000000000000000 1100000000110000 1011111101110110

每个位段转换为一个十六进制数，十六进制数之间用“:”隔开，其结果为：

2001:0001:0000:0000:0000:0000:C030:BF97

冒号十六进制表示法可以进一步简化，其方法是移除每个位段前导的“0”，但每个位段至少保留一位数字。例如，可以将 IPv6 地址 2001:0001:0000:0000:0000:0000:C030:BF97 中第 2 个位段“0001”中的前导 0 去掉，变成“1”；将第 3 个位段“0000”仅保留 1 位，变成“0”。这样 IPv6 地址 2001:0001:0000:0000:0000:0000:C030:BF97 可以表示为：

2001:1:0:0:0:0:c030:BF97

需要注意，每个位段非零数字后面的 0 和前面的 0 不能去掉，例如第 1 位段“2001”中的 0 和第 7 位段“c030”中的 0 不能去掉。

2. 双冒号表示法

有些类型的 IPv6 地址会包含一长串的“0”,为了进一步简化 IPv6 地址表示,可以将多个连续为 0 的位段简写为“::”,这就是双冒号表示法。

例如在 IPv6 地址 2001:1:0:0:0:0:c030:BF97 中,第 3 到第 6 位段连续为 0,我们可以将其用双冒号表示法表示为:

2001:1::C030:BF97

需要注意,一个 IPv6 地址中只能包含一个“::”,双冒号代表的位段数需要根据“::”前面和后面的位段数决定。即:双冒号代表的位段数、双冒号前面的位段数、双冒号后面的位段数总和应为 8。

例如在 2001:1::C030:BF97 中,“::”代表 4 个“0”位段;而在 2001:1::BF97 中,“::”代表 5 个“0”位段。

如果一个 IPv6 地址的开始几个位段为 0(或最后几个位段为 0),那么也可以用双冒号表示法表示。例如 IPv6 地址 0:0:0:0:0:0:0:1 可以表示为“::1”,2001:1:0:0:0:0:0:0 可以表示为“2001:1::”。如果 IPv6 地址为 0:0:0:0:0:0:0:0,那么可以简单表示为“::”。

3. IPv6 地址前缀

在 IPv4 中,IP 地址的网络号部分和主机号部分可以使用掩码表示法或斜杠标记法进行标识。IPv6 允许使用多级子网划分和地址分配方案(类似于将网络划分为子网,子网再次划分为子子网等),其网络号部分和主机号部分如何标识呢?

IPv6 抛弃了 IPv4 中使用的掩码表示法,采用了与斜杠标记法一致的地址前缀表示法。地址前缀表示法采用“地址/前缀长度”的表示方式,其中,“地址/前缀长度”中的“地址”为一个 IPv6 地址,“前缀长度”表示这个 IP 地址的前多少位为网络号部分。实际上,前缀可以简单地看做 IPv6 地址的网络号部分,用作 IPv6 路由或子网标识。

例如,2001:D3::/48 表示 IPv6 地址 2001:D3::的前 48 位为其地址前缀(即 2001:D3::的前 48 位为其网络号部分),而 2001:D3:0:2F3B::/64 表示 IPv6 地址 21DA:D3:0:2F3B::的前 64 位为其地址前缀(即 21DA:D3:0:2F3B::的前 64 位为其网络号部分)。

10.2.2 IPv6 地址类型

IPv6 地址类型主要分为单播地址(unicast address)、组播地址(multicast address)、任播地址(anycast address)和特殊地址(special address)等几种。

1. 单播地址

单播地址用于标识 IPv6 网络中的一个区域中单个网络接口。在这个区域中,单播地址是唯一的。发送到单播地址的 IPv6 数据报将被传送到该地址标识的接口上。按照覆盖的区域不同,单播地址分为全球单播地址(global unicast address)、链路本地地址(link-local address)、站点本地地址(site-local address)等。

(1) 全球单播地址：IPv6 的全球单播地址类似于 IPv4 中的公网 IP 地址，该地址在整个互联网中是唯一的，用于全球范围内的互联网寻址。全球单播地址以“001”开始，其后的 61 位通常用于网络和子网的划分，最后 64 位标识主机的接口，如图 10-1(a)所示。

(2) 链路本地地址：链路本地地址用于同一链路上邻居结点之间的通信，使用该地址的 IPv6 数据报不能穿越路由器。链路本地地址总是以“1111111010”开始，后面跟随 54 位的“0”，其地址前缀为“FE80::/64”，如图 10-1(b)所示。链路本地地址的最后 64 位为主机的接口标识。

(3) 站点本地地址：IPv6 站点本地地址类似于 IPv4 的私有地址(192.168.xx.xx、10.xx.xx.xx 等)，用于标识私有互联网中的网络连接。站点本地地址在所属站点的私有互联网范围内有效，以其做地址的 IPv6 数据报可以被站点中的路由器转发，但不能转发出该站点范围。站点本地地址以“1111111011”开始，随后的 54 位用于站点中子网的划分，最后 64 位标识主机的接口，如图 10-1(c)所示。我们通常看到的以“FEC0”开始的 IPv6 地址就是站点本地地址。

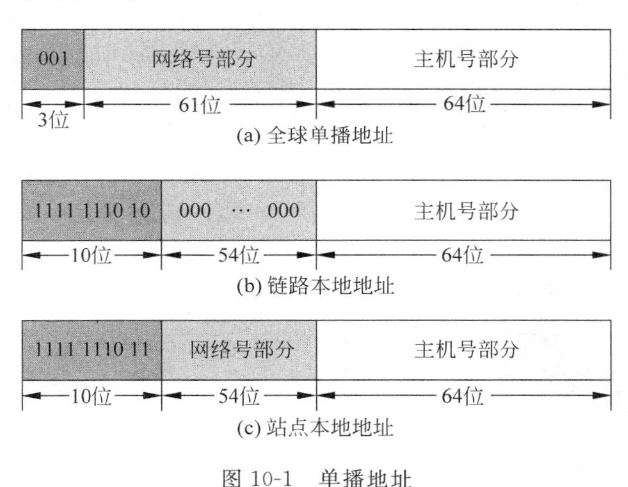

图 10-1 单播地址

与全球单播地址不同，链路本地地址和站点本地地址可以重复使用。例如，链路本地地址可以在不同的链路上重复使用，站点本地地址可以在一个组织内部的不同站点上使用。本地地址可以重复使用的特性有时会造成其二义性。为了解决这个问题，IPv6 使用附加的区域标识符(zone ID)表示一个 IPv6 地址具体属于哪个链路或哪个站点，其具体格式为：Address%zoneID。其中，Address 为一个链路本地地址或站点本地地址，zoneID 表示该 IPv6 地址所属的链路号或站点号。例如，FE80::1%6 表示第 6 号链路上的 FE80::1，FEC0::1%2 表示第 2 号站点上的 FEC0::1。

zoneID 是由本地结点分配的。对于同一条链路或同一个站点，不同的结点可能会分配不同的链路号或不同的站点号。图 10-2 显示了不同主机为同一个链路和站点分配的链路号和站点号。主机 A 为 FE80::1 所在的链路分配的链路号为 4，为 FEC0::1 分配的站点号为 9；主机 B 为 FE80::2 所在的链路分配的链路号为 6，为 FEC0::2 分配的站点号为 2。在主机 A 需要使用主机 B 的 FE80::2 和 FEC0::2 地址时，可以使用 FE80::

2%4 和 FEC0::2%9。其意义可以简单理解为 FE80::2 在本机(主机 A)的 4 号链路上,FEC0::2 在本机(主机 A)的 9 号站点上。

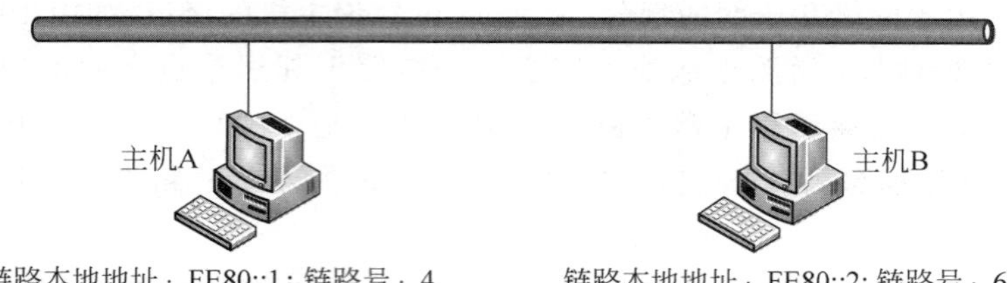

图 10-2 zoneID 的分配和使用

2. 组播地址

IPv6 的组播地址用于表示一组 IPv6 网络接口,发送到该地址的数据报会被送到由该地址标识的所有网络接口。组播地址通常在一对多的通信中使用,一个结点发送,组中的其他所有成员接收。IPv6 标准规定,一个结点不但可以同时收听多个组播组的信息,而且可以在任何时候加入或退出一个组播组。

IPv6 组播地址由 8 位的“11111111”开始,后面跟随有 4 位的标志、4 位的范围和 112 位的组标识,如图 10-3 所示。其中,4 位标志用于表示该组播地址是否为永久分配的组播组(例如是否为官方分配的著名组播组地址);4 位范围用于表示该组播地址的作用范围(例如是本地链路有效还是本地站点有效);112 位的组标识用于标识一个组播组,该值应该在其作用范围内唯一。

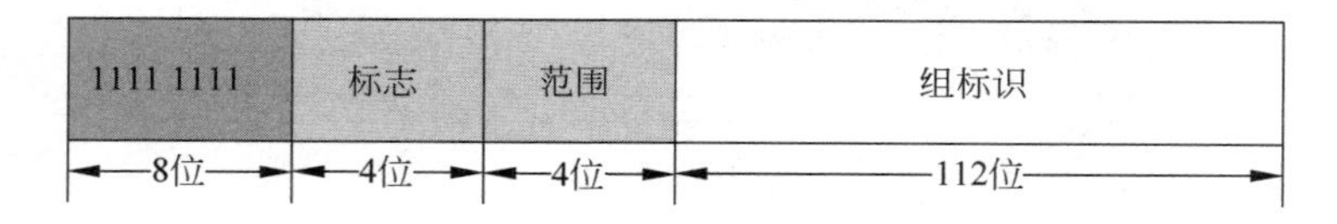

图 10-3 组播地址

由于组播地址以“FF”开头,因此很容易识别。需要注意,组播地址只能用作目的地址而不能用作源地址。另外,IPv6 中抛弃了广播地址,一对多的广播通信也需要利用组播方式实现。

3. 任播地址

任播地址也称泛播地址,用于表示一组网络接口,发送到该地址的数据报会被传送到由该地址标识的其中一个接口,该接口通常是最近的一个。任播地址通常在一个对多个中的任何一个通信中使用,一个发送,组中的一个接收并处理即可。任播地址需要从单播地址空间中分配,它没有自己单独的地址空间。

4. 特殊地址

与 IPv4 类似,IPv6 地址中也包含一些特殊的地址。常见的特殊 IPv6 地址包括以下几种。

（1）非指定地址：0:0:0:0:0:0:0:0（或::）为非指定地址，表示一个网络接口上的IPv6 地址还不存在。该 IPv6 地址不能分配给一个网络接口，也不能作为目的地址使用。但是在某些特殊场合中，该地址可以用作源地址。

（2）回送地址：0:0:0:0:0:0:0:1（或::1）为回送地址。该地址与 IPv4 的 127.0.0.1 类似，允许一个结点向它自己发送数据报。

（3）兼容地址：兼容地址包括 IPv4 兼容地址、IPv4 映射地址、6to4 地址等。在 IPv4 向 IPv6 过渡时期，我们可能会用到这些地址。

10.3　IPv6 数据报

与 IPv4 的数据报不同，IPv6 数据报由一个 IPv6 基本头、多个扩展头和上层数据单元组成，如图 10-4 所示。

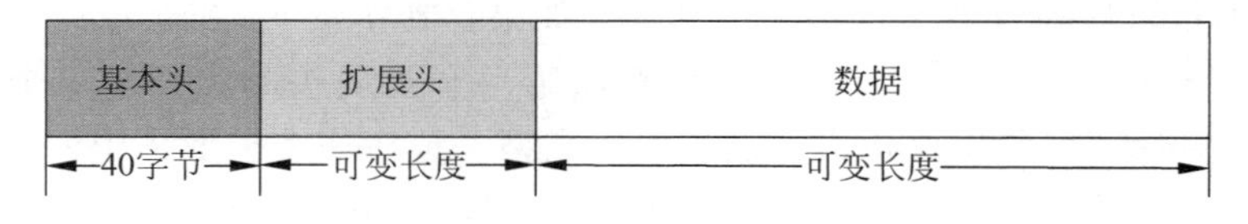

图 10-4　IPv6 报文结构

10.3.1　IPv6 的基本头

IPv6 基本头采用固定的 40 字节长度，包含了发送和转发该数据报必须处理的一些字段。对于一些可选的内容，IPv6 将其放在了扩展头中实现。由于软件比较容易定位这些必须处理的字段，因此路由器在转发 IP 数据报时具有较高的处理效率。IPv6 基本头的结构如图 10-5 所示。

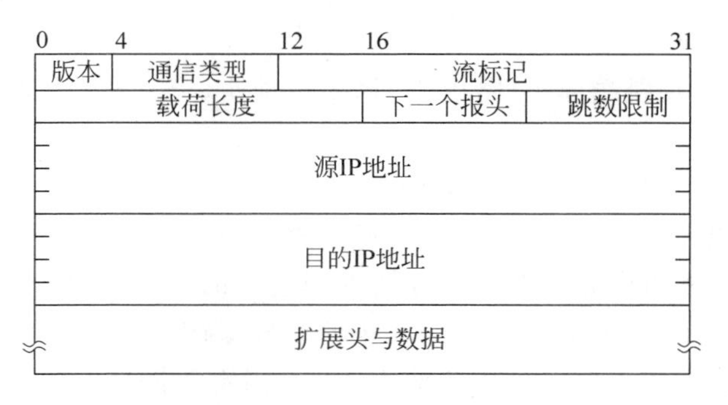

图 10-5　IPv6 基本头

（1）版本：取值为 6，表示该报文符合 IPv6 数据报格式。

（2）通信类型：与 IPv4 报头中的“服务类型”字段类似，表示 IPv6 数据报的类型或优先级,用于提供区分服务。

(3) 流标记：表示该数据报属于从源结点到目的结点的一个特定的流。如果该字段的值不为0,说明该数据报希望途经的IPv6路由器需要对其进行特殊的处理。

(4) 载荷长度：表示IPv6有效载荷的长度,有效载荷的长度包括扩展头和高层数据。

(5) 下一个报头：如果存在扩展头,该字段的值指明下一个扩展头的类型。如果不存在扩展头,该字段的值指明高层数据的类型,如TCP、UDP或ICMPv6等。

(6) 跳数限制：表示IPv6数据报在被丢弃之前可以被路由器转发的次数。数据报每经过一个路由器该字段的值减1。当该字段的值减为0时,路由器向源结点发送ICMPv6错误报文并丢弃该数据报。

(7) 源地址：表示源结点的IPv6地址。

(8) 目的地址：表示目的结点的IPv6地址[①]。

10.3.2 IPv6扩展头

IPv6数据报可以包含0个或多个扩展头。如果存在扩展头,那么扩展头位于基本头之后。IPv6基本头中的"下一个报头"字段指出第一个扩展头的类型。每个扩展头中也都包含"下一个报头"字段用以指出后继扩展头类型。最后一个扩展头中的"下一个报头"字段指出高层协议的类型。例如,图10-6所示的IPv6数据报包含路由和认证两个扩展头,基本头中的"下一个报头"字段指出其后跟随的为"路由头";路由头中的"下一个报头"字段指出其后跟随的为"认证头";认证头中的"下一个报头"字段指出其后跟随的为TCP头和数据。

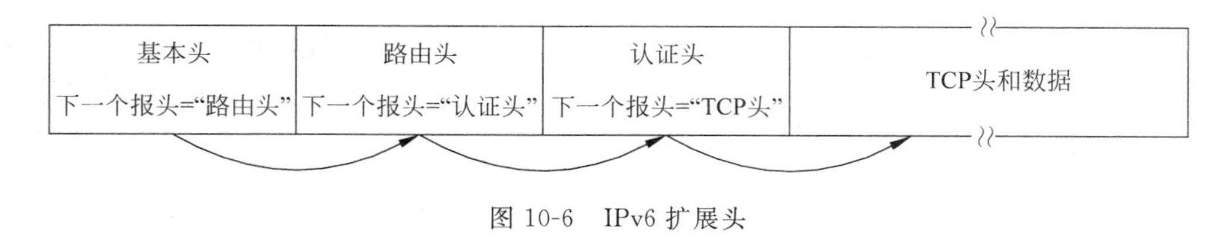

图10-6 IPv6扩展头

IPv6扩展头包括逐跳选项头、路由头、目的选项头、分片头、认证头和封装安全有效载荷头。

(1) 逐跳选项头：用于指定数据报传输路径上每个中途路由器都需要处理的一些转发参数。如果数据报中存在该扩展头,中途路由器都需要对其进行处理。

(2) 路由头：用来指出数据报在从源结点到达目的结点的过程中,需要经过的一个或多个中间路由器。该扩展头类似于IPv4中的松散源路由选项。

(3) 目的选项头：用于为中间结点或目的结点指定数据报的转发参数。如果存在路由头,并且目的选项头出现在路由头之前,则路由头指定的每个中途路由器和目的结点都需要处理该目的选项头;如果不存在路由头或目的选项头出现在路由头之后,则只需要

① 在有些情况下,目的地址字段可能为下一个转发路由器的地址。本书不对其具体内容进行详细阐述。

目的结点处理该目的选项头。

(4) 分片头：用于 IPv6 的分片和重组服务。该扩展头中含有分片的数据部分相对于原始数据的偏移量、是否是最后一片标志及数据报的标识符，目的结点利用这些参数进行分片数据报的重组。

(5) 认证头：用于 IPv6 数据报的数据认证（数据来源于真实的结点）、数据完整性验证（数据没有被修改过）和防重放攻击（保证数据不是已经发送过一次的数据）。

(6) 封装安全有效载荷头：用于 IPv6 数据报的数据保密、数据认证和数据完整性验证。

10.4 IPv6 差错与控制报文

IPv6 使用的 ICMP 通常称为 ICMPv6，它可以看成 IPv4 ICMP 的升级版。除了具有 IPv4 ICMP 具有的错误报告、回应请求与应答等功能外，ICMPv6 还具有组播侦听者发现、邻居发现等功能。本节将对 ICMPv6 特有的一些功能做简单介绍。

10.4.1 组播侦听者发现

组播在 IPv6 中使用非常广泛，因此组播的管理非常重要。ICMPv6 中的组播侦听者发现（multicast listener discovery，MLD）就是为管理组播设计的。MLD 定义了一组路由器和结点之间交换的报文，允许路由器发现每个接口上都有哪些组播组。这些报文包括 MLD 查询报文、MLD 报告报文和 MLD 离开报文。

(1) MLD 查询报文：路由器使用 MLD 查询报文查询一条连接上是否有组播收听者。MLD 查询报文分为两种，通用 MLD 查询用于查询一条连接上所有的组播组；特定 MLD 查询用于查询一条连接上某一特定的组播组。

(2) MLD 报告报文：组播接收者在响应 MLD 查询报文时可以发送 MLD 报文。另外，组播接收者希望接收某一组播地址的信息时也可以发送 MLD 报文。

(3) MLD 完成报文：组播接收者使用 MLD 完成报文指示它希望离开某一特定的组播组，不再希望接收该组播地址的信息。

10.4.2 邻居发现

所谓邻居结点指的是处于同一物理网络中的结点。IPv6 邻居发现（neighbor discovery，ND）定义了一组报文和过程，用于探测和判定邻居结点之间的关系。邻居发现包括了物理地址解析、路由发现、路由重定向等功能。其中，IPv6 网络不再使用 ARP 协议，地址解析需要使用邻居发现完成。而重定向功能则与 IPv4 中的重定向功能类似。

邻居发现定义了 5 种不同的报文，它们是路由器请求报文、路由器公告报文、邻居请求报文、邻居公告报文、路由重定向报文。

1. 路由器请求与公告

路由器请求与路由器公告报文是路由器与主机之间交换的报文,用于本地 IPv6 路由器的发现和链路参数配置。

(1) 路由器请求报文:路由器请求报文由主机发送,用于发现链路上的 IPv6 路由器。该报文请求 IPv6 路由器立即发送路由器公告报文,而不要等待路由器公告报文发送周期的到来。

(2) 路由器公告报文:IPv6 路由器周期性地发送路由器公告报文,以通知链路上的主机应使用的地址前缀、链路 MTU、是否使用地址自动配置等信息。另外,在收到主机发送的路由器请求报文后,路由器器会立即响应路由器公告报文。

图 10-7 显示了一个具有两台主机和一台路由器的以太网。在通常情况下,路由器 R 周期性地在一个特定的组播组中发送路由器公告报文,如图 10-7(a)所示。这些公告报文除宣布路由器 R 为本地路由器之外,还提供所在链路的默认跳数限制、MTU 和前缀等参数信息。属于该组播组的主机(例如主机 A 和主机 B)接收这些路由器公告报文,然后按照公告报文提供的信息更新自己的路由表和其他参数。

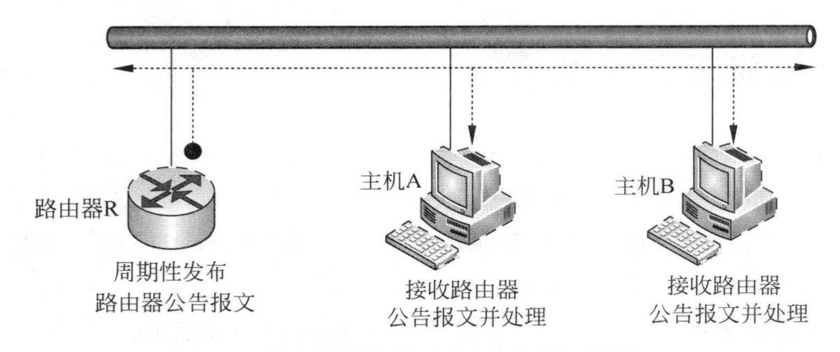

(a) 路由器周期性地发布路由器公告报文

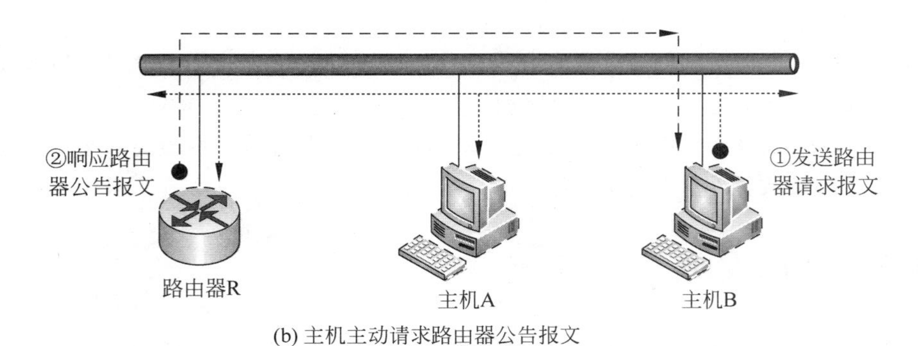

(b) 主机主动请求路由器公告报文

图 10-7 路由器请求与公告

在有些情况下(例如主机启动时),主机也可以主动请求路由器公告,以尽快获得路由信息和其他参数信息。在图 10-7(b)中,主机 B 主动发送向一特定的组播组中发送路由器请求公告,数据该组播组的主机 A 和路由器 R 都会接收该请求报文。当路由器 R 接收到该报文后，它会立刻使用路由器公告报文进行响应。路由器发送的响应采用单播方式，即如果主机 B 发送路由器请求报文，那么路由器 R 响应的路由器公告报文的目的地为主机 B。

2. 邻居请求与公告

邻居请求与邻居公告报文是本地结点之间交换的报文，这些结点既可以是主机也可以是路由器。在 IPv6 中，物理地址解析、邻居结点不可达探测、重复地址探测等功能的实现主要依靠邻居请求与公告报文的交换。

(1) 邻居请求报文：邻居请求报文由 IPv6 结点发送，用于发现本链路上一个结点的物理地址。该报文中包含了发送结点的物理地址。

(2) 邻居公告报文：当接收到邻居请求报文后，结点使用邻居公告报文进行响应。另外，结点也会主动发送邻居广播报文，已通知其物理地址的改变。邻居公告报文包含了发送结点的物理地址。

图 10-8 显示了利用邻居请求与公告报文进行物理地址解析的例子。尽管 IPv6 不再使用 ARP 协议进行地址解析，但是利用邻居请求与公告进行地址解析的过程与 ARP 的解析过程非常相似。

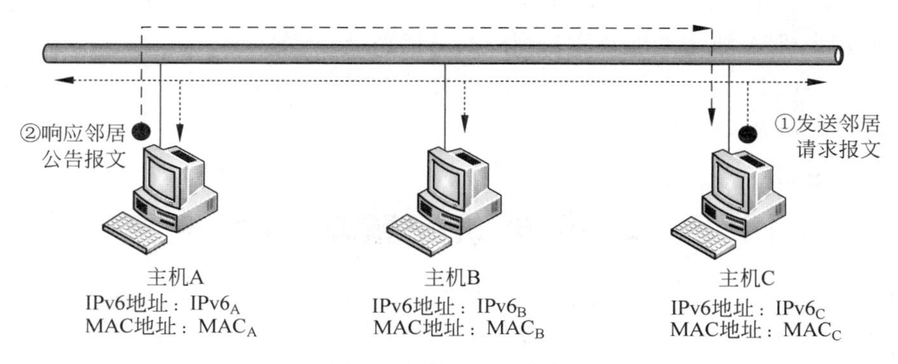

图 10-8　物理地址解析

(1) 当主机 C 希望得到 $IPv6_A$ 与其 MAC_A 地址的对应关系时，它向一个特定的组播组发送邻居请求报文，该报文包含有 $IPv6_C$ 与其 MAC_C 的对应关系。

(2) 侦听该组播组的主机 A 和主机 B 接收该报文，并将 $IPv6_C$ 与其 MAC_C 的对应关系存入各自的邻居缓存表(类似于 IPv4 的 ARP 表)中。

(3) 由于主机 C 请求的是主机 A 的 $IPv6_A$ 与其 MAC 地址的对应关系，因此主机 A 将 $IPv6_A$ 与 MAC_A 的映射通过单播方式发送给主机 C。

(4) 主机 C 获得主机 A 的响应后，将 $IPv6_A$ 与 MAC_A 的对应关系存入自己的邻居缓存表中，从而完成一次地址解析任务。

3. 路由重定向

重定向报文由 IPv6 路由器发送，用于通知某本地主机到达一个特定目的地的更好路由。路由重定向发生的过程如图 10-9 所示。

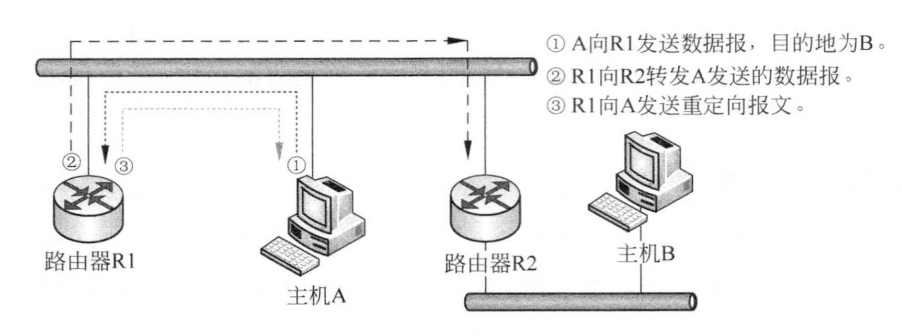
① A向R1发送数据报，目的地为B。
② R1向R2转发A发送的数据报。
③ R1向A发送重定向报文。
②
③
①
路由器R1
主机A
路由器R2
主机B

图 10-9　路由重定向

(1) 主机 A 准备发送一 IPv6 数据报,其目的地址为主机 B。由于路由表中到达主机 B 所在网络的下一跳步指向路由器 R1,因此主机 A 将数据报投递给 R1。

(2) R1 接收主机 A 发送的数据报并为其选路,确定该数据报应投递至 R2。路由器 R1 发现该数据报来自于自己的邻居主机 A,同时下一跳步 R2 也是自己的邻居,于是,R1 判定主机 A 与 R2 也是邻居。这样,主机 A 发送目的地为主机 B 的数据报可以直接投递给 R2,不需要经过 R1。

(3) R1 将主机 A 发送的数据报转发到下一跳步 R2。然后,R1 向主机 A 发送重定向报文,通知主机 A 到达主机 B 所在网络的最优路径。

(4) 主机 A 接收到 R1 发送的重定向报文后更新自己的路由表。如果以后再向主机 B 发送数据报,则直接投递到 R2。

10.5　地址自动配置与路由选择

128 位的 IPv6 地址对人们的记忆力是一个挑战。为了简化 IPv6 地址的配置,人们常常采用自动方式配置 IPv6 地址。另外,路由选择也是 IPv6 的重要内容之一。

10.5.1　地址自动配置

地址自动配置包括链路本地地址配置、无状态地址配置和有状态地址配置。

1. 链路本地地址配置

无论主机还是路由器,在 IPv6 协议启动时都会在每个接口自动生成一个链路本地地址。该地址的网络前缀固定为“FE80::/64”,后 64 位(主机号部分)自动生成。物理网络内各结点之间可以使用该地址进行通信。

2. 无状态地址配置

主机在自动配置链路本地地址后,可以继续进行无状态地址配置,其过程为:

(1) 主机发送 ICMPv6 路由器请求报文，询问是否存在本地路由器。

(2) 如果没有路由器响应路由器公告报文，那么主机需要使用有状态方式或手工方式配置 IPv6 地址和路由。

(3) 如果接收到路由器公告报文，那么主机按照该报文的内容更新自己的 MTU 值、跳步限制数等参数。同时，主机会按照公告报文中的地址前缀更新自己的路由表并自动生成 IPv6 地址。

3. 有状态的地址配置

有状态地址自动配置需要 DHCPv6 服务器的支持。主机向 DHCPv6 服务器多播“DHCP 请求消息”，DHCPv6 服务器在返回的“DHCP 应答消息”中将分配的地址返回给请求主机。主机利用该地址作为自己的 IPv6 进行配置。

10.5.2 路由选择

与 IPv4 相似，IPv6 路由选择也使用了路由表；与 IPv4 不同，IPv6 通过目的地缓存表提高了路由选择效率。

一个基本的 IPv6 路由器表通常包含许多(P，R)对序偶，其中 P 指的是目的网络前缀，R 是到目的网络路径上的“下一个”路由器的 IPv6 地址。在图 10-1 所示的互联网中，IPv6 路由器的路由表如表 10-1 所示。

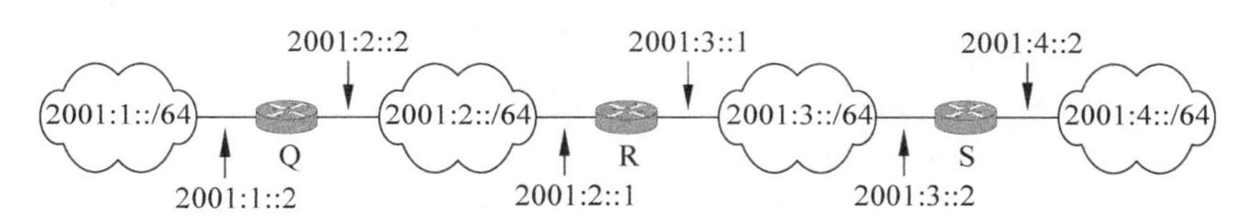

图 10-10 由 3 个 IPv6 路由器互联的 4 个网络

从表 10-1 可以看出，网络 2001:2::/64 和网络 2001:3::/64 都与路由器 R 直接相连，路由器 R 收到一份 IPv6 数据报，如果其目的地址的前缀为 2001:2::/64 或 2001:3::/64，那么 R 就可以将该报文直接传送给目的主机。如果收到目的地址前缀为 2001:1::/64 的报文，那么 R 就需要将该报文传送给 2001:2::2(路由器 Q)，由路由器 Q 再次投递该报文。同理，如果收到目的地址前缀为 2001:4::/64 的报文，那么 R 就需要将报文传送给 2001:3::2(路由器 S)。

目的地缓存表是 IPv6 在内存中动态生成的一个表，保存最近的路由选择结果。在连续向一个目的地发送多个数据报时，从第 2 个数据报开始便可以通过目的地缓存表找到转发路由。由于目的地缓存表通常比路由表小很多，因此路由的查找效率比较高。

表 10-1 路由器 R 的路由表

要到达的网络	下一跳步
2001:2::/64	直接投递
2001:3::/64	直接投递
2001:1::/64	2001:2::2
2001:4::/64	2001:3::2

表10-2显示了一个简单的目的地缓存表。当目的地址为2001:1::2时,下一跳步为2001:1::2(该数据报可以直接投递);当目的地址为2001:2::2时,下一跳步为2001:1::1(该数据报需要通过路由器转发)。在IPv6中,主机的路由选择和路由器的路由选择稍有不同。

表10-2 目的地缓存表

目的地址	下一跳步
2001:1::2	2001:1::2
2001:2::2	2001:1::1

1. 主机的路由选择

主机通常具有单一的网络接口,它的路由选择过程如图10-11所示。从图中可以看到,主机在进行IPv6路由选择时首先在目的地缓存表中进行查找和匹配。如果在目的地缓存表中找到与目的IPv6地址匹配的表目,那么利用该表目进行投递,不再查找路由表;如果在目的地缓存表中没有找到匹配的表目,则继续在路由表中查找。如果在路由表中查找到与目的IPv6地址匹配的表目,那么路由算法首先更新目的地缓存表,然后利用该表目进行投递。

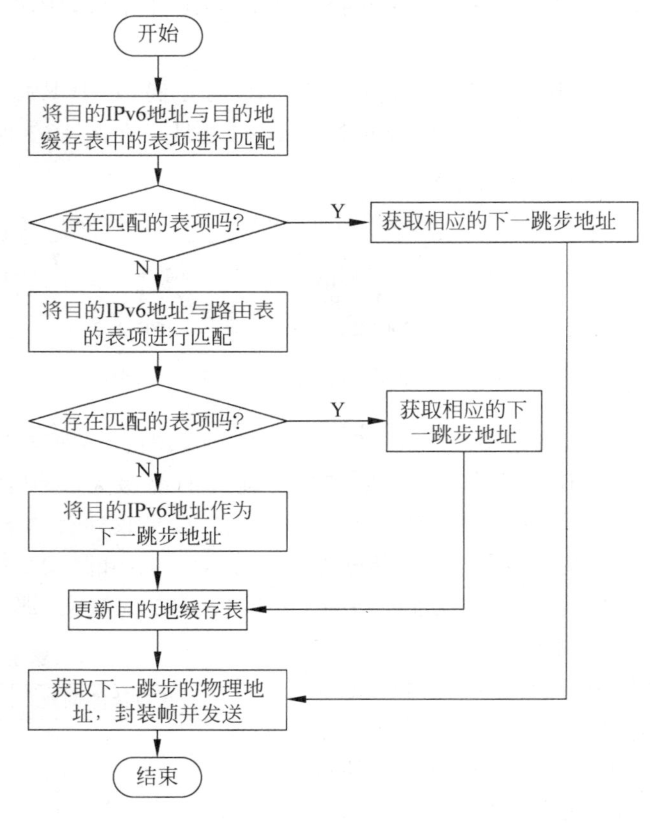

图10-11 主机的路由选择

需要注意的是，一旦路由表也没有找到与目的 IPv6 地址匹配的表目，主机路由选择算法认为数据报的目的地与该主机处于同一物理网络，进行直接投递。这与 IPv4 路由选择算法、IPv6 路由器路由选择算法不同。

2. 路由器的路由选择

通常路由器具有多个网络接口，它的路由选择过程如图 10-12 所示。从图中可以看到，路由器在进行 IPv6 路由选择时首先在目的地缓存表中进行查找和匹配。如果在目的地缓存表中找到与目的 IPv6 地址匹配的表目，那么利用该表目进行投递，不再查找路由表；如果在目的地缓存表中没有找到匹配的表目，则继续在路由表中查找。如果在路由表中查找到与目的 IPv6 地址匹配的表目，那么路由算法首先更新目的地缓存表，然后利用该表目进行投递。

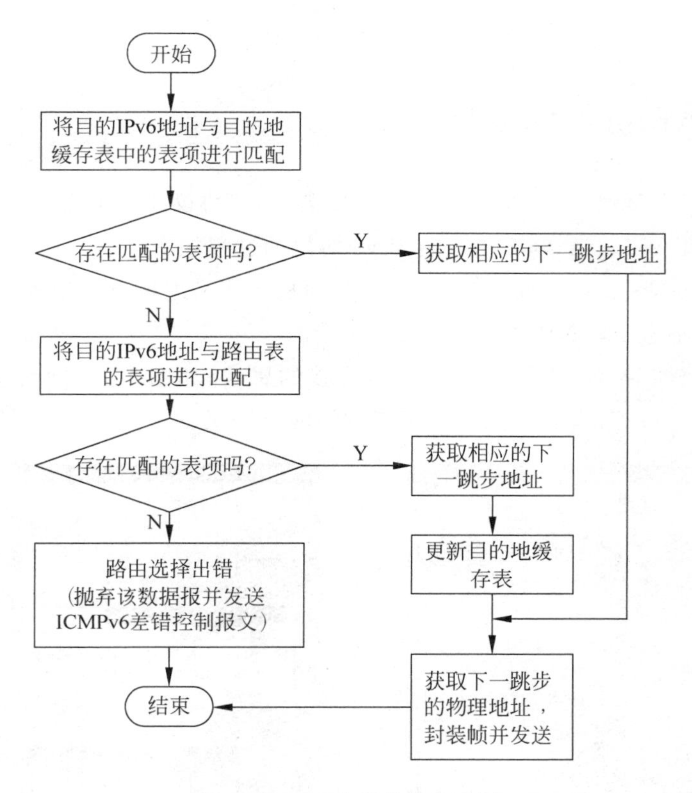

图 10-12　路由器的路由选择

需要注意的是，一旦路由表也没有找到与目的 IPv6 地址匹配的表目，路由器路由选择算法会认为该目的地不可达，这时，路由器将抛弃该报文并向源主机发送 ICMPv6 差错控制报文，这与 IPv6 主机路由选择算法不同。

10.6 实训：配置IPv6地址

目前，市场上流行的Windows、Linux、UNIX等操作系统基本上都支持IPv6。本实训将采用Windows 2003操作系统，在一个局域网中配置IPv6地址。实训使用的网络结构图可以如图10-13所示。

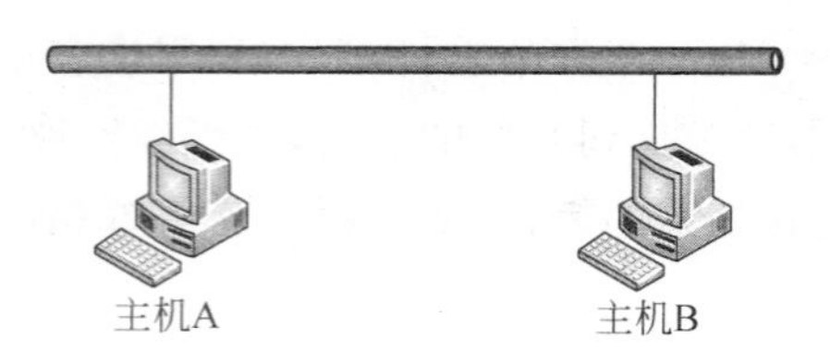

图10-13 实训使用的网络示意图

10.6.1 IPv6协议的安装

在默认情况下，Windows 2003不会自动安装IPv6协议。为了完成实训，需要首先安装IPv6协议。在Windws 2003中安装IPv6协议的过程如下：

(1) 在Windows桌面上通过“开始→控制面板→网络连接→本地连接”功能进入“本地连接 状态”对话框，如图10-14所示。

(2) 单击“属性”按钮，系统将显示本地连接的属性，如图10-15所示。通过“本地连接属性”对话框，可以查看和配置该连接支持的网络协议。

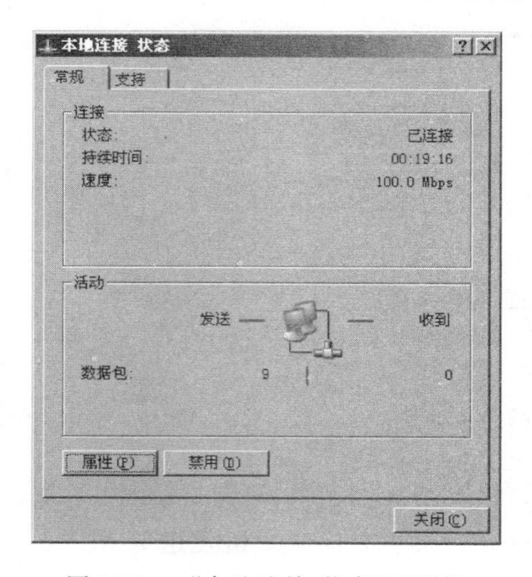

图10-14 “本地连接 状态”对话框

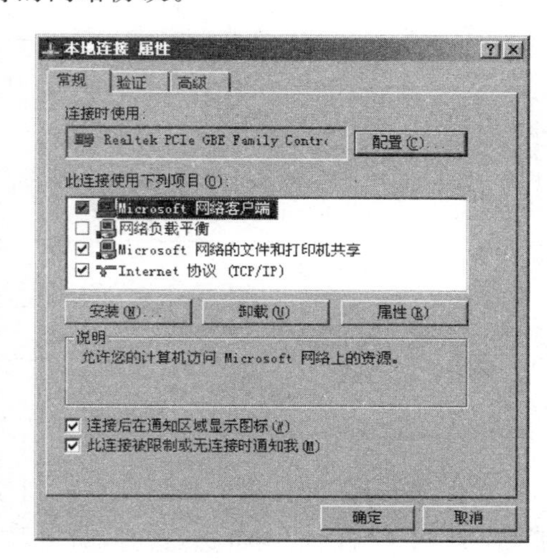

图10-15 “本地连接 属性”对话框

(3) 为了添加 IPv6 协议,需要单击图 10-15 中的“安装”按钮,系统将显示“选择网络组件类型”对话框,如图 10-16 所示。在“单击要安装的网络组件类型”列表中选择“协议”,单击“添加”按钮,系统会给出“选择网络协议”对话框,如图 10-17 所示。

(4) 在图 10-17 的“厂商”列表中选择“Microsoft”,然后在“网络协议”列表中选择“Microsoft TCP/IP 版本 6”,单击“确定”按钮,系统将开始安装 IPv6 协议。安装完成后,“本地连接 属性”对话框如图 10-18 所示。

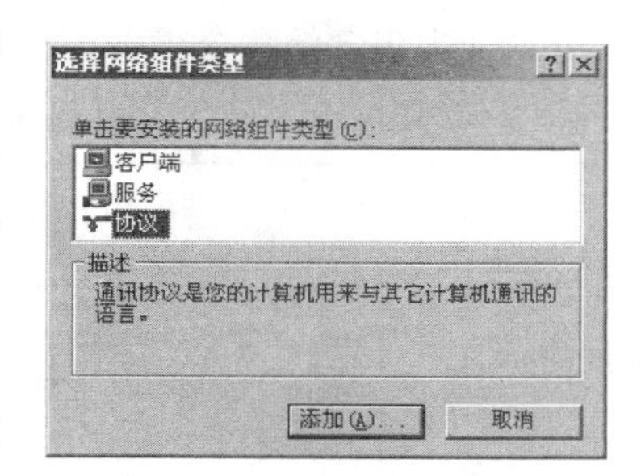

图 10-16 “选择网络组件类型”对话框

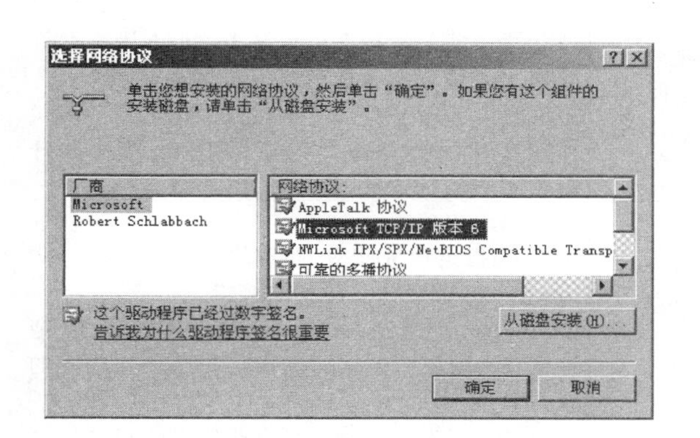

图 10-17 “选择网络协议”对话框

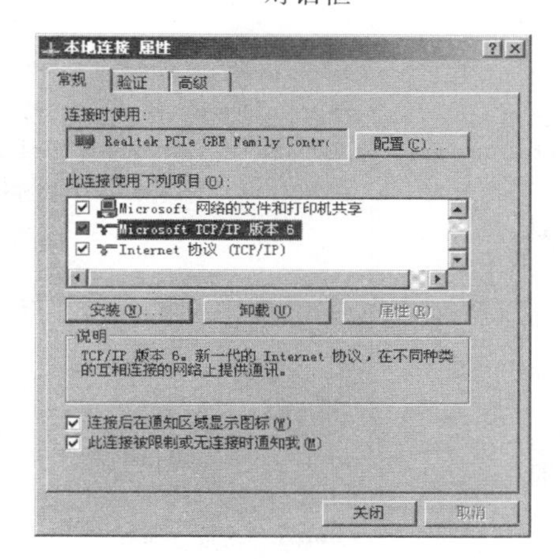

图 10-18 添加 IPv6 协议后的“本地连接 属性”对话框

10.6.2 IPv6 地址配置

Windows 2003 没有提供图形界面的 IPv6 配置方法,配置 IPv6 协议需要使用 netsh 命令。netsh 的功能非常强大,与网络相关的配置工作(包括 IPv4 的配置)基本上都可以通过 netsh 完成。

在 Windows 命令行界面输入 netsh 命令,就可进入 netsh 程序,如图 10-19 所示。由于 netsh 把与 IPv6 配置相关的功能放置在“interface”的“ipv6”之下,因此,进入 netsh 后可以依次输入“interface”和“ipv6”,以便进行 IPv6 地址配置工作,如图 10-19 所示。

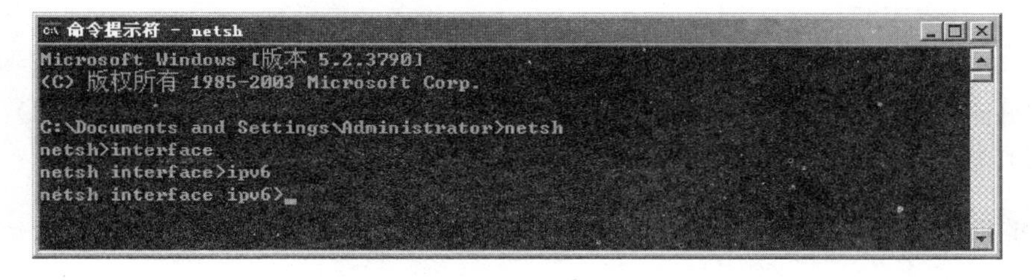

图 10-19 使用 netsh 配置 IPv6 协议

netsh中包含的命令很多,表10-3列出了本实训需要使用的命令及参数。

表10-3　实训中用到的netsh命令及参数

命　令	格　式	含　义
show address	show address	显示接口上绑定的IPv6地址
add address	add address interface＝＜接口名称＞ address＝＜IPv6地址＞	在指定的接口上添加IPv6地址。 interface:指定特定的接口。 address:指定需添加的IPv6地址
delete address	delete address interface＝＜接口名称＞ address＝＜IPv6地址＞	删除指定接口上的特定IPv6地址。 interface:指定特定的接口。 address:指定需删除的IPv6地址
set interface	set interface interface＝＜接口名称＞ advertise＝＜enabled/disabled＞ forwarding＝＜enabled/disabled＞	设置指定的网络接口。 interface:指定特定的接口。 advertise:如为enabled,则允许在指定的接口发送路由器公告报文;如为disabled,则不允许在指定的接口发送路由器公告报文。 forwarding:如为enabled,则允许在指定的接口转发IPv6数据报;如为disabled,则不允许在指定的接口转发IPv6数据报
add route	add route prefix＝＜地址前缀＞ interface＝＜接口名称＞ nexthop＝＜IPv6地址＞ publish＝＜yes/no＞	添加路由表项。 prefix:指定地址前缀(即目的网络地址)。 interface:指定转发使用的接口。 nexthop:指定下一跳步地址。如未指定nexthop,则说明地址前缀指定的网络与指定的接口直接相连。 publish:如为yes,则允许在指定的接口公告该路由信息;如为no,则不允许在指定的接口公告该路由信息
delete route	delete route prefix＝＜地址前缀＞ interface＝＜接口名称＞ nexthop＝＜IPv6地址＞	删除路由表项。 prefix:指定地址前缀(即目的网络地址)。 interface:指定转发使用的接口。 nexthop:指定下一跳步地址
show routes	show routes	显示IPv6路由表项

1. 显示IPv6地址

在netsh中,显示IPv6地址的命令为"show address",如图10-20所示。利用"show address"命令可以查看每个接口上的绑定的IPv6地址,也可以查看主机为每个接口分配的索引号和名称。需要注意,主机为接口分配的索引号具有本地性质,主机每次启动为同一接口分配的索引号可能不同。

本实训我们关心"本地连接"的IPv6地址情况。从图10-20中可以看到,主机为"本地连接"分配的索引号为"4",名称为"本地连接",其IPv6地址为FE80::8E89:A5FF:FE73:4D70。

2. 链路本地地址

在IPv6协议启动时,主机将自动为每个接口分配一个链路本地地址,该IPv6地址以

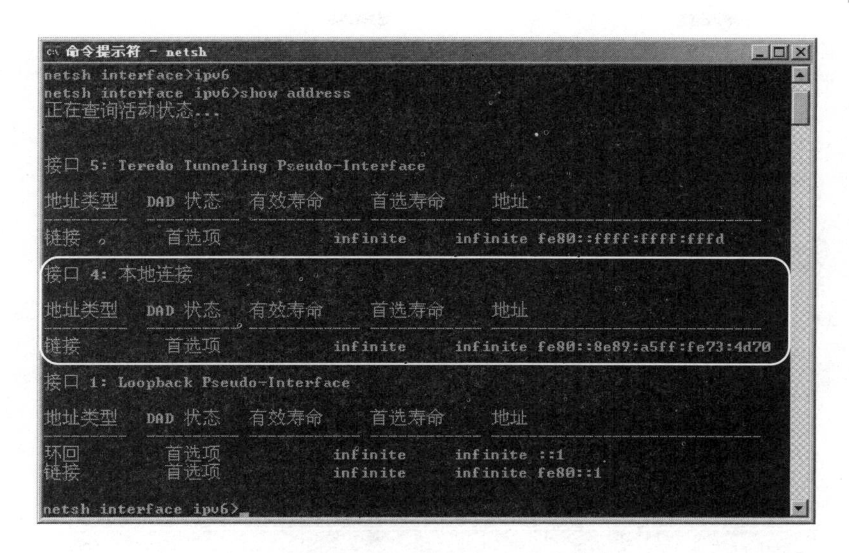

图 10-20 netsh 显示 IPv6 地址命令

“FE80::”开始，可以用于物理网络内部结点之间的通信。在图 10-20 中，主机为本地连接自动分配的链路本地地址为 FE80::8E89:A5FF:FE73:4D70。

在使用 IPv6 协议的网络中，也可以使用 ping 命令测试网络的连通性。IPv6 的 ping 命令与 IPv4 的 ping 命令的使用方法类似，但是，在 ping 链路本地地址或站点本地地址时需要加上区域标识符 zoneID。在 Windows 系统中，链路本地地址的 zoneID 就是主机为接口分配的索引号，而站点本地地址的 zoneID 可以由用户通过 netsh 命令设定。

例如，在采用图 10-13 所示的网络进行实验时，主机 A 的本地连接的索引号为 4，主机 B 的链路本地地址为 FE80::8E89:A5FF:FE6F:DEB7，那么主机 A 可以采用“ping FE80::8E89:A5FF:FE6F:DEB7%4”的形式去 ping 主机 B，如图 10-21 所示。

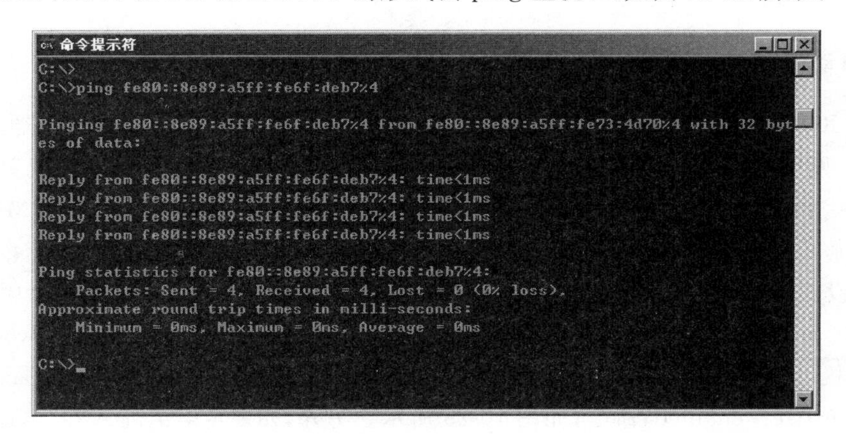

图 10-21 ping 命令

3. 手工添加和删除 IPv6 地址

手工添加 IPv6 地址可以使用 netsh 中的“add address”命令。如果需要将 IPv6 地址

2001:1::1 添加到“本地连接”上,可以使用“add address interface="本地连接" address=2001:1::1”,如图 10-22 所示。

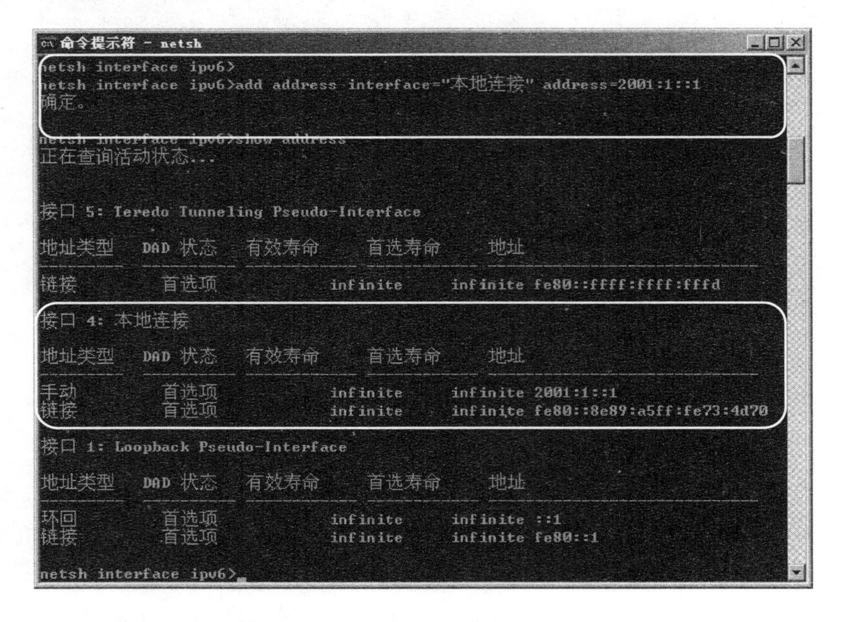

图 10-22 手工添加 IPv6 地址

在 IPv6 地址添加完成之后,可以使用“show address”命令确认添加的结果,如图 10-22 所示。

如果希望删除添加的 IPv6 地址,可以使用 netsh 的“delete address”。例如,如果希望删除“本地连接”上的 2001:1::1,可以使用“delete address interface="本地连接" address=2001:1::1”。

4. 自动配置 IPv6 地址

利用 ICMPv6 路由器请求报文和路由器公告报文,主机可以从本地路由器获取本地地址前缀(网络号部分),进而自动生成一个 IPv6 地址。为了进行自动地址配置,需要将实训中的一台 Windows 2003 主机配置为 IPv6 路由器,使其周期性地发送 ICMPv6 路由器公告。假设将图 10-13 中的主机 A 作为 IPv6 路由器,其自动配置过程如下。

(1) 设置网络接口:在默认情况下,Windows 2003 作为 IPv6 主机使用。因此,运行 Windows 2003 的主机 A 既不允许接口发送路由器公告报文也不允许转发 IPv6 数据报。为了使主机 A 在“本地连接”上发送路由器公告,需要使用“set interface interface="本地连接" advertise=enabled”命令,如图 10-23 所示。另外,如果希望主机 A 在“本地连接”上转发 IPv6 数据报,可以使用“set interface interface="本地连接" forwarding=enabled”命令。不过由于本实训不关心路由器是否转发 IPv6 数据报,因此实训中可以忽略该命令。

(2) 添加广告路由:虽然使用“set interface”命令可以允许接口发送路由器公告报文,但是具体公告什么内容需要路由表项决定。例如,在本实训中,主机 A 希望在“本地

```
命令提示符 - netsh
netsh interface ipv6>
netsh interface ipv6>
netsh interface ipv6>
netsh interface ipv6>
netsh interface ipv6>set interface interface="本地连接" advertise=enabled
确定。

netsh interface ipv6>
```

图 10-23　设置接口

连接”公告地址前缀 2001:2::/64，那么可以使用“add route prefix＝2001:2::/64 interface＝"本地连接" publish＝yes”添加一个公告的路由表项，如图 10-24 所示。需要注意，该命令中的“publish＝yes”表示添加的路由表项允许公告。如果写成“publish＝no”，那么添加的表项就不允许公告。

```
命令提示符 - netsh
netsh interface ipv6>
netsh interface ipv6>add route prefix=2001:2::/64 interface="本地连接"
                    publish=yes
确定。

netsh interface ipv6>
```

图 10-24　添加广告路由

完成以上工作后，作为 IPv6 路由器的主机 A 中就会增加一条到达 2001:2::/64 的路由表项，并且自动生成了一个以 2001:2::/64 为前缀的 IPv6 地址。我们可以使用“show address”显示新生成的 IPv6 地址，如图 10-25 所示；使用“show routes”显示 IPv6 路由表，如图 10-26 所示。请注意在图 10-26 中，2001:2::/64 表项的类型为“手工”配置，publish 为“yes”。

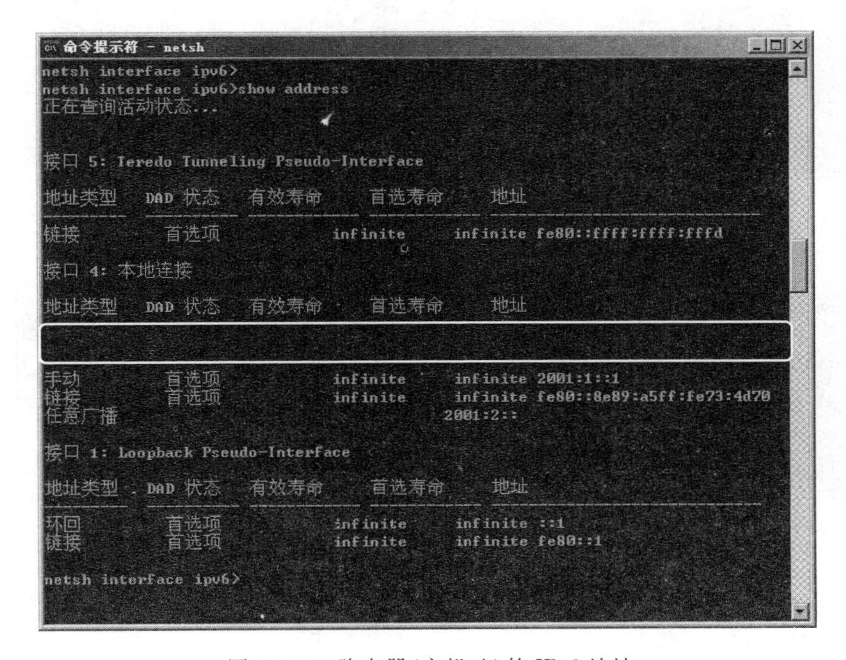

图 10-25　路由器(主机 A)的 IPv6 地址

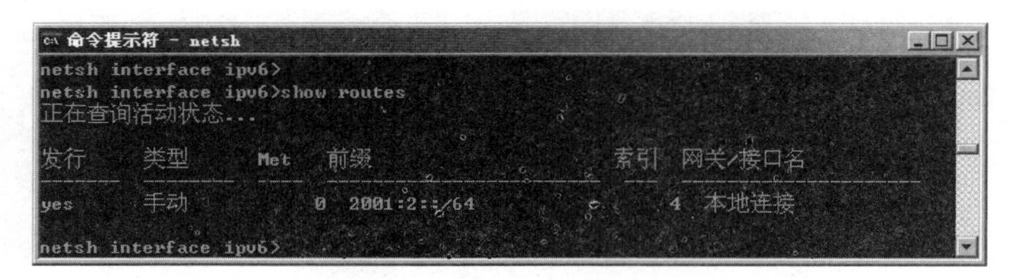

图 10-26　路由器(主机 A)的 IPv6 路由表项

当然,在接收到主机 A 发送的路由器公告之后,主机 B 也会自动生成了一个以 2001:2::/64 为前缀的 IPv6 地址,同时自动配置自己的路由表项。图 10-27 显示了主机 B 自动配置的 IPv6 地址,图 10-28 显示了主机 B 自动配置的路由表项。与图 10-26 相比,图 10-28 显示的主机 B 的路由表项的“类型”为“Autoconf”(自动配置),publish 为“no”。

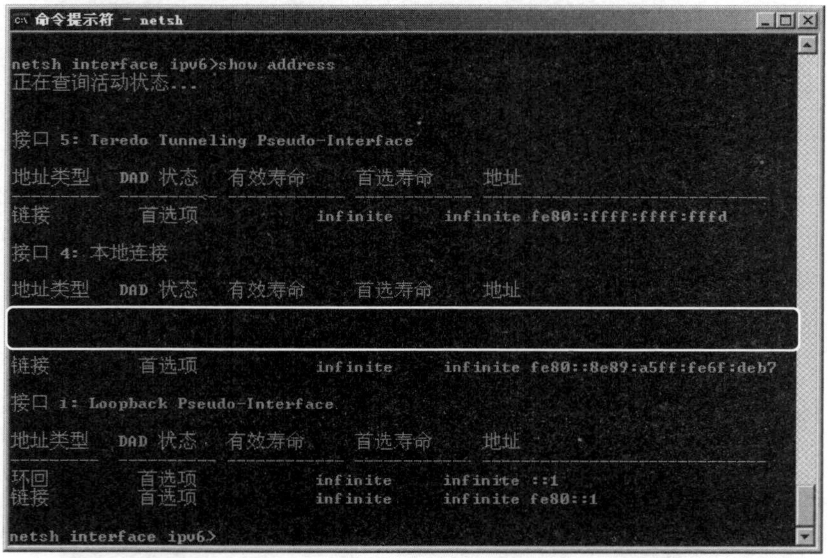

```
命令提示符 - netsh

netsh interface ipv6>show address
正在查询活动状态...

接口 5: Teredo Tunneling Pseudo-Interface

地址类型  DAD 状态  有效寿命   首选寿命   地址
--------  --------  ---------  ---------  ------------------------
链接      首选项    infinite   infinite   fe80::ffff:ffff:fffd

接口 4: 本地连接

地址类型  DAD 状态  有效寿命   首选寿命   地址

链接      首选项    infinite   infinite   fe80::8e89:a5ff:fe6f:deb7

接口 1: Loopback Pseudo-Interface

地址类型  DAD 状态  有效寿命   首选寿命   地址
--------  --------  ---------  ---------  ------------------------
环回      首选项    infinite   infinite   ::1
链接      首选项    infinite   infinite   fe80::1

netsh interface ipv6>
```

图 10-27　主机 B 自动生成的 IPv6 地址

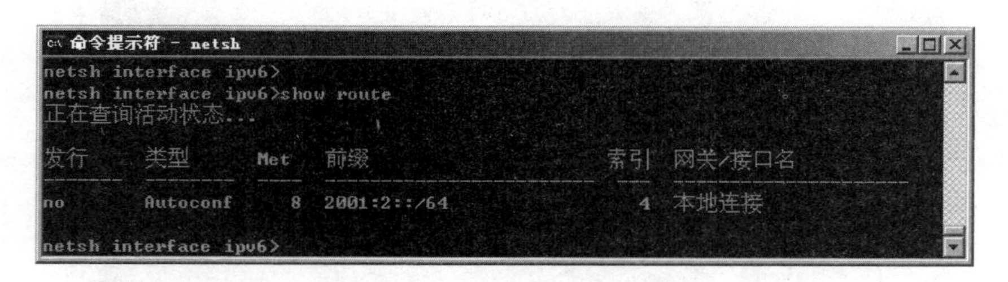

图 10-28　主机 B 自动配置的路由表

为了验证自动配置的 IPv6 地址是否可以使用,可以在主机 A 中 ping 主机 B 自动生成的 IPv6 地址,也可以在主机 B 中 ping 主机 A 自动生成的 IPv6 地址。如果配置正确,

ping 的结果应如图 10-29 所示。

图 10-29　在主机 A 中 ping 主机 B 自动生成的 IPv6 地址

练　习　题

一、填空题

(1) IPv6 的地址由________位二进制数组成。

(2) IPv6 数据报由一个 IPv6 ________、多个________和上层数据单元组成。

二、单项选择题

(1) 在 IPv6 中,以 FE80 开始的地址为(　　)。

A. 链路本地地址　　B. 链路站点地址

B. 组播地址　　C. 回送地址

(2) 关于 IPv6 自动配置的描述中,正确是(　　)。

A. 无状态自动配置需要 DHCPv6 服务器,有状态自动配置不需要

B. 有状态自动配置需要 DHCPv6 服务器,无状态自动配置不需要

C. 有状态自动配置和无状态自动配置都需要 DHCPv6 服务器

D. 有状态自动配置和无状态自动配置都不需要 DHCPv6 服务器

三、实训题

利用 netsh 命令,可以通过 show neighbors 和 show destinationcache 命令查看内存中的邻居缓存表和目的地缓存表。在主机中运行这两条命令,解释这两条命令的执行结果。

第 11 章　TCP 与 UDP

学习本章后需要掌握：

- ❑ 端对端通信的概念
- ❑ TCP 提供的服务内容
- ❑ TCP 的流量控制和可靠性实现
- ❑ UDP 的协议特点和提供的服务
- ❑ NAT 工作原理

学习本章后需要动手：

- ❑ 配置 NAT 服务器
- ❑ 测试配置的正确性
- ❑ 观察 NAT 网络地址映射表

可靠是对一个计算机系统的基本要求。在编写应用程序过程中，程序员有时会向某个 I/O 设备发送数据(如打印机)，但并不需要验证数据是否正确到达设备。这是因为应用程序依赖于底层计算机系统确保数据的可靠传输，系统保证数据传送到底层后不会丢失和重复。

与使用单机工作的程序员相同，网络用户希望互联网能够提供迅速、准确、可靠的通信功能，保证不发生丢失、重复、错序等可靠性问题。

传输层是 TCP/IP 网络体系结构中至关重要的一层，它的主要作用就是保证端对端数据传输的可靠性。在 IP 互联网中，传输控制协议(transport control protocol，TCP)和用户数据报协议(user datagram protocol，UDP)是传输层最重要的两种协议，它们为上层用户提供不同级别的通信可靠性。

11.1　端对端通信

利用互联层，互联网提供了一个虚拟的通信平台。在这个平台中，数据报从一站转发到另一站，从一个结点又传送给另一个结点，其主要的传输控制是在相邻两个结点之间进行的，如图 11-1 所示。

与互联层不同，传输层需要提供一个直接从一台计算机到另一远程计算机上的“端对端”通信控制，如图 11-1 所示。传输层利用互联层发送数据，每一传输层数据都需要封装在一个互联层的数据报中通过互联网。当数据报到达目的主机后，互联层再将数据提交

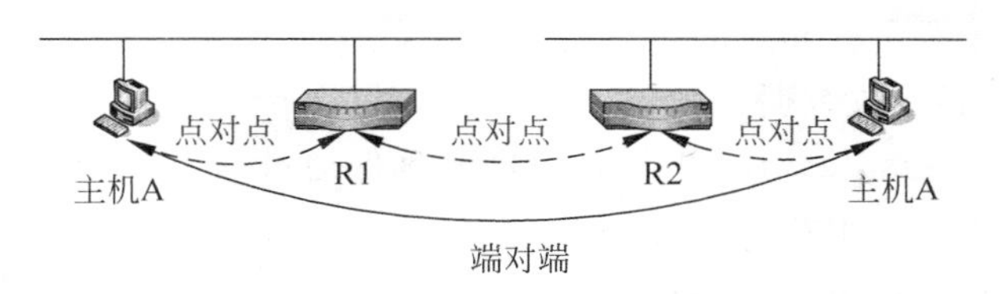

图 11-1　传输层的端对端通信控制

给传输层。请注意，尽管传输层使用互联层携带报文，但是互联层并不阅读或干预这些报文。因而，传输层只把互联层看作一个包通信系统，这一通信系统负责连接两端的主机。

图 11-2 显示了一个具有两台主机和一台路由器的互联网。由于主机需要进行端对端的通信控制，因此主机 A 和主机 B 都需要安装传输层软件，但是，中间的路由器并不需要。从传输层的角度看，整个互联网是一个通信系统，这个系统能够接收和传递传输层的数据而不会改变和干预这些数据。

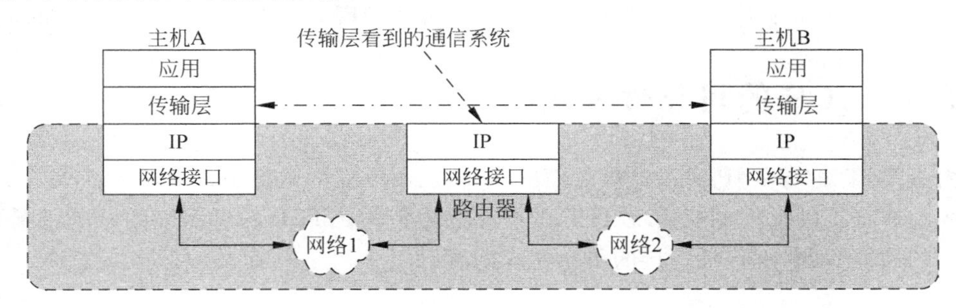

图 11-2　端对端通信与虚拟通信平台

11.2　传输控制协议 TCP

可靠性保证是传输层协议的主要功能，应用层协议需要利用传输层协议进行可靠的数据发送和接收。传输控制协议 TCP 是传输层最优秀的协议之一，很多互联网应用协议都建立在它的基础之上。

11.2.1　TCP 提供的服务

从 TCP 的用户角度看，TCP 可以提供面向连接的、可靠的（没有数据重复或丢失）、全双工的数据流传输服务。它允许两个应用程序建立一个连接，然后发送数据并终止连接。每一个 TCP 连接可靠地建立，优雅地关闭，保证数据在连接关闭之前被可靠地投递到目的地。

具体地说，TCP 提供的服务具有如下几个特征。

- 面向连接（connection orientation）：TCP 提供的是面向连接的服务。在发送正式的数据之前，应用程序首先需要建立一个到目的主机的连接。这个连接有两个端点,分别位于源主机和目的主机之上。一旦连接建立完毕,应用程序就可以在该连接上发送和接收数据。

- 完全可靠性(complete reliability):TCP确保通过一个连接发送的数据正确地到达目的地,不会发生数据的丢失或乱序。
- 全双工通信(full duplex communication):一个TCP连接允许数据在任何一个方向上流动,并允许任何一方的应用程序在任意时刻发送数据。
- 流接口(stream interface):TCP提供了一个流接口,应用程序利用它可以发送连续的数据流。也就是说,TCP连接提供了一个管道,只能保证数据从一端正确地流到另一端,但不提供结构化的数据表示法(例如,TCP不区分传送的是整数、实数还是记录或表格)。
- 连接的可靠建立与优雅关闭(reliable connection startup & graceful connection shutdown):在建立连接过程中,TCP保证新的连接不与其他的连接或过时的连接混淆;在连接关闭时,TCP确保关闭之前传递的所有数据都可靠地到达目的地。

11.2.2 TCP的可靠性实现

由于TCP建立在IP协议提供的面向非连接、不可靠的数据报投递服务基础之上,因此必须经过仔细的设计才能实现TCP的可靠数据传输。TCP的可靠性问题既包括数据丢失后的恢复问题,也包括连接的可靠建立问题。

1. 数据丢失与重发

TCP建立在一个不可靠的虚拟通信系统上,因此偶尔出现数据的丢失是不可避免的。通常,TCP利用重发(retransmission)技术补偿数据包的丢失。在使用重发机制的过程中,如果接收方的TCP正确地收到一个数据包,它要回发一个确认(acknowledgement)信息给发送方。而发送方在发送数据时,TCP需要启动一个定时器。在定时器到时之前,如果没有收到一个确认信息,则发送方重发该数据。图11-3说明了重发的概念。

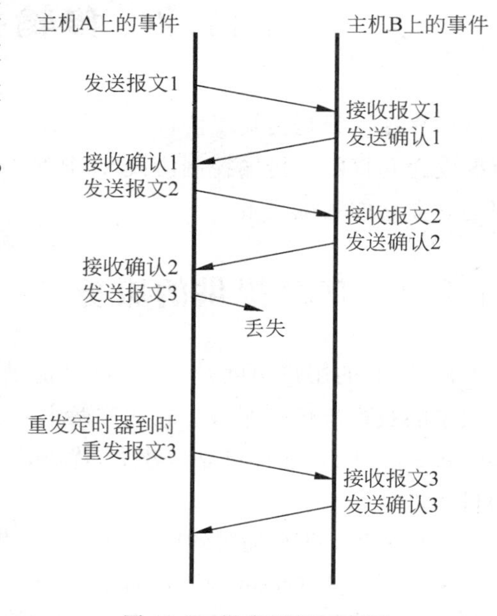

图11-3 重发原理示意图

尽管重发原理看起来简单,但它在实现中却遇到了很大的问题。问题的关键是TCP很难确定重发之前应等待多长时间。

如果处于同一个局域网中的两台主机进行通信,确认信息在几个毫秒之内就能到达。若为这种确认等待得过久,则会使网络处于空闲而无法使吞吐率达到最高。因此,在一个局域网中TCP不应该在重发之前等待太久。然而,互联网可以由多个不同类型网络相互连接而成,大规模的互联网可以包含成千上万个不同类型的网络(如 Internet)。显然,几个毫秒的重发等待时间在这样的互联网上是不够的。另外,互联网上的任意一台主机都有可能突然发送大量的数据报,数据报的突发性可能导致传输路径的拥挤程度发生很大的变化,以至于数据报的传输延迟也发生很大的变化。

那么,TCP 在重发之前应该等待多长时间呢? 显然,在一个互联网中,固定的重发时间不会工作得很好。因此在选择重发时间过程中,TCP 必须具有自适应性。它需要根据互联网当时的通信状况,给出合适的数据重发时间。

TCP 的自适应性来自于对每一连接当前延迟的监视。事实上,TCP 没法知道一个互联网的所有部分在所有时刻的精确延迟,但 TCP 通过测量收到一个确认所需的时间来为每一活动的连接计算一个往返时间(round trip time,RTT)。当发送一个数据时,TCP 记录下发送的时间,当确认到来时,TCP 利用当前的时间减去记录的发送时间来产生一个新的往返时间估计值。在多次发送数据和接收确认后,TCP 就产生了一系列的往返时间估计值。利用一些统计学的原理和算法(如 Karn 算法等),就可以估计该连接的当前延迟,从而得到 TCP 重发之前需要等待的时间值。

经验告诉我们,TCP 的自适应重发机制可以很好地适应互联网环境。如果说 TCP 的重发方案是它获得成功的关键,那么自适应重发时间的确定则是重发方案的基石。

2. 连接的可靠建立与优雅关闭

为确保连接建立和终止的可靠性,TCP 使用了三次握手(3-way handshake)法。所谓的三次握手法就是在连接建立和终止过程中,通信的双方需要交换三个报文。可以证明,在数据包丢失、重复和延迟的情况下,三次握手法是保证连接无二义性的充要条件。

在创建一个新的连接过程中,三次握手法要求每一端产生一个随机的 32 位初始序列号。由于每次请求新连接使用的初始序列号不同,因此 TCP 可以将过时的连接区分开来,避免二义性的产生。

图 11-4 显示了 TCP 利用三次握手法建立连接的正常过程。在三次握手法的第一次中,主机 A 向主机 B 发出连接请求,其中包含主机 A 选择的初始序列号 x。第二次,主机 B 收到请求后,发回连接确认,其中包含主机 B 选择的初始序列号 y,以及主机 B 对主机 A 初始序列号 x 的确认。第三次,主机 A 向主机 B 发送序号为 x 的数据,其中包含对主机 B 初始序列号 y 的确认。

图 11-5 给出了一个利用三次握手法避免过时连接请求的例子。主机 A 首先向主机 B 发送了一个连接请求,其中主机 A 为该连接请求选择的初始序列号为 x。但是,由于种种原因(例如重新启动计算机等),主机 A 在未收到主机 B 的确认前终止了该连接。而后,主机 A 又开始进行新一轮的连接请求,不过主机 A 这次选择的初始序列号为 x′。由于主机 B 并不知道主机 A 停止了前一次的连接请求,因此对收到的初始序列号为 x 的连接请求按照正常的方法进行确认。当主机 A 收到该确认后,发现主机 B 确认的不是初始序列号为 x′的新连接请求,于是向主机 B 发送拒绝信息,通知主机 B 该连接请求已经过时。通过这个过程,TCP 可以避免连接请求的二义性,保证连接建立过程的可靠和准确。

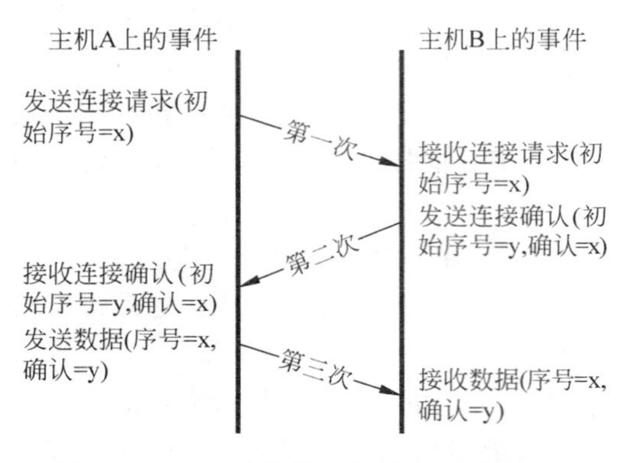

图 11-4 TCP 连接的正常建立过程示意图

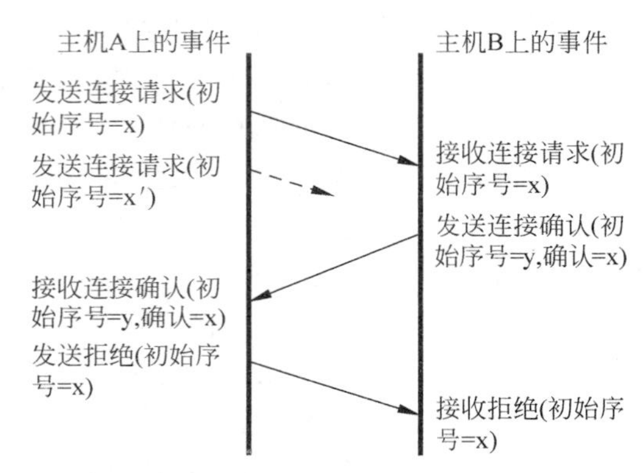

图 11-5 利用三次握手法避免过时的连接请求示意图

在 TCP 协议中,连接的双方都可以发起关闭连接的操作。为了保证在关闭连接之前所有的数据都可靠地到达了目的地,TCP 再次使用了多次握手法。一方发出关闭请求后并不立即关闭连接,而要等待对方确认。只有收到对方的确认信息,才能关闭连接。

11.2.3 TCP 的缓冲、流控与窗口

TCP 使用窗口机制进行流量控制。当一个连接建立时,连接的每一端分配一块缓冲区来存储接收到的数据,并将缓冲区的尺寸发送给另一端。当数据到达时,接收方发送确认,其中包含了自己剩余的缓冲区尺寸。我们将剩余缓冲区空间的数量叫做窗口(window),接收方在发送的每一确认中都含有一个窗口通告。

如果接收方应用程序读取数据的速度与数据到达的速度一样快,接收方将在每一确认中发送一个非零的窗口通告。但是,如果发送方操作的速度快于接收方,接收到的数据最终将充满接收方的缓冲区,导致接收方通告一个零窗口。发送方收到一个零窗口通告时,必须停止发送,直到接收方重新通告一个非零窗口。

图 11-6 揭示了 TCP 利用窗口进行流量控制的过程。假设发送方每次最多可以发送 1000 字节,并且接收方通告了一个 2500 字节的初始窗口。由于 2500 字节的窗口说明接收方具有 2500 字节的空闲缓冲区,因此发送方传输了 3 个数据段,其中两个数据段包含 1000 字节,一段包含 500 字节。在每个数据段到达时,接收方就产生一个确认,其中的窗口减去了到达的数据尺寸。

由于前三个数据段在接收方应用程序使用数据之前就充满了缓冲区,因此通告的窗口达到零,发送方不能再传送数据。在接收方应用程序用掉了 2000 字节之后,接收方 TCP 发送一个额外的确认,其中的窗口通告为 2000 字节,用于通知发送方可以再传送 2000 字节。于是,发送方又发送两个数据段,致使接收方的窗口再一次变为零。

窗口和窗口通告可以有效地控制 TCP 的数据传输流量,使发送方发送的数据永远不会溢出接收方的缓冲空间。

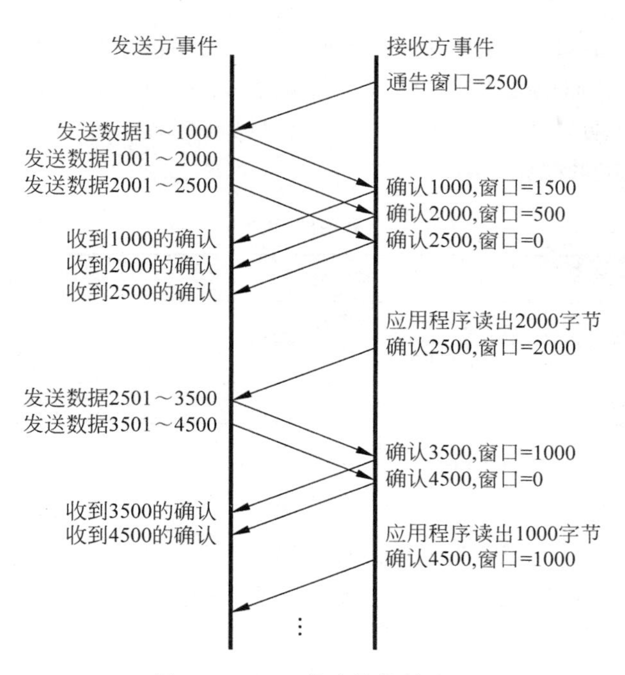

图 11-6　TCP 的流量控制过程

11.2.4　TCP 连接与端口

在应用程序利用 TCP 协议传输数据之前，首先需要建立一条到达目的主机的 TCP 连接。TCP 协议将一个 TCP 连接两端的端点叫做端口，如图 11-7 所示。端口用一个 16 位的二进制数表示，例如，21 端口、8080 端口等。实际上，应用程序利用 TCP 进行数据传输的过程就是数据从一台主机的 TCP 端口流入，经 TCP 连接从另一主机的 TCP 端口流出的过程。

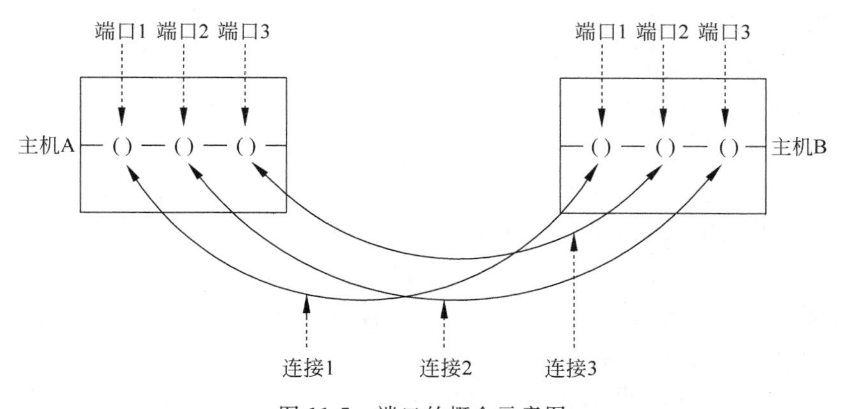

图 11-7　端口的概念示意图

TCP 可以利用端口提供多路复用功能。一台主机可以通过不同的端口建立多个到其他主机的连接，应用程序可以同时使用一个或多个 TCP 连接发送或接收数据。

在TCP的所有端口中,有些端口被指派给一些著名的应用程序(如Web应用程序、FTP应用程序等),我们把这些端口叫做TCP著名端口(well-known port)。表11-1给出了一些著名的TCP端口号。由于这些TCP端口已被著名的应用程序占用,因此在编写其他应用程序时应尽量避免使用。

表11-1 著名的TCP端口号

TCP端口号	关键字	描述
20	FTP-DATA	文件传输协议数据
21	FTP	文件传输协议控制
23	TELENET	远程登录协议
25	SMTP	简单邮件传输协议
53	DOMAIN	域名服务器
80	HTTP	超文本传输协议
110	POP3	邮局协议
119	NNTP	新闻传送协议

11.3 用户数据报协议UDP

与传输控制协议TCP相同,用户数据报协议UDP也位于传输层。但是它提供的数据传输可靠性远没有TCP高。

从用户的角度看,用户数据报协议UDP提供了面向非连接的、不可靠的传输服务。它使用IP数据报携带数据,但增加了对给定主机上多个目标进行区分的能力。

由于UDP是面向非连接的,因此它可以将数据直接封装在IP数据报中进行发送。这与TCP发送数据前需要建立连接有很大的区别。UDP既不使用确认信息对数据的到达进行确认,也不对收到的数据进行排序。因此,利用UDP协议传送的数据有可能会出现丢失、重复或乱序现象,一个使用UDP的应用程序要承担可靠性方面的全部工作。

UDP协议的最大优点是运行的高效性和实现的简单性。尽管可靠性不如TCP协议,但很多著名的应用程序还是采用了UDP。

UDP使用端口对给定主机上的多个目标进行区分。与TCP协议相同,UDP的端口也使用16位二进制数表示。需要注意,TCP和UDP各自拥有自己的端口号,即使TCP和UDP的端口号相同,主机也不会混淆它们。

与TCP端口相同,UDP的有些端口也被指派给一些著名的应用程序(如SNMP应用程序等),我们把这些端口叫做UDP著名端口(well-known port)。表11-2给出了一些UDP著名端口号。由于这些UDP端口已被著名的应用程序占用,因此在编写其他应用程序时也应尽量避免使用。

表 11-2　著名的 UDP 端口号

UDP 端口号	关　键　字	描　　述
53	DOMAIN	域名服务器
67	BOOTPS	引导协议服务器
68	BOOTPC	引导协议客户机
69	TFTP	简单文件传送
161	SNMP	简单网络管理协议
162	SNMP-TRAP	简单网络管理协议陷阱

11.4　实训：端口的应用——网络地址转换

网络地址转换(network address translation,NAT)是 TCP 和 UDP 端口的典型应用之一。网络地址转换的主要目的是利用较少和有限的 IP 地址资源将私有的互联网接入公共互联网。由于网络地址转换技术的运用对用户是透明的,用户使用公共互联网上的服务(如 DNS 服务、Web 服务、E-mail 服务等)不需要安装特殊的软件和进行特殊的设置,因此网络地址转换技术的使用和部署相对比较简单。

目前,很多路由器、无线 AP 接入点等硬件设备都支持 NAT 功能。Windows、Linux、UNIX 等操作系统也可以通过软件支持 NAT 功能。

11.4.1　为什么要使用网络地址转换

在 TCP/IP 互联网中,IP 地址用来标识网络连接。如果一个网络设备与互联网有多个网络连接,那么它就应该具有多个 IP 地址。在目前使用的互联网中,由于 IP 地址使用 32 位的二进制数表示,因此,理论上它可以唯一地标识 2^{32} 个网络连接。实际上,由于 IP 地址的分类、需要为多播和测试等目的预留 IP 地址等原因,真正可以分配给用户的 IP 地址的数量要比 2^{32} 小一些。随着 TCP/IP 互联网应用的广泛和深入,越来越多的用户、家庭网络和企业网络要求联入互联网,这导致 IP 地址的分配逐渐出现短缺和不足的问题。

解决 IP 地址短缺和不足问题的最直接和显而易见的方法是抛弃现有的 IP 地址方案,重新设计和启用新的 IP 地址方案。下一代互联网使用的 IPv6 就是通过将目前使用的 32 位 IP 地址扩展为 128 位(理论上 IP 地址的数量由 2^{32} 个增加到 2^{128} 个)来解决这个问题。但是,由于实施 IPv6 需要更换和升级整个互联网的网络设施(如路由器等),因此完成 IPv6 的部署需要很长的时间和大量的资金投入。

NAT 网络地址转换就是为了在现阶段解决 IP 地址短缺和不足的问题而设计的。它允许用户使用单一的设备作为外部网(如 Internet)和内部网(如家庭内部网或企业内部网)之间的代理,利用一个或很少的几个合法的 IP 地址代表整个本地网上所有计算机的 IP 地址,达到本地网上的所有计算机通过这一个或很少的几个合法 IP 地址上网的目的。

11.4.2 NAT 的主要技术类型

NAT 的主要技术类型有 3 种,它们是静态 NAT(static NAT)、动态 NAT(pooled NAT)和网络地址端口转换 NAPT(port-level NAT)。

1. 静态 NAT

静态 NAT 是最简单的一种 NAT 转换方式,如图 11-8 所示。在使用静态 NAT 之前,网络管理员需要在 NAT 设备中设置 NAT 地址映射表,该表确定了一个内部 IP 地址与一个全局 IP 地址的对应关系。NAT 地址映射表中的内部地址与全局地址是一一对应,只要网络管理员不重新设置,这种对应关系将一直保持。

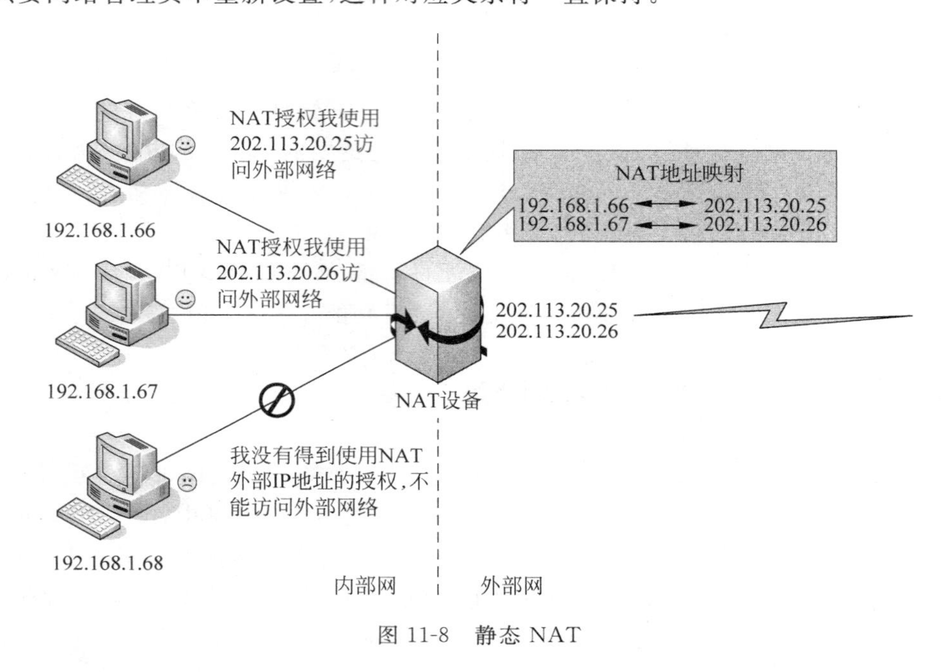

图 11-8 静态 NAT

每当内部结点与外界通信时,内部地址就会转换为对应的全局地址。在图 11-8 中,当 NAT 设备接收到主机 192.168.1.66 发来的数据报时,它就按照 NAT 地址映射表将数据报中的源地址 192.168.1.66 转换为 202.113.20.25,然后发送至外部网络;同样,当 NAT 设备从外网接收到目的地址为 202.113.20.25 的数据报时,它也将按照 NAT 地址映射表将其转换为 192.168.1.66,而后发往内部网络。请注意,由于 NAT 地址映射表中没有 192.168.1.68 的映射项,因此,使用 192.168.1.68 的主机不能利用静态 NAT 技术访问外部网络。

2. 动态 NAT

在动态 NAT 方式中,网络管理员首先需要为 NAT 设备分配一些全局 IP 地址,这些全局的 IP 地址构成 NAT 地址池。当内部主机需要访问外部网络时，NAT 设备就在 NAT 地址池中为该主机选择一个目前未被占用的 IP 地址，并建立内部 IP 地址与全局 IP 地址之间的映射；当该主机本次通信结束时，NAT 设备将回收该全局 IP 地址，并删除 NAT 地址映射表中对应的映射项，以便其他内部主机访问外部网络时使用，如图 11-9 所示。需要注意的是，当 NAT 池中的全局地址被全部占用后，NAT 设备将拒绝再来的地址转换申请。在图 11-9 中，NAT 地址池中有两个全局 IP 地址：202.113.20.25 和 202.113.20.26。当内部主机 192.168.1.66、192.168.1.67 和 192.168.1.68 需要访问外部网络时，NAT 设备就会按照内部主机的申请次序为其中的两台（如 192.168.1.66 和 192.168.1.67）分配全局 IP 地址，并在 NAT 地址映射表建立映射。由于 NAT 地址池中只有 2 个全局 IP 地址，第 3 个申请的主机（如 192.168.1.68）此时将会被拒绝。因此，如果主机 192.168.1.68 想与外部网络进行通信，那么它必须等到 192.168.1.66 或 192.168.1.67 通信结束并释放全局 IP 地址。

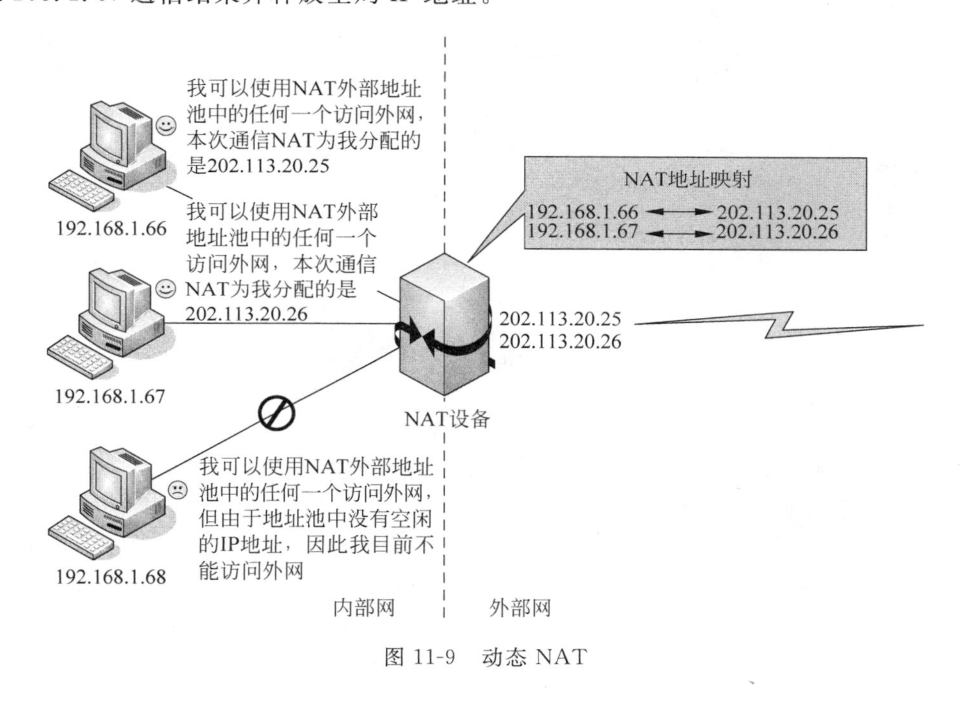

图 11-9　动态 NAT

3. 网络地址端口转换 NAPT

网络地址端口转换是目前最常使用的一种 NAT 类型，它利用 TCP/UDP 的端口号区分 NAT 地址映射表中的转换条目，可以使内部网中的多个主机共享一个（或少数几个）全局 IP 地址，同时访问外部网络。图 11-10 显示了一个内部网内多个用户共享两个全局 IP 地址的示意图。在图 11-10 中，网络管理员将 NAT 设备的工作方式设置为 NAPT，同时为 NAT 设备配置了两个全局 IP 地址，一个为 202.113.20.25，另一个为 202.113.20.26。当内部网络中的一个主机（如 192.168.1.66）利用一个 TCP 或 UDP 端口（如 TCP 的 6837 端口）开始访问外部网络中的主机时，NAPT 设备在自己拥有的全局

IP地址中随机选择一个(如202.113.20.25)作为其外部网络中使用的IP地址,同时,为其指定外部网络中使用的TCP端口号(如3200)。NAPT在自己的地址转换表中添加该地址转换信息(如192.168.1.66:6837～202.113.20.25:3200),并在之后的数据包转发中,通过变换发送数据包的源地址和接收数据包的目的地址维持内部主机和互联网中外部主机的通信。

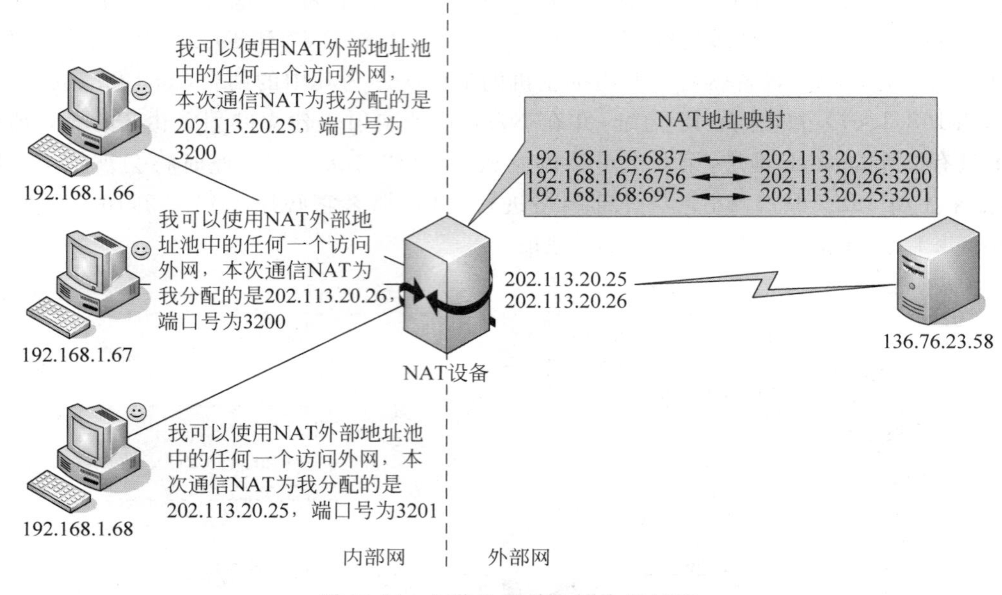

图11-10　网络地址端口转换NAPT

当内部网中的其他主机(如192.168.1.68)需要与外部网中的主机通信时,NAPT设备可以将其IP地址映射为NAPT地址映射表中正在使用的全局IP地址(如202.113.20.25),但需要为其指定不同的TCP或UDP端口号(如可以将TCP端口号指定为3201,但不能为3200)。由于映射的TCP或UDP的端口号不同,NAPT接收到来自外部网络的数据包时就可以根据端口号转发到不同的主机和应用程序。例如,在图11-10的地址映射表中有两个表项用到了外部全局地址202.113.20.25,它们是192.168.1.66:6837～202.113.20.25:3200和192.168.1.68:6975～202.113.20.25:3201。NAPT将192.168.1.66:6837发送的数据包的源地址转换为202.113.20.25:3200,而将192.168.1.68:6975发送的数据包的源地址转换为202.113.20.25:3201。由于192.168.1.66和192.168.1.68主机上的应用对外都使用了202.113.20.25,因此,这两个应用对应的目的主机回送的数据包都利用202.113.20.25作为其目的地址。当接收到这些外部网络发送来的数据包时,NAPT设备根据不同的TCP或UDP端口号将其映射到不同的内部主机或应用。按照图11-10所示的地址映射表,当NAPT接收到IP地址为202.113.20.25、端口号为3200的数据包,它将其IP地址转换为192.168.1.66、端口号转换为6837进行转发;当NAPT接收到IP地址为202.113.20.25、端口号为3201的数据包,它将其IP地址转换为192.168.1.68、端口号转换为6975进行转发。

NAT 技术(特别是 NAPT 技术)较为成功地解决了目前 IP 地址的短缺问题,可以使内部网络的多个主机和用户共享少数几个全局 IP 地址。同时,NAT 还可以在一定程度上提高内部网络的安全性。在图 11-11 显示的示意图中,外部网络的主机不能主动访问内部网络中的主机,即使内部网络中主机 192.168.1.67 为 Web 服务器。这是因为这个内部网络对外只有 202.113.20.25 和 202.113.20.26 两个 IP 地址。由于 NAT 地址映射表中不存在到达内部 Web 服务器的映射,因此,外部主机发起的访问内部 Web 服务器的数据包在到达 NAT 设备时将被抛弃。但是,NAT 这种隐藏内部主机,使外部主机不可访问内部主机的方式也会给一些网络应用(如 P2P 应用)带来一些问题,这些应用常常希望内部网主机和外部网主机之间能够自由地进行通信。

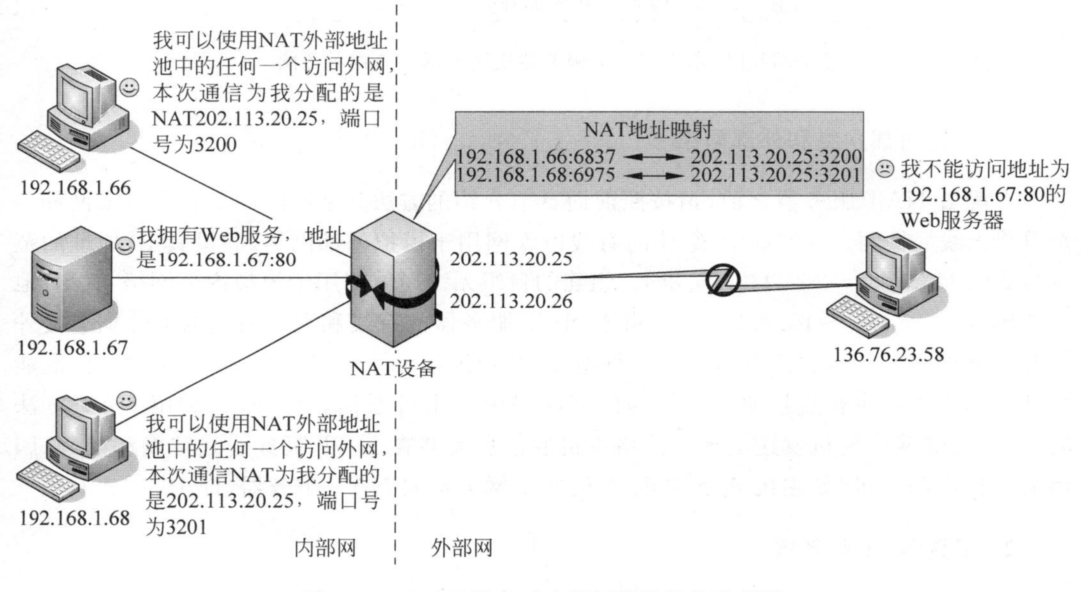

图 11-11　NAT 设备对内部网络的保护示意图

11.4.3　配置网络地址转换服务器

在前面的实验中,已经组建了一个有线以太网和一个自组无线局域网。本实训将有线以太网模拟为外部网络,将自组无线局域网模拟为内部网络,利用 Windows 2003 提供的 NAPT 技术实现内部无线网通过一个外部 IP 地址访问外部网络,如图 11-12 所示。

在图 11-12 中,NAT 服务器为一台运行 Windows 2003 Server 操作系统的计算机。它安装有有线和无线两块网卡,能同时与有线以太网和自组无线局域网通信。有线以太网上的 Web 服务器可以加载一些简单的页面,其主要目的是测试配置的 NAT 服务器是否运行正常①。

① Web 服务器的安装和配置请参见第 14 章内容。教师可以事先安装和配置一台 Web 服务器,以便学生测试配置的 NAT 服务器。

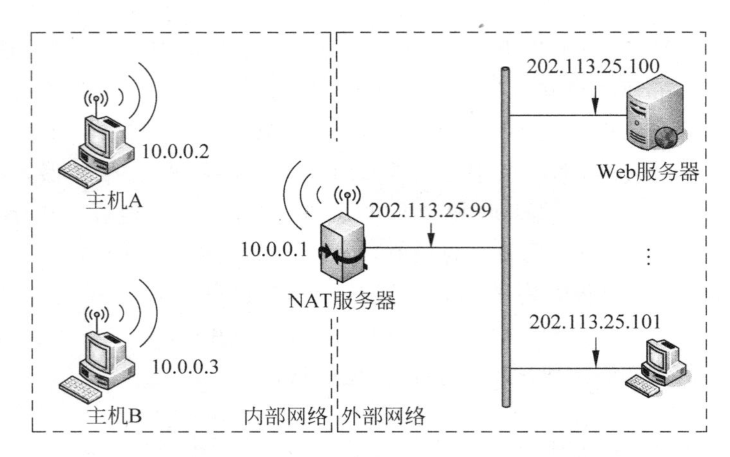

图 11-12　配置 NAT 服务器使用的网络结构示意图

1. 配置内部网络和外部网络

在配置 NAT 服务器之前，请按照前面章节介绍的方法分别组建一个有线以太网和一个自组无线局域网。在实训中，组建的有线以太网用于模拟外部网络，假设其 IP 地址的范围为 202.113.25.1～202.113.25.254。组建的自组无线局域网用于模拟内部网络，其 IP 地址范围为 10.0.0.1～10.0.0.254。由于 NAT 服务器的有线和无线两块网卡分别连接外部和内部网络，因此，它具有内部和外部两个 IP 地址(202.113.25.99 和 10.0.0.1)，既能与外部网络中的主机直接通信又能与内部网络中的主机通信。另外，在利用 NAT 方法时，由于内部网络主机发送给外部网络主机的信息需要在 NAT 服务器处转发和处理，因此需要将内部主机(如主机 A 和主机 B)的默认网关指向 NAT 服务器(即 10.0.0.1)。

2. 配置 NAT 服务器

在 Windows 2003 Server 中，支持 IP 路由器功能的“路由和远程访问”程序也可以提供 NAT 转换功能，其具体配置过程如下。

(1) 启动 NAT 服务器上的 Windows 2003 Server，通过“开始”→“程序”→“管理工具”→“路由和远程访问”进入“路由和远程访问”程序，如图 11-13 所示。请注意，如果路由和远程访问服务处于禁止状态，则需要配置并启动路由和远程访问服务器。不过由于已经完成了路由器配置实训，因此路由和远程访问程序应该处于开启状态。

路由和远程访问

文件(F)　操作(A)　查看(V)　帮助(H)

路由和远程访问
服务器状态
TEST1 (本地)
网络接口
IP 路由选择
常规
静态路由
远程访问策略
远程访问记录

常规

接口	类型	IP 地址	系统管理状态	操作状态	传入的字节	传出的字节
无线网络连接	专用	10.0.0.1	启用	可操作	14,834	11,101
内部	内部	不可用	未知	不可操作	-	-
环回	环回	127.0.0.1	启用	可操作	0	0
本地连接	专用	202.113.25.99	启用	可操作	69,142	52,349

图 11-13　“路由和远程访问”窗口

(2) 右击“常规”选项，在弹出的菜单中执行“新增路由协议(P)”命令，系统则弹出“新路由协议”对话框，如图 11-14 所示。选中“NAT/基本防火墙”，单击“确定”按钮，“路由和远程访问”窗口将增加一个新的条目“NAT/基本防火墙”，如图 11-15 所示。

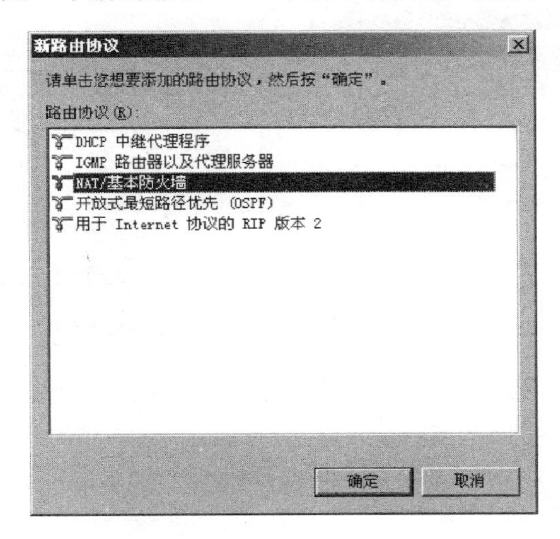

图 11-14　“新路由协议”对话框

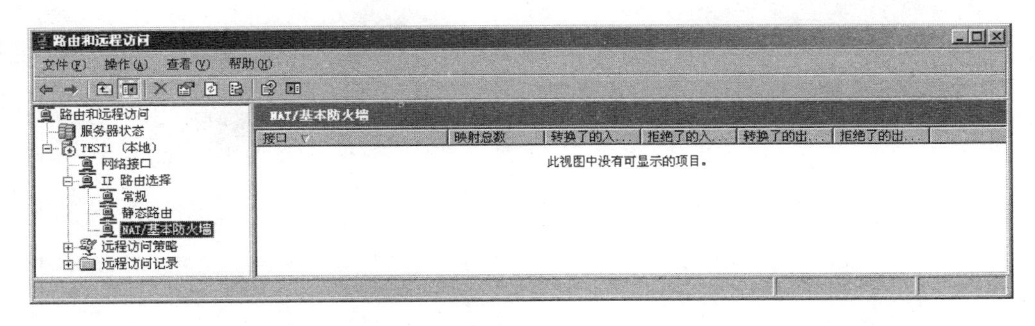

图 11-15　增加 NAT 后的“路由和远程访问”窗口

(3) 现在，需要设定哪个网络接口连接至外部网络。右击“路由和远程访问”窗口的“NAT/基本防火墙”条目，在弹出的菜单中执行“新增接口”命令，系统将显示目前可以使用的所有接口信息，如图 11-16(a)所示。选择与外部网络连接的网络接口(这里是“本地连接”)，单击“确定”按钮，系统将弹出如图 11-16(b)所示的“网络地址转换-本地连接 属性”对话框。在图 11-16(b)中选择“公共接口连接到 Internet”选项，同时勾选“在此接口上启用 NAT”选项，单击“确定”按钮，完成外部网络接口的设置工作。

(4) 指定内部网络接口与指定外部网络接口相似。右击“路由和远程访问”窗口的“NAT/基本防火墙”条目，在弹出的菜单中执行“新增接口”命令，系统将显示目前可以使用的所有接口信息，如图 11-17(a)所示。选择与内部网络连接的网络接口(这里是“无线网络连接”)，单击“确定”按钮，系统将弹出如图 11-17(b)所示“网络地址转换-无线网络连接 属性”窗口。在图 11-17(b)中选择“专用接口连接到专用网络”选项，单击“确定”按钮，完成内部网络接口的设置工作。

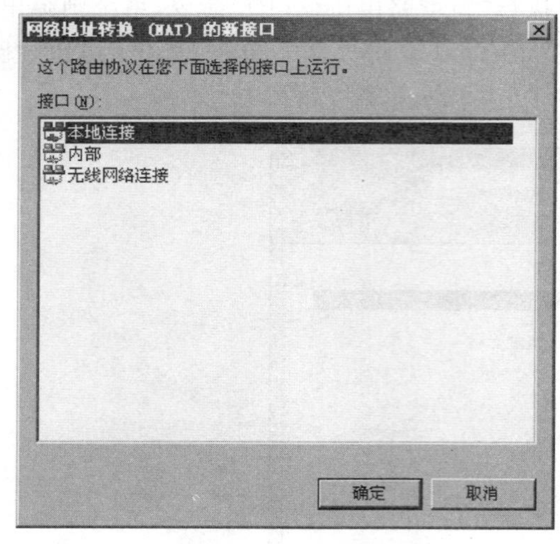

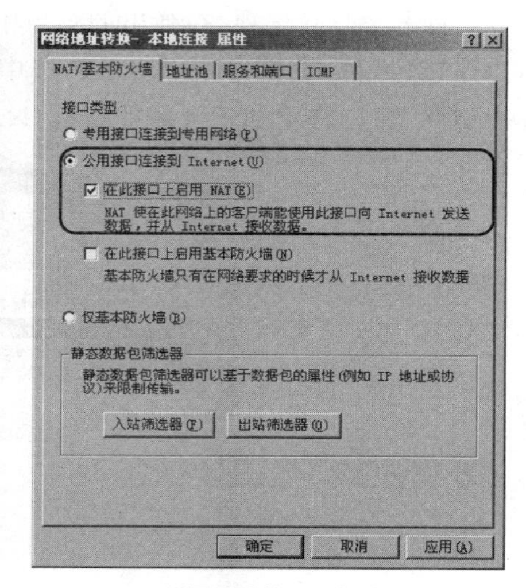

(a) 可选择的网络接口　　(b) 设置网络接口连接的网络

图 11-16　设置与外部网络连接的网络接口

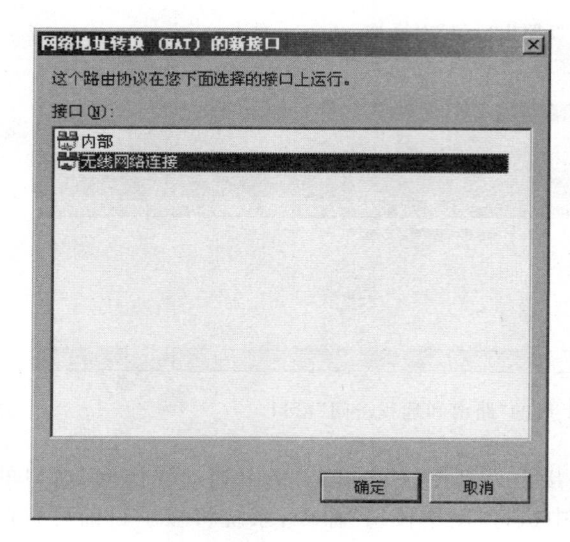

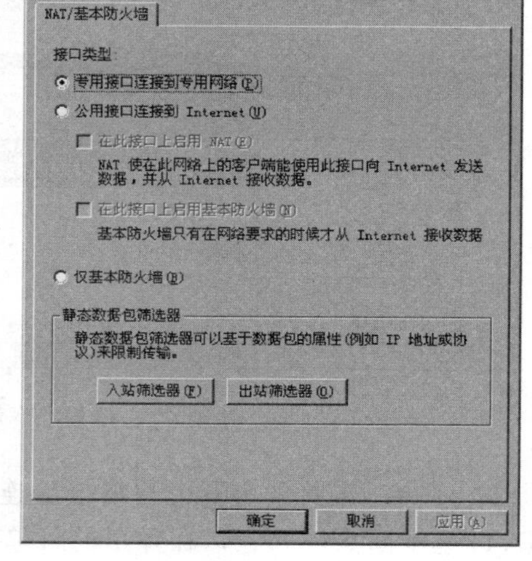

(a) 可选择的网络接口　　(b) 设置网络接口连接的网络

图 11-17　设置与内部网络连接的网络接口

指定外部网络接口和指定内部网络接口后，这些接口将显示在“路由和远程访问”窗口的右侧，如图 11-18 所示。至此，NAT 服务器的配置结束了。

3. 测试配置的 NAT 服务器并观察网络地址映射表

为了测试配置的 NAT 服务器，最简单的方法就是利用内部网络中的主机(例如图 11-12 中的主机 A)访问外部网络的服务器(例如图 11-12 中的 Web 服务器)。如果内部网络主机能够顺利访问外部网络服务，那么说明 NAT 的配置是正确的；否则，则说明

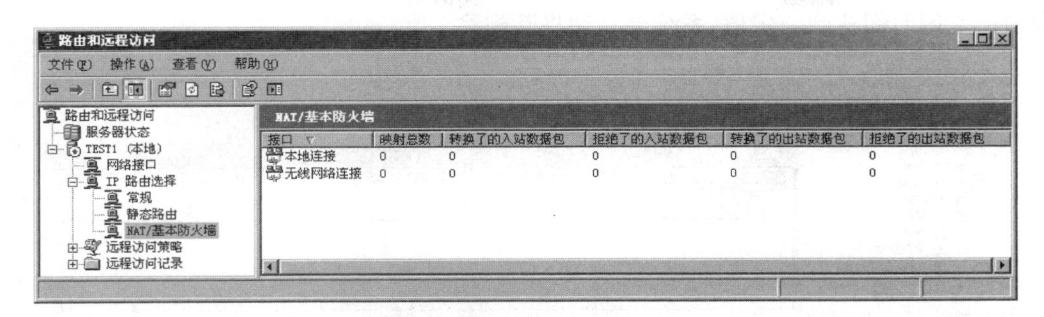

图 11-18 指定外部网络连接和内部网络连接后的"路由和远程访问"窗口

配置可能存在问题，需要重新检查。

为此，在主机 A 上利用"开始"→"程序"→"Internet Explorer"命令启动 IE 浏览器(或直接在桌面上双击图标启动 IE 浏览器)，然后在 IE 浏览器的地址栏中输入 Web 服务器的 IP 地址 202.113.25.100，如图 11-19 所示。如果 NAT 服务器配置正确，Web 服务器的首页将会出现在 IE 浏览器中。

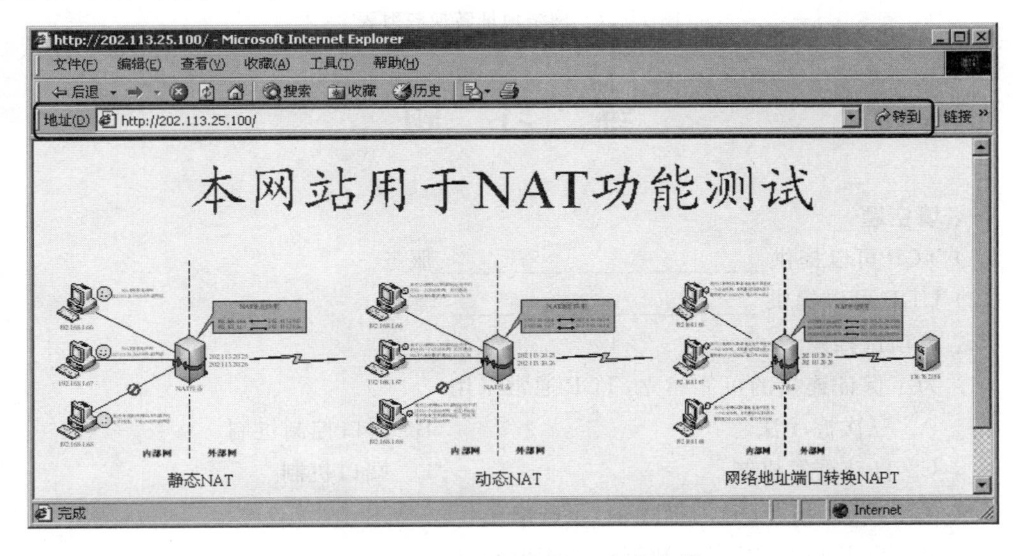

图 11-19 测试配置的 NAT 服务器

另外，"路由和远程访问"窗口能够显示映射总数、转换的数据包数、拒绝的数据包数等 NAT 转换统计信息，如图 11-20 所示。从图 11-20 显示的统计信息看，当时的 NAT 地址转换映射表中有 4 项，转换的入站数据包数为 33 个，转换的出站数据包数为 46 个。右击"本地连接"，在弹出的菜单中执行"显示镜像"命令，可以查看当时的 NAT 网络地址转换映射表，如图 11-21 所示。从图 11-21 显示的 NAT 地址映射表中可以看到，不论 IP 地址为 10.0.0.2 的主机还是 IP 地址为 10.0.0.3 的主机，它们在访问外部网络时都使用了同一个 IP 地址(202.113.25.99)。通过不同的端口号映射，NAT 服务器区分不同的 TCP 连接。需要注意，图 11-21 显示的 NAT 地址转换表不是永久性的。如果一个映射表项的空闲时间达到一定值,系统会自动将其删除。

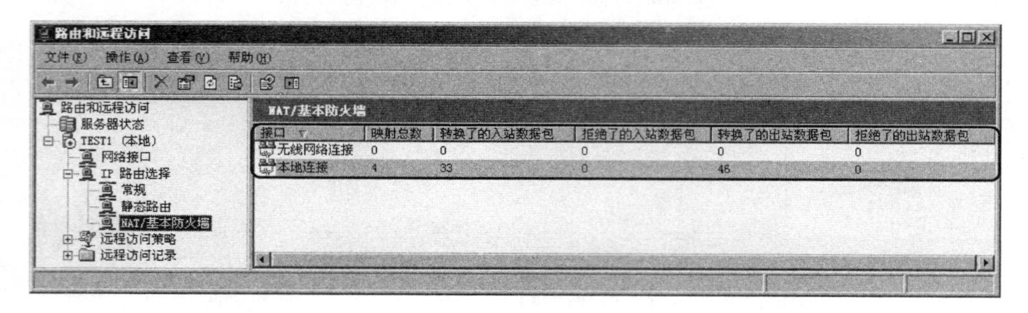

图 11-20 “路由和远程访问”窗口中显示的 NAT 转换信息

TEST1 - 网络地址转换会话映射表格

通讯协议	方向	专用地址	专用端口	公用地址	公用端口	远程地址	远程端口	空闲时间
TCP	出站	10.0.0.3	1,033	202.113.25.99	62,565	202.113.25.100	80	30
TCP	出站	10.0.0.3	1,035	202.113.25.99	62,566	202.113.25.100	80	32
TCP	出站	10.0.0.2	1,044	202.113.25.99	62,567	202.113.25.100	80	26
TCP	出站	10.0.0.2	1,045	202.113.25.99	62,568	202.113.25.100	80	24

图 11-21 网络地址转换映射表

练 习 题

一、填空题

(1) TCP 可以提供________________服务。

(2) UDP 可以提供________________服务。

二、单项选择题

(1) 为了保证连接的可靠建立,TCP 通常采用(　　)。

A. 三次握手法　　　　B. 窗口控制机制

C. 自动重发机制　　　　D. 端口机制

(2) 关于 TCP 和 UDP 的描述中,正确的是(　　)。

A. TCP 和 UDP 发送数据前都需要建立连接

B. TCP 发送数据前需要建立连接,UDP 不需要

C. UDP 发送数据前需要建立连接,TCP 不需要

D. TCP 和 UDP 发送数据前都不需要建立连接

三、实训题

利用网络地址转换,内部网络的多个主机可以利用一个或少数几个外部 IP 地址访问外部网络服务。但是,网络地址转换技术也给外部网络主机访问内部网络中的服务带来一定的问题。如果内部网络中配备有 Web 服务器,如图 11-22 所示,那么请设置 NAT 服务器,使外部主机(例如主机 X)能够顺利访问该 Web 服务。

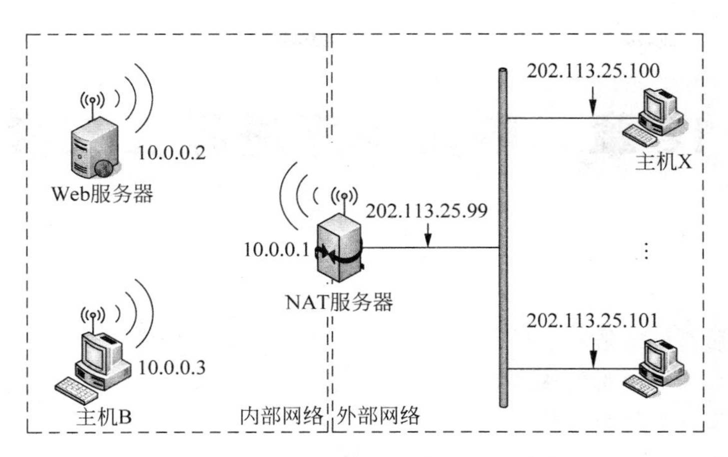

图 11-22　内部网络中包含 Web 服务器

第 12 章 应用程序进程交互模型

学习本章后需要掌握：

- 客户—服务器模型的概念
- 客户—服务器模型的特点
- 对等计算的概念
- 对等网络的分类

学习本章后需要动手：

- 编写一个简单的服务器程序
- 编写一个简单的客户程序

从网络的系统结构看，传输层、互联层和网络—接口层提供了一个通用的通信架构，负责将数据准确、可靠地从一端传输到另一端。然而，用户最感兴趣的服务功能却是由应用软件提供的，尽管这些应用软件必须使用下层的通信架构进行相互沟通。应用软件使收发电子邮件、信息浏览、文件传输成为可能。

应用软件进程之间最常用、最重要的交互模型有两种，一种是客户—服务器模型，另一种是对等计算模型。互联网提供的 Web 服务、E-mail 服务、文件传输与共享服务、即时通信服务等都是以这两种模型为基础的。

12.1 客户—服务器模型

12.1.1 客户—服务器模式的含义

应用程序进程之间为了能顺利地进行通信，一方通常需要处于守候状态，等待另一方请求的到来。在分布式计算中，这种一个应用程序进程被动地等待，而另一个应用程序进程通过请求启动通信的模式就是客户—服务器交互模式。

实际上，客户(Client)和服务器(Server)分别指两个应用程序进程。客户向服务器发出服务请求，服务器做出响应。图 12-1 显示了一个通过互联网进行交互的客户—服务器模型。在图中，服务器应处于守候状态，并监视客户端的请求。客户端发出请求，该请求经互联网传送给服务器。一旦服务器接收到这个请求，就可以执行请求指定的任务，并将执行的结果经互联网回送给客户。

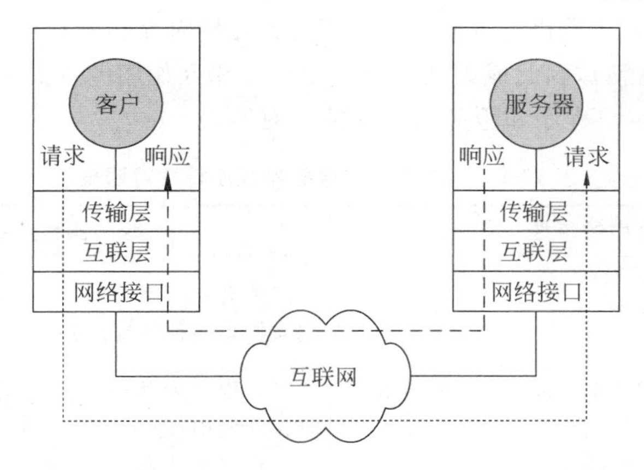

图 12-1　客户—服务器交互模型

12.1.2　客户与服务器的特性

一台主机上通常可以运行多个服务器程序，每个服务器程序需要并发地处理多个客户的请求，并将处理的结果返回给客户。因此，服务器程序通常比较复杂，对主机的硬件资源（如 CPU 的处理速度、内存的大小等）及软件资源（如分时、多线程网络操作系统等）都有一定的要求。而客户程序由于功能相对简单，通常不需要特殊的硬件和高级的网络操作系统。在图 12-2 中，运行服务器程序的主机同时提供 Web 服务、FTP 服务和文件服务。由于客户 1、客户 2 和客户 3 分别运行访问文件服务和 Web 服务的客户端程序，因此通过互联网，客户 1 可以访问运行文件服务主机上的文件系统，而 Web 服务器程序则需要根据客户 2 和客户 3 的请求同时为其提供服务。

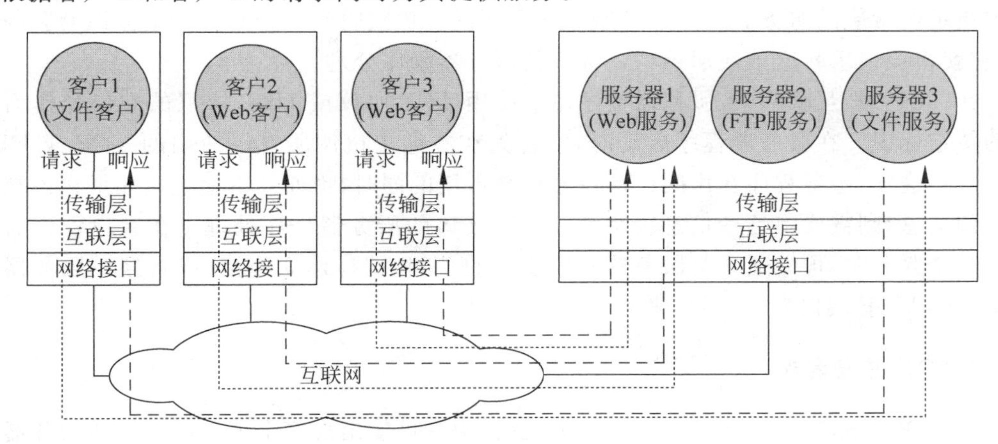

图 12-2　一台主机可同时运行多个需要并发处理多个客户请求的服务器程序

客户—服务器模型不但很好地解决了互联网应用程序之间的同步问题（何时开始通信、何时发送信息、何时接收信息等），而且客户—服务器非对等相互作用的特点（客户与服务器处于不平等的地位，服务器提供服务，客户请求服务）很好地适应了互联网资源分配不均的客观事实(有些主机是具有高速CPU、大容量内存和外存的巨型机,有些主机则仅仅是简单的个人电脑),因此成为互联网应用程序相互作用的主要模型之一。

表12-1给出了客户程序和服务器程序特性对照表。

表12-1 客户程序和服务器程序特性对照表

客户程序的特性	服务器程序的特性
是一个非常普通的应用程序,在需要进行远程访问时临时成为客户,同时也可以进行其他本地计算	是一种有专门用途的、享有特权的应用程序,专门用来提供一种特殊的服务
为一个用户服务,用户可以随时开始或停止其运行	同时处理多个远程客户的请求,通常在系统启动时自动调用,并一直保持运行状态
在用户的计算机上本地运行	在一台共享计算机上运行
主动地与服务器程序进行联系	被动地等待各个客户的通信请求
不需要特殊硬件和高级操作系统	需要强大的硬件和高级操作系统支持

12.1.3 实现中需要解决的主要问题

1. 标识一个特定的服务

由于一个主机可以运行多个服务器程序,因此,必须提供一套机制让客户程序无二义性地指明所希望的服务。这种机制要求赋予每个服务一个唯一的标识,同时要求服务器程序和客户程序都使用这个标识。当服务器程序开始执行时,首先在本地主机上注册自己提供服务所使用的标识。在客户需要使用服务器提供的服务时,则利用服务器使用的标识指定所希望的服务。一旦运行服务器程序的主机接收到一个具有特定标识的服务请求,它就将该请求转交给注册该特定标识的服务器程序处理。

在TCP/IP互联网中,服务器程序通常使用TCP协议或UDP协议的端口号作为自己的特定标识。在服务器程序启动时,它首先在本地主机注册自己使用的TCP或UDP端口号。这样,服务程序在声明该端口号已被占用的同时,也通知本地主机如果在该端口上收到信息,则需要将这些信息转交给注册该端口的服务器程序处理。在客户程序需要访问某个服务时,可以通过与服务器程序使用的TCP端口建立连接(或直接向服务器程序使用的UDP端口发送信息)来实现。

2. 响应并发请求

在互联网中,客户发起请求完全是随机的,很有可能出现多个请求同时到达服务器的情况。因此服务器必须具备处理多个并发请求的能力。为此,服务器可以有以下两种实现方案。

(1) 重复服务器(iterative server)方案:该方案实现的服务器程序中包含一个请求队列,客户请求到达后,首先进入队列中等待,服务器按照先进先出(First In,First Out)的原则顺序做出响应,如图12-3所示。

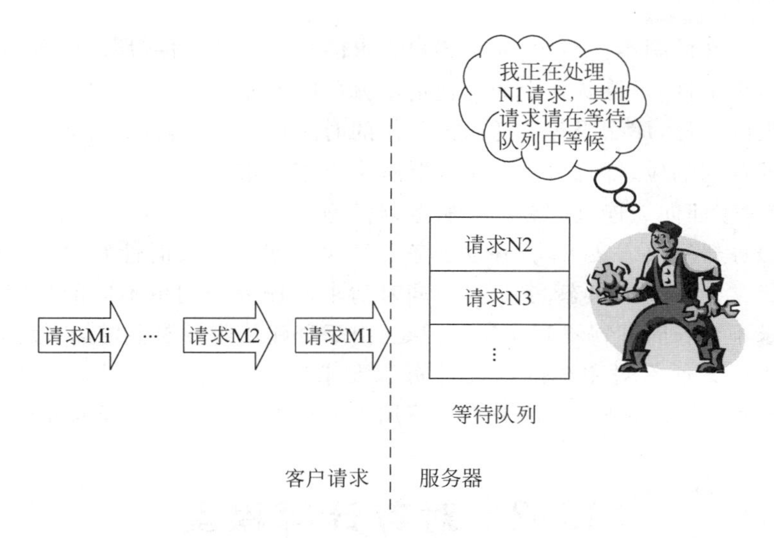

图 12-3　重复服务器解决方案

(2) 并发服务器(concurrent server)方案：并发服务器是一个守护进程(daemon)，在没有请求到达时它处于等待状态。一旦客户请求到达，服务器立即再为之创建一个子进程，然后回到等待状态，由子进程响应请求。当下一个请求到达时，服务器再为之创建一个新的子进程。其中，并发服务器叫做主服务器(master)，子进程叫做从服务器(slave)，如图 12-4 所示。

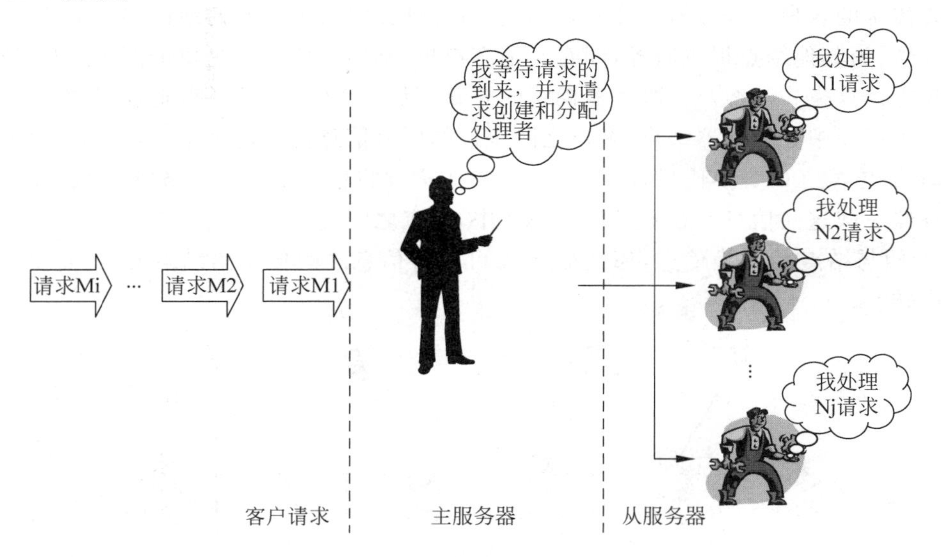

图 12-4　并发服务器解决方案

重复服务器方案和并发服务器方案有各自的特点，应按照特定服务器程序的功能需求选择。重复服务器对系统资源要求不高，但是，如果服务器需要在较长时间内才能完成一个请求任务，那么其他的请求必须等待很长时间才能得到响应。例如，一个文件传输服务允许客户将服务器端的文件复制至客户端，客户在请求中包含文件名，服务器在收到该请求后返回这个文件副本。当然,如果客户请求的是很小的文件,那么服务器能在很短的时间内送出整个文件,等待队列中的其他请求就可以迅速得到响应。但是,如果客户请求的是一个很大的文件,那么服务器送出该文件的时间自然会很长,等待队列中的其他请求也不可能立即得到响应。因此,重复服务器解决方案一般用于处理可在预期时间内处理完的请求,针对于面向无连接的客户—服务器模型。

与重复服务器解决方案不同,并发服务器解决方案具有实时性和灵活性的特点。由于主服务器经常处于守护状态,多个客户同时请求的任务分别由不同的从服务器并发执行,因此,请求不会长时间得不到响应。但是,由于创建从服务器会增加系统开销,因此并发服务器解决方案通常对主机的软硬件资源要求较高。实践中,针对于面向连接的客户—服务器模型,并发服务器解决方案一般用于处理不可在预期时间内处理完的请求。

12.2 对等计算模型

12.2.1 对等计算的概念

对等计算模式通常也称为P2P(peer-to-peer)计算模型。所谓对等计算,就是交互双方为达到一定目的而进行直接的、双向的信息或服务交换,是一种点对点的对等计算模式。与传统的客户—服务器计算模式不同,对等计算中每个结点的地位都是平等的,既充当服务器,为其他结点提供服务,同时又是客户机,享用其他结点提供的服务。图12-5显示了对等计算模式与客户—服务器模式的差异。从图12-5中可以明显看到,客户—服务器模式中存在中心服务器结点,客户之间交换的所有信息需要通过服务器中转。例如,客户A希望与客户C交换信息,那么客户A首先需要将信息上传给服务器,而后客户C再从服务器下载这些信息。在对等计算模式中,结点之间交换信息可以直接进行。例如,结点A希望与结点C交换信息,那么结点A可以将信息之间传送给结点C,不需要中间结点的中转。

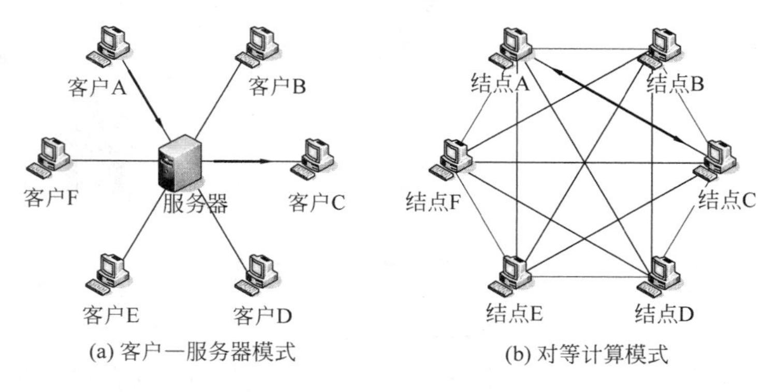

图12-5 对等计算模型与客户—服务器模型的对比

过去，前面介绍的客户—服务器计算模式一直是最主要的计算模式。客户—服务器计算模式对客户机的性能资源要求非常低，比较适应当时客户计算机存储和计算能力弱、带宽低的特点。利用客户—服务器计算模式，用户可以以非常低廉的成本方便地连接Internet，从而进行信息共享和并行计算。可以说，Internet 的高速发展得益于客户—服务器模式的成熟应用。

但随着个人计算机数目的增加，C/S 模式中服务器的负载越来越重，很多时候难以满足客户机的服务请求；同时随着计算机和网络性能的提升，人们已经能够以越来越低廉的价格成本得到性能越来越好的终端机器和网络连接，但在传统的应用模式下个人计算机只能处于客户机地位，这将导致可用资源的闲置。因此，传统的客户—服务器模式会造成这样一种现象：一方面，处在网络中心的服务器不堪重负；而另一方面，网络边缘却存在大量的空闲资源，网络负载极不平衡。在这种背景下，对等计算模式应运而生了。

在短短数年间，对等计算模式已渗入 Internet 的众多应用领域，并在这些领域里迅速展现出挑战传统客户—服务器模式的势头和潜力。对等计算技术的出现将推动 Internet 的计算和存储模式由现在的集中式向分布式转移，网络应用的核心也会从中央服务器向网络边缘的智能终端设备扩散。

12.2.2 对等网络的分类

每种具体的对等计算应用都会在网络的应用层形成一个面向应用的网络，这个网络叫做对等网络(或 P2P 网络)。由于这个面向应用的对等网络建立在具体的互联网络之上，因此又被称为覆盖网络(overlay network)。覆盖网络通常不考虑或很少考虑其下层网络的问题(如网络的互联层问题、网络接口层问题)，结点之间通过虚拟的和逻辑的链路相互连接。图 12-6 显示了一个覆盖网络示意图。图中结点 A、C、D、E 和 F 参与同一个对等计算应用，进而形成了一个对等网络(或覆盖网络)。在该对等网络中，结点 A 与结点 D、E 和 F 相邻(即结点 A 与结点 D、E 和 F 之间拥有直达的逻辑链路)，结点 A 到这些结点的逻辑链路可能跨越了互联网上的多个物理网络。

从采用的拓扑结构看，应用形成的对等网络可以分为 4 种类型：集中式对等网络、分布式非结构化对等网络、混合式对等网络、分布式结构化对等网络。

1. 集中式对等网络

与传统 C/S 网络模式的拓扑结构类似，集中式对等网络结构采用了星型结构，如图 12-7 所示。中心服务器位于星型结构的中心点，负责保存和维护对等网络中所有结点发布的共享资源的描述信息并提供资源搜索功能。结点通过向中心服务器发送请求以搜索资源，服务器将结点请求和已发布的资源信息进行匹配并返回存储匹配资源的结点地址信息，然后资源的访问将在请求的发起结点与资源的存储结点之间直接进行，不需要通过中央服务器的干涉。

假设图 12-7 为一个文件共享系统，结点 A、B、C 和 D 可以将自己共享文件的描述信息(如文件名、文件大小、文件内容说明等)随时发布到中心服务器，中心服务器记录这些描述信息和文件的位置(例如发布结点的IP地址)。如果某一结点(例如结点A)需要下载一个文件,那么它首先通过中心服务器进行查询。当中心服务器返回该文件所在的具体位置(如结点C的IP地址)后,结点A直接与结点C建立连接,从结点C(而不是中心服务器)直接下载所需的文件。

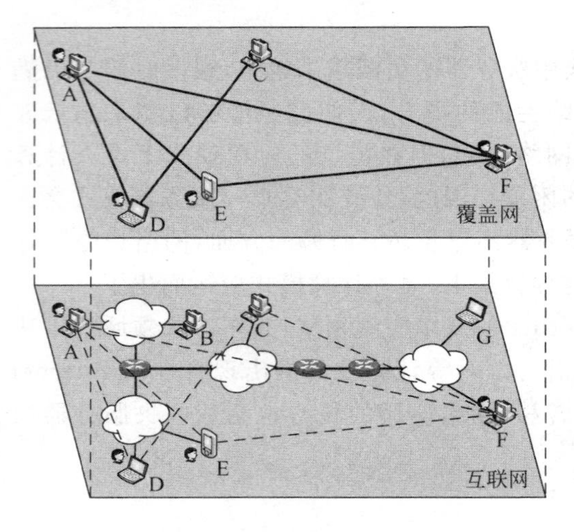

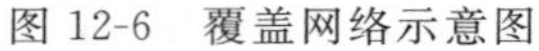

图12-6　覆盖网络示意图

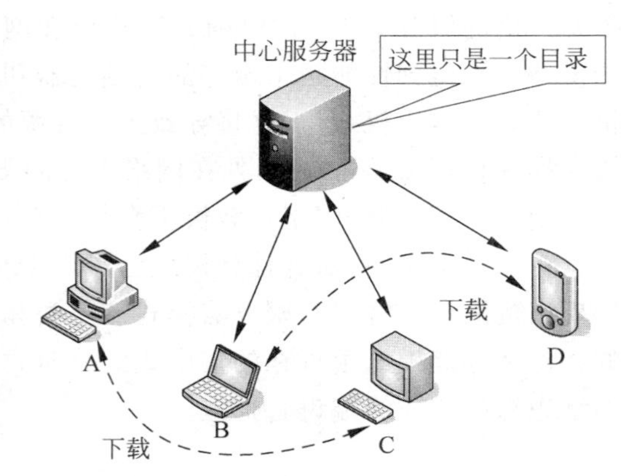

图12-7　集中式对等网络

尽管集中式对等网络中存在中心服务器,但集中式对等网络与传统的客户—服务器网络有根本的区别。对等网络中的中心服务器仅仅提供资源的描述信息(如文件名),各个结点直接连接交换信息的具体内容(如文件本身等)。

集中式对等网络有两个最大的优点:一是维护简单;二是资源的查询和搜索可以借助集中式的目录系统,灵活高效且能实现复杂查询。但是和传统客户—服务器系统类似,集中式对等网络最大的问题是健壮性和可扩展性较差,易受单点失效、服务器过载等问题的影响。第一代对等网络(如Napster、BitTorrent等)多采用这种结构。

2. 分布式非结构化对等网络

分布式非结构化对等网络通常采用随机图的方式组织网络中的结点,结点之间的连接关系随机形成,没有预先定义的拓扑构造要求,如图12-8所示。分布式非结构化对等网络中不存在居中的中心服务器,各个结点自由地与其他结点相连。每个结点存储的资源放置在本地,不需向网络中其他结点发送资源描述信息。当用户提出资源搜索请求时,网络以洪泛(flooding)方式向其他结点发送查询消息。其他结点收到查询消息后检索本地资源,如果找到符合条件的资源时,则将查询结果返回给查询的发起结点。

假设图12-8为文件共享系统,每个结点将需要共享的文件存储在本地硬盘中。如果某一结点(例如结点A)需要下载一个文件,那么它需要形成一个包含文件描述的查询,并将该查询发送给自己的邻居结点(例如结点A可以把查询消息发送给结点B、C和D)。收到查询消息的B、C和D结点搜索本地文件,如果发现与查询请求相关的共享文件,则向查询发起结点A返回查询应答。与此同时,收到查询的结点继续向各自的邻居结点转

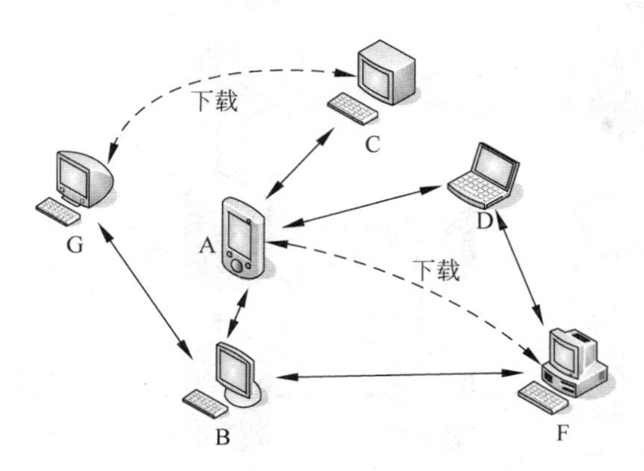

图 12-8　分布式非结构化对等网络

发结点 A 的查询请求(例如结点 B 将向结点 F 和 G 转发 A 的查询请求,结点 D 将向结点 F 转发查询请求),直到查询请求的生命周期完结。这样,一个结点的查询请求将在整个对等网络中传播开来。当发起查询的结点 A 收到其他的结点返回的查询应答后,汇总这些应答。如果发现多个结点都拥有符合自己下载条件的文件,那么选择其中一个,直接从该结点进行下载。

分布式非结构化对等网络的优点是不受单点故障的影响,容错性好,支持复杂查询,受结点频繁进出网络的影响较小,具有较好的可用性。但是,由于没有确定拓扑结构的支持,全分布式非结构化对等网络无法保证资源发现的效率。搜索、查询的结果可能不完全。同时随着结点的不断增加,网络规模不断扩大,通过洪泛方式查找资源的方法会造成网络流量急剧增加,导致网络中部分低带宽结点因网络资源过载而失效,可扩展性较差。Gnutella、Freenet 等系统是分布式非结构化对等网络的典型应用。

3. 混合式对等网络

混合式对等网络如图 12-9 所示,它结合了集中式对等网络和分布式非结构化对等网络的特点,运用了超级结点(Super Node)的概念。在这种对等网络中,一些性能较好的结点被挑选作为超级结点(如图 12-9 中的结点 S1、S2、S3 和 S4)。每个超级结点与对等网络中的一部分普通结点以集中式拓扑的方式建立一个子对等网络,由超级结点保存并维护其子网中普通结点的资源索引信息(例如,超级结点 S1 与普通结点 A1、B1、C1 构成一个子对等网络,超级结点 S2 与普通结点 A2、B2、C2 构成一个子对等网络)。超级结点之间则以分布式非结构化的形式进行连接。普通结点搜索资源时,首先向其连接的超级结点发送查询,然后由该超级结点根据需要将查询在各超级结点之间转发,最后由该超级结点将查询结果返回给查询的发起结点。与集中式对等网络中的中央服务器不同,超级结点的选择是动态的:超级结点像普通结点一样,随时可能离开网络。一旦系统发现某个超级结点不再工作时,将采用某种选举机制通过比较某个区域内结点的 CPU 处理能力、网络带宽等性能信息重新选择一个性能好的结点担任超级结点。

假设图 12-9 给出的对等网络为一文件共享网络,那么普通结点在共享自己的文件时首先需要将该文件的描述信息(例如文件名等)发布到超级结点。当一个结点(例如结点

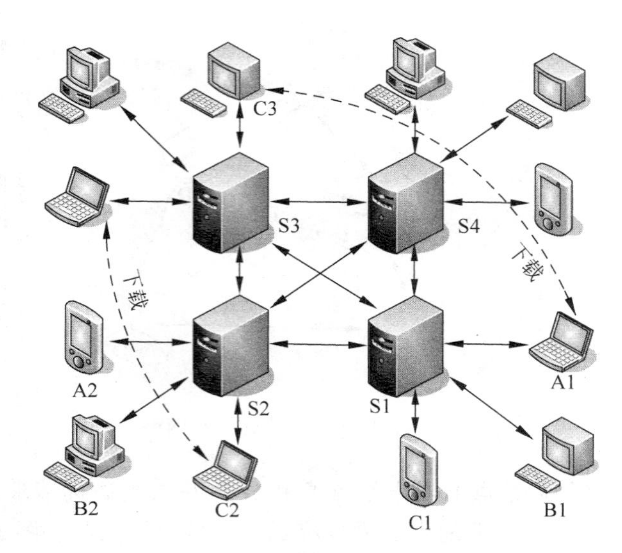

图 12-9　混合式对等网络

A)需要下载一个文件时，它需要向它的超级结点 S1 发送一个包含文件名等描述信息的查询请求。按照无结构对等网络信息查询方法，超级结点 S1 在各超级结点上查询结点 A1所需的文件，然后将查询结构返回给 A1。当 A1 得到查询结果并确定所需文件的具体位置后，直接与该结点(例如结点 C3)建立连接并下载所需文件。

使用混合式对等网络的目的是希望结合集中式和分布式非结构化的优点，提升对等网络的性能和可用性。通过使用多个超级结点，混合式结构的对等网络在一定程度上缓解了单点失效问题。从结构上看，超级结点的全分布式非结构化拓扑结构使系统具有更好的扩展性。同时由于超级结点具备索引功能，使搜索效率大大提高。但由于对超级结点依赖性大，混合式对等网络的可扩展性、健壮性仍然较差。混合式对等网络的典型应用包括 KaZaA、Grokster、iMesh 等系统。

4. 分布式结构化对等网络

每种分布式结构化对等网络都有严格的逻辑拓扑结构和查询路由算法。在这种类型的对等网络中，每一个结点都会被分配一个结点标识符，我们称之为 Nid；每一个资源(如文件)也会被分配一个资源标识符，我们称之为 Rid。为了保证 Nid 在整个对等网络中的唯一性和 Rid 的唯一性，Nid 和 Rid 的生成通常采用哈希算法(例如可以通过哈希结点的 IP 地址生成该结点的 Nid，通过哈希文件的内容生成该文件的 Rid)。由于每种分布式结构化对等网络都需要维护一张庞大的分布式哈希表(distributed Hash table，DHT)，因此它们也被称为 DHT 网络。

在理想情况下，DHT 网络中具有 Rid 的资源标识符应该存放在结点标识符 Nid＝Rid 的结点上(例如 Rid＝2853 的资源标识符应该存放在 Nid＝2853 的结点上)。但是，在实际的 DHT 网络中，由于 Nid＝2853 的结点可能不存在(例如不在线)，因此一个资源的描述信息通常存储在与其 Rid 较近的 Nid 上。

Chord 一个典型的分布式结构化 DHT 网络，它采用环型的逻辑拓扑结构，首尾相接。如果存在 Nid＝Rid 的结点，那么资源 Rid 的描述信息就存储在结点 Nid 上；否则，资源 Rid 的描述信息存储在 Nid 大于 Rid 的第一个结点上。图 12-10(a)显示了一个仅能容纳 8 个结点的小型 Chord 网络(实际的 Chord 网络能容纳成千上万个结点)。在这个 Chord 网络中存在 5 个实际的结点，Nid 分别为 0、1、3、5 和 6。这样 Rid 为 1 的资源描述将存储在结点 1，Rid 为 2 的资源描述将存储在结点 3，Rid 为 6 的资源描述将存储在结点 6。由于采用环状结构，Rid 为 7 的资源描述将存储在结点 0 上。

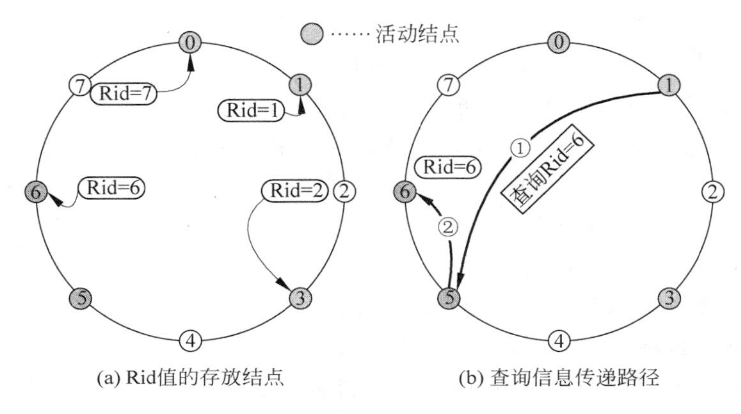

图 12-10　Chord 网络的结构示意图

由于 DHT 网络是有一定结构的，因此一个结点只需要知道一些结点的信息，通过几步路由就可以找到存放 Rid 的结点(一般需要 O(log$N$)步，其中 N 为最大结点数)。Chord 路由的设计采用“距离远，大步跨越；距离近，小步到达”的思想，保证转发的信息能够高效到达目的结点。如果目标结点距离自己很远，那么 Chord 一次投递可能跨越半个 Chord 环；如果目标结点距离自己很近，那么 Chord 一次投递可能仅跨越一个或两个结点。在图 12-10(b)显示的查询信息转发路径示例中，由结点 1 发起键值 Rid＝6 的查询。Chord 第一步将查询信息转发至结点 5(跨越半个 Chord 环)；第二步就可以到达目的结点 6。由于 Chord 的路由算法比较复杂，这里不做详述。

与分布式非结构化对等网络不同，只要给定资源的 Rid，DHT 网络就能准确、高效地在 DHT 哈希表中定位维护该资源的结点。查询请求通常只需要 O(log$N$)步传递就能到达目标结点，因此查询代价相对较低。同时，DHT 网络可以自适应结点的动态进出，均衡结点的负载，具有良好的可扩展性、健壮性和自组织能力。DHT 网络的最大问题是网络的维护与修复算法比较复杂，拓扑结构维护代价较大，对内容、语义等复杂查询的支持困难等。

12.2.3　对等计算模式的特点

对等计算模式的特点体现在以下几个方面。

(1) 资源利用率高：闲散的资源可以得到较好的利用，所有结点的资源综合起来构成整个网络的资源，整个对等网络可以作为提供海量存储以及巨大计算处理能力的网络超级计算机。

(2) 自组织性：结点可以在没有仲裁者的情况下自己维护网络的连接和性能，对等网络拓扑会随着结点的加入和离去而重新组织。对等网络的自组织性使其能够适应动态变化的应用环境。

(3) 结点自治性：结点可以依据自己的意愿选择行为模式，没有外在的强制约束，对等网络对结点的自主行为给予了充分的尊重。

(4) 无中心化结构：网络中的资源和服务分散在所有结点上，信息的传输和服务的实现都直接在结点之间进行，可以无须中间环节和服务器的介入，避免了可能的性能瓶颈。对等网络无中心化的特点，带来了其在可扩展性、健壮性等方面的优势。

(5) 可扩展性：在对等计算中，随着用户的加入，不仅服务的要求随之增加，系统整体的资源和服务能力也在同步地扩充。对等计算的整个体系是全分布式的，不存在瓶颈，理论上其可扩展性几乎是无限的。

(6) 健壮性：对等计算模式天生具有耐攻击、高容错的优点。由于服务分散在各个结点之间，部分结点或网络遭到破坏对其他部分的影响很小。对等网络一般在部分结点失效时能够自动调整整体拓扑，保持其他结点的连通性。

(7) 高性能/价格比：性能优势是对等计算模式被广泛关注的一个重要原因。随着硬件技术的发展，个人计算机的计算能力和存储能力以及网络带宽等性能依照摩尔定理高速增长。采用对等计算模式可以有效地利用 Internet 中散布的大量普通结点，将计算任务或数据存储分布到所有结点上，以利用其中闲置的计算能力或存储空间，达到高性能计算和海量存储的目的。通过利用网络中的大量空闲资源，可以用更低的成本提供更高的计算和存储能力。

(8) 隐私保护：在对等计算中，由于信息的传输分散在各结点之间进行而无须经过某个集中环节，用户的隐私信息被窃听和泄露的可能性大大缩小。此外，目前解决 Internet 隐私问题主要采用中继转发的技术方法，从而将通信的参与者隐藏在众多的网络实体之中。在传统的一些匿名通信系统中，实现这一机制依赖于某些中继服务器结点。而在对等网络中，所有参与者都可以提供中继转发的功能，因而大大提高了匿名通信的灵活性和可靠性，能够为用户提供更好的隐私保护。

(9) 负载均衡：在对等计算环境下，由于每个结点既是服务器又是客户机，减少了对传统客户—服务器模式的服务器计算能力、存储能力的要求，同时因为资源分布在多个结点之上，更好地实现了整个网络的负载均衡。

12.3 实训：动手编写简单的客户—服务器程序

TCP/IP 技术的核心部分是传输层(TCP 和 UDP 协议)、互联层(IP 协议)和主机—网络层，这三层通常在操作系统的内核中实现。那么，应用程序怎样与操作系统的内核打交道呢？答案是编程界面(有时也叫程序员界面或应用编程界面)。各种应用程序都是程序员在此界面上开发的。

与单机操作系统的情形完全相同，网络操作系统也向外提供编程界面。Socket 调用就是 TCP/IP 网络操作系统提供的典型编程界面。常用的 Windows 操作系统、UNIX 操作系统、Linux 操作系统等都支持 socket 编程接口。程序员可以利用 socket 界面使用 TCP/IP 互联网功能，完成主机之间的通信。

在经常使用的开发工具 Microsoft Visual C++ 中，socket 被封装成类，以便于程序员使用。而在 Microsoft Visual Basic 中，socket 常常以 Winsock 控件的方式出现，简化了基于网络的应用程序编写。

下面，我们利用 Microsoft Visual Basic 6.0 中提供的 Winsock 控件，编写一个简单的客户—服务器程序。其中，服务器程序在 UDP 的 2000 端口守候客户的请求信息。服务器在收到客户发来的"Date"请求后，将自己所在主机的日期发给客户；在收到客户发来的"Time"请求后，就将自己所在主机的时间发给客户。

12.3.1　Winsock 控件简介

Winsock 控件可以使编程人员很容易地访问 TCP 和 UDP 网络服务。在编写客户和服务器应用程序时，编程人员不需要了解 TCP/IP 网络的技术细节，也不需要了解调用底层 socket API 函数的具体细节。通过设置 Winsock 控件的属性和调用该控件的方法，可以很容易地连接到远程计算机并进行双向的数据交换。

1. 主机之间利用 TCP 通信

TCP 是一个面向连接的传输协议。利用 Winsock 控件，可以创建并维护一个与远程主机的 TCP 连接。通过该连接，两台主机可以顺利地交换数据。

如果在客户应用程序中使用 Winsock 控件，客户程序必须知道服务器所在的主机名或 IP 地址（RemoteHost 属性）和服务守候的端口号（RemotePort 属性）。然后调用 Connect 方法。

如果在服务器应用程序中使用 Winsock 控件，服务器需要设置自己守候的端口号（LocalPort 属性），然后调用 Listen 方法。当客户请求建立连接时，服务器程序产生 ConnectionRequest 事件。为了完成连接的建立，服务器需要在 ConnectionRequest 事件中调用 Accept 方法。

一旦建立了连接，客户和服务器之间就可以发送和接收数据了。要发送数据，可以调用 SendData 方法。当接收到对方的数据时，程序会产生 DataArrival 事件。利用 GetData 方法可以检取收到的数据。

2. 主机之间利用 UDP 通信

UDP 是面向非连接的协议，因此利用 Winsock 控件，主机之间不需要建立连接就可以进行 UDP 通信。

在服务器开始运行时，首先需要设置 Winsock 的 LocalPort 属性，用以通知操作系统自己守候的端口号。如果需要向客户发送信息，服务器需要将 RemoteHost 属性设置为客户计算机的IP地址,将RemotePort属性设置成与客户计算机的LocalPort相同的值,然后调用SendData方法开始发送数据。在客户发送的数据到达服务器时,服务器程序会产生DataArrival事件。在该事件中调用GetData方法就可以检取接收的数据。

与服务器基本相同,如果客户需要向服务器发送信息,客户程序需要将RemoteHost属性设置为服务器计算机的IP地址,将RemotePort属性设置成与服务器计算机的LocalPort相同的值,然后调用SendData方法开始发送数据。同样,在服务器发送的数据到达客户时,客户程序也会产生DataArrival事件。在该事件中调用GetData方法就可以检取接收的数据。

12.3.2 服务器程序的编写

Microsoft Visual Basic是一种功能强大、易学易用的编程工具,版本6.0是目前最常用的版本(即Microsoft Visual Basic 6.0)。它采用集成化的开发环境,非常有利于程序员编制和调试程序。

在完成VB 6.0的安装后,开发能够响应客户的"日期和时间响应服务器"大致需要经过以下步骤:

(1) 通过计算机桌面上的"开始→程序→Microsoft Visual Studio 6.0→Microsoft Visual Basic 6.0"启动Visual Basic集成开发环境IDE。在系统要求输入编制程序的类型时,请双击标准EXE(Standard EXE)图标,如图12-11所示,开始一个新的编程工程。初始的Visual Basic集成开发环境界面如图12-12所示。

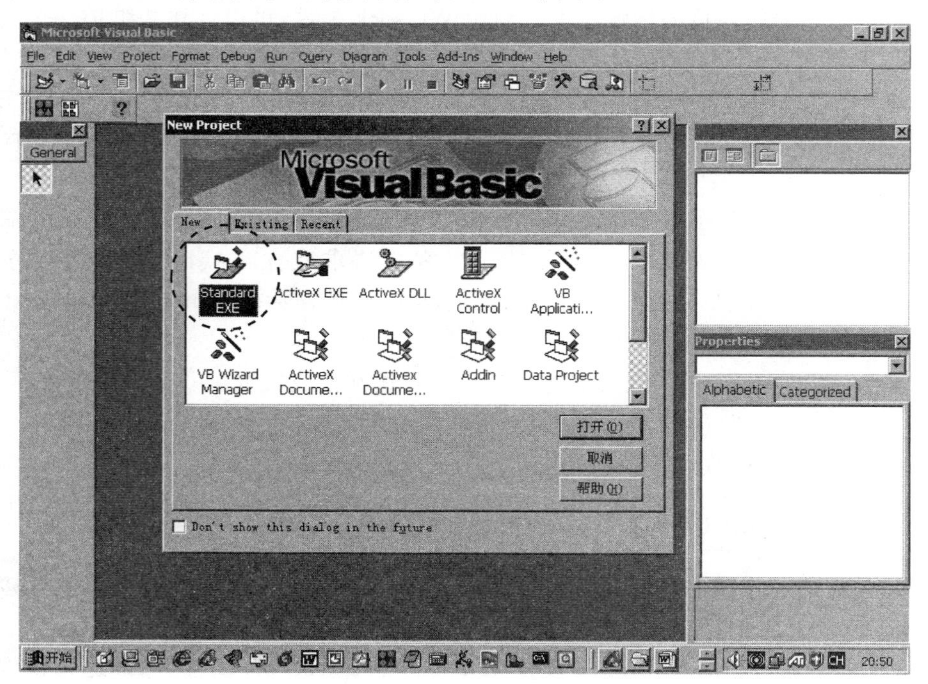

图12-11 选择编制程序的类型

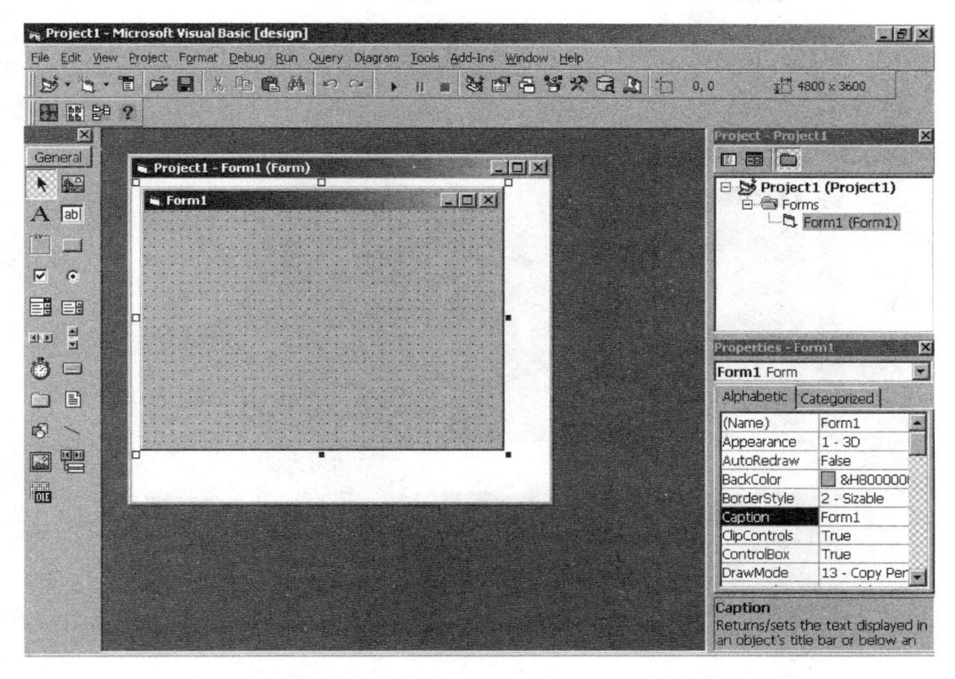

图 12-12　初始的 Visual Basic 集成开发环境界面

(2) 从图 12-12 可以看到,初始"工具箱(ToolBox)"中并没有包含 Winsock 控件。为了将 Winsock 控件加入工具箱,可以右击工具箱窗口,在弹出的菜单中执行"Components"命令,系统将进入控件选择对话框,如图 12-13 所示。在控件选择对话框中选中"Microsoft Winsock Control 6.0",单击"确定"按钮,Winsock 控件将出现在集成开发环境的工具箱窗口中,如图 12-14 所示。

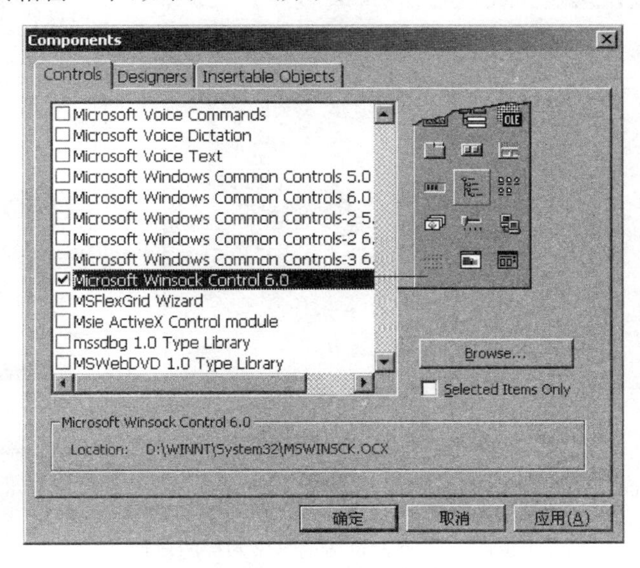

图 12-13　控件选择对话框

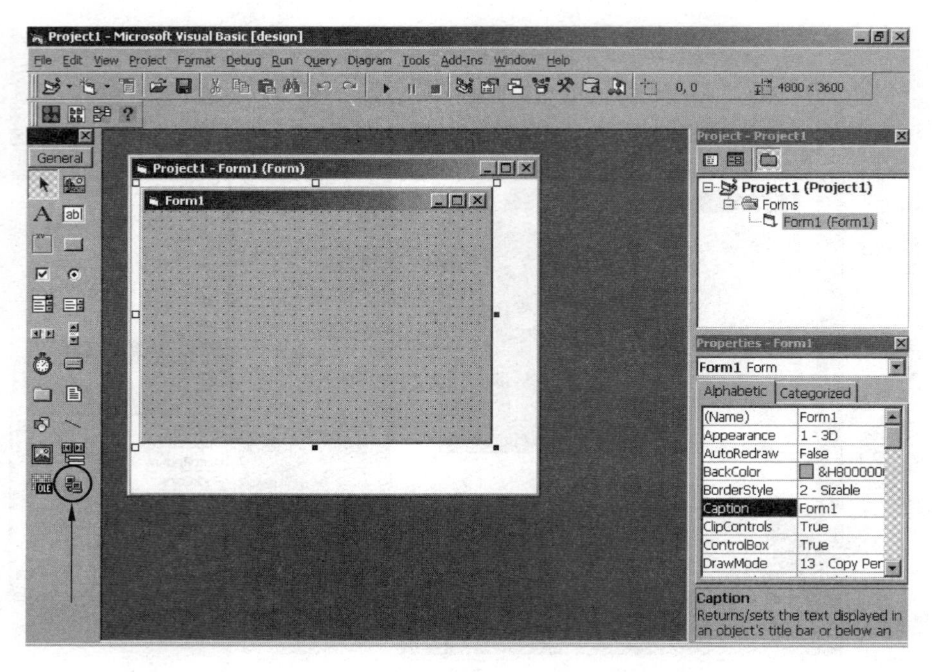

图 12-14 添加 Winsock 控件后的工具箱窗口

(3) 为了使编制的服务器程序更加清晰和容易理解,首先将窗体(Form)的名字(Name)改为"Server",将窗体的标题(Caption)改为"UDP 服务器",如图 12-15 所示。

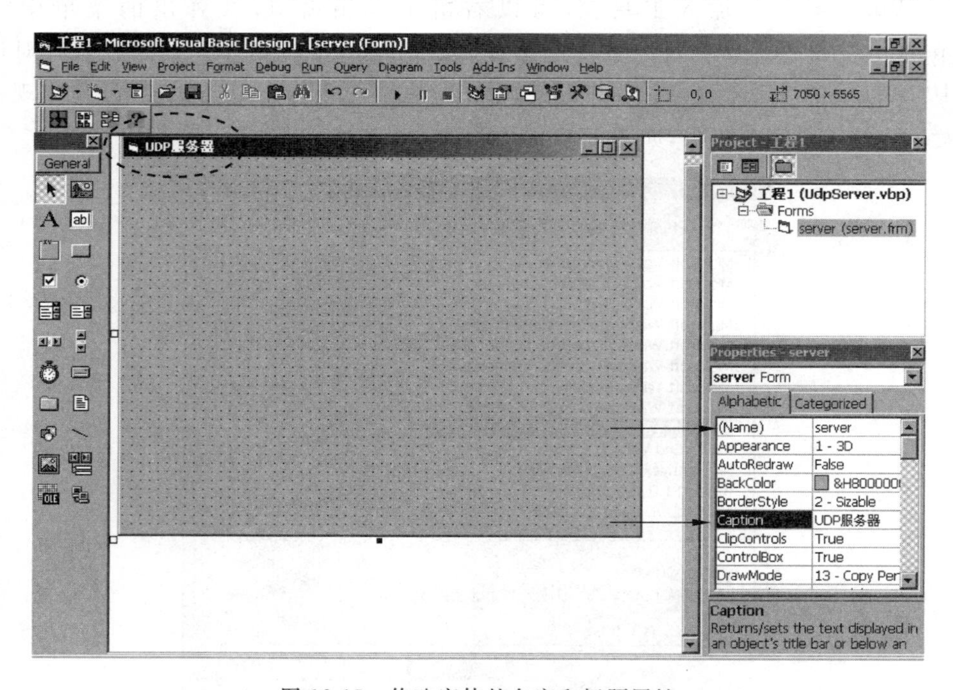

图 12-15 修改窗体的名字和标题属性

(4) 为了显示和记录服务器的运行状态，在窗体上加入一个标签(Lable)和一个列表框(ListBox)，并修改标签的标题(Caption)为"UDP 服务器日志"，同时，将列表框的名字(Name)改为"lstLog"，如图 12-16 所示。

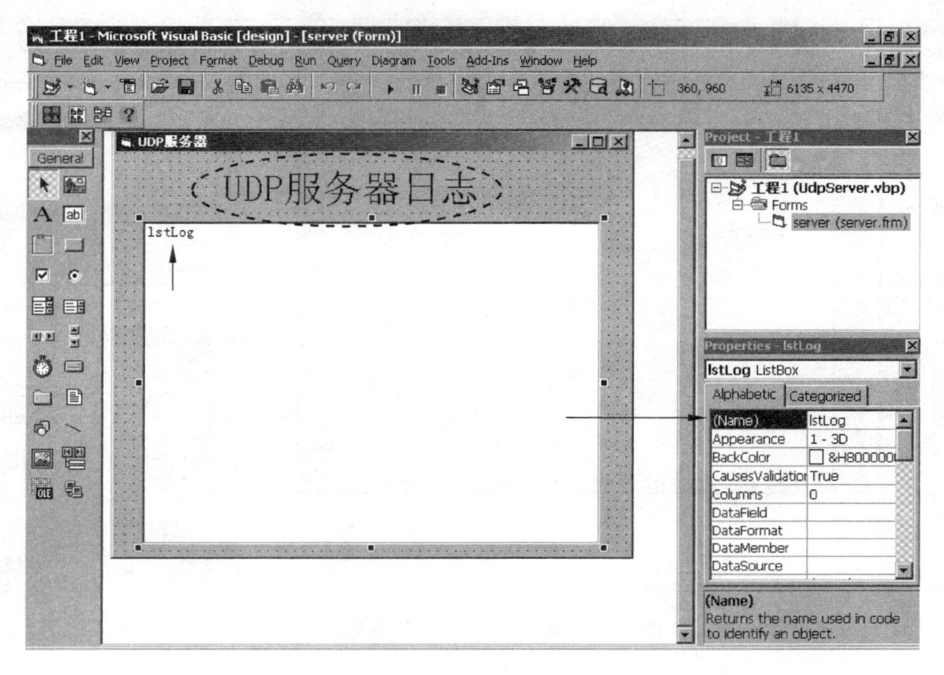

图 12-16　添加标签和列表框

(5) 将 Winsock 控件加入到窗体，并将其名字(Name)修改为"WinsockServer"。由于需要编制的日期和时间响应服务器使用 UDP 协议，并且在端口 2000 等待客户程序的请求信息，因此需要将 Winsock 控件的协议(Protocol)属性改为"1-sckUDPProtocol"，本地端口(LocalPort)属性改为"2000"，如图 12-17 所示。

(6) 由于应用程序在加载窗体时会产生 Load 事件，因此，服务器可以在 Form_Load 过程中通知操作系统自己所守候的端口号。双击窗体，代码编辑器将出现在屏幕上，如图 12-18 所示。在 Form_Load 中使用 Winsock 控件的 Bind 方法，服务器就可以告诉操作系统自己所守候的端口。

(7) 当 Winsock 控件收到其守候端口传来的信息后，会产生 DataArrival 事件。在该事件的处理过程中，首先可以将收到的信息通过 Winsock 控件的 GetData 方法读取到一个字符串变量(strRec)，然后根据收到信息的内容决定将什么样的信息返回给客户，同时将服务器的响应信息保存在字符串变量 strSend 中。最后，服务器程序使用 Winsock 控件的 SendData 方法将 strSend 中保存的信息发送给客户，并将自己处理该客户请求的日期、时间、客户请求使用的 IP 地址和端口号、请求内容以及服务器的响应信息等添加到服务器的日志列表框中。为了完成这些工作，可以双击窗体上的 Winsock 图标。在出现的代码编辑器窗口中，选择 DataArrival 事件。然后，在 WinsockServer_DataArrival 过程中输入程序代码即可。图 12-19 给出了该过程需要输入的具体代码。

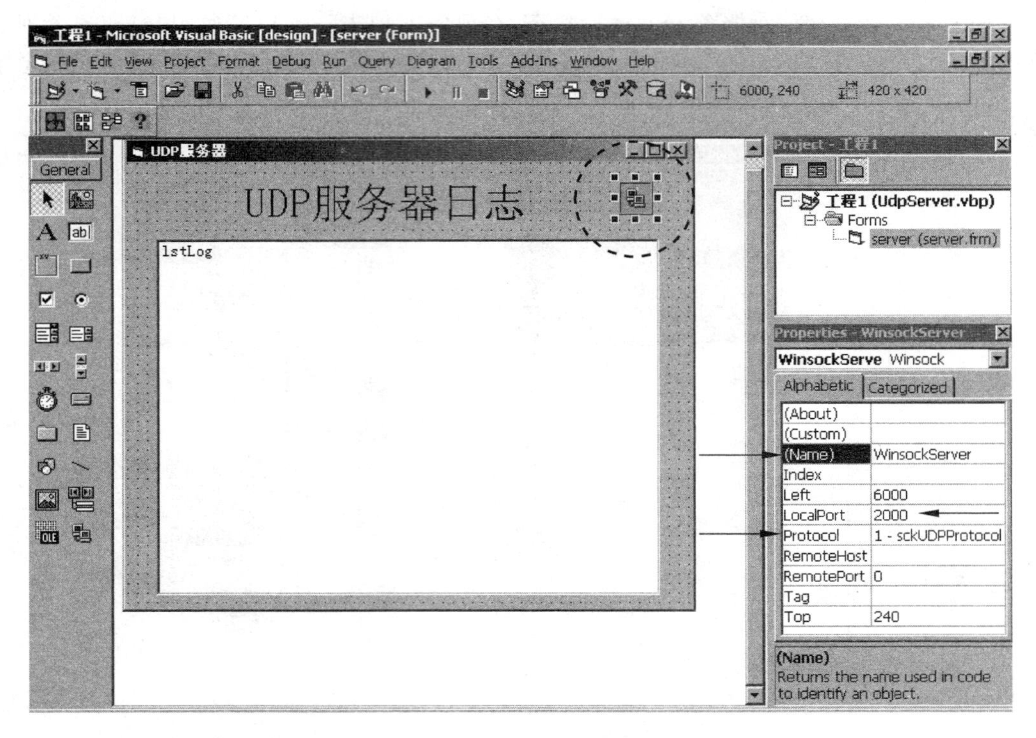

图 12-17　添加 Winsock 控件并修改其属性

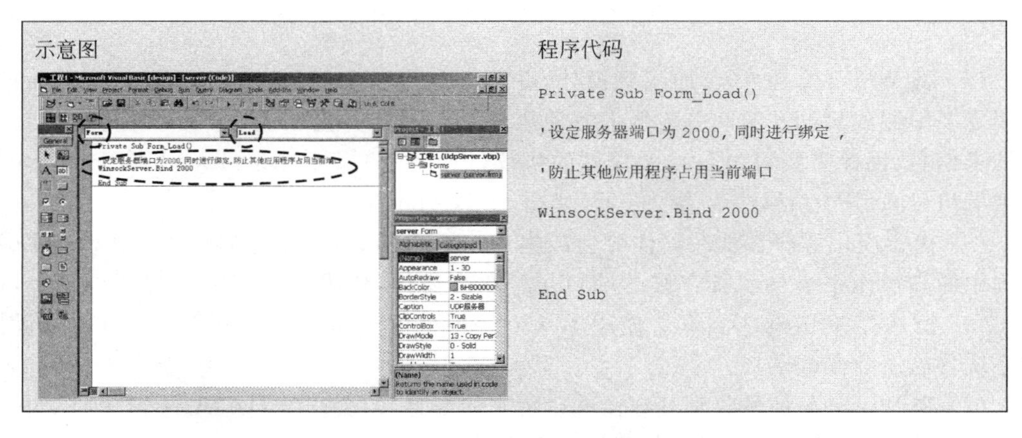

图 12-18　在 Form_Load 中使用 Winsock 控件的 Bind 方法绑定守候端口

(8) 在完成以上步骤之后,就可以调试和运行这个“日期和时间回应服务器”了。程序的运行可以有两种方式,一种是在 Visual Basic 的集成开发环境中通过“Run”菜单的“Start”命令进行,如图 12-20(a)所示;另一种是通过“File”菜单中的“Make udpserver.exe...”将该程序编译成可执行文件,退出集成开发环境后运行,如图 12-1(b)所示。无论采取哪种运行方式,其运行结果将如图 12-21 所示。

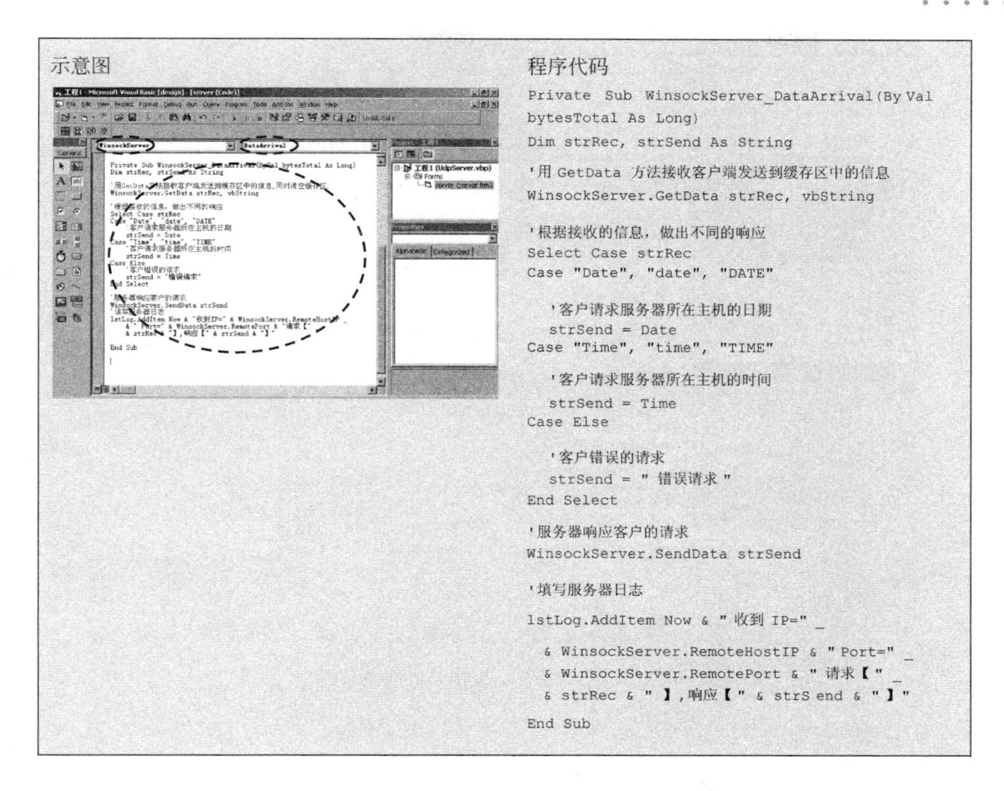

示意图
程序代码
Private Sub WinsockServer_DataArrival(ByVal bytesTotal As Long)
Dim strRec, strSend As String
'用 GetData 方法接收客户端发送到缓存区中的信息
WinsockServer.GetData strRec, vbString
'根据接收的信息，做出不同的响应
Select Case strRec
Case "Date", "date", "DATE"
'客户请求服务器所在主机的日期
strSend = Date
Case "Time", "time", "TIME"
'客户请求服务器所在主机的时间
strSend = Time
Case Else
'客户错误的请求
strSend = " 错误请求 "
End Select
'服务器响应客户的请求
WinsockServer.SendData strSend
'填写服务器日志
lstLog.AddItem Now & " 收到 IP=" _
& WinsockServer.RemoteHostIP & " Port=" _
& WinsockServer.RemotePort & " 请求【" _
& strRec & " 】,响应【" & strS end & " 】"
End Sub

图 12-19　Winsock 控件的 DataArrival 处理代码

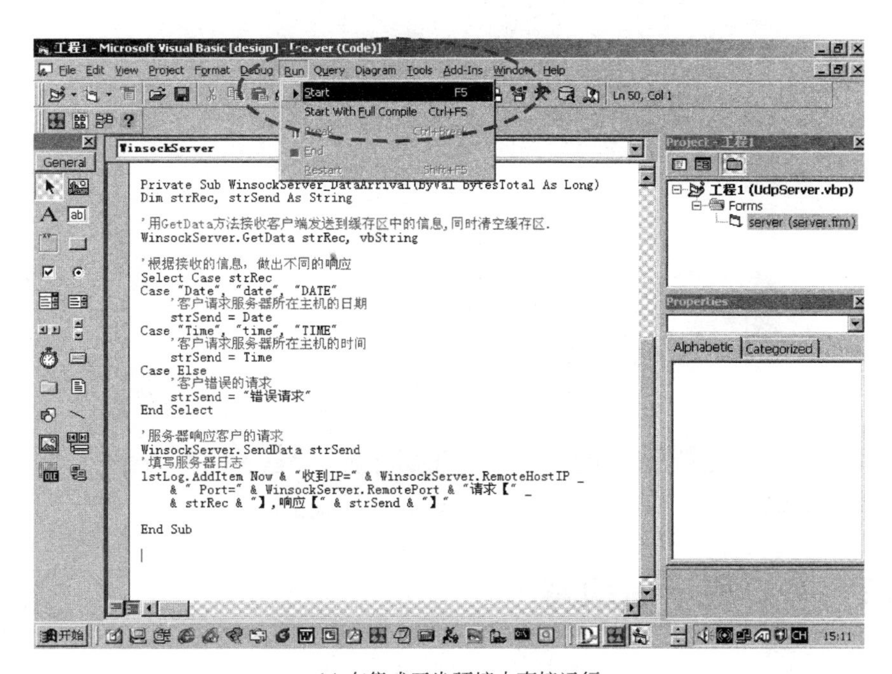

(a) 在集成开发环境中直接运行

图 12-20　运行开发程序的两种方法

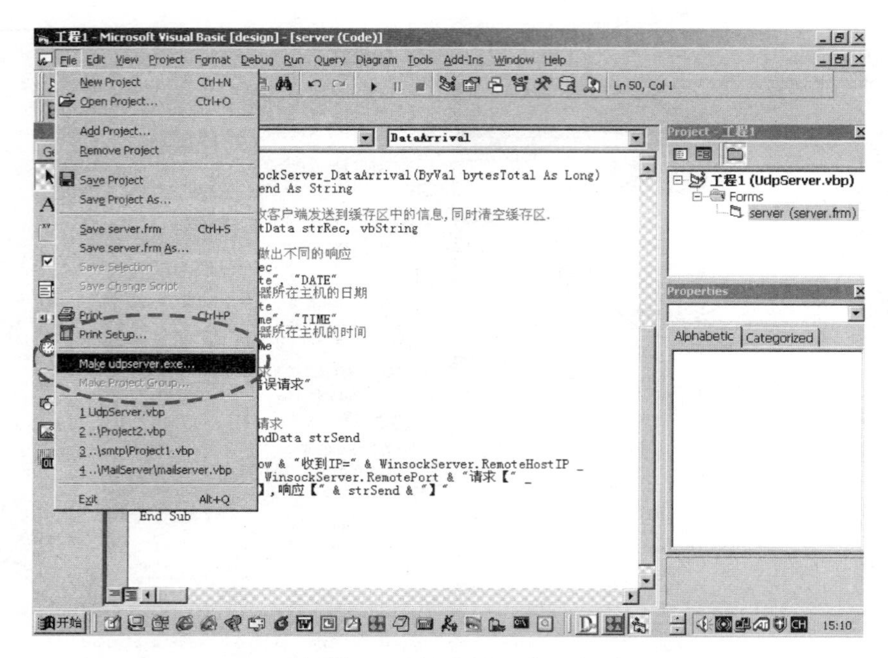

(b) 编译为EXE文件后退出开发环境运行

图 12-20(续)

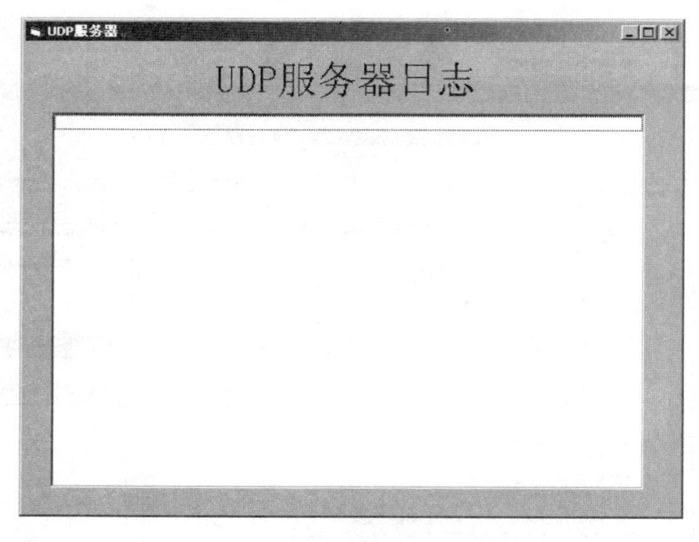

图 12-21 日期和时间响应服务器的运行界面

12.3.3 客户程序的编写

客户程序可以向一个特定的服务器请求服务。因此,客户程序通常需要知道这个服务器所在主机的 IP 地址和守候端口。同时,客户程序需要发送请求命令并接收服务器的响应。

编写一个可以请求服务器日期和时间的客户程序大致需要经过以下步骤。

(1) 与编写日期和时间响应服务器程序相同,使用 Microsoft Visual Basic 6.0 编写一个客户程序同样需要进入 Visual Basic 集成开发环境,并开始一个标准 EXE 编制工程,如图 12-11 和图 12-12 所示。由于客户程序也需要使用 Winsock 控件,因此,在客户软件的编写过程中,同样需要将 Winsock 控件加入到工具箱窗口中,如图 12-13 和图 12-14 所示。

(2) 为了使编写的客户程序更加清晰和容易理解,可以将窗体(Form)的名字(Name)改为"Client",将窗体的标题(Caption)改为"UDP 客户",如图 12-22 所示。

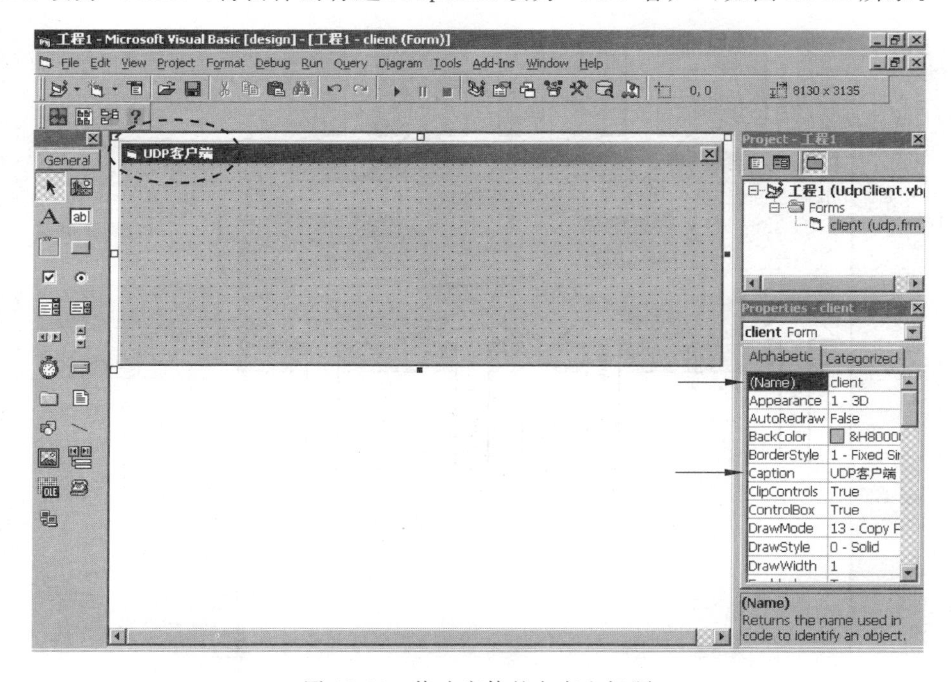

图 12-22 修改窗体的名字和标题

为了使客户灵活地选择服务器所在的主机和端口,方便地键入和发送请求命令,直观地显示服务器的响应,需要在窗体上加入 4 个标签(Label)、4 个文本框(TextBox)和 1 个命令按钮(CommandButton),如图 12-23 所示。

(3) 表 12-2 给出了这些控件的名字和开发中需要修改的属性。

表 12-2 需要加入的标签、文本框和命令按钮

控 件	名 称	需要修改的属性
标签	LblHost	Caption=服务器 IP 地址
标签	LblPort	Caption=服务器端口
标签	LblCommand	Caption=请求命令
标签	LblResponse	Caption=服务器响应

续表

控　件	名　称	需要修改的属性
文本框	TxtHost	Text=192.168.0.88(假设服务器程序在具有该IP地址的主机上运行
文本框	TxtPort	Text=2000
文本框	TxtCommand	Text=Date
文本框	TxtResponse	
命令按钮	BtnSend	Caption=发送

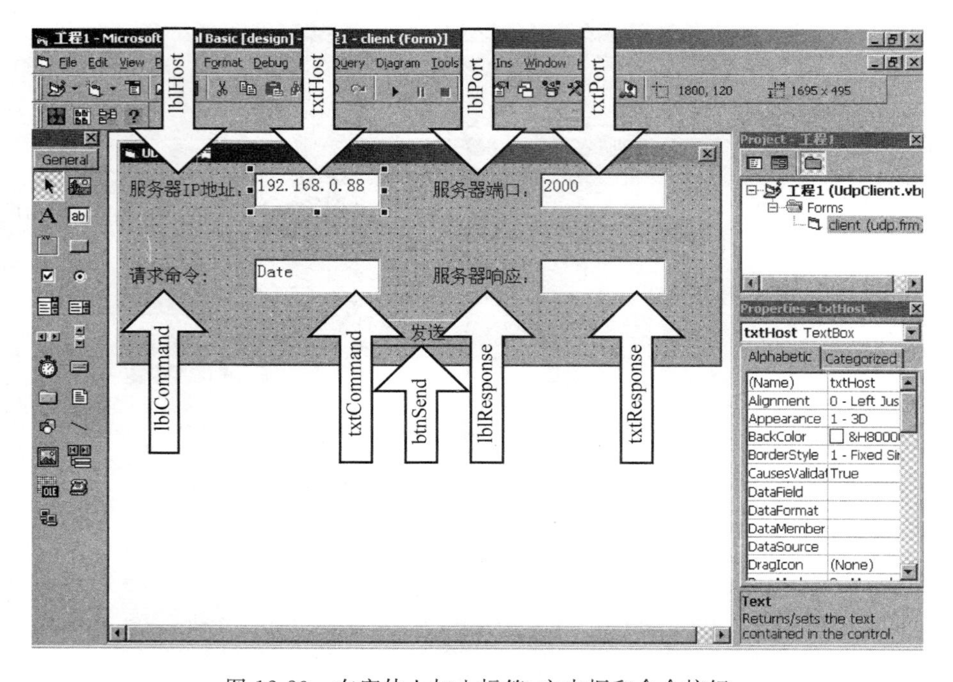

图 12-23　在窗体上加入标签、文本框和命令按钮

(4) 将 Winsock 控件加入到窗体,并将其名字(Name)修改为"WinsockClient"。由于使用 UDP 协议,因此需要将 Winsock 控件的协议(Protocol)属性改为"1-sckUDPProtocol"。在本客户程序中,Winsock 控件使用端口 2002 发送和接收信息,如图 12-24 所示。

(5) 与服务器程序相似,客户程序在启动时需要通知操作系统自己占用哪个端口接收信息。因此在窗体的 Load 事件发生时,可以通过 Winsock 控件的 Bind 方法将客户使用的端口 2002 进行绑定,如图 12-25 所示。

(6) 单击"发送"按钮,Click 事件将立即产生。在 Click 事件处理过程中,可以调用 Winsock 控件的 SendData 方法将用户的请求命令顺利地发送至服务器。不过在使用 SendData 方法之前,应首先将 Winsock 控件的 RemoteHost 属性和 RemotePort 属性设置为远程服务器的 IP 地址和守候端口。图 12-26 中给出了单击"发送"按钮后应执行的

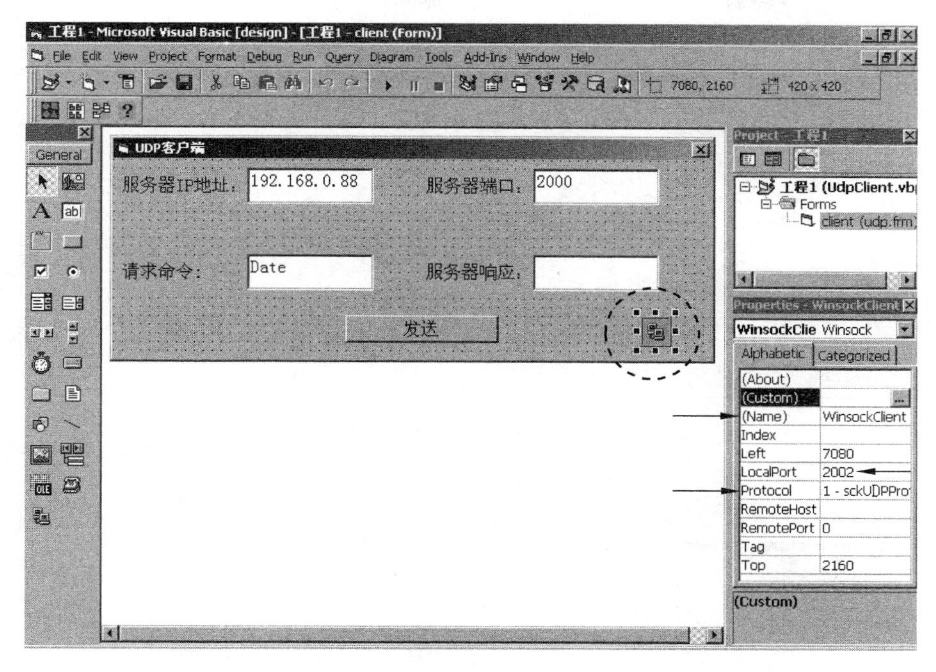

图 12-24　添加 Winsock 控件并修改其属性

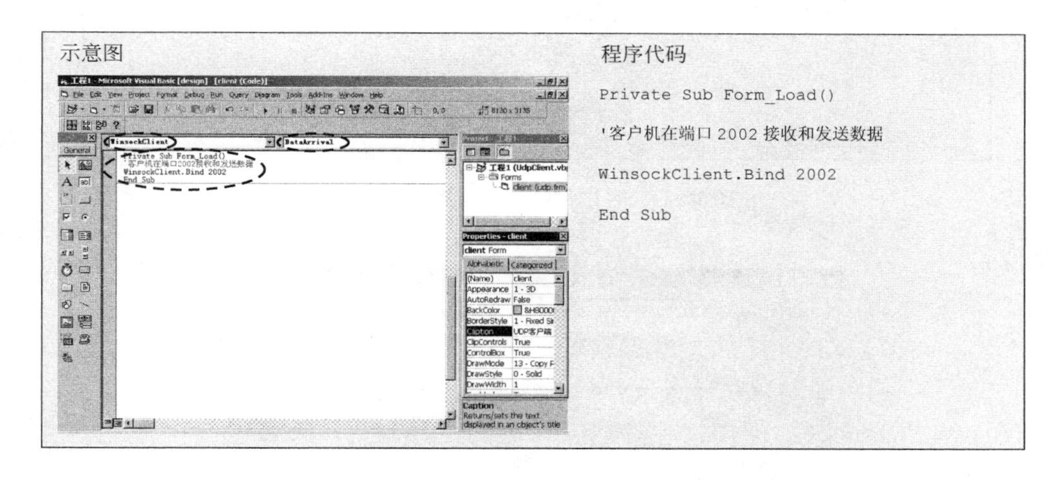

图 12-25　客户程序的 Form_Load 程序代码

程序代码。在 Visual Basic 集成开发环境中，可以通过双击命令按钮控件，在代码编辑器窗口出现后输入代码。

(7) 当客户程序中的 Winsock 控件收到信息后，会产生 DataArrival 事件。在该事件的处理过程中，首先可以将收到的信息通过 Winsock 控件的 GetData 方法读取到一个字符串变量(strRec)，然后将该信息显示到服务器响应文本框(txtResponse)，如图 12-27 所示。

(8) 在完成以上步骤之后，就可以调试和运行这个客户程序了。与服务器程序相同，客户程序的运行也可以有两种方式。无论采取哪种运行方式，其运行结果将如图 12-28 所示。

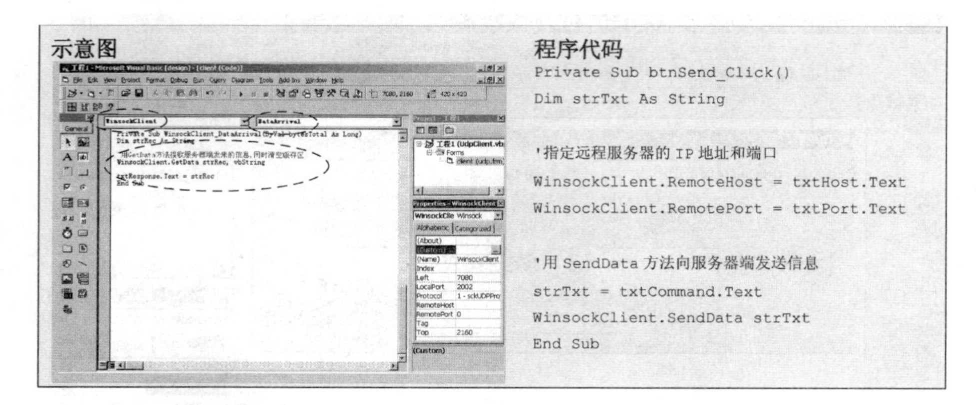

图 12-26 在“发送”按钮 Click 事件发生时客户程序执行的代码

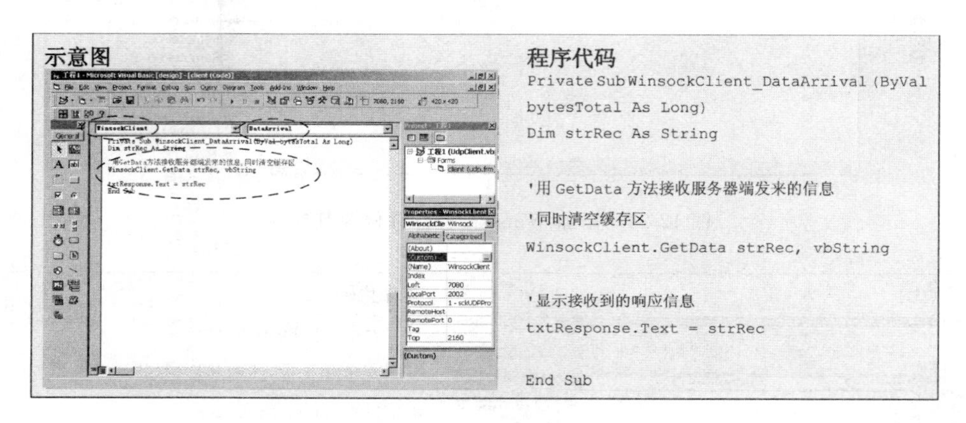

图 12-27 客户程序对接收信息的处理

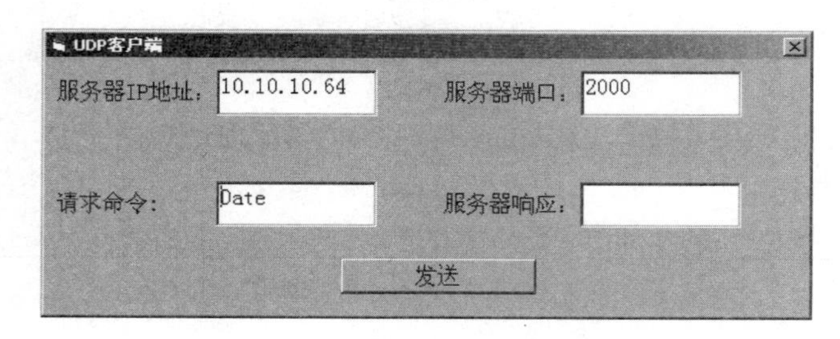

图 12-28 客户程序的运行界面

12.3.4 测试编写的客户—服务器程序

在完成客户程序和服务器程序的编写之后，就可以在网络环境中进行测试了。在一台主机(如IP地址为192.168.0.88的主机)上运行服务器程序，在另一台或多台主机上运行客户程序，改变请求命令并单击“发送”按钮，观察客户程序和服务器程序的变化。你能看到与图12-29和图12-30相似的程序界面吗?

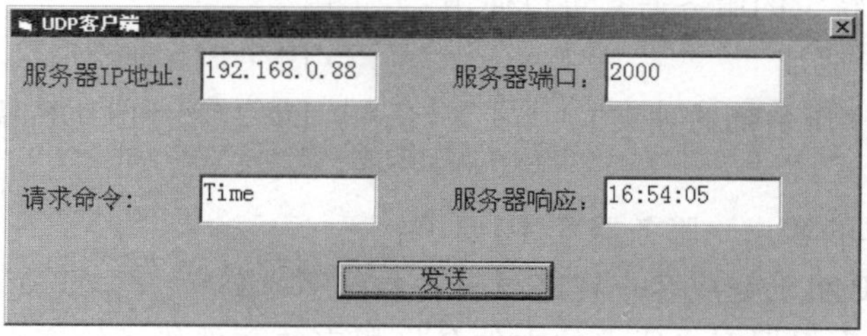

UDP客户端
服务器IP地址：
192.168.0.88
服务器端口：
2000
请求命令：
Time
服务器响应：
16:54:05
发送

图 12-29 客户发送“Time”字符串请求服务器的时间

UDP服务器
UDP服务器日志
2002-3-17 16:52:39收到IP=192.168.0.88 Port=2002请求【Date】,响应【2002-3-17】
2002-3-17 16:52:52收到IP=192.168.0.88 Port=2002请求【Time】,响应【16:52:52】
2002-3-17 16:53:00收到IP=192.168.0.88 Port=2002请求【Time】,响应【16:53:00】
2002-3-17 16:53:00收到IP=192.168.0.88 Port=2002请求【Time】,响应【16:53:00】
2002-3-17 16:53:01收到IP=192.168.0.88 Port=2002请求【Time】,响应【16:53:01】
2002-3-17 16:53:06收到IP=192.168.0.88 Port=2002请求【Time】,响应【16:53:06】
2002-3-17 16:53:14收到IP=192.168.0.88 Port=2002请求【date】,响应【2002-3-17】
2002-3-17 16:53:21收到IP=192.168.0.88 Port=2002请求【DATE】,响应【2002-3-17】
2002-3-17 16:53:28收到IP=192.168.0.88 Port=2002请求【time】,响应【16:53:28】
2002-3-17 16:53:36收到IP=192.168.0.88 Port=2002请求【TIME】,响应【16:53:36】
2002-3-17 16:53:49收到IP=192.168.0.88 Port=2002请求【DATA】,响应【错误请求】
2002-3-17 16:53:57收到IP=192.168.0.88 Port=2002请求【TINE】,响应【错误请求】
2002-3-17 16:54:05收到IP=192.168.0.88 Port=2002请求【Time】,响应【16:54:05】

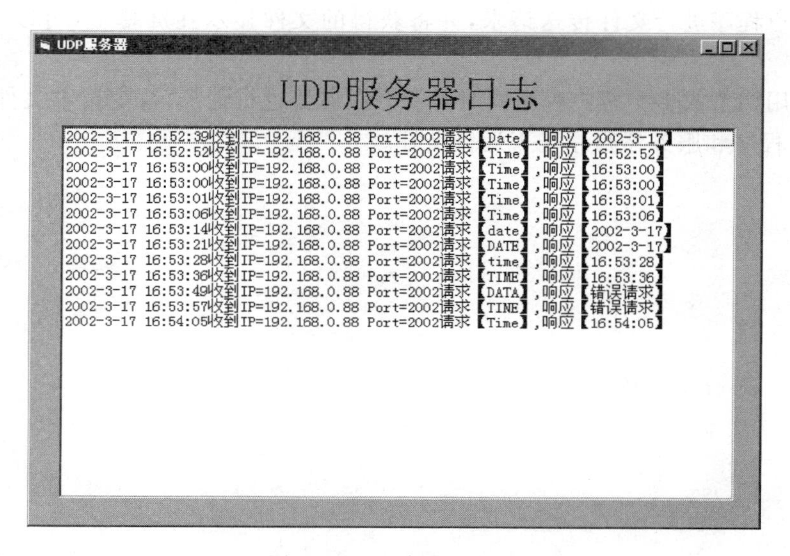

图 12-30 服务器的日志

练 习 题

一、填空题

(1) 在客户—服务器交互模型中，客户和服务器是指________，其中，________经常处于守候状态。

(2) 为了使服务器能够响应并发请求，在服务器实现中通常可以采取两种解决方案，一种是________；另一种是________。

二、单项选择题

(1) 关于客户—服务器应用程序进程交互模型的描述中，错误的是(　　)。

A. 服务器通常需要强大的硬件资源和高级网络操作系统的支持

B. 客户通常需要强大的硬件资源和高级网络操作系统的支持

C. 客户需要主动地与服务器联系才能使用服务器提供的服务

D. 服务器需要经常地保持在运行状态

(2) 标识一个特定的服务通常可以使用(　　)。

A. MAC 地址　　B. CPU 型号

C. 网络操作系统的种类　　D. TCP 和 UDP 端口号

三、实训题

编写一个简单的客户—服务器程序,要求:

(1) 使用 UDP 协已完成客户程序与服务器程序的交互。

(2) 服务器程序根据客户请求的文件名将相应的文件传送给客户(可以只处理文本文件)。

(3) 客户程序进行文件传送请求,并将获得的文件显示在屏幕上(可以只处理文本文件)。

(4) 利用两个或多个客户程序同时对一个服务器进行请求,改变请求文件的大小,观察你的客户程序和服务器程序是否运行良好。

第 13 章　域 名 系 统

学习本章后需要掌握：

- 互联网的命名机制
- 域名服务器、域名解析器与域名解析算法
- 提高域名解析效率的基本方法
- 资源记录

学习本章后需要动手：

- 配置 DNS 服务器

在 TCP/IP 互联网中，可以使用 IP 地址的 32 位二进制数来识别主机。虽然这种地址能方便、紧凑地表示互联网中传递分组的源地址和目的地址。但是对一般用户而言，IP 地址还是太抽象了，最直观的表达方式也不外乎将它分为 4 个十进制整数。用户更愿意利用好读、易记的字符串为主机指派名字。于是，域名系统（domain name system，DNS）诞生了。

实质上，主机名是一种比 IP 更高级的地址形式，主机名的管理、主机名—IP 地址映射等是域名系统要解决的重要问题。

13.1　互联网的命名机制

互联网提供主机名的主要目的是为了让用户更方便地使用互联网。一种优秀的命名机制，应能很好地解决以下三个问题。

(1) 全局唯一性：一个特定的主机名在整个互联网上是唯一的，它能在整个互联网中通用。不管用户在哪里，只要指定这个名字就可以唯一地找到这台主机。

(2) 名字便于管理：优秀的命名机制应能方便地分配名字、确认名字以及回收名字。

(3) 高效地进行映射：用户级的名字不能为使用 IP 地址的协议软件所接受，而 IP 地址也不能为一般用户所理解，因此二者之间存在映射需求。优秀的命名机制可以使域名系统高效地进行映射。

13.1.1　无层次命名机制

在无层次命名机制（flat naming）中，主机的名字简单地由一个字符串组成，该字符串

没有进一步的结构。

从理论上说,无层次名字的管理与映射很简单。其名字的分配、确认以及回收等工作可以由一个部门集中管理。而名字—地址之间的映射也可以通过一个一对一的表格来实现。

但是,无层次的命名机制具有以下缺点:

- 随着互联网中主机的大量增加,名字冲突的可能性越来越大。
- 随着互联网中主机的大量增加,单一管理机构的工作负担越来越大。
- 随着互联网中主机的大量增加,无论是在每一网点维护一个名字—地址映射表拷贝,还是采用集中式单一映射表都是低效率的。

因此,无层次命名机制只能适用于主机不经常变化的小型互联网。而对于主机经常变化、数量不断增加的大型互联网,无层次命名机制则无能为力。事实上,无层次命名机制已被 TCP/IP 互联网淘汰,取而代之的是一种层次型命名机制。

13.1.2 层次型命名机制

所谓的层次型命名机制(hierarchy naming)就是在名字中加入结构,而这种结构是层次型的。具体地说,在层次型命名机制中,主机的名字被划分成几个部分,而每一部分之间存在层次关系。实际上,我们在现实生活中经常应用层次型命名。为了给朋友寄信,需要写明收信人地址(如:中华人民共和国河北省石家庄市解放路),这种地址就具有一定结构和层次。

层次型命名机制将名字空间划分成一个树状结构,如图 13-1 所示,树中的每一结点都有一个相应的标识符,主机的名字就是从树叶到树根(或从树根到树叶)路径上各结点标识符的有序序列。例如,www → nankai → edu → cn 就是一台主机的完整名字。

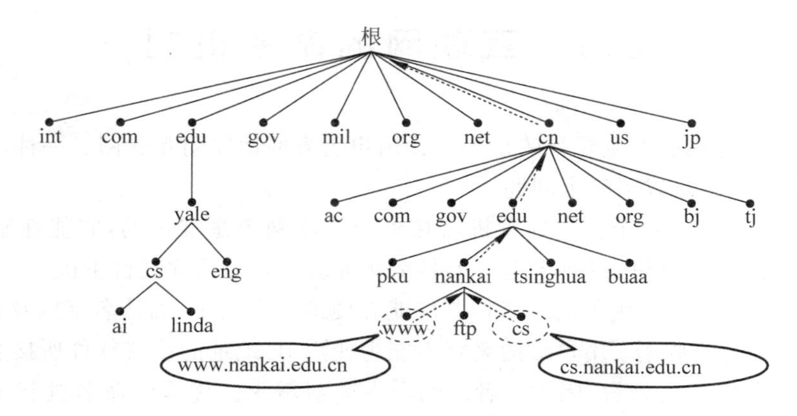

图 13-1 层次型名字的树状结构

显然,只要同一子树下每层结点的标识符不冲突,完整的主机名绝对不会冲突。在图 13-1 所示的名字树中,尽管相同的 edu 出现了两次,但由于它们出现在不同的结点之下(一个在根结点下,一个在 cn 结点下),完整的主机名不会因此而产生冲突。

层次性命名机制的这种特性，对名字的管理非常有利。一棵名字树可以划分成几个子树，每个子树分配一个管理机构。只要这个管理机构能够保证自己分配的结点名字不重复，完整的主机名就不会重复和冲突。实际上，每个管理机构可以将自己管理的子树再次划分成若干部分，并将每一部分指定一个子部门负责管理。这样，对整个互联网名字的管理也形成了一个树状的层次化结构。

在图 13-2 显示的层次化树型管理机构中，中央管理机构将其管辖下的结点标识符为 com、edu、cn、us 等。与此同时，中央管理机构还将其 com、edu、cn、us 的下一级标识符的管理分别授权给 com 管理机构、edu 管理机构、cn 管理机构和 us 管理机构。同样，cn 管理机构又将 com、edu、bj、tj 等标识符分配给它的下述结点，并分别交由 com 管理机构、edu 管理机构、bj 管理机构和 tj 管理机构进行管理。只要图中的每个管理机构能够保证其管辖的下一层结点标识符不发生重复和冲突，从树叶到树根（或从树根到树叶）路径上各结点标识符的有序序列就不会重复和冲突，由此而产生的互联网中的主机名就是全局唯一的。

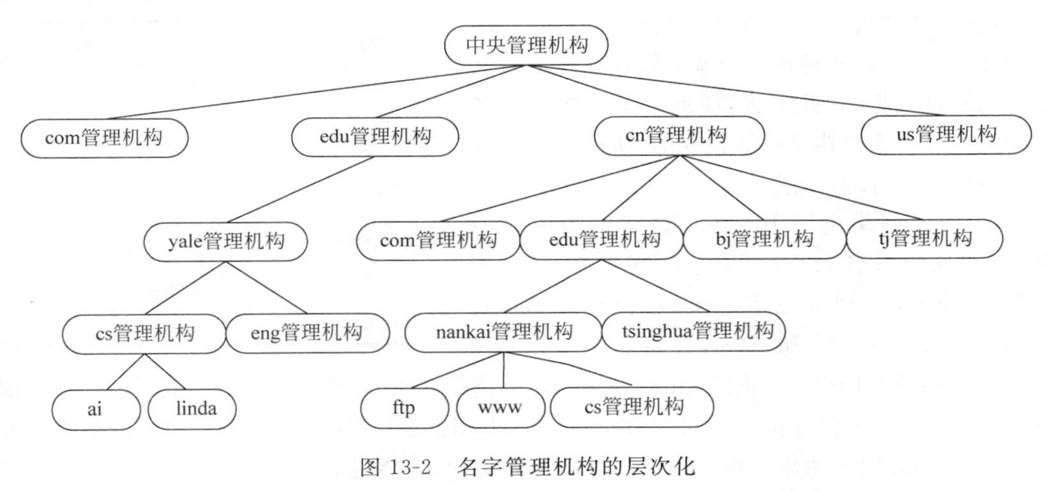

图 13-2　名字管理机构的层次化

13.1.3　TCP/IP 互联网域名

在 TCP/IP 互联网中所实现的层次型名字管理机制叫做域名系统（DNS，domain name system）。TCP/IP 互联网中的域名系统一方面规定了名字语法以及名字管理特权的分派规则；另一方面则描述了关于高效的名字—地址映射分布式计算机系统的实现方法。

域名系统的命名机制叫做域名（domain name）。完整的域名由名字树中的一个结点到根结点路径上结点标识符的有序序列组成，其中结点标识符之间以“.”隔开，如图 13-1 所示。域名“cs. nankai. edu. cn”由 cs、nankai、edu 和 cn 四个结点标识符组成（根结点标识符为空，省略不写），这些结点标识符通常被称为标号（label），而每一标号后面的各标号叫做域（domain）。在“cs. nankai. edu. cn”中，最低级的域为“cs. nankai. edu. cn”，代表计算机系；第三级域为“nankai. edu. cn”，代表南开大学；第二级域为“edu. cn”，代表机构；顶级域为"cn",代表中国。

13.1.4 Internet 域名

TCP/IP 域名语法只是一种抽象的标准,其中各标号值可任意填写,只要原则上符合层次型命名规则的要求即可。因此任何组织均可根据域名语法构造本组织内部的域名,但这些域名的使用当然也仅限于组织内部。

作为国际性的大型互联网,Internet 规定了一组正式的通用标准标号,形成了国际通用顶级域名,如表 13-1 所示。顶级域的划分采用了两种划分模式,即组织模式和地理模式。前 7 个域对应于组织模式,其余的域对应于地理模式。地理模式的顶级域是按国家进行划分的,每个申请加入 Internet 的国家都可以作为一个顶级域,并向 Internet 域名管理机构 NIC 注册一个顶级域名,如"cn"代表中国、"us"代表美国、"uk"代表英国、"jp"代表日本等。

表 13-1 Internet 顶级域名分配

顶级域名	分配给
com	商业组织
edu	教育机构
gov	政府部门
mil	军事部门
net	主要网络支持中心
org	上述以外的组织
int	国际组织
国家代码	各个国家

其次,将顶级域的管理权分派给指定的子管理机构,各子管理机构对其管理的域进行继续划分,即划分成二级域,并将各二级域的管理权授予给其下属的管理机构,如此下去,便形成了层次型域名结构。由于管理机构是逐级授权的,所以最终的域名都得到 NIC 承认,成为 Internet 中的正式名字。

图 13-3 列举出了 Internet 域名结构中的一部分,如顶级域名 cn 由中国互联网中心 CNNIC 管理,它将 cn 域划分成多个子域,包括 ac、com、edu、gov、net、org、bj 和 tj 等,并将二级域名 edu 的管理权授予 CERNET 网络中心。CERNET 网络中心又将 edu 域划分成多个子域,即三级域,各大学和教育机构均可以在 edu 下向 CERNET 网络中心注册三级域名,如 edu 下的 tsinghua 代表清华大学、nankai 代表南开大学,并将这两个域名的管理权分别授予清华大学和南开大学。南开大学可以继续对三级域 nankai 进行划分,将四级域名分配给下属部门或主机,如 nankai 下的 cs 代表南开大学计算机系,而 www 和 ftp 代表两台主机等。表 13-2 列出了我国二级域名的分配情况。

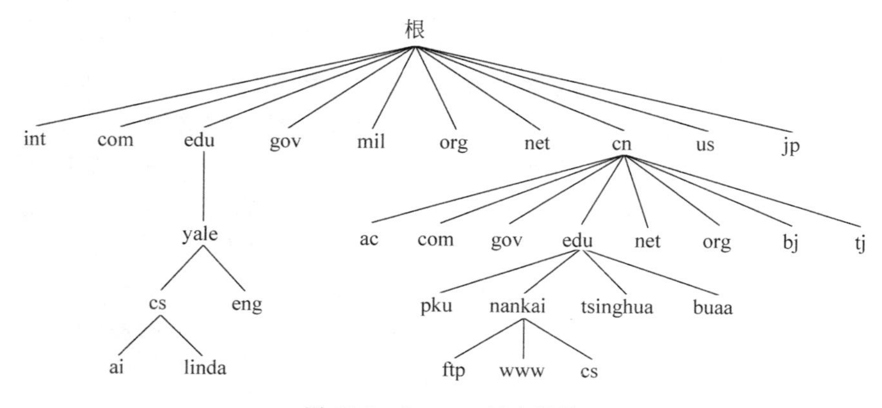

图 13-3 Internet 域名结构

表 13-2 我国二级域名分配

划分模式	二级域名	分配给
类别域名	ac	科研机构
	com	工、商、金融等企业
	edu	教育机构
	gov	政府部门
	net	互联网络、接入网络的信息中心和运行中心
	org	非营利性的组织
行政区域名	bj	北京市
	sh	上海市
	tj	天津市
	cq	重庆市
	he	河北省
	sx	山西省
	nm	内蒙古自治区
	ln	辽宁省
	jl	吉林省
	nl	黑龙江省
	js	江苏省
	zj	浙江省
	ah	安徽省
	fj	福建省
	jx	江西省
	sd	山东省
	ha	河南省
	hb	湖北省
	hn	湖南省
	gd	广东省
	gx	广西壮族自治区
	hi	海南省
行政区域名	sc	四川省
	gz	贵州省
	yn	云南省
	xz	西藏自治区
	sn	陕西省
	gs	甘肃省
	qh	青海省
	nx	宁夏回族自治区
	xj	新疆维吾尔自治区
	tw	中国台湾
	hk	中国香港
	mo	中国澳门

13.2 域名解析

域名系统的提出为TCP/IP互联网用户提供了极大的方便。通常构成域名的各个部分(各级域名)都具有一定的含义,相对于主机的IP地址来说更容易记忆。但域名只是为用户提供了一种方便记忆的手段,主机之间不能直接使用域名进行通信,仍然要使用IP地址来完成数据的传输。所以当应用程序接收到用户输入的域名时,域名系统必须提供一种机制,该机制负责将域名映射为对应的IP地址,然后利用该IP地址将数据送往目的主机。

13.2.1 TCP/IP域名服务器与解析算法

那么到哪里去寻找一个域名所对应的IP地址呢?这就要借助于一组既独立又协作的域名服务器完成。这组域名服务器是解析系统的核心。

所谓的域名服务器实际上是一个服务器软件,运行在指定的主机上,完成域名—IP地址映射。有时候,我们也把运行域名服务软件的主机叫做域名服务器,该服务器通常保存着它所管辖区域内的域名与IP地址的对照表。相应的,请求域名解析服务的软件叫域名解析器。在TCP/IP域名系统中,一个域名解析器可以利用一个或多个域名服务器进行名字映射,

在TCP/IP互联网中,对应于域名的层次结构,域名服务器也构成一定的层次结构,如图13-4所示。这个树型的域名服务器的逻辑结构是域名解析算法赖以实现的基础。总的来说,域名解析采用自顶向下的算法,从根服务器开始直到叶服务器,在其间的某个结点上一定能找到所需的名字—地址映射。当然,由于父子结点的上下管辖关系,域名解析的过程只需走过一条从树中根结点开始到另一结点的一条自顶向下的单向路径,无须回溯,更不用遍历整个服务器树。

但是,如果每一个解析请求都从根服务器开始,那么到达根服务器的信息流量随互联网规模的增大而加大。在大型互联网中,根服务器有可能因负荷太重而超载。因此,每一个解析请求都从根服务器开始并不是一个很好的解决方案。

实际上,在域名解析过程中,只要域名解析器软件知道如何访问任意一个域名服务器,而每一域名服务器都至少知道根服务器的IP地址及其父结点服务器的IP地址,域名解析就可以顺利地进行。

域名解析有两种方式,第一种叫递归解析(recursive resolution),要求域名服务器系统一次性完成全部名字—地址变换。第二种叫反复解析(iterative resolution),每次请求一个服务器,不行再请求别的服务器。图13-5描述了一个简单的域名解析过程。

例如,一位用户希望访问名为www.nankai.edu.cn的主机,当应用程序接收到用户输入的www.nankai.edu.cn时,解析器首先向自己已知的那台域名服务器发出查询请求。如果使用递归解析方式,该域名服务器将查询www.nankai.edu.cn的IP地址(如果

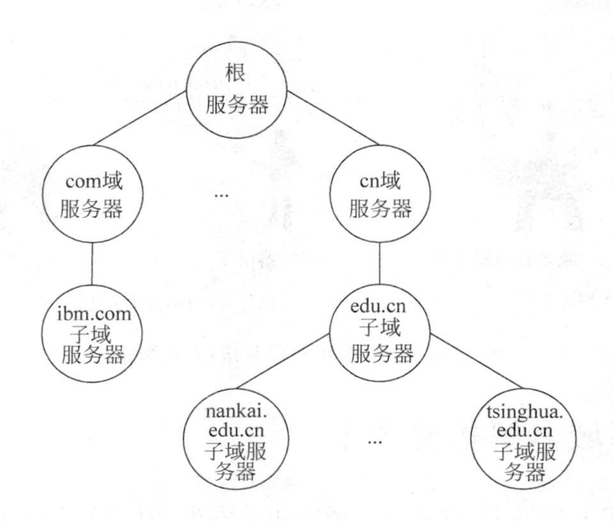

图 13-4　域名服务器层次结构示意图

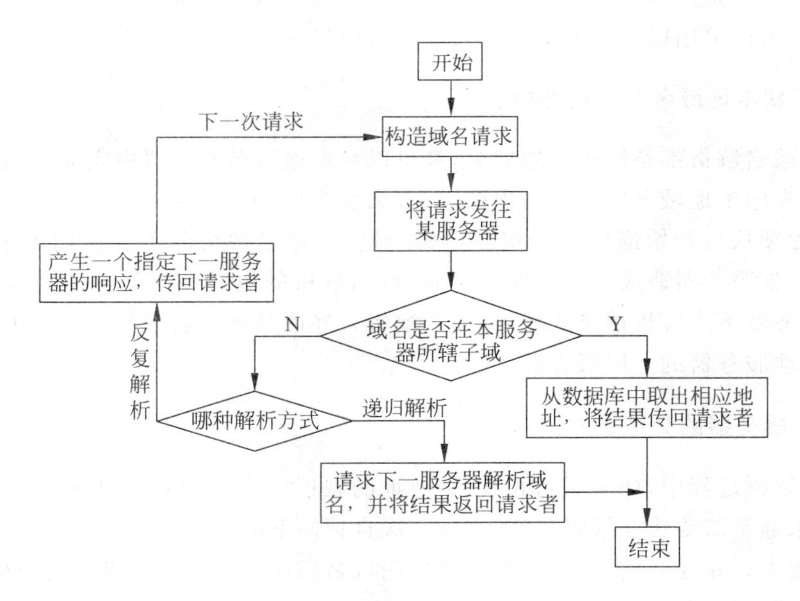

图 13-5　域名解析流程图

在本地服务器找不到，本地服务器就向它所知道的其他域名服务器发出请求，要求其他服务器帮助查找），并将查询到的 IP 地址回送给解析器程序，如图 13-6(a)所示。但是，在使用反复解析方式的情况下，如果此域名服务器未能在当地找到 www. nankai. edu. cn 的 IP 地址，那么它仅仅将有可能找到该 IP 地址的域名服务器地址告诉解析器程序，解析器需向被告知的域名服务器再次发起查询请求，如此反复，直到查到为止，如图 13-6(b)所示。

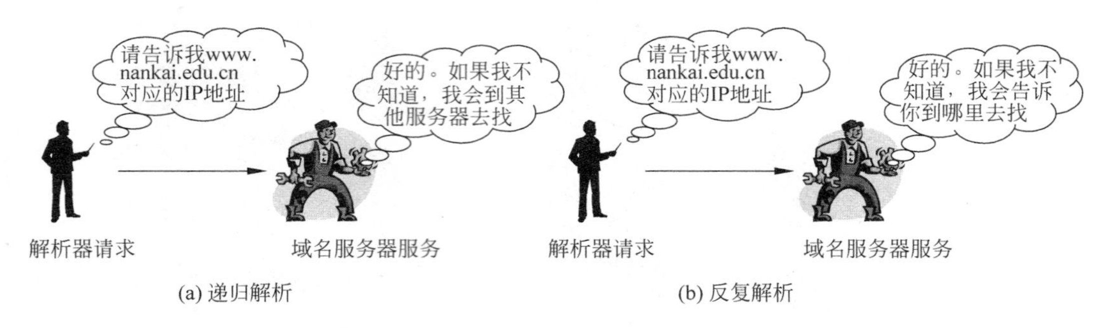

图 13-6 递归解析与反复解析示意图

13.2.2 提高域名解析的效率

在大型TCP/IP互联网中，域名解析请求频繁发生，因此名字—IP地址的解析效率是检验域名系统成功与否的关键。尽管TCP/IP互联网的域名解析可以沿域名服务器树自顶向下进行，但是严格按照自树根到树叶的搜索方法并不是最有效的。在实际的域名解析系统中，可以采用以下的解决方法来提高解析效率。

1. 解析从本地域名服务器开始

大多数域名解析都是解析本地域名，都可以在本地域名服务器中完成。因此，域名解析器如果首先向本地域名服务器发出请求，那么多数的请求都可以在本地域名服务器中直接完成，无须从根开始遍历域名服务器树。这样，域名解析既不会占用太多的网络带宽，也不会给根服务器造成太大的处理负荷，域名解析的效率得以显著提高。当然，如果本地域名服务器不能解析请求的域名，那么解析只好请其他域名服务器帮忙了(通常是根服务器或本地服务器的上层服务器)。

2. 域名服务器的高速缓冲技术

在域名解析过程中，如果域名和其IP地址的映射没有保存在本地域名服务器中，那么，域名请求通常需要传往根服务器，进行一次自顶向下的搜索。这些请求势必增加网络负载，开销很大。在互联网中，域名服务器采用域名高速缓冲技术可极大地减少非本地域名解析的开销。

所谓的高速缓冲技术就是在域名服务器中开辟一个专用内存取，存放最近解析过的域名及其相应的IP地址。服务器一旦收到域名请求，首先检查该域名与IP地址的对应关系是否存储在本地，如果是，就进行本地解析，并将解析的结果报告给解析器；否则，检查域名缓冲区，看是否最近解析过该域名。如果高速缓冲区中保存着该域名与IP地址的对应关系，那么，服务器就将这条信息报告给解析器；否则，本地服务器再向其他服务器发出解析请求。

在使用高速缓冲技术中，一定要注意缓冲区中域名—IP地址映射关系的有效性。因为缓冲区中的域名—IP地址映射关系是从其他服务器得到的，如果该域名—IP地址映射关系在保存它的服务器上已经发生变化，而本地域名服务器又未作相应的缓冲区刷新，那么，请求者得到的就是一个过时的域名—IP 地址映射关系。

为了保证缓冲区中域名—IP 地址映射关系的有效性，通常可以采用以下两种策略。

(1) 域名服务器向解析器报告缓冲信息时，需注明这是"非权威性的"(nonauthoritative)的映射，并且给出获取该映射的域名服务器 IP 地址。这样，解析器如果注重域名—IP 地址映射的准确性，可以立即与此服务器联系，得到当前的映射。当然，如果解析器仅注重效率，解析器可以使用这个"非权威性"的应答并继续进行处理。

(2) 对高速缓冲区中的每一映射关系都有一个最大生存周期(TTL，time to live)，它规定该映射关系在缓冲区中保留的最长时间。一旦某映射关系的 TTL 时间到，系统便将它从缓冲区中删除。需要注意的是，缓冲区中各表目对应的 TTL 不是由本地服务器决定的，而是由域名所在的管理机构决定的。换言之，响应域名请求的管理机构在其响应中附加了一个 TTL 值，指出本机构保证该表目在多长时间内保持不变。由于管理机构对自己管理的域名是否经常变动有充分的了解，它可以给那些长期不变的映射以较长的 TTL，给那些经常变动的映射以较短的 TTL，因此，服务器缓冲区中的各条目一般是正确的。

3. 主机上的高速缓冲技术

高速缓冲机制不仅用于域名服务器，在主机上也可以使用。与域名服务器的缓冲机制相同，主机将解析器获得的域名—IP 地址的对应关系也存储在一个高速缓冲区中，当解析器进行域名解析时，它首先在本地主机的高速缓冲区中进行查找，如果找不到，再将请求送往本地域名服务器。当然，主机也必须采用与服务器相同的技术保证高速缓冲区中的域名—IP 地址映射关系的有效性。

13.2.3　域名解析的完整过程

假如一个应用程序需要访问名字为 www.nankai.edu.cn 的主机，其较为完整的解析过程如图 13-7 所示。

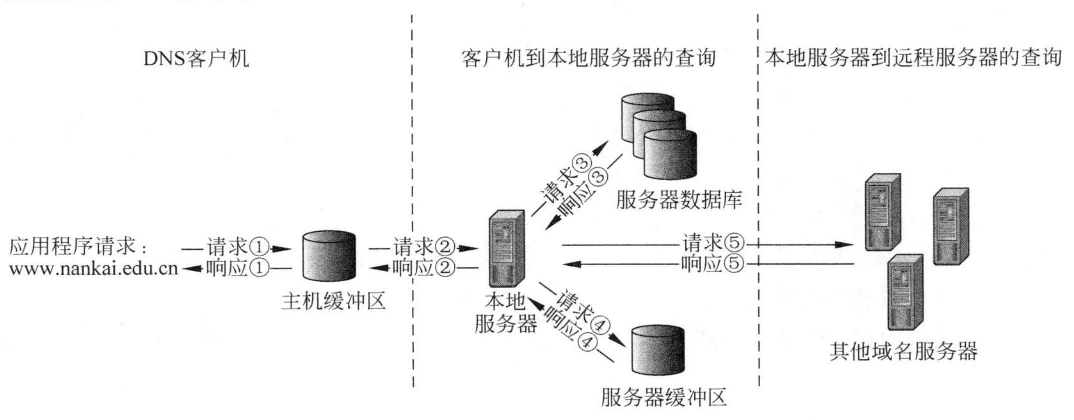

图 13-7　域名解析的完整过程

(1) 域名解析器首先查询本地主机的缓冲区,查看主机是否以前解析过主机名 www. nankai. edu. cn。如果在此找到 www. nankai. edu. cn 的 IP 地址,解析器立即用该 IP 地址响应应用程序。如果主机缓冲区中没有 www. nankai. eud. cn 与其 IP 地址的映射关系,解析器将向本地域名服务器发出请求。

(2) 本地域名服务器首先检查 www. nankai. eud. cn 与其 IP 地址的映射关系是否存储在它的数据库中,如果是,本地服务器将该映射关系传送给请求者,并告诉请求者这是一个"权威性"的应答;如果不是,本地服务器将查询它的高速缓冲区,检查是否在自己的高速缓冲区中存储有该映射关系。如果在高速缓冲区中发现该映射关系,本地服务器将使用该映射关系进行应答,并通知请求者这是一个"非权威性"的应答。当然,如果在本地服务器的高速缓冲区中也没有发现 www. nankai. edu. cn 与其 IP 地址的映射关系,那么只好请其他域名服务器帮忙了。

(3) 在其他域名服务器接收到本地服务器的请求后,继续进行域名的查找与解析工作,当发现 www. nankai. edu. cn 与其 IP 地址的对应关系时,就将该映射关系送交给提出请求的本地服务器。进而,本地服务器再使用从其他服务器得到的映射关系响应客户端。

13.3 对象类型与资源记录

13.3.1 对象类型与类别

在 TCP/IP 互联网中,域名系统具有广泛的通用性。它既可以用于标识主机,也可以标识邮件交换机甚至用户。为了区分不同类型的对象,域名系统中每一条目都被赋予了"类型"(type)属性。这样,一个特定的名字就可能对应于域命名系统的若干个条目。

例如,netlab. nankai. edu. cn 可以被域名系统赋予不同的类型,这个名字既可以指南开大学网络实验室的一台 Web 服务器(IP 地址为 202. 113. 27. 53),也可以指南开大学网络实验室的一台邮件交换机(IP 地址 202. 113. 27. 55)。当解析器进行域名解析请求时,它需要指出要查询的域名及其类型,而服务器仅仅返回一个符合查询类型的映射。在这里,如果解析器发出域名为"netlab. nankai. edu. cn",类型为"邮件交换机"的解析请求,服务器将以 IP 地址"202. 113. 27. 55"响应。

表 13-3 显示了域名系统具体的对象类型。其中,A 类型标识一个主机名与其所对应的 IP 地址的映射,MX 类型标识一个邮件服务器(或邮件交换机)与其所对应的 IP 地址的映射。这两种类型的应用都非常普遍,ping 应用程序经常请求一个符合 A 类型的映射,而电子邮件应用程序则经常请求一个符合 MX 类型的映射。

表 13-3　对象类型

类　型	意　义	内　容
SOA	授权开始	标识一个资源记录集合(称为授权区段)的开始
A	主机地址	32 位二进制值 IP 地址
MX	邮件交换机	邮件服务器名及优先级
NS	域名服务器	域的授权名子服务器名
CNAME	别名	别名的规范名字
PTR	指针	对应于 IP 地址的主机名
HINFO	主机描述	ASCII 字符串,CPU 和 OS 描述
TXT	文本	ASCII 字符串,不解释

另外,域名对象还被赋予"类别"(class)属性,标识使用该域名对象的协议类别。其中,最常用的协议类别为"IN",指出使用该对象的协议为 Internet 协议。

13.3.2　资源记录

在域名服务器的数据库中,域名与其 IP 地址的映射关系都被放置在资源记录中。每一条资源记录通常由域名、有效期(TTL)、类别(class)、类型(type)和域名的具体值(value)组成。表 13-4 给出了一个简单的资源记录集合。其中,netlab. nankai. edu. cn 可以作为主机名和邮件交换机名使用。在作为主机名使用时,netlab. nankai. edu. cn 的 IP 地址为 202. 113. 27. 53;在作为邮件交换机名使用时,netlab. nankai. edu. cn 指向 mail. netlab. nankai. edu. cn(对应 IP 地址为 202. 113. 27. 55),且邮件交换机的优先级为 5。另外,info. netlab. nankai. edu. cn 为一主机名,其对应的 IP 地址为 202. 113. 27. 54,www. netlab. nankai. edu. cn 和 ftp. netlab. nankai. edu. cn 都是主机名 info. netlab. nankai. edu. cn 的别名,它们与 info. netlab. nankai. edu. cn 使用同样的 IP 地址。

表 13-4　资源记录示例

域　名	TTL(秒)	类别	类型	值
nankai. eud. cn	86400	IN	SOA	NankaiDNS (...)
nankai. edu. cn	86400	IN	TXT	"Nankai University"
netlab. nankai. eud. cn	86400	IN	HINFO	HP UNIX
netlab. nankai. edu. cn	86400	IN	A	202. 113. 27. 53
netlab. nankai. edu. cn	86400	IN	MX	5 mail. netlab. nankai. edu. cn
mail. netlab. nankai. edu. cn	86400	IN	A	202. 113. 27. 55
info. netlab. nankai. edu. cn	86400	IN	A	202. 113. 27. 54
www. netlab. nankai. edu. cn	86400	IN	CNAME	info. netlab. Nankai. edu. cn
ftp. netlab. nankai. edu. cn	86400	IN	CNAME	info. netlab. nankai. edu. cn

13.4 实训：配置 DNS 服务器

为了对域名系统 DNS 有一个直观的了解，我们配置一个 Windows 2003 Server 提供的 DNS 服务器，并用相应的客户程序进行验证。

图 13-8 为一棵假想的名字树，本实训将在 Windows 2003 Server 提供的域名服务器中管理阴影部分所示的子树。

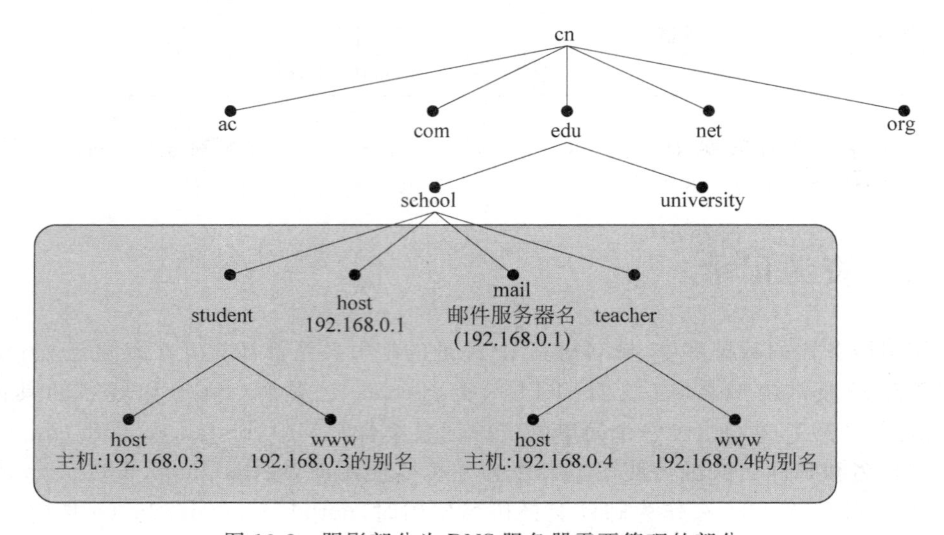

图 13-8　阴影部分为 DNS 服务器需要管理的部分

13.4.1 配置 Windows 2003 DNS 服务器

DNS 服务是 Windows 2003 Server 网络操作系统中一个重要的服务，因此，在一般情况下，DNS 服务作为一个缺省组件随同 Windows 2003 Server 一起安装。在安装有 DNS 服务的 Windows 2003 服务器中，如果希望管理图 13-8 阴影部分所示的子树，需要经过以下步骤。

(1) 启动 Windows 2003 Server 服务器，通过桌面上的“开始→程序→管理工具→DNS”进入 DNS 管理与配置界面，如图 13-9 所示。

(2) 首先，要在 DNS 管理与配置窗口中加入需要管理和配置的域名服务器。右击“树”区域的“DNS”项，在弹出的菜单中执行“连接到计算机”命令，如图 13-10 所示，系统将进入如图 13-11 所示的“连接到 DNS 服务器”对话框。Windows 2003 Server 中的 DNS 管理程序既可以管理和配置本机的域名服务，也可以管理和配置网络中其他主机的 DNS。在这里，由于需要管理和配置本机的域名服务，因此在图 13-11 中选择“这台计算机”单选项。单击“确定”按钮，系统将把这台计算机(计算机名为 TEST1)加入 DNS 树中，如图 13-12 所示。

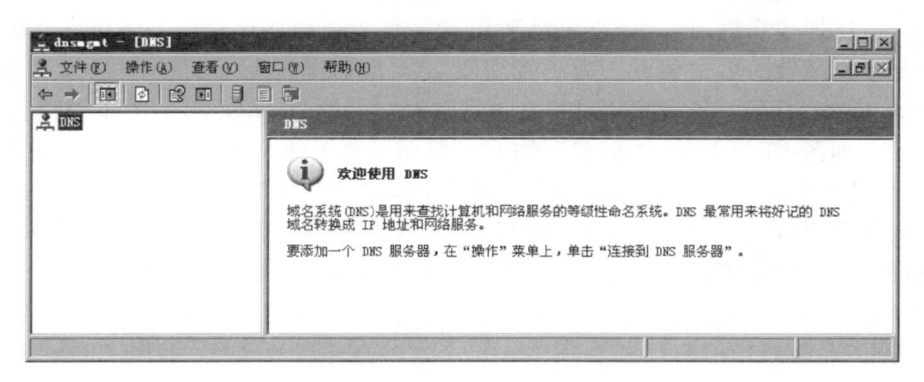

图 13-9　DNS 管理与配置界面

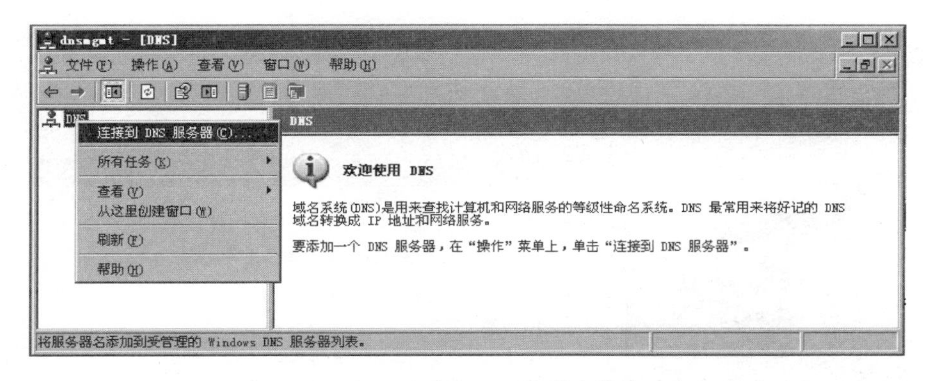

图 13-10　右击“DNS”的弹出菜单

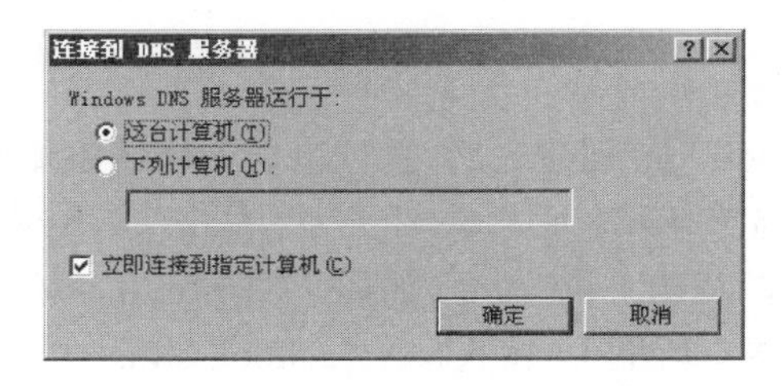

图 13-11　“连接到 DNS 服务器”对话框

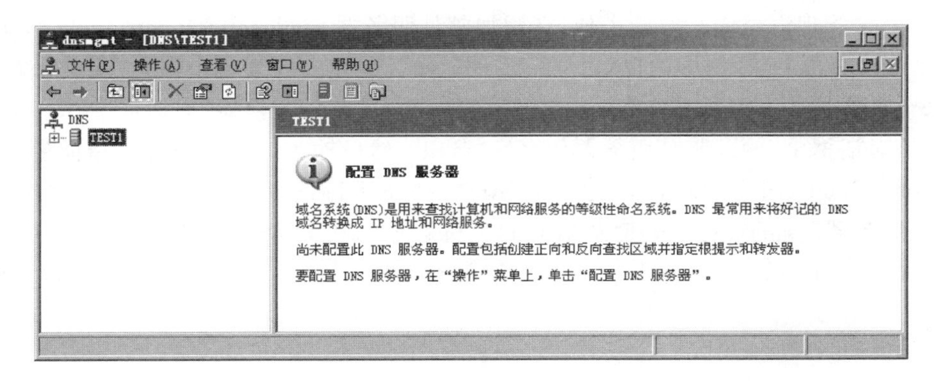

图 13-12　加入本机后的 DNS 管理与配置界面

(3) 一旦把计算机加入到 DNS 管理窗口后,就可以在该计算机上建立一个数据库,用于存储授权区域的名字信息。为了管理图 13-8 阴影部分所示的子树,需要建立一个"school. edu. cn"区域。展开 DNS 树,右击"正向查找区域",在弹出的菜单中执行"新建区域"命令,如图 13-13 所示,"新建区域向导"将引导你一步一步完成建立一个新区域的工作。"新建区域向导"界面如图 13-14(a)所示,单击"下一步"按钮,系统首先让你选择创建区域的类别,如图 13-14(b)所示。这里,可以选择"主要区域",然后单击"下一步"按钮。这时我们按照系统的提示输入本 DNS 服务器需要管理的区域名"school. edu. cn",如图 13-14(c)所示,单击"下一步"按钮。由于创建的"标准主要区域"的域名信息需要以文本文件的形式进行存储,因此必须输入保存这些信息的文件名,如图 13-14(d)所示。你可以输入自己喜欢的文件名,也可以使用系统默认的文件名"school. edu. cn. dns"。单击"下一步"按钮,系统会显示创建该区域所选择和输入的所有信息,并将新区域"school. edu. cn"添加到 DNS 管理窗口,如图 13-15 所示。

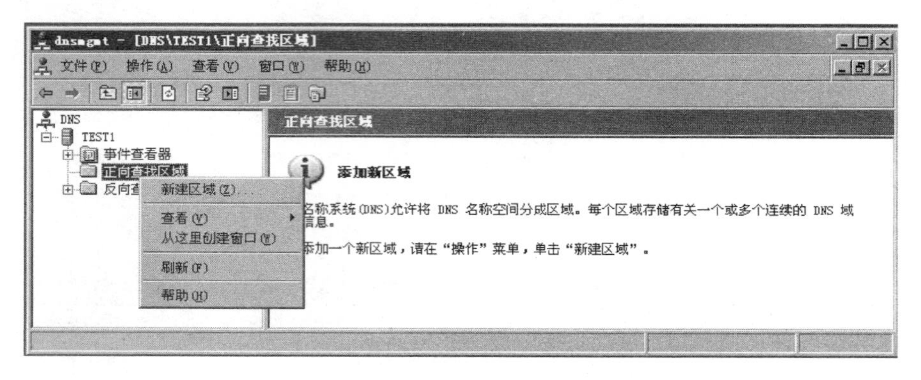

图 13-13 右击"正向搜索区域"后弹出的菜单

(4) 在区域"school. edu. cn"创建之后,就可以向该区域添加域名与其 IP 地址的对应关系了。为了添加主机与其 IP 地址的映射关系,右击 DNS 树中的区域"school. edu. cn",在弹出的菜单中执行"新建主机"命令,如图 13-16 所示,系统将显示"新建主机"对话框,如图 13-17 所示。在该对话框中,输入位于"school. edu. cn"下的主机名"host"和其对应的 IP 地址 192. 168. 0. 1,单击"添加主机"按钮,该主机的名字、对象类型及 IP 地址就显示在 DNS 管理窗口中。与此类似,在添加邮件服务器 mail. school. edu. cn 与其对应主机时,也可以右击 DNS 树中的区域"school. edu. cn",在弹出的菜单中执行"新建邮件交换器"命令,如图 13-16 所示,系统将显示"新建资源记录—邮件交换器"对话框,如图 13-18 所示。在该对话框中,输入邮件服务器的名字"mail",然后输入该邮件服务器指向的主机名"host. school. edu. cn"(也可以通过单击"浏览"按钮进行选择)和优先级,单击"确定"按钮,邮件服务器的名字、对象类型及指向的主机就显示在 DNS 管理窗口中。图 13-19 显示了添加主机"host. school. edu. cn"和邮件服务器"mail. school. edu. cn"之后的 DNS 管理界面。

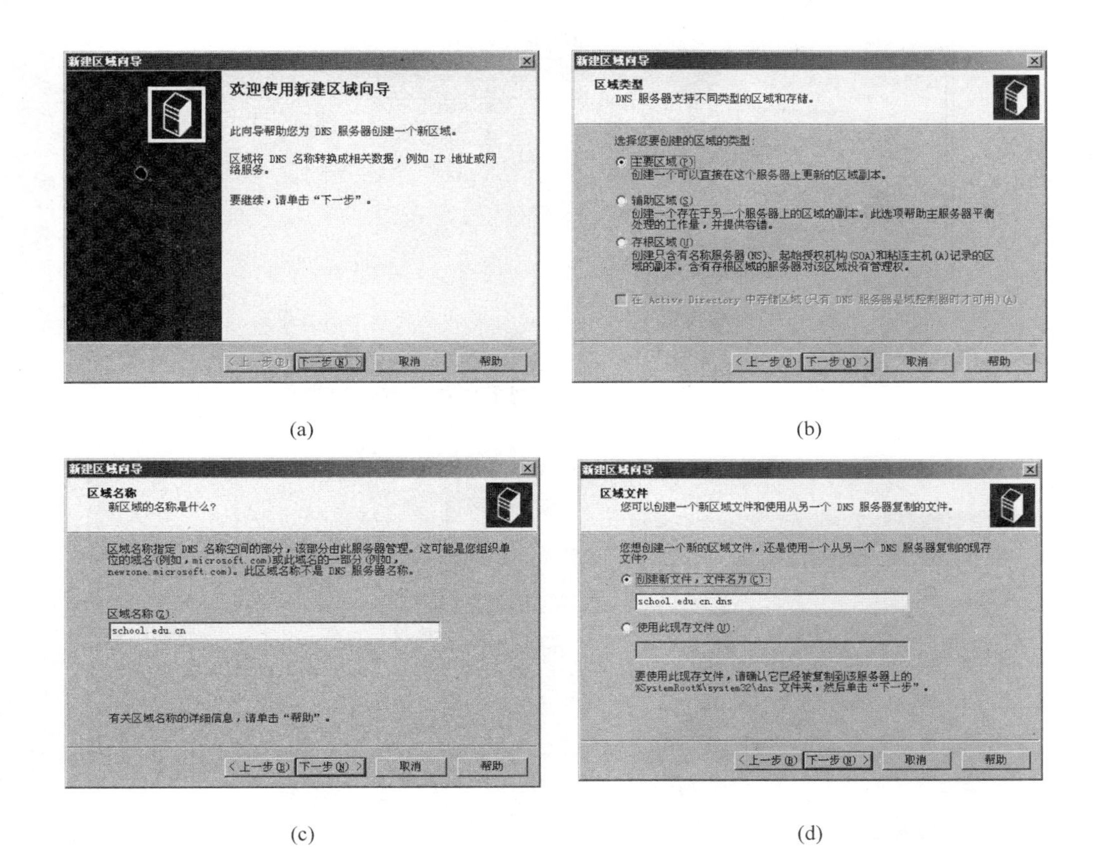

图 13-14　新建区域向导

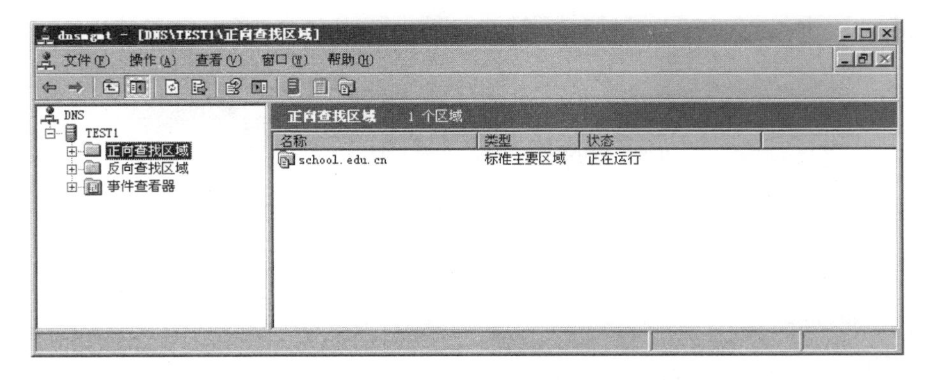

图 13-15　添加“school.edu.cn”区域后的 DNS 管理窗口

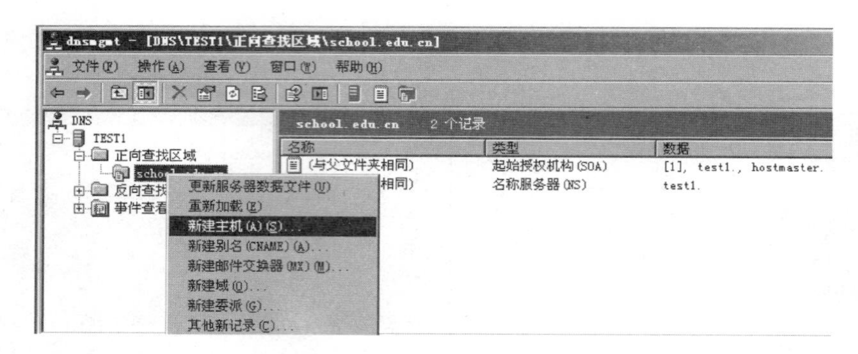

图 13-16　右击区域“school. edu. cn”后系统弹出的菜单

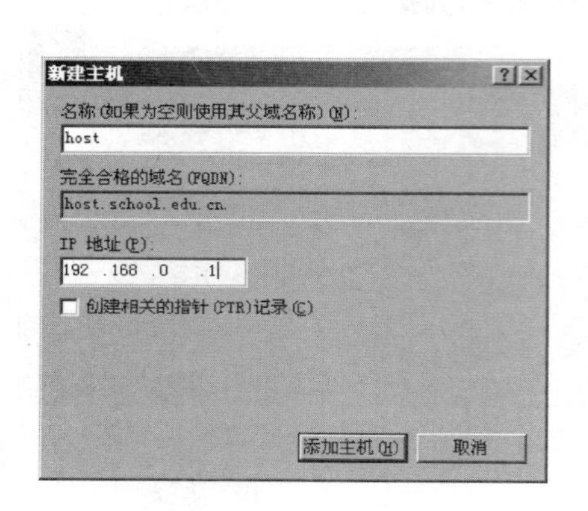

图 13-17　“新建主机”对话框

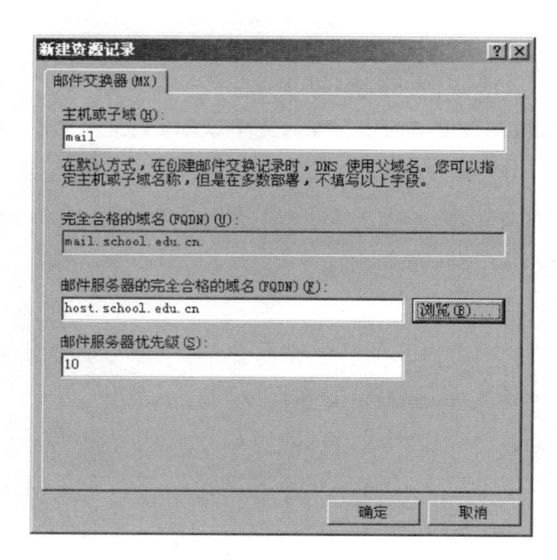

图 13-18　“新建资源记录”对话框

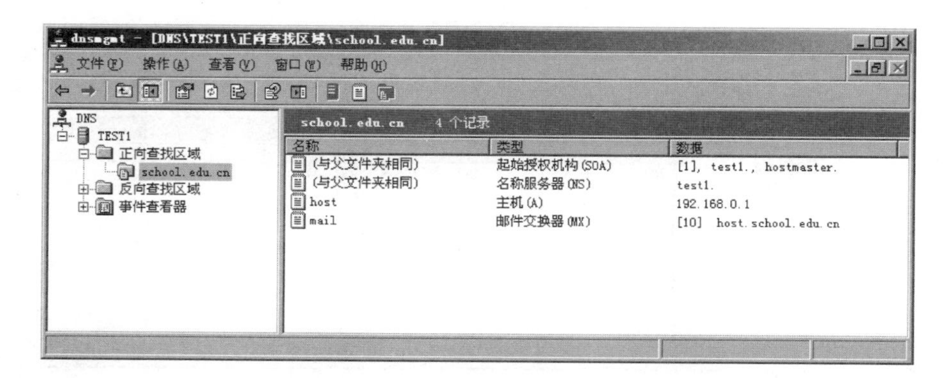

图 13-19　添加主机和邮件服务器后的 DNS 管理界面

(5) 为了管理图 13-8 中的“student”结点(注意：“student”结点不是叶结点)，需要在区域“school. edu. cn”之下再建立一个域。为此，需要右击 DNS 树中的区域“school. edu. cn”，在弹出的菜单中执行“新建域”命令，如图 13-16 所示。在“新建 DNS 域”对话框出现后，如图 13-20 所示，输入域名“student”，单击“确定”按钮，“student”将显示在区域“school. edu. cn”之下，如图 13-21 所示。

图 13-20　“新建 DNS 域”对话框

(6) 为了将“student”下的结点“host”(主机名为 host. student. edu. cn)添加到域名服务器中，只需右击 DNS 树下的域“student”，在弹出的菜单中执行“新建

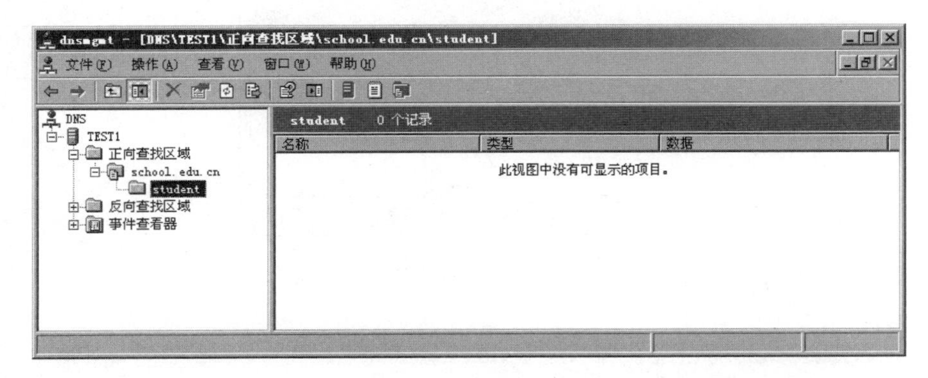

图 13-21　添加“student”后的 DNS 管理系统界面

主机”命令即可，如图 13-22 所示。当然，也可以按照同样的方式将主机 www. student. edu. cn 加入域名服务器。但是，从图 13-8 中可以看到，主机 host. student. edu. cn 与主机 www. student. edu. cn 指向同一个 IP 地址 192. 168. 0. 3，因此，也可以把 www. student. edu. cn 作为主机 host. student. edu. cn 的别名。为了建立别名，需要右击“student”，在弹出的菜单中执行“新建别名”命令，如图 13-23 所示。在“新建资源记录—别名”对话框出现后，输入别名“www”和其对应的完整主机名“host. student. school. edu. cn”，单击“确定”按钮，类型为“别名”的资源记录将显示在 DNS 管理系统界面上。图 13-24 显示了添加主机 host. student. school. edu. cn 和别名 www. student. school. edu. cn 后的 DNS 管理系统界面。

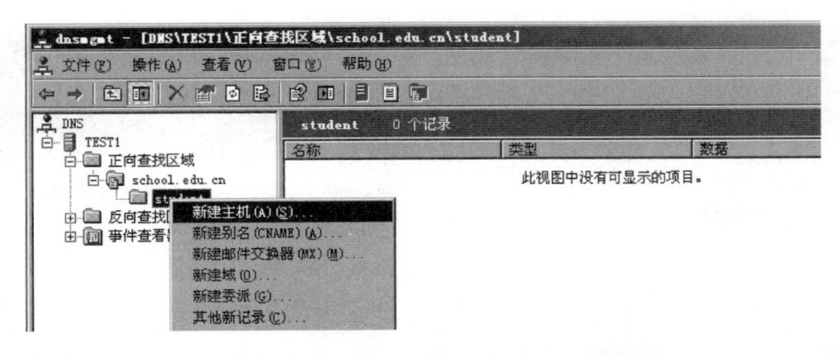

图 13-22　右击域“student”后系统弹出的菜单

(7) 按照加入“student”域完全相同的方法，可以将“teacher”加入“school. edu. cn”区域之下，同时，将“host. teacher. school. edu. cn”和“www. teacher. school. edu. cn”添加到

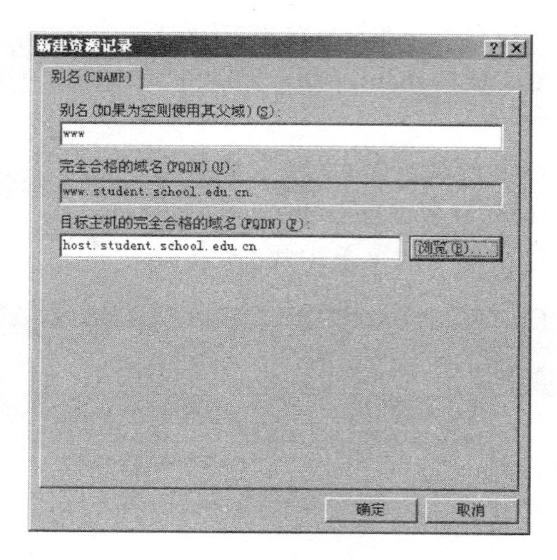

图 13-23　新建别名

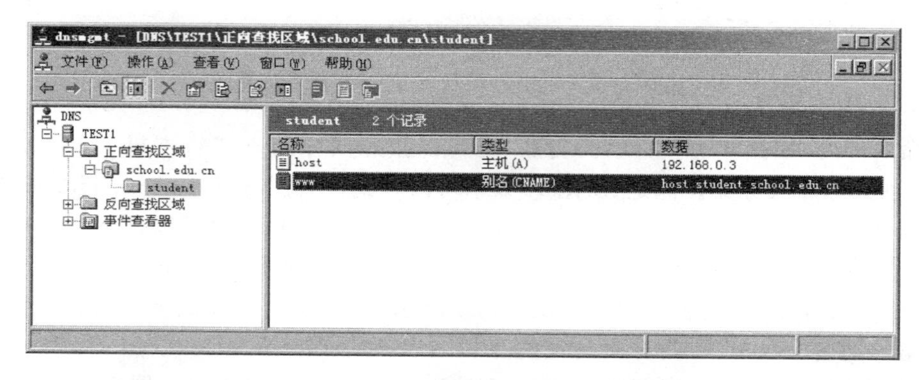

图 13-24　在 student 域下添加主机和别名后的 DNS 管理系统界面

"teacher"域之下,操作完成后的 DNS 管理系统界面如图 13-25 所示。

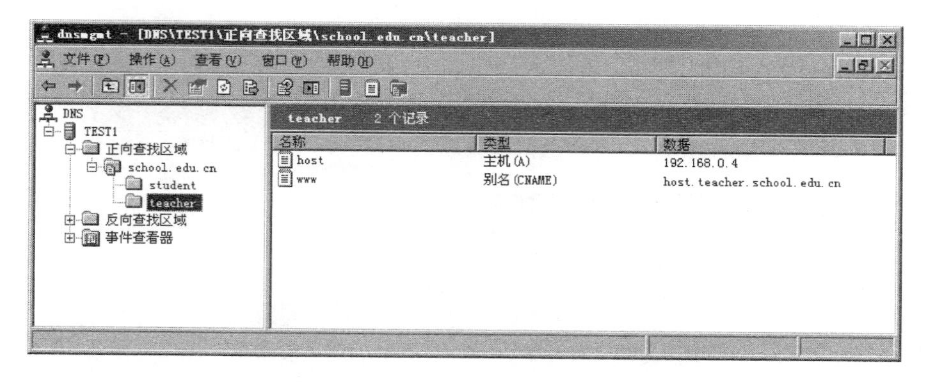

图 13-25　添加 teacher 域及其下属结点后的 DNS 管理系统界面

至此，完成了 Windows 2003 域名服务器的简单配置和管理工作。下面，可以在客户端检验其正确性了。

13.4.2　测试配置的 DNS 服务器

1. 配置测试主机

为了测试配置的 DNS 服务器，需要使用网络中另一台运行 Windows 2003 的主机作为测试机。测试主机的配置过程如下。

(1) 启动测试主机，在 Windows 2003 桌面上通过"开始→控制面板→网络连接→本地连接→属性"进入"本地连接 属性"对话框，如图 13-26 所示。

(2) 在"本地连接 属性"对话框中选中"Internet 协议(TCP/IP)"，单击"属性"按钮，系统将显示"Internet 协议(TCP/IP) 属性"对话框，如图 13-27 所示。

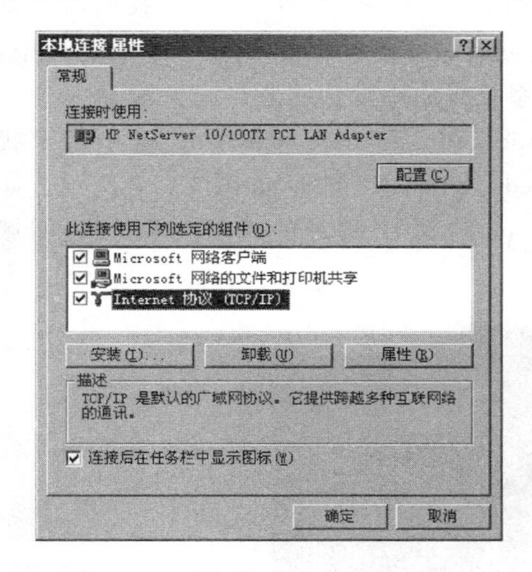

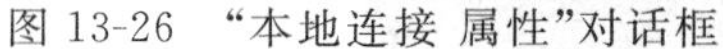

图 13-26　"本地连接 属性"对话框

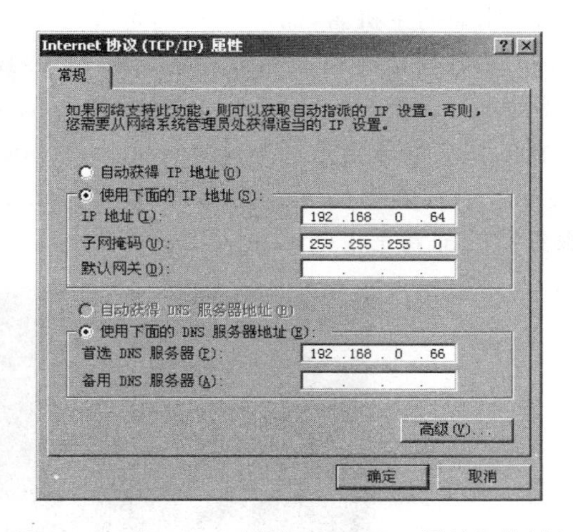

图 13-27　"Internet 协议(TCP/IP) 属性"对话框

(3) 在"Internet 协议(TCP/IP) 属性"对话框的"首选 DNS 服务器"中，输入已配置的 DNS 服务器的 IP 地址，单击"确定"按钮。在系统返回"本地连接 属性"对话框后，再次单击"确定"按钮，完成测试主机的配置工作。

2. 测试配置的 DNS 服务器

一旦完成测试主机的配置工作，就可以利用简单的 ping 命令来测试配置的 DNS 服务器是否可以正确地工作。

例如，可以使用"ping www. student. school. edu. cn"检查配置的 DNS 域名服务器是否能够将 www. student. school. edu. cn 对应的 IP 地址 192. 168. 0. 3 返回至客户端。如果 DNS 服务器配置正确，同时主机 192. 168. 0. 3 可以正确地收发报文，其结果将如图 13-28 所示。

```
命令提示符
C:\WINNT>
C:\WINNT>
C:\WINNT>ping www.student.school.edu.cn

Pinging host.student.school.edu.cn [192.168.0.3] with 32 bytes of data:

Reply from 192.168.0.3: bytes=32 time<1ms TTL=128
Reply from 192.168.0.3: bytes=32 time<1ms TTL=128
Reply from 192.168.0.3: bytes=32 time<1ms TTL=128
Reply from 192.168.0.3: bytes=32 time<1ms TTL=128

Ping statistics for 192.168.0.3:
    Packets: Sent = 4, Received = 4, Lost = 0 (0% loss),
Approximate round trip times in milli-seconds:
    Minimum = 0ms, Maximum = 0ms, Average = 0ms

C:\WINNT>_
```

图 13-28 使用 ping 命令测试配置的域名服务器

另一种测试 DNS 服务器有效性的方法是利用 nslookup 命令。nslookup 命令是一个比较复杂的命令,最简单的命令形式为"nslookup host server",其中 host 是我们需要查找其 IP 地址的主机名,而 server 则是查找使用的域名服务器。在使用 nslookup 过程中,"server"参数可以省略。如果省略"server"参数,系统将使用默认的域名服务器。

例如,可以使用"nslookup www. teacher. school. edu. cn 192. 168. 0. 66"命令请求我们配置的域名服务器返回 www. teacher. school. edu. cn 的 IP 地址,如图 13-29 所示。如果 nslookup 正确返回 www. teacher. school. edu. cn 与其 IP 地址的映射关系,则说明域名服务器的配置是正确。

```
cmd
D:\WINNT>
D:\WINNT>
D:\WINNT>
D:\WINNT>nslookup www.teacher.school.edu.cn 192.168.0.66
Server:  dns.school.edu.cn
Address:  192.168.0.66

Name:    host.teacher.school.edu.cn
Address:  192.168.0.4
Aliases:  www.teacher.school.edu.cn


D:\WINNT>
```

图 13-29 利用 nslookup 命令测试配置的域名服务器

3. 查看主机的域名高速缓冲区

为了提高域名的解析效率,主机常常采用高速缓冲区来存储检索过的域名与其 IP 地址的映射关系。UNIX、Linux 以及 Windows 2003 等网络操作系统都提供命令,允许用户查看域名高速缓冲区中的内容。在 Windows 2003 中,"ipconfig/displaydns"命令可以将缓冲区中域名与其 IP 地址的映射关系显示在屏幕上(包括域名、类型、TTL、IP 地址等),如图 13-30 所示。另外,如果希望清除主机高速域名缓冲区中的内容,可以使用"ipconfig/flushdns"命令。

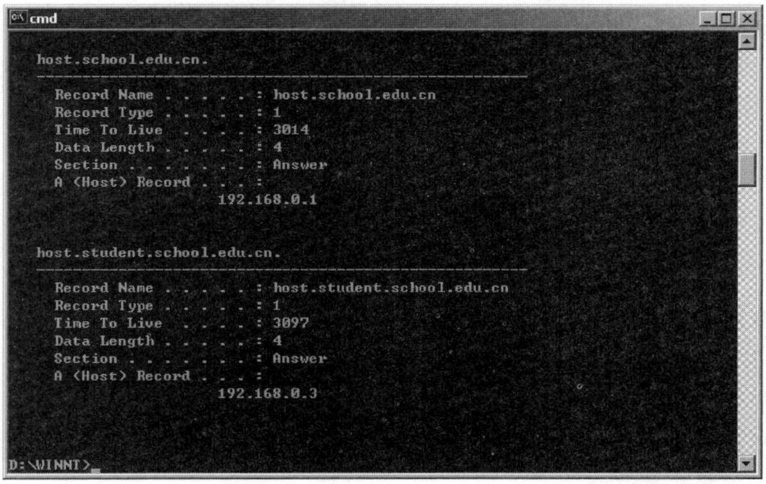

```
cmd
host.school.edu.cn.
----------------------------------------
  Record Name . . . . . : host.school.edu.cn
  Record Type . . . . . : 1
  Time To Live  . . . . : 3014
  Data Length . . . . . : 4
  Section . . . . . . . : Answer
  A (Host) Record . . . :
                    192.168.0.1


host.student.school.edu.cn.
----------------------------------------
  Record Name . . . . . : host.student.school.edu.cn
  Record Type . . . . . : 1
  Time To Live  . . . . : 3097
  Data Length . . . . . : 4
  Section . . . . . . . : Answer
  A (Host) Record . . . :
                    192.168.0.3

D:\WINNT>_
```

图 13-30　使用"ipconfig/displaydns"命令显示域名高速缓冲区中的内容

练　习　题

一、填空题

(1) TCP/IP 互联网上的域名解析有两种方式，一种是________；另一种是________。

(2) 为了保证高速缓冲区中域名—IP 地址映射关系的有效性，通常可以采用两种解决办法，它们是________。

二、单项选择题

(1) 为了实现域名解析，客户机(　　)。

A. 必须知道根域名服务器的 IP 地址

B. 必须知道本地域名服务器的 IP 地址

C. 必须知道本地域名服务器的域名

D. 知道任意一个域名服务器的 IP 地址即可

(2) 下列哪个名字不符合 TCP/IP 域名系统的要求(　　)。

A. www-nankai-edu-cn　　B. www. nankai. edu. cn

C. netlab. nankai. edu. cn　　D. www. netlab. nankai. edu. cn

三、实训题

Windows 2003 Server DNS 服务器将域名与 IP 地址的映射表存储在一个文本文件中(文件名在建立新区域时指定)。打开这个文件，看一看你是否能够明白其中的内容。实际上，你可以通过直接修改这个文件来建立、删除和修改域名与 IP 地址的对应关系。试着修改这个文件，在保存之后重新启动计算机，验证你的修改是否已经生效。

第 14 章　电子邮件系统

学习本章后需要掌握：

- TCP/IP 互联网上的电子邮件传输过程
- 电子邮件的地址表示
- 电子邮件传输协议——SMTP 和 POP3
- 电子邮件报文格式

学习本章后需要动手：

- 学习使用电子邮件的客户端程序
- 编写一个简化的邮件服务器
- 观察 SMTP 的通信过程

电子邮件服务(又称 E-mail 服务)是互联网可以提供一项重要服务。它为互联网用户之间发送和接收消息提供了一种快捷、廉价的现代化通信手段。早期的电子邮件系统只能传输西文文本信息，如今的电子邮件系统不但可以传输各种文字的文本信息，而且还可以传输图像、声音、视频等多媒体信息。事实上，多数用户对互联网的了解都是从收发电子邮件开始的。

与其他通信方式相比，电子邮件具有以下特点：

- 电子邮件比人工邮件传递迅速，可达到的范围广，而且比较可靠。
- 电子邮件与电话系统相比，它不要求通信双方都在现场，而且不需要知道通信对象在网络中的具体位置。
- 电子邮件可以实现一对多的邮件传送，这样可以使一位用户向多人发出通知的过程变得很容易。
- 电子邮件可以将文字、图像、语音等多种类型的信息集成在一个邮件中传送，因此它是多媒体信息传送的重要手段。

14.1　电子邮件系统的基本知识

14.1.1　电子邮件系统

电子邮件系统采用客户—服务器工作模式。电子邮件服务器(有时简称为邮件服务器)是邮件服务系统的核心,它的作用与人工邮递系统中邮局的作用非常相似。邮件服务器一方面负责接收用户送来的邮件,并根据邮件所要发送的目的地址,将其传送到对方的邮件服务器中;另一方面则负责接收从其他邮件服务器发来的邮件,并根据收件人的不同将邮件分发到各自的电子邮箱(有时简称为邮箱)中。

邮箱是在邮件服务器中为每个合法用户开辟的一个存储用户邮件的空间,类似人工邮递系统中的信箱。电子邮箱是私人的,拥有账号和密码属性,只有合法用户才能阅读邮箱中的邮件。

在电子邮件系统中,用户发送和接收邮件需要借助于装载在客户机中的电子邮件应用程序来完成。电子邮件应用程序一方面负责将用户要发送的邮件送到邮件服务器;另一方面负责检查用户邮箱,读取邮件。因而电子邮件应用程序的两项最基本功能为:

(1) 创建和发送邮件。

(2) 接收、阅读和管理邮件。

除此之外,电子邮件应用程序通常还提供通信簿管理、收件箱助理及账号管理等附加功能。

14.1.2　TCP/IP 互联网上电子邮件的传输过程

在 TCP/IP 互联网中,邮件服务器之间使用简单邮件传输协议(SMTP,Simple Mail Transfer Protocol)相互传递电子邮件。而电子邮件应用程序使用 SMTP 协议向邮件服务器发送邮件),使用 POP3(Post Office Protocol)协议或 IMAP(Interactive Mail Access Protocol)协议从邮件服务器的邮箱中读取邮件,如图 14-1 所示。目前,尽管 IMAP 是一种比较新的协议,但支持 IMAP 协议的邮件服务器并不多,大量的服务器仍然使用 POP3 协议。

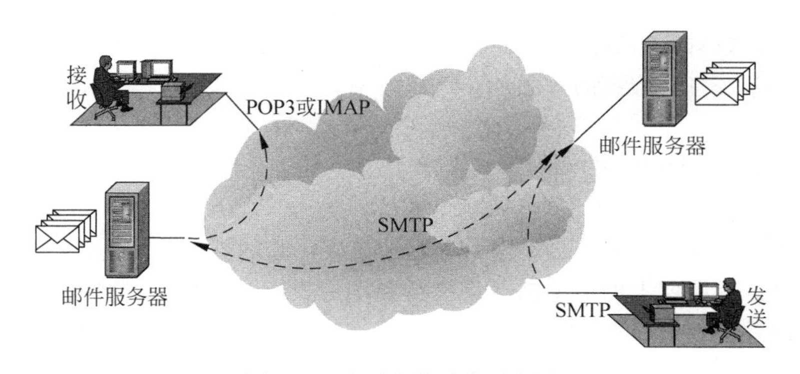

图 14-1　电子邮件系统示意图

TCP/IP 互联网上邮件的处理和传递过程如图 14-2 所示。

(1) 用户需要发送电子邮件时,可以按照一定的格式起草、编辑一封邮件。在注明收件人的邮箱后提交给本机 SMTP 客户进程,由本机 SMTP 客户进程负责邮件的发送工作。

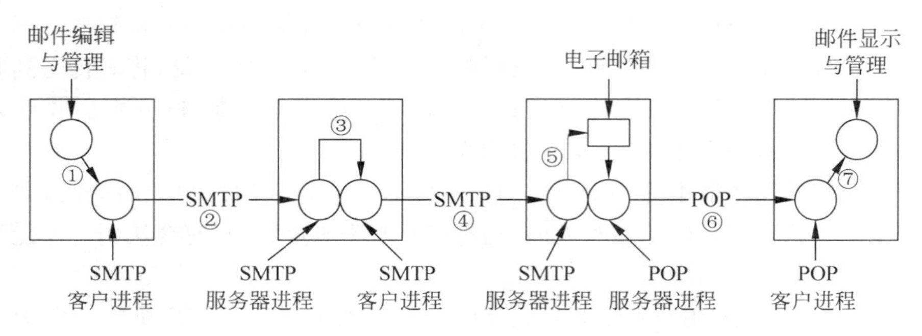

图 14-2　TCP/IP 互联网上的电子邮件传输过程

(2) 本机 SMTP 客户进程与本地邮件服务器的 SMTP 服务器进程建立连接,并按照 SMTP 协议将邮件传递到该服务器。

(3) 邮件服务器检查收到邮件的收件人邮箱是否处于本服务器中,如果是,就将该邮件保存在这个邮箱中;如果不是,则将该邮件交由本地邮件服务器的 SMTP 客户进程处理。

(4) 本地服务器的 SMTP 客户程序直接向拥有收件人邮箱的远程邮件服务器发出请求,远程 SMTP 服务器进程响应,并按照 SMTP 协议传递邮件。

(5) 由于远程服务器拥有收件人的信箱,因此,邮件服务器将邮件保存在该信箱中。

(6) 当用户需要查看自己的邮件时,首先利用电子邮件应用程序的 POP 客户进程向邮件服务器的 POP 服务进程发出请求。POP 服务进程检查用户的电子信箱,并按照 POP3 协议将信箱中的邮件传递给 POP 客户进程。

(7) POP 客户进程将收到的邮件提交给电子邮件应用程序的显示和管理模块,以便用户查看和处理。

从邮件在 TCP/IP 互联网中的传递和处理的过程可以看出,利用 TCP 连接,用户发送的电子邮件可以直接由源邮件服务器传递到目的邮件服务器,因此,基于 TCP/IP 互联网的电子邮件系统具有很高的可靠性和传递效率。

14.1.3　电子邮件地址

传统的邮政系统要求发信人在信封上写清楚收件人的姓名和地址,这样,邮递员才能为你投递信件。互联网上的电子邮件系统也要求用户有一个电子邮件地址。TCP/IP 互联网上电子邮件地址的一般形式为:

```
local - part@domain - name
```

这里“@”把邮件地址分成两部分,其中,domain-name 是邮件服务器(有时也称为邮件交换机)的域名,而 local-part 则表示邮件服务器上的用户邮箱名。例如,南开大学网络实验室的一台邮件服务器的域名为 netlab. nankai. edu. cn,如果这台服务器上有一个名为 johnny 的用户邮箱,那么,这个用户的电子邮件地址就是 johnny@netlab. nankai. edu. cn。实际上,所谓的用户邮箱,就是邮件服务器为这个用户分配的一块存储空间。

从电子邮件地址的一般形式看，只要保证邮件服务器域名在整个电子邮件系统中是唯一的，用户邮箱名在这台邮件服务器上是唯一的，就可以保证电子邮件地址在这个互联网上是唯一的。

电子邮件系统在投递电子邮件时，需要利用域名系统将电子邮件地址中的域名转换成邮件服务器的 IP 地址。一旦有了 IP 地址，电子邮件系统就知道邮件需要送到哪里了。当目的邮件服务器收到信件后，取出电子邮件地址中的本地部分，据此将邮件放入合适的用户邮箱。

电子邮件系统不仅支持两个用户之间的通信，而且可以利用所谓的邮寄列表(mailing list)向多个用户发送同一邮件。邮寄列表是一组电子邮件地址，这组电子邮件地址有一个共同的名称，称为"别名(alias)"。发给该"别名"的邮件会自动分发到它所包含的每一个电子邮件地址。

14.2　电子邮件传递协议

14.2.1　简单邮件传输协议 SMTP

简单邮件传输协议 SMTP 是电子邮件系统中的一个重要协议，它负责将邮件从一个"邮局"传送给另一个"邮局"。SMTP 的最大特点就是简单和直观，它不规定邮件的接收程序如何存储邮件，也不规定邮件发送程序多长时间发送一次邮件，它只规定发送程序和接收程序之间的命令和应答。

SMTP 邮件传输采用客户—服务器模式，邮件的接收程序作为 SMTP 服务器在 TCP 的 25 端口守候，邮件的发送程序作为 SMTP 客户在发送前需要请求一条到 SMTP 服务器的连接。一旦连接建立成功，收发双发就可以传递命令、响应和邮件内容。

SMTP 协议中定义的命令和响应都是可读的 ASCII 字符串，表 14-1 和表 14-2 分别给出了常用的 SMTP 命令和响应。其中，SMTP 响应字符串以 3 位数字开始，后面跟有该响应的具体描述。

表 14-1　常用的 SMTP 命令

命　令	描　述
HELO ＜主机域名＞	开始会话
MAIL FROM：＜发送者电子邮件地址＞	开始一个邮递处理，指出邮件发送者
RCPT TO：＜接收者电子邮件地址＞	指出邮件接收者
DATA	接收程序将 DATA 命令后面的数据作为邮件内容处理，直到＜CR＞＜LF＞.＜CR＞＜LF＞出现
RSET	中止当前的邮件处理
NOOP	无操作
QUIT	结束会话

表 14-2 常用的 SMTP 响应

命令	描述
220	域服务已准备好
221	系统状态或系统帮助应答
250	请求的命令成功完成
354	可以发送邮件内容
500	语法错误,命令不能识别
502	命令未实现
550	邮箱不可用

alice@nankai.edu.cn 向 bob@tsinghua.edu.cn 发送电子邮件的 SMTP 传输过程如表 14-3 所示。从表中可以看到,SMTP 邮件传递过程大致分成如下三个阶段。

(1) 连接建立阶段:在这一阶段,SMTP 客户请求与服务器的 25 端口建立一个 TCP 连接。一旦连接建立,SMTP 服务器和客户就开始相互通报自己的域名,同时确认对方的域名。

(2) 邮件传递阶段:利用 MAIL、RCPT 和 DATA 命令,SMTP 将邮件的源地址、目的地址和邮件的具体内容传递给 SMTP 服务器。SMTP 服务器进行相应的响应并接收邮件。

(3) 连接关闭阶段:SMTP 客户发送 QUIT 命令,服务器在处理命令后进行响应,随后关闭 TCP 连接。

表 14-3 SMTP 通信过程实例

发送方与接收方的交互过程	命令和响应解释	阶段
S:220 Tsinghua.edu.cn	“我的域名是 tsinghua.edu.cn”	连接建立
C:HELO nankai.eud.cn	“我的域名是 nankai.edu.cn”	
S:250 tsinghua.edu.cn	“好的,可以开始邮件传递了”	
C:MAIL FROM:<alice@nankai.edu.cn>	“邮件来自 alice@nankai.edu.cn”	邮件传送
S:250 OK	“知道了”	
C:RCPT TO:<bob@tsinghua.edu.cn>	“邮件发往 bob@tsinghua.edu.cn”	
S:250 OK	“知道了”	
C:DATA	“准备好接收,要发送邮件具体内容了”	
S:354 Go ahead	“没问题,可以发送”	
C:邮件的具体内容……	发送方发送邮件的具体内容……	
C:……	……	
C:<CR><LF>.<CR><LF>	“发送完毕”	
S:250 OK	“好的,都接收到了”	
C:QUIT	“可以拆除连接了”	连接关闭
S:221	“好的,马上拆除”	

注:S——服务器,C——客户,<CR>——回车,<LF>——换行。

14.2.2　邮局协议 POP3

当邮件到来后，首先存储在邮件服务器的电子邮箱中。如果用户希望查看和管理这些邮件，可以通过 POP3 协议将邮件下载到用户所在的主机。

POP3 是邮局协议 POP 的第三个主要版本，它允许用户通过 PC 动态检索邮件服务器上的邮件。但是，除了下载和删除之外，POP3 没有对邮件服务器上的邮件提供很多的管理操作。

POP3 本身也采用客户—服务器模式，其客户程序运行在用户的 PC 上，服务器程序运行在邮件服务器上。当用户需要下载邮件时，POP 客户首先向 POP 服务器的 TCP 守候端口 110 发送建立连接的请求。一旦 TCP 连接建立成功，POP 客户就可以向服务器发送命令、下载和删除邮件。

与 SMTP 协议相同，POP3 的命令和响应也采用 ASCII 字符串的形式，非常直观和简单。表 14-4 列出了 POP3 常用的命令。POP3 的响应有两种基本类型，一种以“+OK”开始，表示命令已成功执行或服务器准备就绪等；另一种以“-ERR”开始，表示错误的或不可执行的命令。在“+OK”和“-ERR”后面，一般都跟有附加信息对响应进行具体描述。如果响应信息包含多行，那么，只有包含“.”的行表示响应结束。

表 14-4　常用的 POP3 命令

命　　令	描　　述
USER <用户邮箱名>	客户机希望操作的电子邮箱
PASS <口令>	用户邮箱的口令
STAT	查询报文总数和长度
LIST [<邮件编号>]	列出报文的长度
RETR <邮件编号>	请求服务器发送指定编号的邮件
DELE <邮件编号>	对指定编号的邮件作删除标记
NOOP	无操作
RSET	复位操作，清除所有删除标记
QUIT	删除具有“删除”标记的邮件，关闭连接

表 14-5 显示了一个名为 bob 的用户检索 POP3 邮件服务器的信息传递过程。从表中可以看到，用户检索 POP3 邮件服务器的过程可以分成如下三个阶段。

(1) 认证阶段：由于邮件服务器中的邮箱具有一定权限，只有有权限用户才能访问，因此，在 TCP 连接建立之后，通信的双方随即进入认证阶段。客户程序利用 USER 和 PASS 命令将邮箱名和密码传送给服务器，服务器据此判断该用户的合法性，并给出相应的应答。一旦用户通过服务器的验证，系统就进入了事务处理阶段。

(2) 事务处理阶段：在事务处理阶段，POP3 客户可以利用 STAT、LIST、RETR、DELE 等命令检索和管理自己的邮箱，服务器在完成客户请求的任务后返回响应的命令。不过需要注意，服务器在处理 DELE 命令请求时并未将邮件真正删除，只是给邮件作了一个特定的删除标记。

表 14-5　POP3 通信过程实例

发送方与接收方的交互过程	命令和响应解释	阶段
S：+OK POP3 mail server ready C：USER bob S：+OK bob is welcome here C：PASS ****** S：+OK bob's maildrop has 2 messages (320 octets)	"我是 POP3 服务器,可以开始了" "我的邮箱名是 bob" "欢迎到这里检索你的邮箱" "我的密码是 ****** " "你邮箱中有两个邮件,320 字节"	认证阶段
C：STAT S：+OK 2 320 C：LIST S：+OK 2 messages S：1 120 S：2 200 S：. C：RETR 1 S：+OK 120 octets S：第 1 封邮件内容…… S：. C：DELE 1 S：+OK message 1 deleted C：RETR 2 S：+OK 200 octets S：第 2 封邮件内容…… S：. C：DELE 2 S：+OK message 2 deleted	"邮箱中信件总数和总长度是多少?" "2 个信件,320 字节" "请列出每个信件的长度" "总共有 2 封信件" "第 1 个 120 字节" "第 2 个 200 字节" "结束了" "请发送第 1 封信件给我" "该信件 120 字节" 第 1 封信件的具体内容…… "发完了" "删除第 1 封信件" "好的,已为第 1 封信件作了删除标记" "请发送第 2 封信件给我" "该信件 200 字节" 第 2 封信件的具体内容…… "发完了" "删除第 2 封信件" "好的,已为第 2 封信件作了删除标记"	事务处理阶段
C：QUIT S：+OK POP3 mail server signing off (maildrop empty)	"可以拆除连接了" "已经将作过删除标记的邮件全部删除"	更新阶段

注：S——服务器,C——客户。

(3) 更新阶段：当客户发送 QUIT 命令时,系统进入更新阶段。POP3 服务器将作过删除标记的所有邮件从系统中全部真正删除,然后 TCP 关闭连接。

14.3　电子邮件的报文格式

SMTP 协议和 POP3 协议都是有关电子邮件在主机之间的传递协议,那么,电子邮件系统对电子邮件的报文有什么要求吗?

与普通的邮政信件一样,电子邮件本身也有自己固定的格式。RFC822 和多用途互联网邮件扩展协议(Multipurpose Internet Mail Extensions,MIME)对电子邮件的报文格式作出了具体规定。

14.3.1　RFC822

RFC822 将电子邮件报文分成两部分，一部分为邮件头(Mail Header)；另一部分为邮件体(Mail Body)，两者之间使用空行分隔。邮件头是一些控制信息，如发信人的电子邮件地址、收信人的电子邮件地址、发送日期等。邮件体是用户发送的邮件内容，RFC822 只规定它是 ASCII 字符串。

邮件头有多行组成，每行由一个特定的字符串开始，后面跟有对该字符串的说明，中间用“:”隔开。例如，“From:alice@nankai.edu.cn”表示电子邮件发件人的电子邮件信箱是 alice@nankai.edu.cn，而“To:bob@tsinghua.edu.cn”则表示电子邮件收件人的电子邮件信箱是“bob@tsinghua.edu.cn”。

在邮件头中，有些行是由发信人在撰写电子邮件过程中加入的(如以 From、To、Subject 等开头的行)，有些则是在邮件转发过程中机器自动加入的(如以 Received、Date 开始的行)。图 14-3 显示了一个完整的接收邮件，其中，Received 和 Date 是机器在转发邮件的过程中加入的，From、To 和 Subject 是由发信人在撰写邮件过程中添加的。

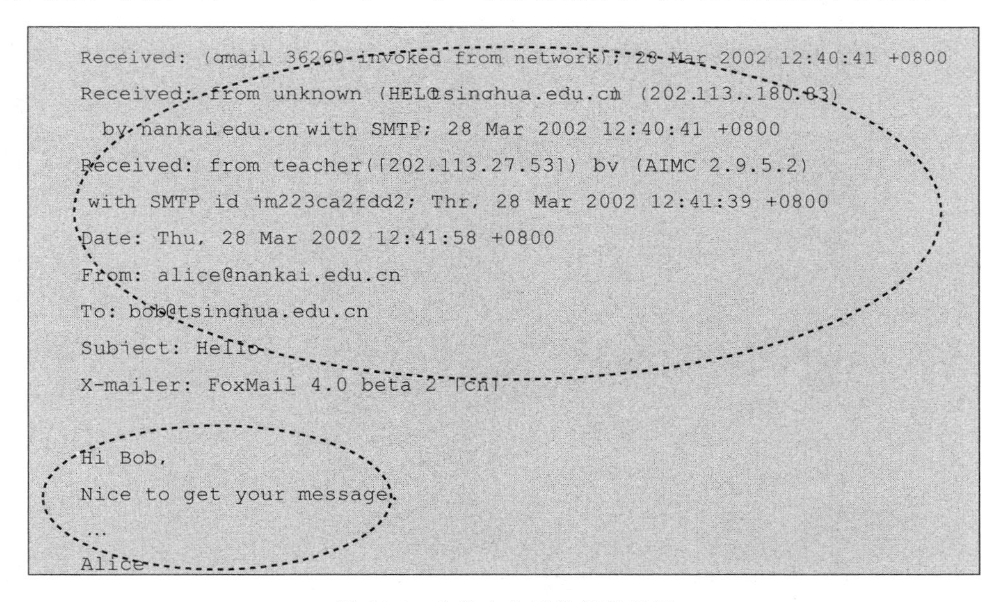

图 14-3　收件人收到的邮件实例

RFC822 对邮件的最大限制是邮件体为 7 位 ASCII 文本，而且 SMTP 中又规定传输邮件时将 8 位字节的高位清 0，这样电子邮件就不能包括多国文字(如中文)和多媒体信息。所以，RFC822 邮件格式急需扩充，于是提出了 MIME 协议。

14.3.2 多用途 Internet 邮件扩展协议 MIME

为了使电子邮件能够传输多媒体等二进制信息，MIME 对 RFC822 进行了扩充。MIME 协议继承了 RFC822 的基本邮件头和邮件体模式，但在此基础上增加了一些邮件头字段，并要求对邮件体进行编码，将 8 位的二进制信息变换成 7 位的 ASCII 文本。

主要增加的邮件头字段包括以下方面。

- MIME-Version：表明该邮件遵循 MIME 标准的版本号。目前的主要标准为 1.0。
- Content-Type：说明邮件体包含的数据类型。MIME 定义了七种邮件体类型和一系列的子类型，这七种类型为：text(文本)、message(报文)、image(图像)、audio(音频)、video(视频)、application(应用)和 multipart(大部分)。
- Content-Transfer-Encoding：指出邮件体的数据编码类型。由于电子邮件需要传输多媒体等二进制信息，因此，必须定义一种机制把二进制数据编码成 7 位 ASCII 文本。MIME 推荐的编码方式包括带引见符的可打印编码(quoted-printable)和基数 64 编码(base64)。

图 14-4 给出了一个使用 MIME 格式的电子邮件。其中"MIME-Version：1.0"表示使用的 MIME 为 1.0 版本，"Content-Type：image/bmp"表示邮件体的内容为 bmp 图像，而"Content-Transfer-Encoding：base64"则表示邮件体按照 base64 方案编码。

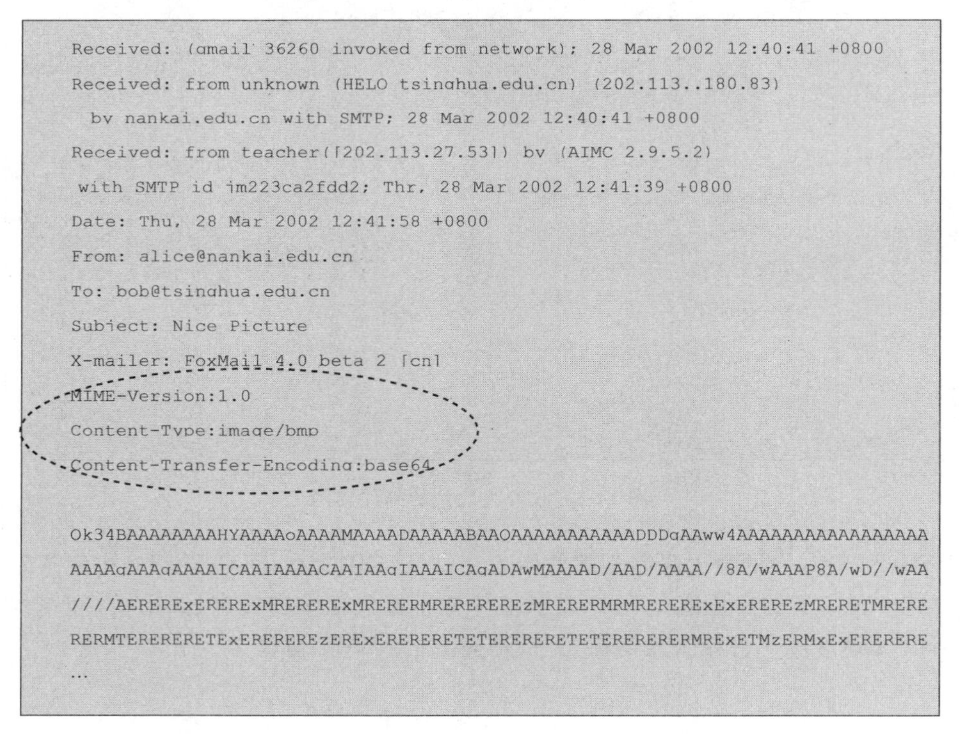

```
Received: (qmail 36260 invoked from network); 28 Mar 2002 12:40:41 +0800
Received: from unknown (HELO tsinghua.edu.cn) (202.113..180.83)
  by nankai.edu.cn with SMTP; 28 Mar 2002 12:40:41 +0800
Received: from teacher([202.113.27.53]) by (AIMC 2.9.5.2)
 with SMTP id jm223ca2fdd2; Thr, 28 Mar 2002 12:41:39 +0800
Date: Thu, 28 Mar 2002 12:41:58 +0800
From: alice@nankai.edu.cn
To: bob@tsinghua.edu.cn
Subject: Nice Picture
X-mailer: FoxMail 4.0 beta 2 [cn]
MIME-Version:1.0
Content-Type:image/bmp
Content-Transfer-Encoding:base64
```

Ok34BAAAAAAAAHYAAAAoAAAAMAAAADAAAAABAAOAAAAAAAAAAAADDDqAAww4AAAAAAAAAAAAAAAA
AAAAqAAAqAAAAICAAIAAAACAAIAAqIAAAICAqADAwMAAAAD/AAD/AAAA//8A/wAAAP8A/wD//wAA
////AEREREExEREREXMREREREXMRERERMRERERERzMREREREMRMREREREXExEREREzMREREETMRERE
RERMTERERERERETExERERERERzEREXEREREREETETERERERERETETERERERERERMRExETMzERMxExERERERE
...

图 14-4 使用 MIME 格式的电子邮件

14.4　实训：观察 SMTP 通信过程

为了更好地理解 SMTP 协议中信息的交互过程，本实训首先利用 Visual Basic 编写一个简化的 SMTP 服务器，通过利用 Microsoft Outlook Express 等电子邮件客户端程序与之通信，观察 SMTP 协议的信息交换过程。

14.4.1　编写简化的 SMTP 服务器

为了观察 Outlook Express 与 SMTP 邮件服务器的交互过程，我们需要用 Microsoft Visual Basic 6.0 编写一个简化的 SMTP 服务器。该服务器只支持一个用户同时发送邮件，既不保存所收到的邮件，也不转发收到的邮件，甚至不作错误处理，它仅仅响应 Outlook Express 的命令，并将命令的交互过程和收到的电子邮件显示到屏幕上。

在 Windows 2003 Server 下，利用 Microsoft Visual Basic 6.0 编写 SMTP 服务器程序的步骤如下：

(1) 启动装有 Microsoft Visual Basic 6.0 的主机，通过"开始→程序→Microsoft Visual Studio 6.0→Microsoft Visual Basic 6.0"命令创建一个标准的 EXE 编程工程。

(2) 为了使编写的客户程序更加清晰和容易理解，可以将窗体(Form)的名字(Name)属性改为"SMTPServer"，将窗体的标题(Caption)属性改为"邮件服务器"，如图 14-5 所示。

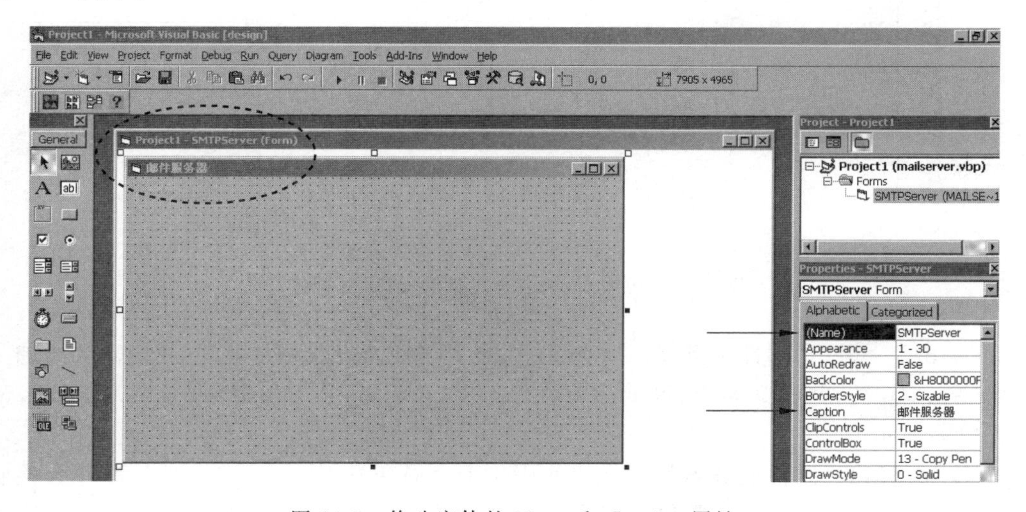

图 14-5　修改窗体的 Name 和 Caption 属性

(3) 在 SMTPServer 窗体上增加一个名字(Name)为 lstLog 的列表框，用于显示服务器和客户机的交互过程，同时，增加一个名字(Name)为 lblLog、标题(Caption)为"SMTP 服务器日志"的标签，用于说明 lstLog 列表框的功能，如图 14-6 所示。

图 14-6　增加 lstLog 列表框和 lblLog 标签

(4) 为了显示接收的邮件内容,我们在 SMTPServer 窗体上增加一个文本框,并将其名字(Name)属性改为 txtMail,多行显示(MultiLine)属性改为 True。另外,增加一个名字(Name)为 lblMail 的标签,用于说明 txtMail 文本框的功能,如图 14-7 所示。

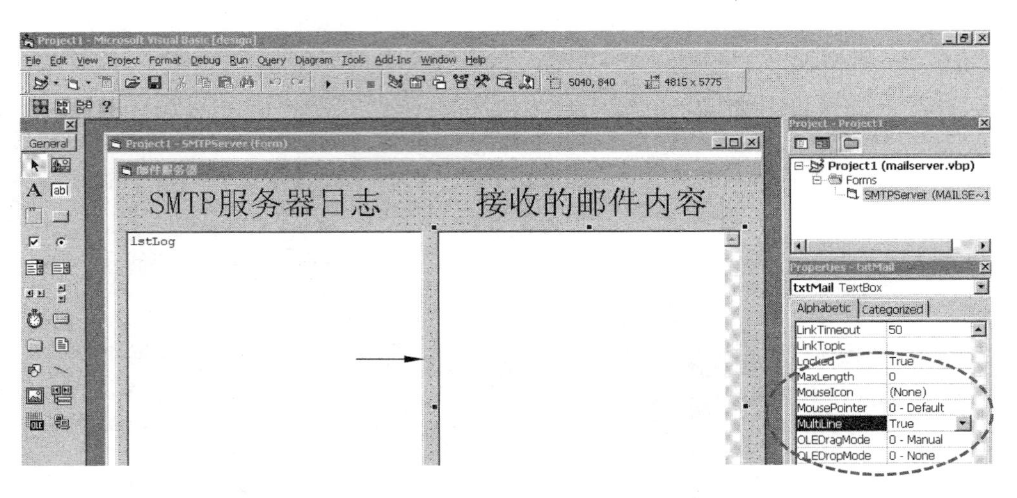

图 14-7　增加 txtMail 文本框和 lblMail 标签

(5) 由于 SMTP 邮件服务器需要在 TCP 的 25 端口进行监听,因此,我们需要增加一个 Winsock 控件,并将其名字(Name)属性修改为 sckSMTP,LocalPort 属性修改为 25,如图 14-8 所示。

(6) 本 SMTP 邮件服务器程序需要使用 4 个全局变量,其中 strRec 字符串作为接收数据的缓冲区,strResponse 字符串保存服务器的响应信息,IsData 整数标识系统是否处于邮件内容接收阶段,而 IsQuit 整数标识邮件服务器是否接收到客户的"QUIT"命令。具体的程序代码如图 14-9 所示。

(7) Form Load 事件是程序在启动后最早产生的事件之一。在这个事件过程中,首先需要初始化全局变量,将 IsData 和 IsQuit 置为 0,并将接收缓冲区 strRec 清空。然后,

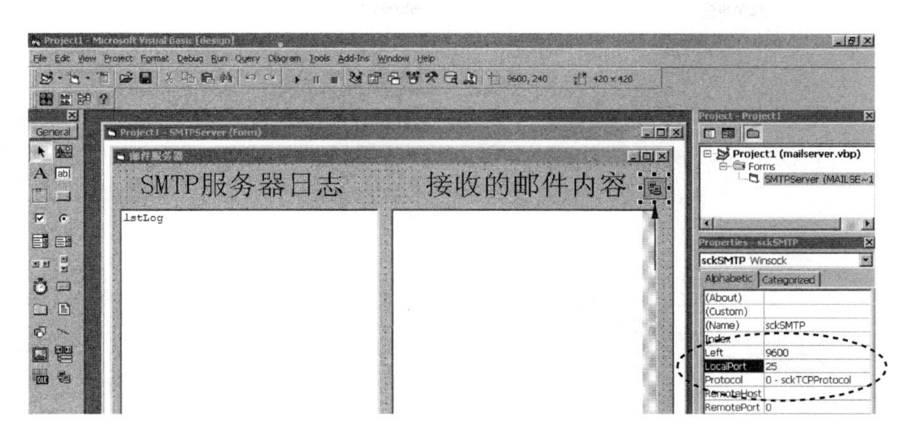

图 14-8　添加 Winsock 控件并修改属性

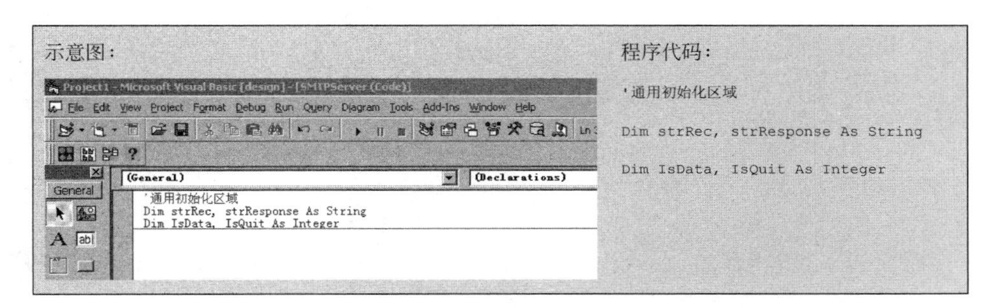

图 14-9　SMTP 服务器使用的全局变量

利用 Winsock 的 Listen 方法让 sckSMTP 控件在 TCP 的著名端口 25 端口守候。最后，将“SMTP 服务器准备好”写入 lstLog 列表框，如图 14-10 所示。

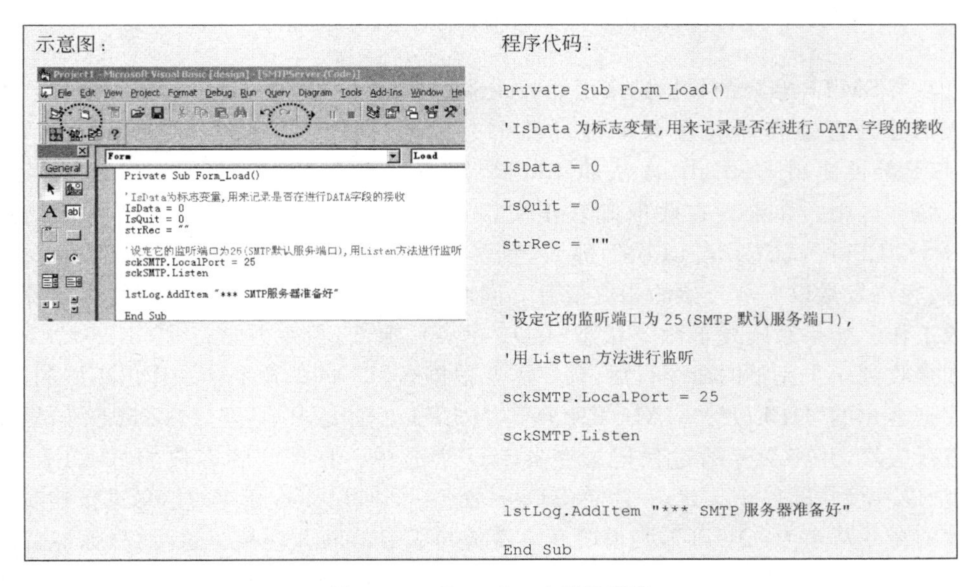

图 14-10　Form Load 程序代码

(8) 当 SMTP 客户进行连接请求时，sckSMTP 控件会产生 ConnectionRequest 事件。在该事件的处理过程中，我们首先将“收到连接请求”写入 lstLog 列表中。然后，判断 sckSMTP 控件是否处于关闭状态，如果不是，可以调用 Close 方法将其关闭。当 sckSMTP 控件使用 Accept 方法接受客户的连接请求后，程序就可以向客户发出以“220”开头的响应信息，通知 SMTP 客户连接建立完毕，可以向服务器发送其他命令了，如图 14-11 所示。

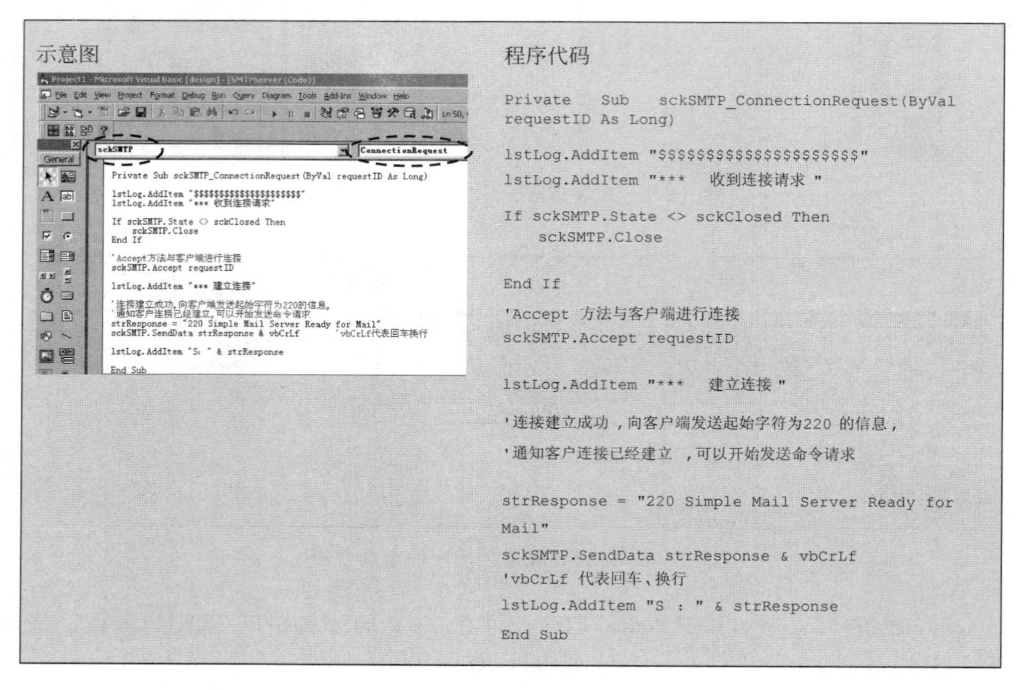

图 14-11　SMTPServer 控件的 ConnectionRequest 事件过程

(9) 当 SMTP 客户的数据到来之后，sckSMTP 控件会产生 DataArrival 事件。本程序的大部分处理工作需要在该事件过程中完成，如图 14-12 和图 14-13 所示。首先，sckSMTP 控件使用 GetData 方法将 SMTP 客户发来的数据取出，并将数据保存在 strRec 缓冲区中。如果正在收取邮件正文(IsData＝1)并且收到了邮件正文的结束符“＜CR＞＜LF＞.＜CR＞＜LF＞”，那么，程序将收到的邮件正文显示在 txtMail 文本框中，并向客户发送以 250 开始的相应信息。同时，程序将 IsData 设置为 0，结束邮件正文的接收工作。如果系统处于命令状态(IsData＝0)，那么，命令应该以＜CR＞＜LF＞结束。在接收到一个完整的命令行后，程序需要根据客户不同的命令请求作出不同的应答。在接收到客户的“HELO”、“MAIL FROM”、“REPT TO”请求后，程序以 250 开始的简单信息进行应答，并将交互的过程记录在 lstLog 列表中。在接收到客户的“DATA”请求后，系统进入接收邮件正文状态(需将 IsData 置 1)，同时以 354 开始的信息进行响应。如果接收的命令请求为“QUIT”，则说明客户希望与服务器断开连接。这时，服务器首先以 221 开始的信息应答 SMTP 客户，然后调用 Winsock 的 Close 方法断开与客户的连接并继续在 TCP 的 25 端口守候。对于客户请求的其他命令，本程序全部使用“550 Unknown Command”响应。

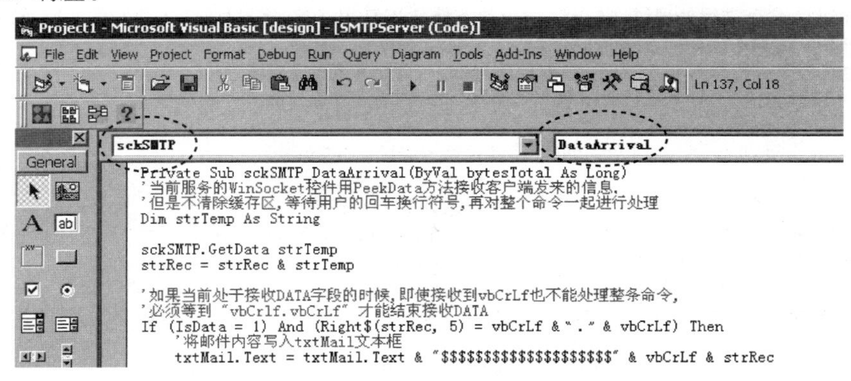

图 14-12　SMTPServer 控件的 DataArrival 事件过程示意图

```
Private Sub sckSMTP_DataArrival(ByVal bytesTotal As Long)
'当前服务的 WinSocket 控件用 PeekData 方法接收客户端发来的信息,
'但是不清除缓存区,等待用户的回车换行符号,再将整个命令一起进行处理
Dim strTemp As String

sckSMTP.GetData strTemp
strRec = strRec & strTemp

'如果当前处于接收 DATA 字段的时候,即使接收到 vbCrLf 也不能处理整条命令,
'必须等到 "vbCrlf.vbCrLf" 才能结束接收 DATA
If (IsData = 1) And (Right$(strRec, 5) = vbCrLf & "." & vbCrLf) Then
    '将邮件内容写入 txtMail 文本框
    txtMail.Text = txtMail.Text & "$$$$$$$$$$$$$$$$$$$$"& vbCrLf & strRec
    '接收 DATA 完成,向客户端发送以 250 为开头的信息,通知客户端继续发送命令请求
    strRec = ""
    IsData = 0
    strResponse = "250 Message accepted for delivery"
    sckSMTP.SendData strResponse & vbCrLf
    lstLog.AddItem "S: " & strResponse
    Exit Sub
End If

If ((IsData = 0) And (Right$(strRec, 2) = vbCrLf)) Then
    lstLog.AddItem "C: " & Left$(strRec, Len(strRec) - 2)

    '下面为对接收的每条完整命令(以 vbCrLf 为结尾)进行处理
    '对 HELO 命令的处理,接收信息,同时向客户端发送以 250 开头的信息,通知继续命令请求
    If Left$(strRec, 4) = "HELO" Then
        strResponse = "250 OK " + sckSMTP.RemoteHostIP

    '对 MAIL FROM:命令进行处理,接收信息,同时向客户端发送以 250 开头的信息,通知继续命令请求
    ElseIf Left$(strRec, 10) = "MAIL FROM:" Then
        strResponse = "250 Sender OK"

    '处理 RCPT TO:命令,在此验证收信人的邮件服务器是否为本机,以及收信人是否在本机有账户
```

图 14-13　SMTPServer 控件的 DataArrival 事件过程代码

```
    ElseIf Left$(strRec, 8) = "RCPT TO:" Then
        strResponse = "250 Receiver OK"
    '对 DATA 命令进行处理,接收 DATA 命令的条件是 MAIL 和 RCPT 字段(收信人和发信人)不能为空
    '向客户端发送以 354 开头的信息,
    '通知可以进行信件正文发送,要求以单独的'.'为结束符
    ElseIf Left$(strRec, 4) = "DATA" Then
        IsData = 1
        strResponse = "354 Go ahead. End with <CRLF>.<CRLF>"

    '对于 QUIT 命令,发送以 221 为开始的字段通知客户端传输结束
    '查看 MAIL、RCPT、DATA 字段是否存在,如果存在,则进行邮件储存工作
    ElseIf Left$(strRec, 4) = "QUIT" Then
        IsQuit = 1 '设置关闭标志
        strResponse = "221 Quit, Goodbye!"
    Else
        strResponse = "550 Unknown command"    '不可识别的命令
    End If

    strRec = ""                                '请接收缓冲区
    sckSMTP.SendData strResponse & vbCrLf      '发送响应
    lstLog.AddItem "S: " & strResponse         '填写日志

    If IsQuit = 1 Then
        '调用关闭 WinSocket 过程
        sckSMTP.Close
        '继续监听
        sckSMTP.LocalPort = 25
        sckSMTP.Listen

        IsQuit = 0
    End If
End If
End Sub
```

图 14-13(续)

(10) 当 SMTP 客户发起断连请求后,sckSMTP 控件会产生 Close 事件。对于 sckSMTP Close 事件的处理,程序只简单地关闭这条连接并继续监听 TCP 的 25 端口,如图 14-14 所示。

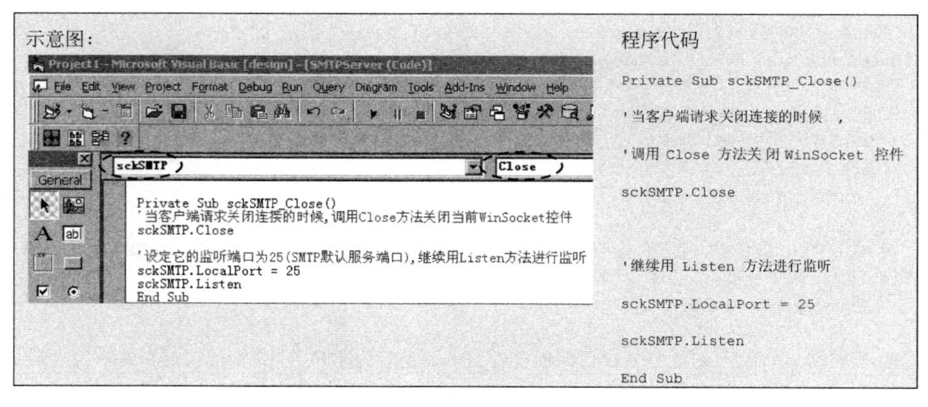

图 14-14 sckSMTP 控件的 Close 事件过程

一旦完成以上工作，就可以进行程序的运行和调试了。在正常情况下，该简化 SMTP 服务器的初始运行界面如图 14-15 所示。

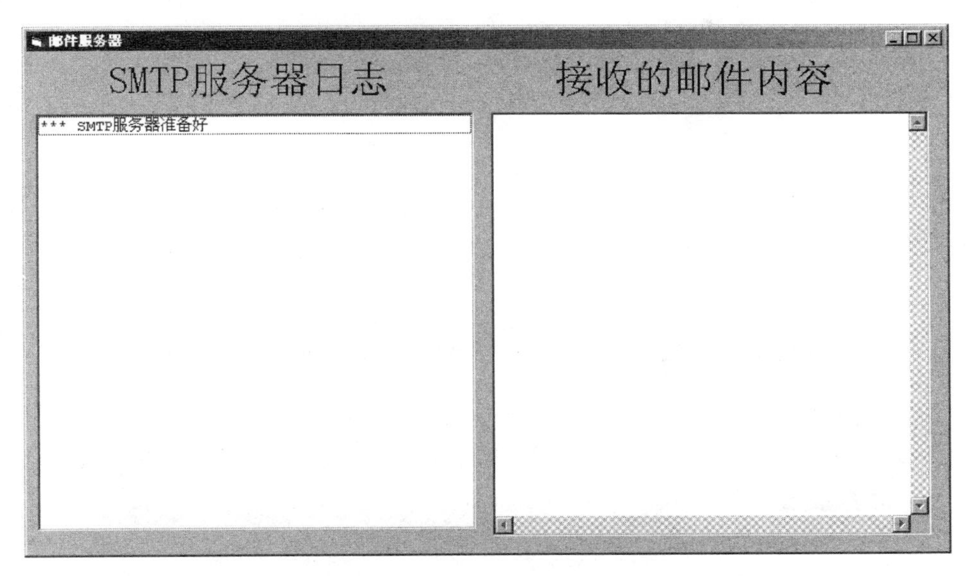

图 14-15　简化 SMTP 服务器的初始运行界面

14.4.2　观察 SMTP 客户与服务器的交互过程

为了观察 SMTP 客户与服务器的交互过程，首先需要在网络的一台主机上启动编写的 SMTP 服务器，然后在网络的另一台主机上启动 Outlook Express。Outlook Express 是一个电子邮件客户端程序，利用 Outlook Express 和编写的 SMTP 服务器程序进行通信，可以观察 SMTP 协议信息交互过程。图 14-16 给出了观察 SMTP 客户与服务器交互过程的网络结构图。

1. 运行 SMTP 服务程序

在图 14-16 所示的 SMTP 服务器(假设 IP 地址为 192.168.0.64)上运行我们编写完成的简化 SMTP 服务器，其初始运行界面如图 14-15 所示。

2. 配置 Outlook Express 客户程序

(1) 启动 Outlook Express：Microsoft Outlook Express 是 Windows 2003 的一个标准组件，通常随安装 Microsoft Windows 2003 Server 一起安装。通过"开始→程序→Outlook Express"命令，可以启动 Outlook Express 程序。Outlook Express 程序启动后的界面如图 14-17 所示。

(2) 创建邮件账号：用户要使用 Outlook Express 收发电子邮件必须首先建立自己的邮件账号，即设置从哪个邮件服务器接收邮件、通过哪个服务器发送邮件及接收邮件时

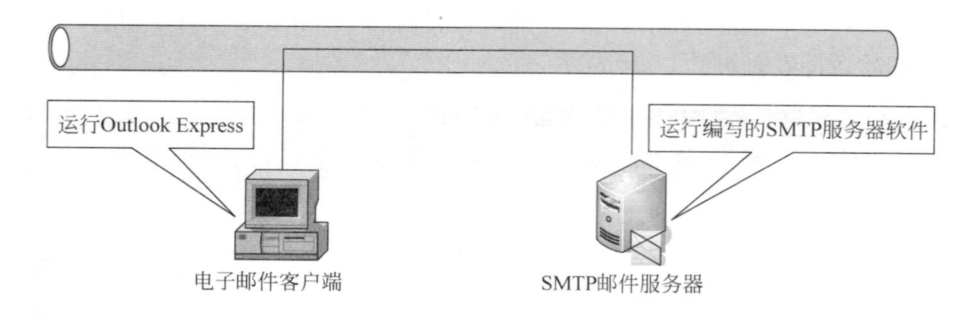

图 14-16　观察 SMTP 信息交互过程的网络结构图

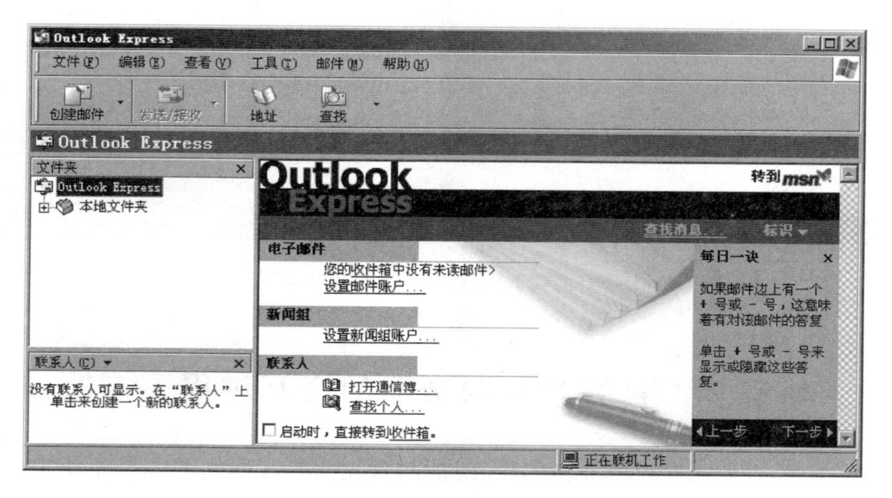

图 14-17　Outlook Express 程序界面

的登录账号等。创建新的邮件账号可以通过执行"工具"菜单中的"账号"命令进行,在出现的"Internet 账户"对话框中选择"邮件"选项卡,如图 14-18 所示。通过单击"添加"按钮并选择"邮件"选项,系统将显示"Internet 连接向导"对话框后。通过 Internet 连接向导,输入自己的邮件地址、接收邮件的 POP3 服务器地址、发送邮件的 SMTP 服务器地址,以及登录邮件服务器的账户和密码等信息,就可以建立一个新的邮件账户。本实训的目的是为了观察 SMTP 客户机和服务器的信息交互过程,因此需要将发送邮件的 SMTP 服务器地址设置为 192.168.0.64(即运行简化 SMTP 服务器程序的主机 IP 地址),POP3 邮件服务器的地址等其他内容可以任意填写,如图 14-19 所示。

(3) 书写和编辑电子邮件: Outlook Express 提供了一个很好用的文本编辑器,用来创建和编辑邮件正文内容。在工具栏上单击"创建邮件"按钮,出现"新邮件"对话框,如图 14-20 所示,然后选择发送邮件使用的邮件账号,再依次输入收件人的电子邮件地址、需要抄送人的电子邮件地址、主题等内容。在编辑邮件正文时,可以像在 Word 中那样对文字使用的字体、字号进行改变,以便编辑出令人舒适、重点突出的正文内容。如需要将图片、视频、文档等内容随邮件一起发送,可以将它们作为附件插入邮件中。图 14-20 显

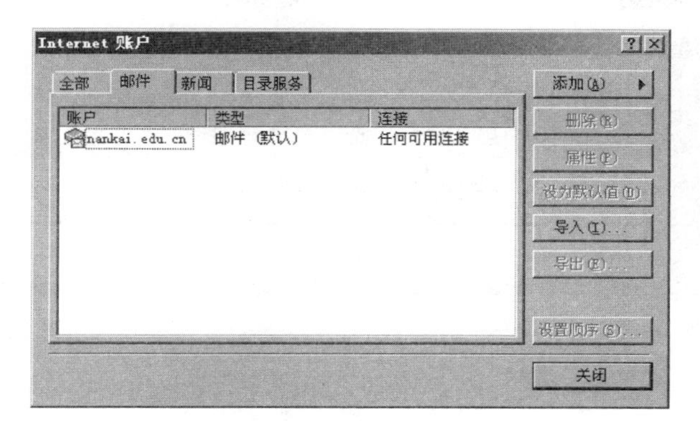

图 14-18 “Internet 账户”对话框

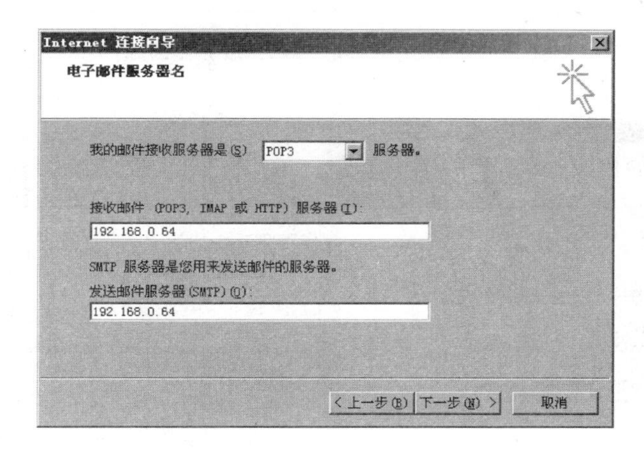

图 14-19 实训中“发送邮件服务器”一项的内容示意图

示了一个发送给我们编写的简化 SMTP 服务器程序的邮件。在本实训中，发送账号需要使用第(2)步建立的 SMTP 服务器指向 192.168.0.64(运行我们编写的简化 SMTP 服务器的主机)的邮件账号。如果“发送人”后面列出的不是该账号，可以通过单击“发送人”后面的下三角按钮进行选择。

3. 发送邮件并观察 SMTP 消息的交互过程

电子邮件编辑完成后，可以单击图 14-20 界面中工具栏上的按钮发送电子邮件。在本实训中，如果编写的简化 SMTP 服务器程序运行正确，同时 Outlook Express 的配置也正确，那么在发送邮件后就可以看到如图 14-21 所示的界面。界面左面的列表框显示了 SMTP 客户与服务器的命令交互过程，而界面右面的文本框则列出了收到的邮件正文。仔细观察 SMTP 服务器显示的这些信息，看一看你是否能明白它们表达的具体含义。

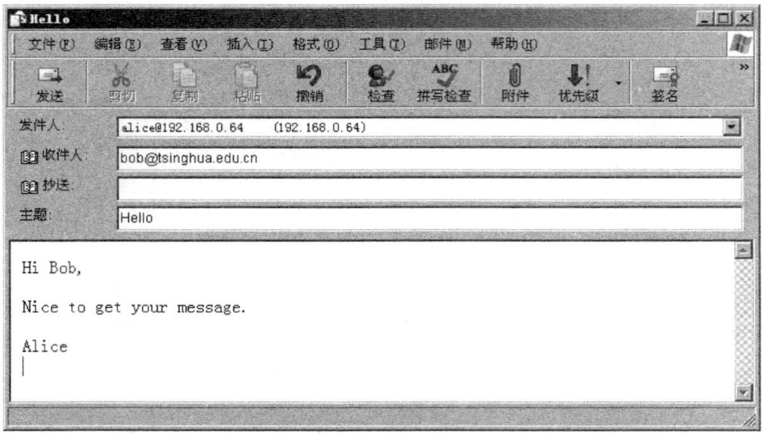

Hello

文件(F) 编辑(E) 查看(V) 插入(I) 格式(O) 工具(T) 邮件(M) 帮助(H)

发送 剪切 复制 粘贴 撤销 检查 拼写检查 附件 优先级 签名

发件人: alice@192.168.0.64 (192.168.0.64)

收件人: bob@tsinghua.edu.cn

抄送:

主题: Hello

Hi Bob,

Nice to get your message.

Alice

图 14-20 发送给简化 SMTP 服务器的邮件

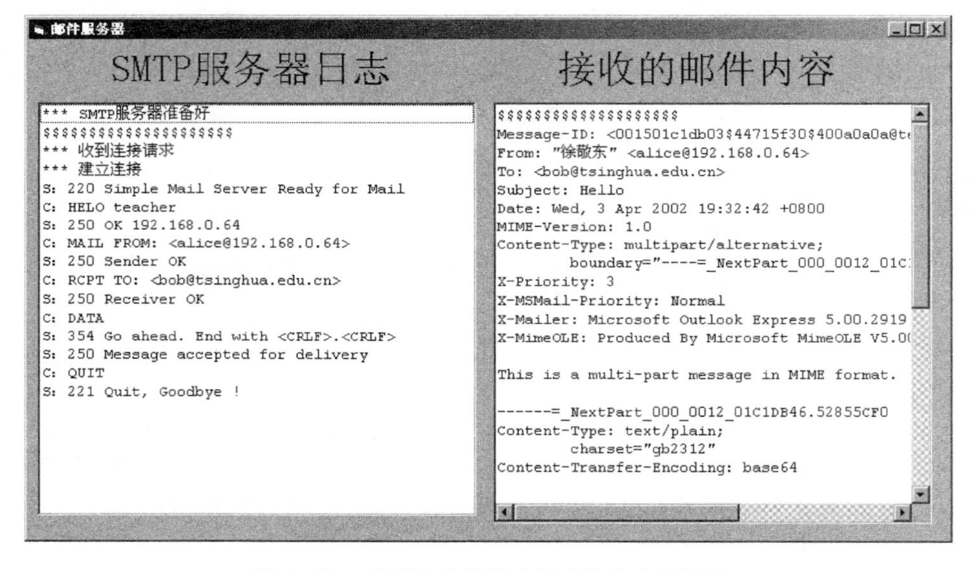

图 14-21 SMTP 服务器接收到邮件后的界面

练　习　题

一、填空题

(1) 在 TCP/IP 互联网中,电子邮件客户端程序向邮件服务器发送邮件使用________协议,电子邮件客户端程序查看邮件服务器中自己的邮箱使用________或________协议,邮件服务器之间相互传递邮件使用________协议。

(2) SMTP 服务器通常在________的________端口守候,而 POP3 服务器通常在________的________端口守候。

二、单项选择题

(1) 电子邮件系统的核心是(　　)。

A. 电子邮箱　　B. 邮件服务器　　C. 邮件地址　　D. 邮件客户机软件

(2) 某用户在域名为 mail. nankai. edu. cn 的邮件服务器上申请了一个电子邮箱,邮箱名为 wang,那么(　　)为该用户的电子邮件地址。

A. mail. nankai. edu. cn@wang　　B. wang%mail. nankai. edu. cn

C. mail. nankai. edu. cn%wang　　D. wang@mail. nankai. edu. cn

三、实训题

参照本章给出的简化 SMTP 服务器程序,编写一个简化的 POP3 服务器程序。利用这个简化的 POP3 服务器程序和 Outlook Express,观察 POP3 客户与服务器的命令交互过程。

第 15 章　Web 服务

学习本章后需要掌握：

- ❑ Web 服务系统中信息的传输模式
- ❑ Web 服务器和 Web 浏览器的主要功能
- ❑ URL 地址表示法
- ❑ Web 系统的传输协议——HTTP
- ❑ Web 页面的表示方式

学习本章后需要动手：

- ❑ 配置 Web 服务器

Web 服务，也称 WWW(world wide web)服务，是目前 TCP/IP 互联网上最方便和最受欢迎的信息服务类型。它的影响力已远远超出了专业技术的范畴，并且已经进入了广告、新闻、销售、电子商务与信息服务等诸多领域。Web 服务的出现是 TCP/IP 互联网发展中一个革命性的里程碑。

15.1　Web 的基本概念

Web 是 TCP/IP 互联网上一个完全分布的信息系统，最早由欧洲核物理研究中心(CERN，European Center for Nuclear Research)的 Tim-Berners Lee 主持开发，其目的是为研究中心分布在世界各地的科学家提供一个共享信息的平台。当第一个图形界面的 Web 浏览器 Mosaic 在美国国家超级计算应用中心 NCSA 诞生后，Web 系统逐渐成为 TCP/IP 互联网上不可或缺的服务系统。

15.1.1　Web 服务系统

Web 服务采用客户机/服务器工作模式。它以超文本标记语言 HTML(hyper text markup language)与超文本传输协议 HTTP(hyper text transfer protocol)为基础，为用户提供界面一致的信息浏览系统。在 Web 服务系统中，信息资源以页面(也称网页或 Web 页面)的形式存储在服务器(通常称为 Web 站点或网站)中，这些页面采用超文本方式对信息进行组织，通过链接将一页信息接到另一页信息，这些相互链接的页面信息既可放置在同一主机上，也可放置在不同的主机上。页面到页面的链接信息由统一资源定位符 URL(uniform resource locators)维持,用户通过客户端应用程序(即浏览器)向 Web 服务器发出请求,服务器根据客户端的请求内容将保存在服务器中的某个页面返回给客户端,浏览器接收到页面后对其进行解释,最终将图、文、声并茂的画面呈现给用户。Web 服务工作模式如图 15-1 所示。

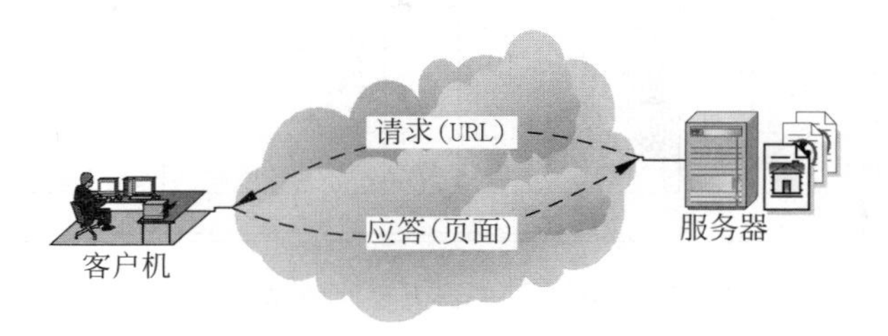

图 15-1 Web 服务流程

与其他服务相比,Web 服务具有其鲜明的特点。它具有高度的集成性,能将各种类型的信息(如文本、图像、声音、动画、视频等)与服务(如 News、FTP、Gopher 等)紧密连接在一起,提供生动的图形用户界面。Web 不仅为人们提供了查找和共享信息的简便方法,还为人们提供了动态多媒体交互的最佳手段。总的来说,Web 服务具有以下主要特点:

- 以超文本方式组织网络多媒体信息。
- 用户可以在世界范围内任意查找、检索、浏览及添加信息。
- 提供生动直观、易于使用、统一的图形用户界面。
- 服务器之间可以互相链接。
- 可访问图像、声音、影像和文本信息。

15.1.2 Web 服务器

Web 服务器可以分布在互联网的各个位置,每个 Web 服务器都保存着可以被 Web 客户共享的信息。Web 服务器上的信息通常以页面(也称为 Web 页面)的方式进行组织。页面一般都是超文本文档,也就是说,除了普通文本外,它还包含指向其他页面的指针(通常称这个指针为超链接)。利用 Web 页面上的超链接,可以将 Web 服务器上的一个页面与互联网上其他服务器的任意页面进行关联,使用户在检索一个页面时,可以方便地查看其相关页面。图 15-2 显示了 Web 服务器上存储的超文本 Web 页面,这些页面可以在同一台服务器上,也可以分布在互联网上不同的服务器中,但它们通过超链接进行关联,用户一旦检索到财务页面,就可以顺着财务页面这根“藤”,摸到销售、制造、产品这三个“瓜”。

超链接不但可以将一个 Web 页面与另一个 Web 页面相互关联,而且可以将一个 Web 页面与图形图像、音频、视频等多媒体信息进行关联,形成所谓的超媒体信息。例如,一个介绍老虎的页面,不但可以通过超链接与老虎的文字描述页面关联,也可以通过超链接与老虎的音频和视频文件相关联。这样,用户就可以通过文字、声音和视频对老虎有一个全面的了解(如图 15-3 所示)。

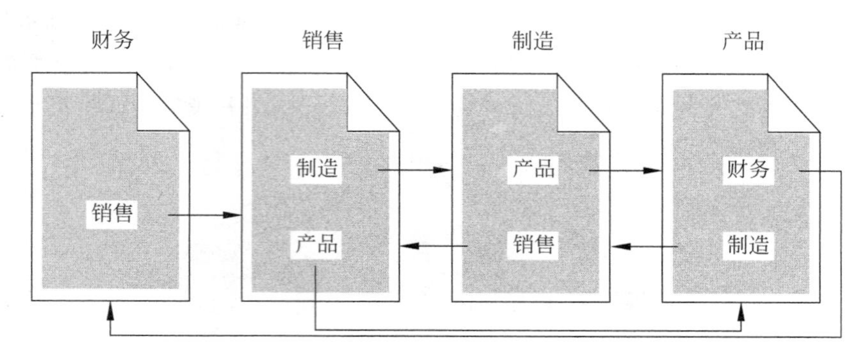

图 15-2 Web 服务器上存储的 Web 页面

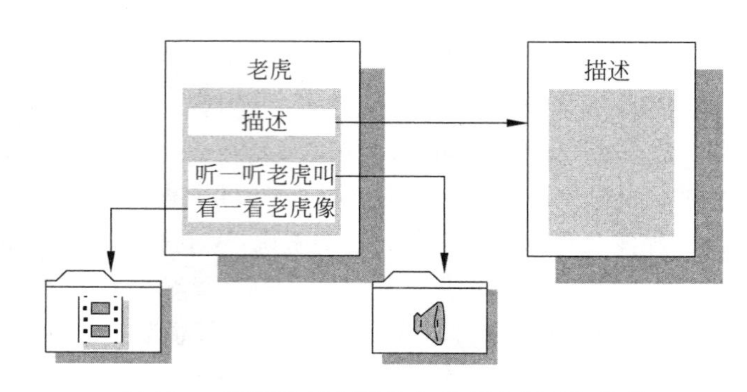

图 15-3 页面通过超链接与音频和视频相关联

Web 服务器不但需要保存大量的 Web 页面,而且需要接收和处理浏览器的请求,实现 HTTP 服务器功能。通常,Web 服务器在 TCP 的 80 端口侦听来自 Web 浏览器的连接请求。当 Web 服务器接收到浏览器对某一页面的请求信息时,服务器搜索该页面,并将该页面返回给浏览器,如图 15-4 所示。

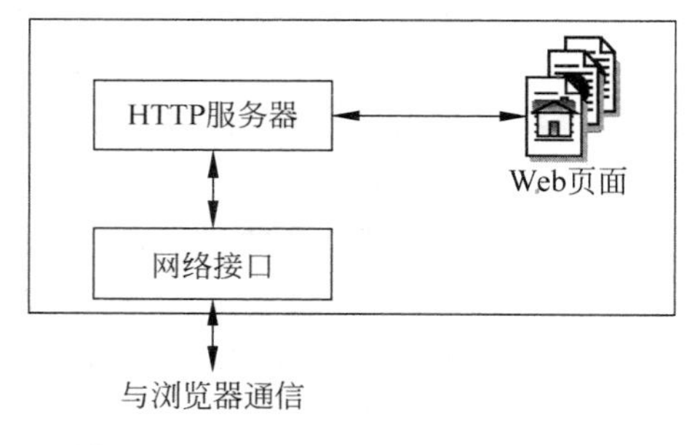

图 15-4 Web 服务器的主要组成部分

15.1.3 Web 浏览器

Web 的客户程序称为 Web 浏览器(browser),它是用来浏览服务器中 Web 页面的软件。

在 Web 服务系统中,Web 浏览器负责接收用户的请求(例如,用户的键盘输入或鼠标输入),并利用 HTTP 协议将用户的请求传送给 Web 服务器。在服务器请求的页面送回到浏览器后,浏览器再将页面进行解释,显示在用户的屏幕上。

从浏览器的结构上讲,浏览器由一个控制单元和一系列的客户单元、解释单元组成。如图 15-5 所示。控制单元是浏览器的中心,它协调和管理客户单元和解释单元。控制单元接收用户的键盘或鼠标输入,并调用其他单元完成用户的指令。例如,用户输入了一个请求某一 Web 页面的命令或用鼠标点击了一个超链接,控制单元接收并分析这个命令,然后调用 HTML 客户单元并由客户单元向 Web 服务器发出请求，当服务器返回用户指定的页面后，控制单元再调用 HTML 解释器解释该页面，并将解释后的结果通过显示驱动程序显示在用户的屏幕上，如图 15-5 所示。

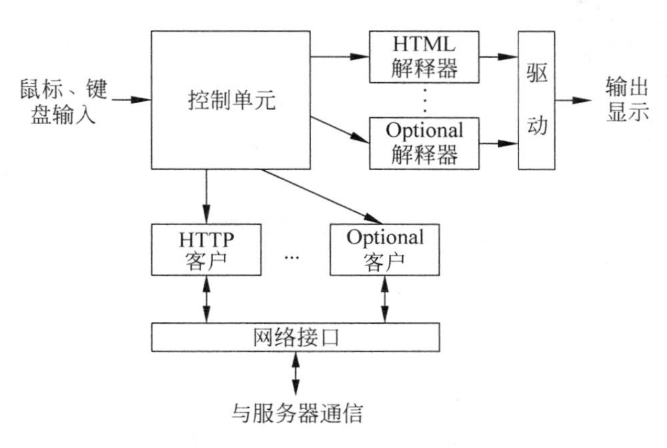

图 15-5　Web 浏览器的主要组成部分

通常，利用 Web 浏览器，用户不仅可以浏览 Web 服务器上的 Web 页面，而且可以访问互联网中其他服务器和资源（例如 FTP 服务器、Gopher 服务器等）。当用户访问这些服务器和资源时，控制单元将调用其他的客户和解释单元，完成其资源的请求和解释工作。

浏览器软件应具备的主要功能包括以下方面。

- 通过键盘指定请求的页面：通过键盘指定需要访问的页面是最传统、最有效的方法之一。
- 利用浏览器显示的超链接指定页面：浏览器通常以加亮或加下画线方式显示带有超链接的文字内容，用户可以简单地单击这段文字请求另一个页面。当然，图像或图标也可以带有超链接，用户也可以通过单击来指定下一个页面。
- 历史（History）与书签（Bookmark）功能：当用户使用历史（History）命令时，用户能得到最后访问过的一些页面。实际上，History 命令只记录一个用户最新访问过的页面地址列表。Bookmark 命令能够提供更多的网页地址的记录。当用户将一个网页地址加入书签表中时，只要用户不将它移出或更换，它将一直被保留在书签中。
- 自由定制浏览器窗口：浏览器窗口通常是可以定制的，用户可以根据自己的喜好选择浏览器窗口的样式（如是否显示工具按钮等）。
- 选择起始页：起始页是你打开窗口后第一个在屏幕中出现的页面。用户可以自行设置和修改起始页，也可以随时将起始页恢复到默认状态（Default）。
- 图像的下载与显示：通常图像与文本、表格等元素是同时显示在页面上的。与文本相比，图像的字节数一般较大，因此图像传输的时间也较长。为此，浏览器允许用户将图像的下载方式设置为不下载不显示，取而代之在图像处显示一个小小的标记。当用户点击这一标记时，浏览器再下载和显示该图像。

- 保存与打印页面：一般的浏览器软件都提供了将页面作为一个文件保存到用户计算机中的功能。用户可以将一个页面保存为一个磁盘文件，而不是将该网页显示在屏幕上。当这个文件存入磁盘后，用户可以正常打开文件的方式显示页面。另外，用户也可以根据需要，打印当前网页。
- 缓存功能：目前的 Web 浏览器通常都具有缓存功能，它将近期访问过的 Web 页面存放在本地磁盘。当用户通过键盘或鼠标请求一个页面时，浏览器首先从本地缓冲区中进行查找，只要缓冲区中保存有该页面而且该页面没有过期，浏览器就不再请求远程的 Web 服务器。当然，浏览器需要一定的机制保证缓存区中页面的有效性。一旦发现过期的页面，立即将其删除，以免造成缓冲区中的页面与远程服务器中的页面不一致。

15.1.4 页面地址——URL

互联网中存在着众多的 Web 服务器，而每台 Web 服务器中又包含有很多页面，那么用户如何指明要请求和获得的页面呢？这就要求助于统一资源定位符（Uniform Resource Locators，URL）了。利用 URL，用户可以指定要访问什么协议类型的服务器，互联网上的哪台服务器，以及服务器中的哪个文件。URL 一般由三部分组成：协议类型、主机名、路径和文件名。例如，南开大学网络实验室 Web 服务器中一个页面的 URL 为：

其中“http:”指明要访问的服务器为 Web 服务器；netlab. nankai. edu. cn 指明要访问的服务器的主机名，主机名可以是该主机的 IP 地址，也可以是该主机的域名；而 /student/network. html指明要访问页面的路径及文件名。

实际上，URL 是一种较为通用的网络资源定位方法。除了指定“http:”访问 Web 服务器之外，URL 还可以通过指定其他协议类型访问其他类型的服务器。例如，可以通过指定“ftp:”访问 FTP 文件服务器、通过指定“gopher:”访问 Gopher 服务器等。表 15-1 给出了 URL 可以指定的主要协议类型。

表 15-1　URL 可以指定的主要协议类型

协议类型	描　述
http	通过 http 协议访问 Web 服务器
ftp	通过 ftp 协议访问 FTP 文件服务器
gopher	通过 gopher 协议访问 gopher 服务器
telnet	通过 telnet 协议进行远程登录
File	在所连的计算机上获取文件

在 Web 服务系统中，可以使用忽略路径及文件名的 URL 指定 Web 服务器上的默认页面。例如，如果浏览器请求的页面为 http://netlab.nankai.edu.cn/，那么，服务器将使用它的默认页面(文件名通常为 index.html 或 default.html)进行响应。

15.2 Web 系统的传输协议

超文本传输协议 HTTP(hyper text transfer protocol)是 Web 客户机与 Web 服务器之间的传输协议。它建立在 TCP 基础之上，是一种无状态的传输协议。所谓无状态是指 HTTP 服务器不记录 HTTP 客户端的状态信息，它为客户所做的工作马上就会“忘记”。即使客户端进行了连续两次相同的请求，服务器需要对这两个请求逐一应答，不会因为这两个请求相同且连续而尝试忽略其中一个。

由于下层使用 TCP 协议，因此 HTTP 协议不必考虑 HTTP 请求或应答数据的丢失问题。在默认情况下，HTTP 服务器使用 TCP 的 80 端口等待客户端连接请求的到来。

15.2.1 HTTP 信息交互过程

HTTP 协议支持两种形式的信息交互过程，一种为非持久连接(nonpersistent)；一种为持久连接(persistent)。

1. 非持久连接

不论早期的 HTTP 版本还是当前的 HTTP 版本，它们都支持非持久连接方式。在采用非持久连接方式时，每个 TCP 连接只传送一个请求报文和一个响应报文。如果一个 Web 页面包含多个对象(例如，页面上含有多个图像链接)，那么需要为每个对象建立一个新的 TCP 连接。例如某一 Web 浏览器需要访问的页面为 http://netlab.nankai.edu.cn/network.html。除包含有文字信息外，页面 network.html 中还包含有 10 幅图像信息，那么在采用非持久连接方式时，HTTP 服务器和 HTTP 客户机的交互过程如下：

(1) HTTP 客户机向 HTTP 服务器 netlab.nankai.edu.cn 的 80 端口请求一个 TCP 连接；

(2) HTTP 服务器对连接请求进行确认，TCP 连接建立过程完成；

(3) HTTP 客户机发出页面请求报文(如 GET/network.html)；

(4) HTTP 服务器 netlab.nankai.edu.cn 以 network.html 页面的具体内容进行响应；

(5) HTTP 服务器通知下层的 TCP 关闭该 TCP 连接；

(6) HTTP 客户机将收到的页面 network.html 交由 Web 浏览器进行显示；

(7) 对于 network.html 页面上的 10 个图像对象，浏览器重复步骤(1)～步骤(6)，为每个图像对象建立一个新的 TCP 连接，从服务器获得对象信息并进行显示。

2. 持久连接

非持久连接方式需要为每个请求的对象建立和维护一个新的TCP连接,因此TCP连接需要不断地建立和关闭。这样不但增加了Web服务器的负担,而且每次TCP的建立和关闭也增加了请求单元的响应时间。因此,新版本的HTTP增加了持久连接方式。目前,持久连接方式是多数服务器和浏览器的默认支持方式。

在持久连接方式下,服务器在发送响应信息后保持该TCP连接,在相同的客户机和服务器之间的后续请求和响应报文可以通过已建立的该TCP连接进行传送。这样,一个完整的Web页面不论其包含着多少对象单元,都可以通过一个TCP连接进行传送,不用为每个对象建立一个新的TCP连接。有时候,一台客户机可以利用单一的TCP连接将多个Web页面从一台服务器下载下来。如果一个TCP连接在一定时间间隔内没有被使用,那么HTTP服务器就通知TCP软件关闭该连接。当然,客户机也可能主动发出关闭TCP连接的请求,这时,服务器也会通知TCP软件关闭连接。

15.2.2 HTTP报文格式

为了保证Web客户机与Web服务器之间通信不会产生二义性,HTTP精确定义了请求报文和响应报文的格式。HTTP请求报文包括一个请求行和若干个报头行,有时还可能带有报文体。报文头和报文体以空行分隔。请求行包括请求方法、被请求的文档以及HTTP版本。图15-6是一个简单的检索请求报文。请求报文的第一行是请求行,在请求行中指明方法为GET(检索报文),请求页面的路径及文件名为"/network. html",使用的HTTP协议的版本号为1.1。报头HOST指出请求页面所在的主机IP地址192.168.0.66,而User-Agent则显示了用户使用Web浏览器的类型。

```
GET /network.html HTTP/1.1
HOST: 192.168.0.66
User - Agent: Mozilla/4.0 (Compatible; MSIE5.01; Windows NT
5.0)
…
```

图15-6 检索请求报文

HTTP应答报文包括一个状态行和若干个报头行,并可能在空行后带有报文体。其中,状态行包括HTTP版本、状态码、原因等内容。图15-7是一个简单的Web服务器应答报文。报文的第一行是状态行,其中200是状态码。状态码由三位数字组成,2xx表示成功,4xx表示客户方出错,5xx表示服务器方出错。报头Server指出HTTP服务器软件是什么,而Content-Type和Content-Length分别指出文档的数据类型和长度。从<HTML>开始是报文体,它是服务器下载的文档。

```
HTTP/1.1 200 OK
Server: Microsoft - IIS/5.0
Content - Type: text/html
Content - Length: 1086

<HTML>
…
</HTML>
```

图 15-7 应答报文

15.3 Web 系统的页面表示方式

Web 服务器中所存储的页面是一种结构化的文档，采用超文本标记语言(hypertext markup language，HTML)书写而成。一个文档如果想通过 Web 浏览器来显示，就必须符合 HTML 的标准。HTML 是 Web 世界的共同语言。

HTML 是 Web 上用于创建超文本链接的基本语言，可以定义格式化的文本、色彩、图像与超文本链接等，主要用于 Web 页面的创建与制作。由于 HTML 编写制作的简易性，它对促进 Web 的迅速发展起到了重要的作用。HTML 作为 Web 的核心技术在互联网中得到了广泛的应用。

按照标准的 HTML 规范，不同厂商开发的 Web 浏览器、Web 编辑器与 Web 转换器等各类软件可以按照同一标准对页面进行处理，这样用户就可以自由地在 Web 世界中漫游了。

HTML 是一个简单的标记语言，它主要用来描述 Web 文档的结构。用 HTML 描述的文档由两种成分组成，一种是 HTML 标记(tag)；另一种是普通文本。HTML 标记封装在“<”和“>”之中，字母不区分大小写。大部分标记是成对出现的，如<HEAD>及</HEAD>是一对标记，分别称为开始标记和结束标记，这对标记将它所影响的文本夹在了中间。也有一些标记是单个出现的，称为元素标记，如<IMG>是图像元素的开始标记，但它无结束标记。

许多标记附有必需的或可选的属性(attribute)，它可以提供进一步的信息以便于浏览器的解释。属性的形式为“属性名=属性值”，多个属性之间可以用空格分开。例如<IMG src="http://netlab.nankai.edu.cn/lan.jpg" alt="LAN Image">中，IMG 为标记，src 和 alt 是属性名。

1. 基本结构标记

HTML 中的基本结构标记包括<HTML>、</HTML>、<HEAD>、</HEAD>、<TITLE>、</TITLE>、<BODY>和</BODY>。

通常，一个 HTML 文档以<HTML>开始，以</HTML>结束。夹在<HEAD>和</HEAD>之间的信息为文档的头部信息，而夹在<BODY>和</BODY>之间的信息为文档的主体信息。在头部信息中,夹在<TITLE>和</TITLE>之间的信息形成了文档的标题。

一个文档的标题信息一般显示在浏览器的标题栏中,而文档的主体信息显示在浏览器的主窗口中。图 15-8 给出了一个简单的 HTML 文档以及浏览器对它的解释结果。从中可以看到源 HTML 文档标题和主体信息在浏览器中的显示位置。

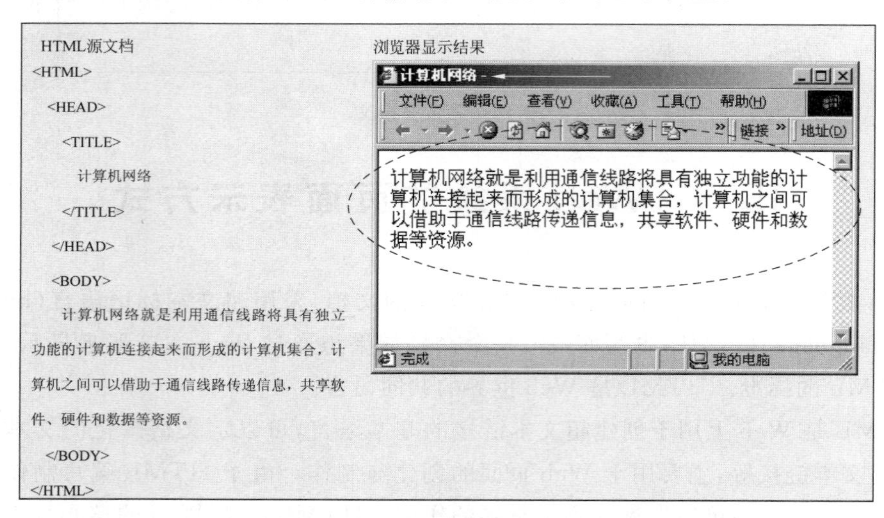

图 15-8 HTML 的基本结构标记事例

2. 段落标记

HTML 中最基本的元素是段落,段落可以用<P>表示,浏览器将段落的内容从左到右,从上到下显示。

3. 图像标记

如果希望在文档中嵌入图像,可以使用<IMG>标记。例如,如果希望将主机 192.168.0.66 上的图像 lan.jpg 嵌入页面中,可以使用<IMG src="http://192.168.0.66/lan.jpg">。其中属性 src 是必需的,它的值说明图像的具体位置。图 15-9 给出了一个嵌入图像的 Web 页面。从图中可以看到,HTML 并没有将真正的图像数据插入页面文档中,而仅仅嵌入图像的具体存放位置和名字。浏览器在解释该文档过程中,必须首先从 src 指定的位置获得该图像,然后才可能将它显示在屏幕上。

4. 超链接标记

超链接标记是 HTML 中非常有特色的一个标记,它能将一个文档与其他文档进行关联,形成所谓的超文本。超链接标记的基本语法是:

```
<A HREF="URL或文件名">文本字符串</A>
```

其中,属性 HREF 指定相关联文档的具体位置,而文本字符串是该超链接在浏览器窗口中显示的文字。在图 15-10 中,我们增加了三个超链接标记,这三个超链接分别指向

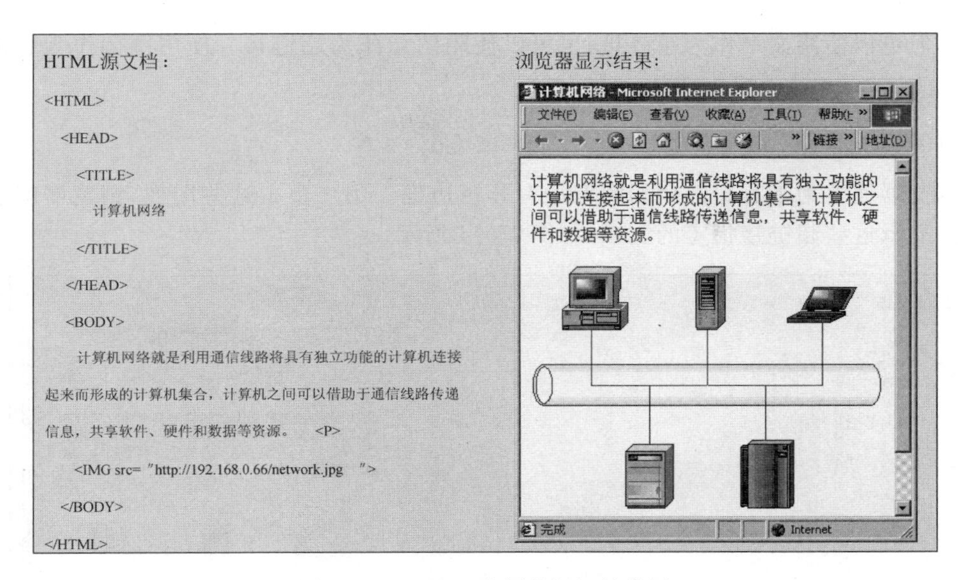

图 15-9　HTML 中图像标记的使用

192.168.0.66 服务器上的 lan.html、man.html 和 wan.html 文档。浏览器通常以下画线(或高亮度)方式显示带有超链接的文本(如局域网、城域网和广域网)。当用户在浏览器窗口中单击这些带有超链接的文本时，浏览器就去检索并显示这些超链接指定的文档。

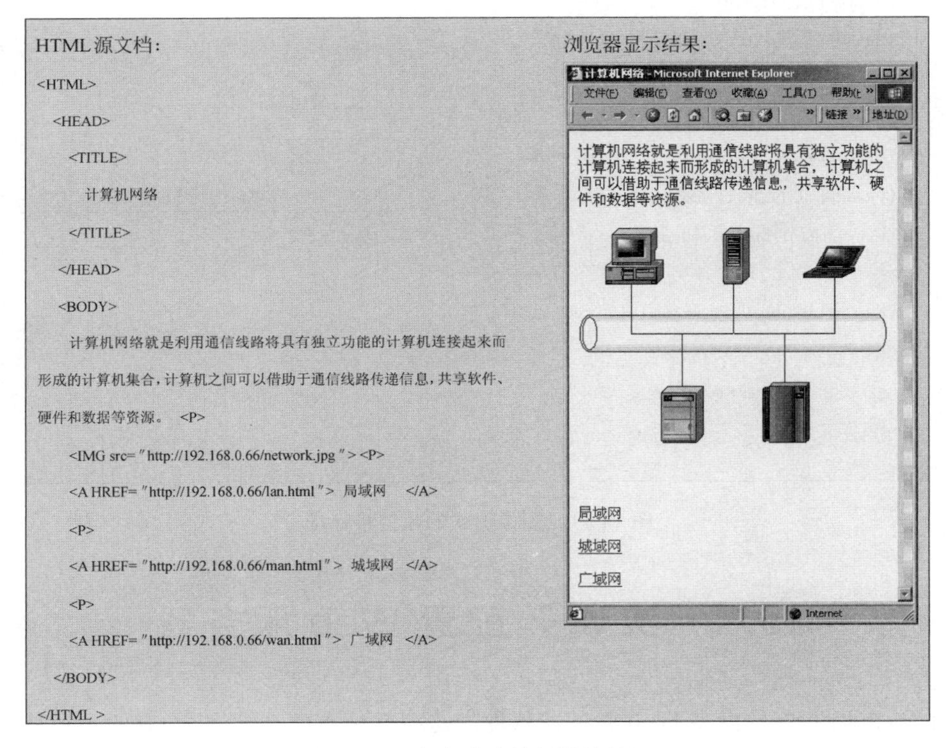

图 15-10　文字形式的超链接标记

不但可以使用文字作为超链接,也可以使用图像作为超链接。使用图像作为超链接的形式为:

```
< A HREF = "URL 或文件名"> < IMG src = "图像文件名"> </A>
```

浏览器通常为带有超链接的图像加有彩色边框。用户单击这些图像,浏览器就会去抓取并显示这些超链接指定的文档,如图 15-11 所示。

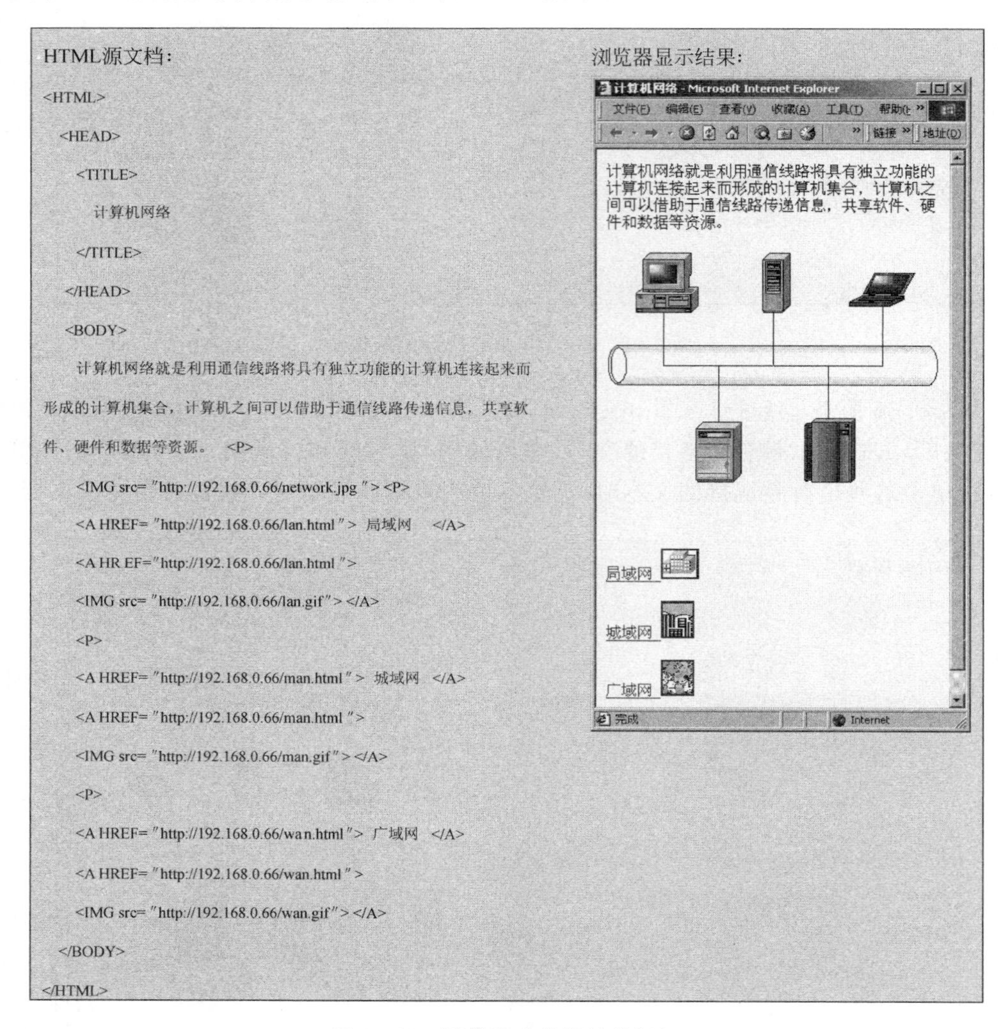

图 15-11 图像形式的超链接标记

15.4 实训:配置 Web 服务器

目前,市场上流行很多 Web 服务器软件。这些软件有的功能齐全,有的小巧简单,用户可以根据自己应用的特点进行选择。在这些 Web 服务器软件中,运行于 Windows 操作系统上的 Internet Information Server 和运行于 Linux 上的 Apache Web Server 最为常用。在本实训中，我们将对一个 Internet Information Server 进行配置。

15.4.1　Web 服务器的配置

Internet Information Server（简称 IIS）是 Microsoft 公司的 Web 服务器软件。Microsoft Windows 2003 集成了 IIS 6.0 版本。IIS 6.0 既可以在安装 Windows 2003 Server 过程中安装，也可以在安装 Windows 2003 Server 以后单独安装。

为了管理或更改 IIS 服务器的配置，我们需要以管理员身份登录计算机。在实验中，可以使用 administrator 账户登录计算机，也可以使用具有管理员特权的其他账户登录计算机（如隶属于 administrators 组的账户）。但是，如果登录计算机时使用的用户账户不具有管理员权限，那么系统会拒绝你的配置请求。

1. 启动 Microsoft 管理控制台

IIS 6.0 的管理和配置工作需要使用 Microsoft 管理控制台（MMC，Microsoft Management Console）进行。用户通过执行 Windows 2003 Server 的"开始→程序→管理工具→Internet 信息服务（IIS）管理器"命令便可以启动 Microsoft 的管理控制台，如图 15-12 所示。管理控制台的界面与资源管理器的界面类似，左边的窗口包含了 MMC 管理的所有服务，如果用户在左边窗口中选择了某项服务，则该服务中所包含的具体内容便会显示在右边的窗口中。例如，在图 15-12 中如果选择"默认 Web 站点"，则该站点中包含的目录、虚拟目录和文件就显示在右边的窗口中。另外，管理控制台的"活动工具栏"中的内容会随用户所选择的服务不同而有所区别。

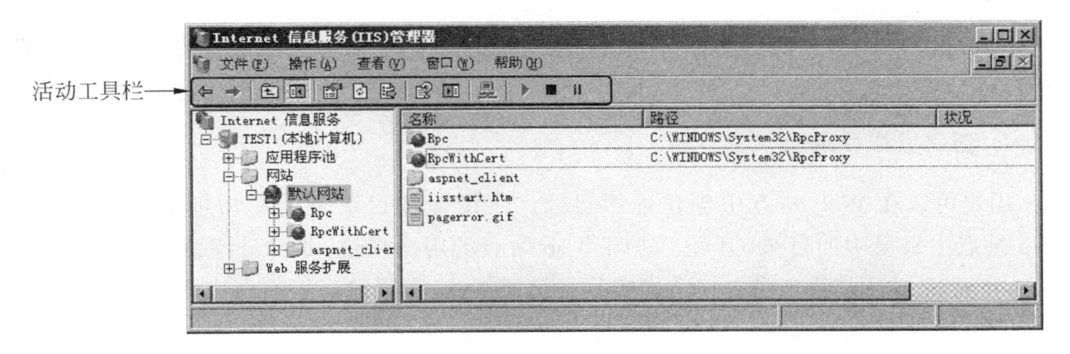

图 15-12　管理控制台窗口

2. 新建 Web 站点

IIS 6.0 安装好以后，系统为用户建立了一个默认的 Web 网站。实际上，一台主机上可以运行多个 Web 网站。如果用户希望添加新的 Web 网站，可以按如下步骤完成。

（1）选择要在其中建立 Web 网站的主机下的"网站"项，然后单击"活动工具栏"中的

“操作”按钮,在出现的菜单中选择“新建”下面的“网站”一项,“网站创建向导”对话框就会出现在屏幕上。

(2) 按照“网站创建向导”的要求,分别输入“网站描述”、“网站 IP 地址”、“网站 TCP 端口”、“主目录路径”、“权限”等信息。一旦输入完成,系统将在 TEST1 主机的“网站”下创建一个新的 Web 网站。图 15-13 显示的是“网站创建向导”中为网站指定 IP 地址和 TCP 端口的界面。

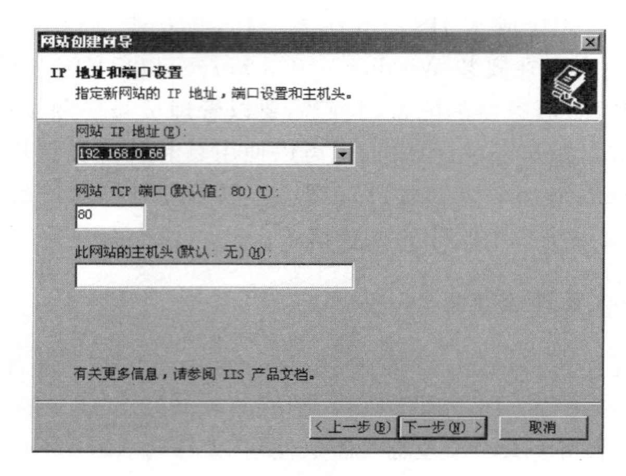

图 15-13 “网站创建向导”对话框之一

3. Web 网站的启动与停止

如果 Web 网站当前为“已停止”状态,那么可以用鼠标选中该网站并使用“活动工具栏”中的“启动项目”按钮启动该 Web 网站。如果 Web 网站当前为“启动”状态,则用户可以使用“活动工具栏”中的“暂停”按钮或“停止”按钮暂停或停止该 Web 站点。

4. 创建虚拟目录

用户可以在 Web 站点中创建虚拟目录。所谓虚拟目录是指在物理上并非包含在 Web 站点主目录中的目录,但对于访问 Web 站点的用户来说,此目录好像确实存在。实际上,创建虚拟目录就是建立一个到实际目录的指针,实际目录下的内容并不需要迁移到 Web 站点的主目录下。创建虚拟目录的方法如下:

(1) 选择要在其中创建虚拟目录的 Web 网站(如图 15-12 中的“默认网站”),然后单击“活动工具栏”中的“操作”按钮,在出现的菜单中选择“新建”下面的“虚拟目录”选项,则启动“虚拟目录创建向导”。

(2) 用户按照“虚拟目录创建向导”的要求,分别输入访问虚拟目录使用的别名、目录的实际路径,并指定虚拟目录的访问权限。图 15-14 和图 15-15 显示的分别是“虚拟目录创建向导”中指定目录的实际路径和虚拟目录访问权限界面。完成后在“默认网站”的右侧窗口中就增加了一个虚拟目录,如图 15-16 中创建的虚拟目录是“computer”。

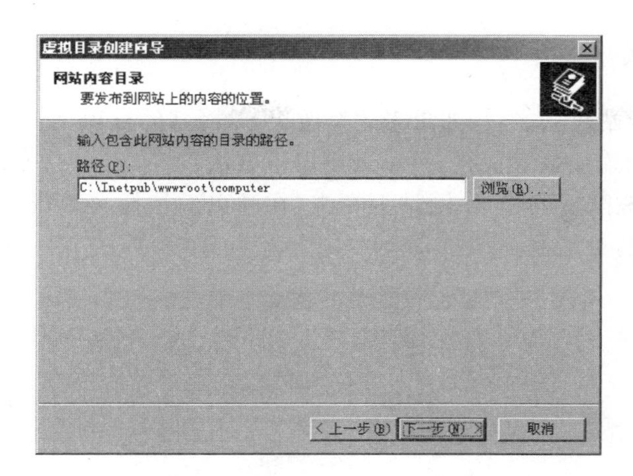

图 15-14　“虚拟目录创建向导”对话框之一

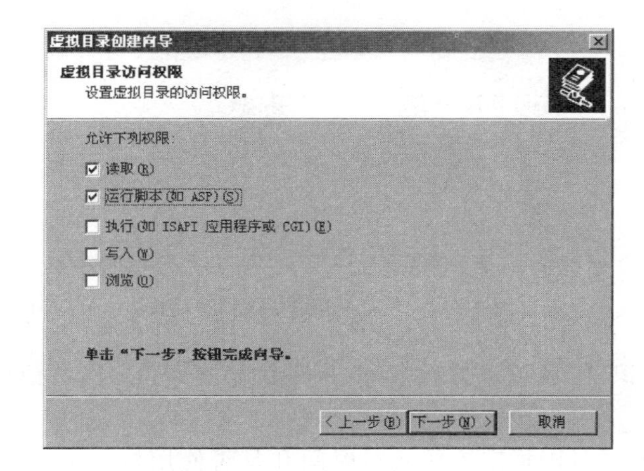

图 15-15　“虚拟目录创建向导”对话框之二

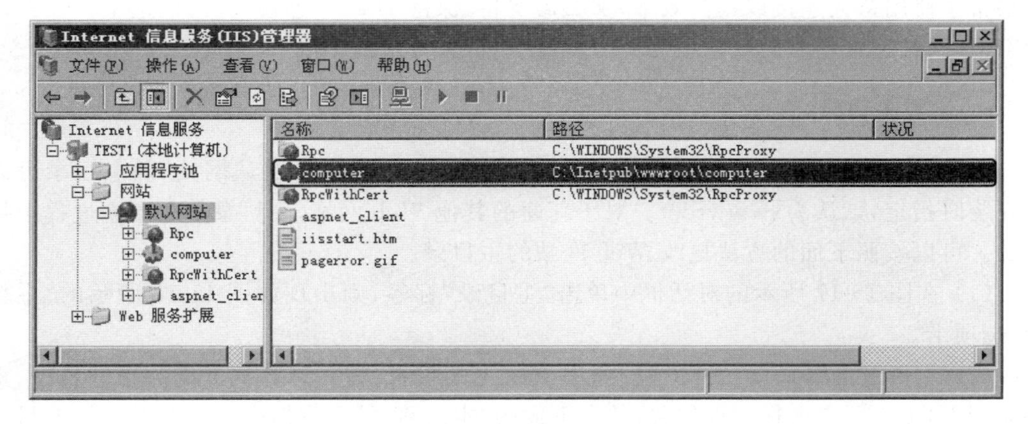

图 15-16　创建虚拟目录后的控制台界面

5. 设置 Web 网站标识

在完成 Web 网站建立之后，如果希望修改 Web 网站的标识、使用的 IP 地址、TCP 端口，以及限制用户的连接数等设置，可以采用以下方法：

(1) 在需要修改配置的 Web 网站上右击，在弹出的快捷菜单中选择"属性"命令，则出现图 15-17 所示的对话框。

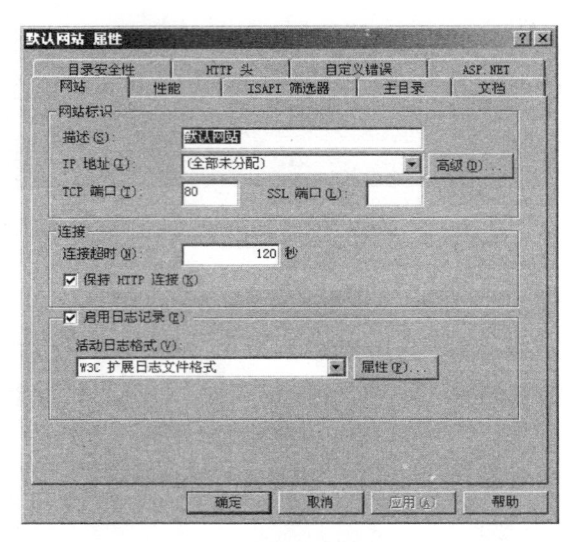

图 15-17 "默认网站 属性"对话框

(2) 在"网站标识"区域可以修改 Web 网站的描述、Web 网站使用的 IP 地址、TCP 端口等内容。

(3) 在"连接"区域可以指定连接超时时间和是否使用持久 HTTP 连接。如果一个连接与 Web 网站未交换信息的时间达到指定的连接超时时间，Web 网站将中断该连接。如果希望使用持久连接以提高效率，那么需要将"保持 HTTP 连接"复选框选中。在默认状态下，网站连接超时的默认值为 120 秒，使用持久方式的 HTTP 连接。

6. 设置主目录

主目录是 Web 网站中发布和共享文档存放的中心位置。"默认网站"的主目录可以在安装时指定，默认为\wwwroot。对于新建的其他 Web 网站，主目录是在建立过程中指定的。可以按照下面的方法更改 Web 网站的主目录。

(1) 在图 15-17 所示的对话框中单击"主目录"标签，则出现如图 15-18 所示的"主目录"选项卡。

(2) 主目录可以来自三种位置：此计算机上的目录、另一计算机上的共享的目录、重定向到 URL。用户选择一种位置，并在下面的"本地路径"文本框中输入本地主机的目录路径、远程主机的共享目录路径或完整的目标 URL。

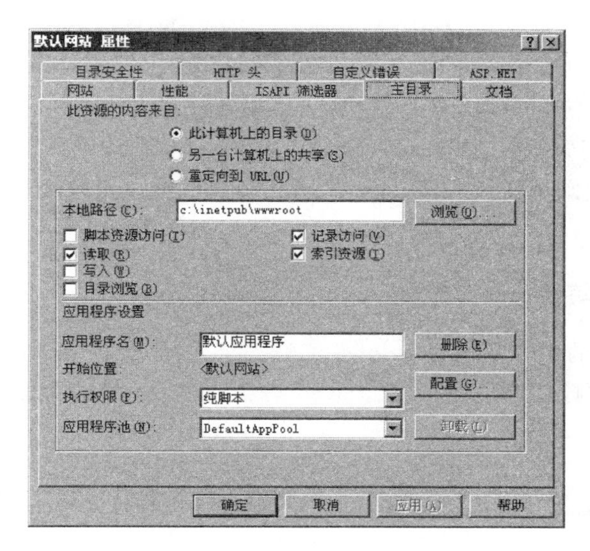

图 15-18 “主目录”选项卡

7. 设置默认文档

在通过浏览器访问 Web 网站时，用户通常只在浏览器的“地址”栏输入 Web 网站的地址，而不指定具体的文件名，这时被访问的 Web 网站将其默认的文档返回给浏览器。

在 IIS 6.0 中，Web 网站的操作员可以指定是否启用默认文档、改变默认文档的名称，以及增加和删除默认文档等。其设置方法如下。

(1) 在图 15-17 所示的对话框中单击“文档”标签，则出现图 15-19 所示的“文档”选项卡。

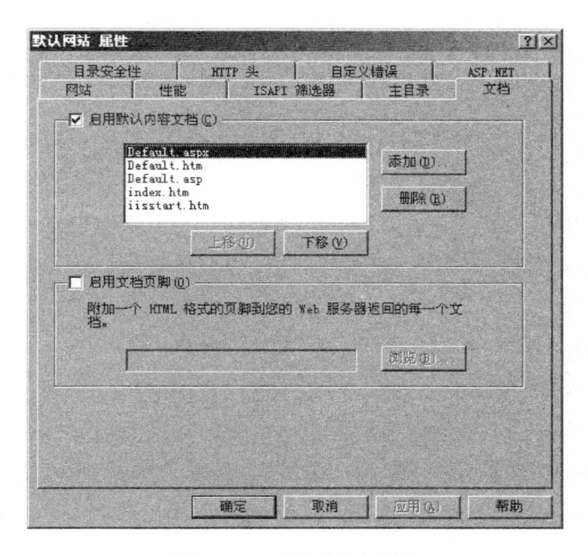

图 15-19 “文档”选项卡

(2) 如果要启用默认文档,选中"启用默认内容文档"复选框。

(3) 如果要增加默认文档,单击"添加"按钮,在出现的对话框中输入文档名称。IIS 6.0中的Web站点支持多个默认文档,当接收到来自浏览器的请求时,Web站点将按列表中显示的顺序搜索默认文档。

(4) 如果要改变默认文档的搜索顺序,可选择要调整位置的文档,然后单击向上或向下箭头。

8. Web网站的访问控制的级别

如果Web网站的内容位于Windows 2003 Server的NTFS分区,则有四种方法可以限制用户访问Web网站中提供的资源。Web站点的四级访问控制之间的关系如图15-20所示。

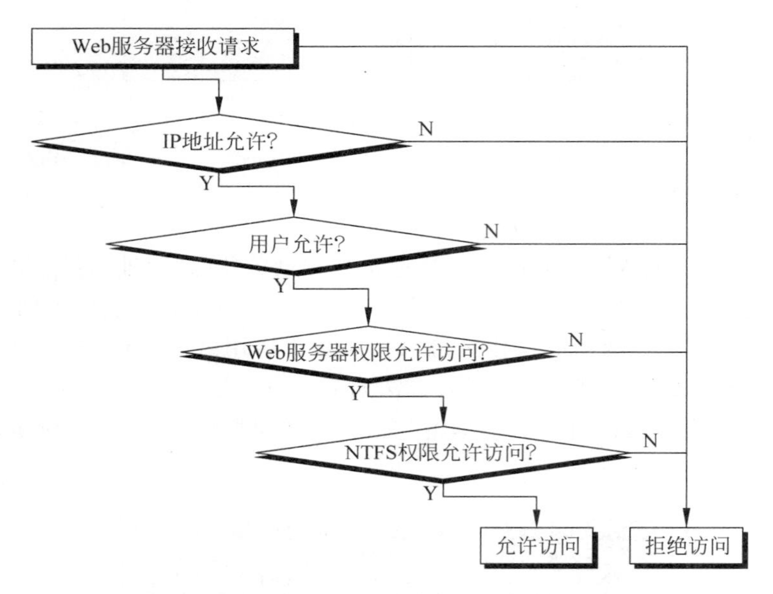

图15-20 Web站点的访问控制

- IP地址限制:通过IP地址来限制或允许特定的计算机、计算机组或整个网络访问Web网站中的资源。当用户访问Web网站时,Web网站将审核用户计算机的IP地址,以决定是否允许其访问Web网站中的资源。这种方法通常是有效的,但对于IP地址欺骗行为则显得无能为力。
- 用户验证:对于Web网站中的一般资源,可以使用匿名访问;而对于一些特殊资源,则需要有效的Windows 2003用户进行登录。
- Web权限:Web网站的操作员可以为网站、目录和文件设置权限,如读、写或执行。这些权限适用于所有的用户,除非某个用户具有特殊的访问权限。例如,可以在更新网站内容时关闭读权限,以避免用户访问。这时如果用户访问该网站,那么将收到"访问禁止"的提示。
- NTFS权限:如果Web网站的内容位于NTFS分区,可以借助于NTFS的目录和文件权限来限制用户对网站内容的访问，如完全控制、拒绝访问、读取、更改等权限。与 Web 权限不同，NTFS 权限可以针对不同的用户做不同的权限设置，设置起来更为方便。该权限设置与前面几种访问机制配合使用，可以有效地保护 Web 网站的安全。

9. IP 地址与域名限制

(1) 在图 15-17 所示的对话框中单击“目录安全性”标签，系统显示“目录安全性”选项卡，如图 15-21 所示。单击“IP 地址和域名限制”区域中的“编辑”按钮，则显示图 15-22 所示的对话框。

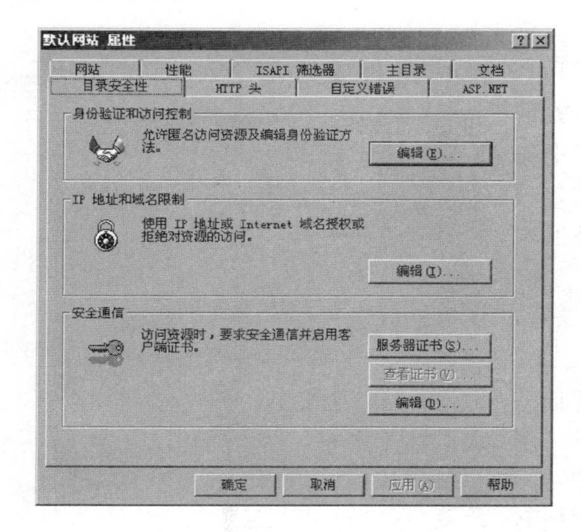

图 15-21 “目录安全性”选项卡

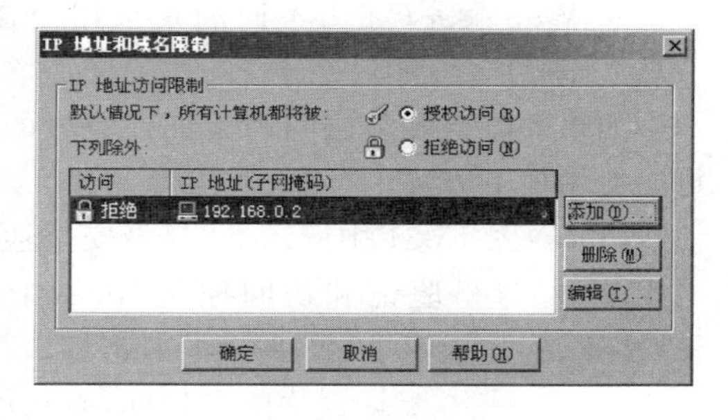

图 15-22 “IP 地址和域名限制”对话框

(2) 如果在该对话框中选择“授予访问”单选按钮，则默认地允许所有的计算机访问该 Web 网站。如果要限制某些计算机访问该 Web 网站，通过单击“添加”按钮，在“下列除外”列表中加入所限制访问的计算机。

(3) 如果选择“拒绝访问”单选按钮，则默认限制所有的计算机访问该 Web 网站。如果要允许某些计算机访问该 Web 网站，通过单击“添加”按钮，在“下列除外”列表中加入所允许访问的计算机。

10. 身份验证和访问控制

IIS 6.0 为 Web 站点提供了多种用户验证方法，其中包括匿名访问、基本身份验证、集成 Windows 身份验证、Windows 域服务器的摘要式身份验证、.NET Passport 身份验证等。

- 匿名访问：用户访问 Web 网站时不需要提供账号和密码，Web 服务器用一个特殊的账号作为注册账号，并以该账号为连接的用户打开资源。Web 网站默认允许匿名访问，用户通常情况下使用匿名账号与 Web 服务器建立连接。用户通过匿名方式与 Web 服务器建立连接后，只能访问到允许匿名账号访问的资源。

- 基本身份验证：用户在访问 Web 网站时要求向 Web 服务器提供有效的账号和密码。该方法是在 HTTP 规范中定义的标准方法，大多数浏览器都支持该方法。在该方法中用户提供的账号和密码通过浏览器以明文(未加密)传递给 Web 服务器。
- 集成 Windows 身份验证：该方法使用 Windows 2003 账号与密码验证方式，利用加密的办法传输用户提供的账号和密码，比基本身份验证更安全。但这种方法是 Windows 系统特有的，只有 IE 等浏览器支持。
- Windows 域服务器的摘要式身份验证：摘要式身份验证提供与基本身份验证相同的功能。但是由于其用户名、密码等信息的存储和传递都进行了 MD5 等单项散列函数运算(见第 16 章)，因此基于 Windows 域服务器的摘要式身份验证方式比基本身份验证方式更安全。
- .NET Passport 身份验证：.NET Passport 身份验证是 Microsoft .NET Framework 的一个组件。这种身份验证方式可以将登录的用户名与数据库中的信息进行映射，从而为用户提供个性化的 Web 服务(如为不同的登录用户提供不同的广告等)。

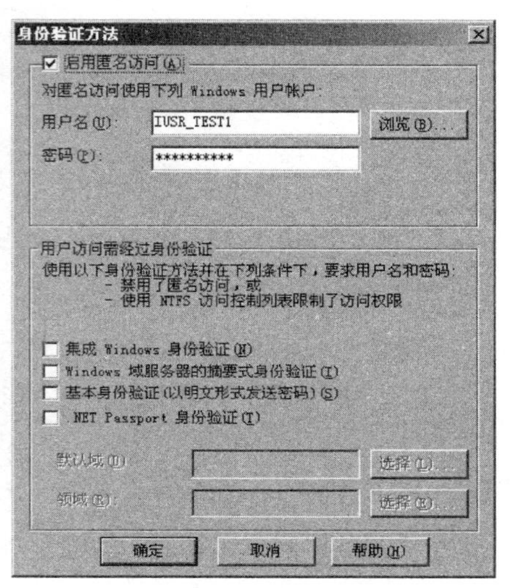

图 15-23 “身份验证方法”对话框

如果要改变匿名访问和验证控制中的设置，可以使用如下方法。

(1) 在图 15-21 中所示的“目录安全性”选项卡中单击“身份验证和访问控制”区域中的“编辑”按钮，则显示图 15-23 所示的对话框。

(2) IIS 6.0 默认允许匿名访问，默认的匿名账户 IUSR_WEBSERVER 是在 IIS 6.0 安装时自动建立的，其中 WEBSERVER 为计算机的名字。如果要更改匿名账号，那么可以单击右侧的“浏览”按钮，在出现的图 15-24 所示的“选择用户”对话框中进行选择。我们既可以通过计算机管理对默认匿名访问账户的权限和密码进行修改，也可以使用自己建立的账户作为匿名访问账户。但是需要注意，作为匿名账户的权限不能过高，只保证其基本的访问权限即可。

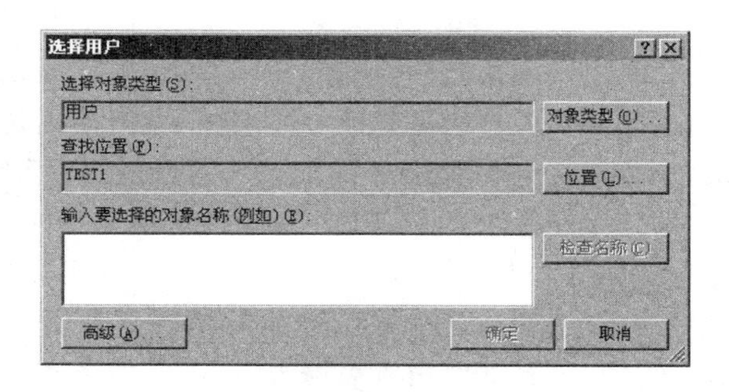

图 15-24 “选择用户”对话框

(3) 如果要使用“集成 Windows 身份验证”、“基本身份验证”等其他身份验证方式，请标记各自前面的复选框。

11. Web 网站中的目录文件权限

用户可以针对整个 Web 网站的主目录或其中的一个目录、文件、虚拟目录设置访问权限。由于设置方法类似，在这里仅以设置目录的访问权限为例说明具体的设置方法。

(1) 在要设置访问权限的目录上右击，在弹出的快捷菜单中选择“属性”命令。

(2) 在出现的“属性”对话框中选择“目录”选项卡，如图 15-25 所示。

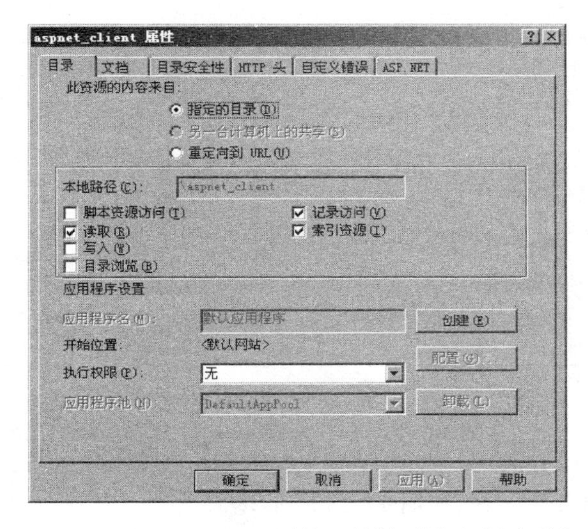

图 15-25 “aspnet_client 属性”对话框的“目录”选项卡

(3) 设置目录的访问权限。其中“读取”权限允许用户从该目录中下载网页并浏览，而“写入”权限允许用户上载文件并更改目录中的内容。需要注意的是，设置权限应十分谨慎，既要避免非法用户破坏 Web 网站中的内容也要允许合法用户的正常使用。

(4) 完成设置后单击“确定”按钮。

15.4.2 测试配置的 Web 服务器

在学习 IIS 服务器的配置方法之后，我们可以对配置的 Web 服务器进行测试。测试可以采用如图 15-26 所示的网络结构。这里，Web 客户机中运行 IE 浏览器，Web 服务器中运行 IIS 服务程序。同时我们假设 Web 服务器的 IP 地址为 192.168.0.66。

(1) 为了便于验证 Web 服务器的配置情况，我们首先编制一些 Web 页面，并将这些页面存入 Web 网站目录下。例如，可以将图 15-27 所示的 Web 页面存入默认 Web 网站的主目录下(默认目录为\inetpub\wwwroot)，同时将其命名为 test.html。也利用本章介绍的其他 HTML 标记，编制更加复杂、美观的 Web 页面放入 Web 网站中。

(2) 在 Web 客户机中通过“开始→程序→Internet Explorer”命令启动 IE 浏览器。在

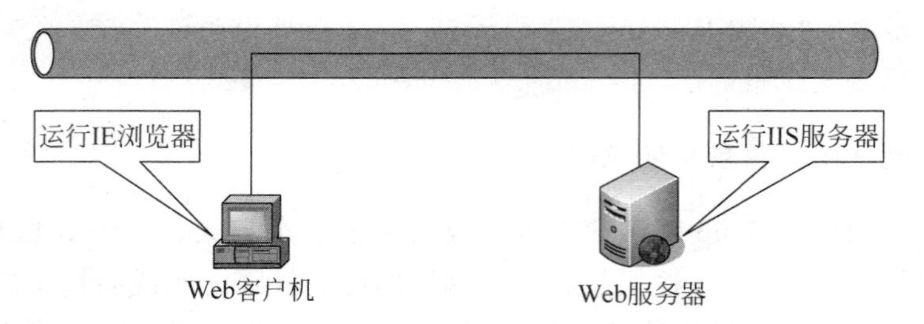

图 15-26　测试 Web 服务器使用的网络结构图

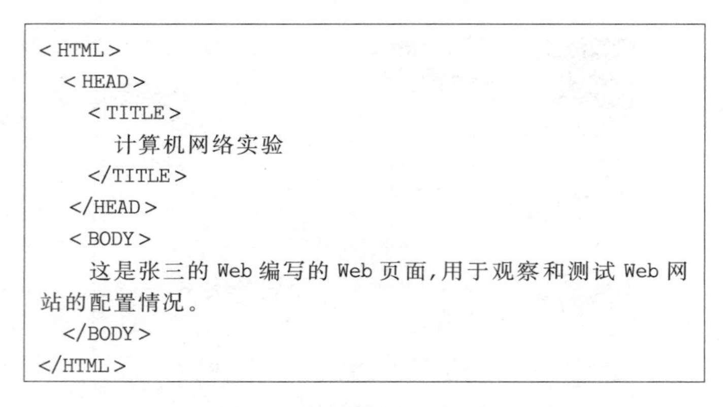

```
<HTML>
  <HEAD>
    <TITLE>
      计算机网络实验
    </TITLE>
  </HEAD>
  <BODY>
     这是张三的 Web 编写的 Web 页面,用于观察和测试 Web 网
站的配置情况。
  </BODY>
</HTML>
```

图 15-27　测试用 Web 页面

IE 地址栏中输入我们配置网站的 URL 资源定位符(如 http://192.168.0.66/test.html),观察能否看到希望的页面内容,如图 15-28 所示。

(3) 改变 IIS 的配置,利用 IE 浏览器查看站点相关的页面,查看得到的结果是否和你想象的一致。

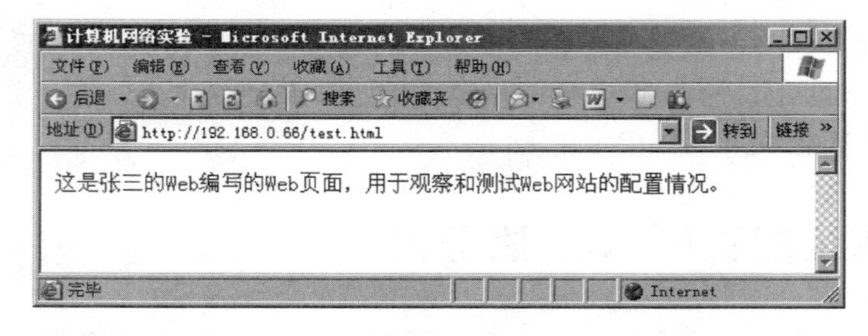

图 15-28　使用 IE 浏览器测试 Web 服务器的配置情况

练　习　题

一、填空题

(1) 在 TCP/IP 互联网中,Web 服务器与 Web 浏览器之间的信息传递使用________协议。

(2) Web 服务器上的信息通常以________方式进行组织。

(3) URL 一般由三部分组成,它们是________、________和________。

二、单项选择题

(1) 在 Web 服务系统中,编制的 Web 页面应符合(   )。

A. HTML 规范　　B. RFC822 规范　　B. MIME 规范　　C)HTTP 规范

(2) 下列(   )URL 的表达方式是正确的。

A. http://netlab.nankai.edu.cn/project.html

B. http://www.nankai.edu.cn\network\project.html

C. http:\\www.nankai.edu.cn\network\project.html

D. http:/www.nankai.edu.cn/project.html

三、实训题

一台主机可以拥有多个 IP 地址,而一个 IP 地址又可以与多个域名相对应。在 IIS 中建立的 Web 站点可以和这些 IP(或域名)进行绑定,以便用户在 URL 中通过指定不同的 IP(或域名)访问不同的 Web 站点。例如 Web 站点 1 与 192.168.0.1(或 w1.school.edu.cn)进行绑定,Web 站点 2 与 192.168.0.2(或 w2..school.edu.cn)进行绑定。这样,用户通过 http://192.168.0.1/(或 http://w1.school.edu.cn/)就可以访问 Web 站点 1,通过 http://192.168.0.2/(或 http://w2.school.edu.cn/)就可以访问 Web 站点 2。将你的主机配置成多 IP 或多域名的主机,在 IIS 中建立两个新的 Web 站点,然后对这两个新站点进行配置,看一看是否能够通过指定不同的 IP(或不同的域名)访问不同的站点。

第 16 章　网络安全

学习本章后需要掌握：

- ❑ 网络提供的安全服务
- ❑ 网络攻击的主要方式
- ❑ 数据加密与数字签名
- ❑ 包过滤、防火墙和 SSL

学习本章后需要动手：

- ❑ 安装证书管理软件
- ❑ 为 Web 服务器申请证书
- ❑ 配置 SSL

信息安全是人们自古以来就非常重视的问题。安全在军事上表现得尤为突出。在战争期间，交战双方的作战计划、作战部署、作战命令、作战行动等都是军事机密，所以必须采用安全通信方式进行信息传递。与此同时，交战双方又千方百计地窃取、收集和破译对方的情报，以使战事向有利于自己的方向发展。人类的商业活动和社会活动充满了竞争，有竞争就有机密，有竞争就有情报。

自从有了计算机网络，资源和信息的共享方便了，但信息安全变得更加困难。计算机网络需要保护传输中的敏感信息，需要区分信息的合法用户和非法用户，需要鉴别信息的可信性和完整性。在使用网络各种服务的同时，有些人有可能无意地非法访问并修改了某些敏感信息，致使网络服务中断；也有些人出于各种目的有意地窃取机密信息，破坏网络的正常工作。所有这些活动都是对网络正常运行的威胁。网络安全主要研究计算机网络的安全技术和安全机制，以确保网络免受各种威胁和攻击，做到正常而有序地工作。

16.1　网络安全的基本概念

网络安全是网络的一个薄弱环节，一直没有受到足够的重视。人们在当初设计 TCP/IP 互联网时并没有考虑它的安全问题，直到电子商务等网络应用逐步发展之后，安全才受到越来越多的关注。安全是一个很广泛的题目，国际标准化组织 ISO 于 1974 年提出开放式系统互联参考模型 OSI RM 之后，又在 1989 年提出了网络安全体系结构(Security Architecture，SA)。

16.1.1　网络提供的安全服务

对于一个安全的网络，它应该为用户提供如下安全服务。

- 身份认证（authentication）：验证某个通信参与者的身份与其所申明的一致，确保该通信参与者不是冒名顶替。身份认证服务是其他安全服务（如授权、访问控制和审计）的前提。
- 访问控制（access control）：保证网络资源不被未经授权的用户访问和使用（如非法地读取、写入、删除、执行文件等）。访问控制和身份认证通常是紧密结合在一起的，在一个用户被授予访问某些资源的权限前，它必须首先通过身份认证。
- 数据保密（data confidentiality）：防止信息被未授权用户获知。
- 数据完整（data integrity）：确保收到的信息在传递的过程中没有被修改、插入、删除等。
- 不可否认（non-repudiation）：防止通信参与者事后否认参与通信。不可否认既要防止数据的发送者否认曾经发送过数据，又要防止数据的接收者否认曾经收到数据。

尽管网络提供商在网络安全方面做了大量的工作，但每一个网络的安全服务都不是十全十美的。利用安全缺陷对网落实施攻击，是黑客（网络攻击者的代名词）常常使用的方法。

16.1.2　网络攻击

网络攻击可以从攻击者对网络系统的信息流干预进行说明。在正常情况下，信息应该从信源平滑地到达信宿，中间不应出现任何异常情况，如图 16-1(a)所示。但是，作为一个网络攻击者，他可以采用以下几种方式对网络上的信息流进行干预，以威胁网络的安全。

- 中断（interruption）：攻击者破坏网络系统的资源，使之变成无效的或无用的，如图 16-1(b)所示。割断通信线路、瘫痪文件系统、破坏计算机硬件等都属于中断攻击。
- 截取（interception）：攻击者非法访问网络系统的资源，如图 16-1(c)所示。窃听网络中传递的数据、非法拷贝网络的文件和程序等都属于截取攻击。
- 修改（modification）：攻击者不但非法访问网络系统的资源，而且修改网络中的资源，如图 16-1(d)所示。修改一个正在网络中传输的报文内容、篡改数据文件中的值等都属于修改攻击。
- 假冒（fabrication）：攻击者假冒合法用户的身份，将伪造的信息非法插入网络，如图 16-1(e)所示。在网络中非法插入伪造的报文、在网络数据库中非法添加伪造的记录等都属于假冒攻击。

另一方面，对网络的攻击又可以分为主动攻击和被动攻击。

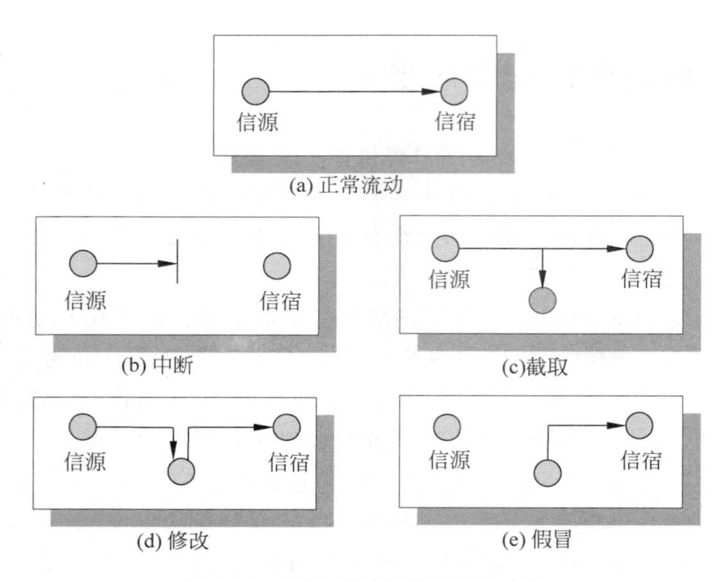

图 16-1 黑客对网络信息流的威胁

所谓被动攻击是在网络上进行监听、截取网络上传输的重要敏感信息。比如在共享以太网这样的局域网上,监听是很容易的,因为信息本来就在共享信道上进行广播。攻击者只要把监听设备连接到以太网上,并将其网卡设置成接收所有帧,网络上传输的所有信息就会变成攻击者的囊中之物。通过分析这些信息,攻击者就可以得到他所希望得到的东西,进而为下一次攻击做好准备。因此,被动攻击常常是主动攻击的前奏。例如,攻击者如果通过分析所获得的信息,获得了用户注册网络的账号和口令,那么,他就可以利用该账号和口令假冒该用户,堂而皇之地登录到网络,做他希望做的任何事情。

被动攻击很难被发现。防止被动攻击的主要方法是加密传输的信息流。利用加密机制将口令等敏感信息转换成密文传输,即使这些信息被监听,攻击者也不知道这些密文的具体意义。

主动攻击包括中断、修改、假冒等攻击方式,是攻击者利用网络本身的缺陷对网络实施的攻击。在有些情况下,主动攻击又以被动攻击获取的信息为基础。常见的主动攻击有 IP 欺骗、服务拒绝等。

所谓 IP 欺骗是指攻击者在 IP 层假冒一个合法的主机。IP 欺骗原理本身很简单,攻击者只要用伪造的 IP 源地址生成 IP 数据报,就可以进行 IP 欺骗了。它的最主要目的是伪装成远程某主机的合法访问者,进而访问远程主机的资源。但是,在有些时候,IP 欺骗又和其他攻击方法结合使用,用于隐瞒自己主机的真实 IP 地址。

服务拒绝攻击是一种中断方式的攻击,它针对某个特定目标发送大量的或异常的信息流,消耗目标主机的大量处理时间和资源,使其无法提供正常的服务甚至瘫痪。著名的"Ping O' Death"、"SYN flooding"都属于拒绝服务攻击。当然,服务拒绝的攻击者往往也采用 IP 欺骗隐瞒自己的真实地址。

尽管被动攻击是难以检测的,但使用加密等安全技术能够阻止它们的成功实施。而与此相反，要完全杜绝和防范主动攻击是相当困难的。目前，对付主动攻击的主要措施是及时地检测出它们，并迅速修复它们所造成的破坏和影响。由于网络入侵检测具有威慑力量，因此，对于防范黑客的入侵是有帮助的。

16.2　数据加密和数字签名

在网络的安全机制中，数据加密、身份认证、数字签名等都是以密码学为基础的。

16.2.1　数据加密

随着计算机技术和网络技术的发展，网络监视和网络窃听已不再是一件复杂的事情。黑客可以轻而易举地获取在网络中传输的数据信息。如果你不希望黑客看到你传递的信息，就需要使用加密技术对传输的数据信息进行加密处理。在网络传输过程中，如果传输的是经加密处理后的数据信息，那么，即使黑客窃取了报文，由于不知道相应的解密方法和密钥，也无法将密文(加密后生成的数据信息)还原成明文(未经加密的数据信息)，从而保证了信息在传输过程中的安全。

最简单的加密方法是替代法。所谓替代法就是将需要传输的数据信息使用另一种固定的数据进行代替。例如，数字字符 0、1、2、3、4、5、6、7、8、9 分别使用 h、i、j、k、l、m、n、o、p、q 代替，这样，如果要传输的信息为 9628，那么，加密后生成的密文和在信道上实际传输的就是 qnjp。

从理论上讲，加密技术可以分为加密密钥和加密算法两部分。加密密钥是在加密和解密过程中使用的一串数字；而加密算法则是作用于密钥和明文的一个数学函数。密文是明文和密钥相结合，然后经过加密算法运算的结果。在同一种加密算法下，密钥的位数越长，存在的密钥数越多，破译者破译越困难，安全性越好。

目前，常用的加密技术主要有两种：常规密钥加密技术和公开密钥加密技术。

1. 常规密钥加密技术

常规密钥加密技术也称为对称密钥加密(symmetric cryptography)技术。在这种技术中，加密方和解密方除必须保证使用同一种加密算法外，还需要共享同一个密钥，如图 16-2 所示。因为加密和解密使用同一个密钥，所以如果第三方获取该密钥就会造成失密。因此，网络中 N 个用户之间进行加密通信时，每个用户都需要保存 N-1 个密钥才能保证任意两方收发密文，第三方无法解密(图 16-3 所示为 4 个用户之间使用常规密钥加密技术进行通信的示意图)。

DES(data encryption standard)算法是最常用的常规密钥加密算法。它由 IBM 公司研制，并被国际标准化组织 ISO 认定为数据加密的国际标准。DES 技术采用 64 位密钥长度，其中 8 位用于奇偶校验，剩余的 56 位可以被用户使用。

由于在常规加密体系中加密方和解密方使用相同的密钥，因此密钥在加密方和解密

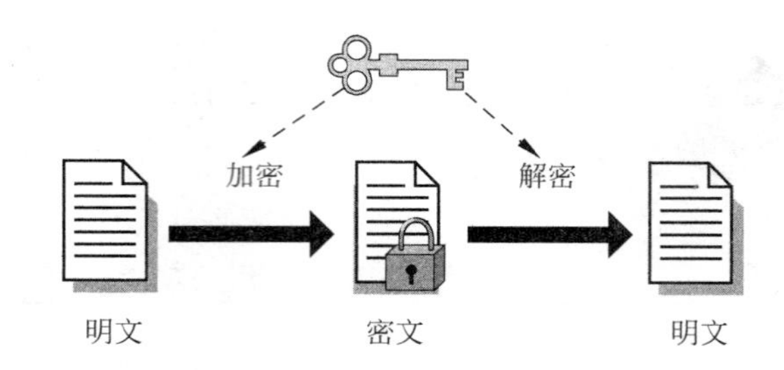

图 16-2　常规密钥加密方法中加密和解密使用同一个密钥

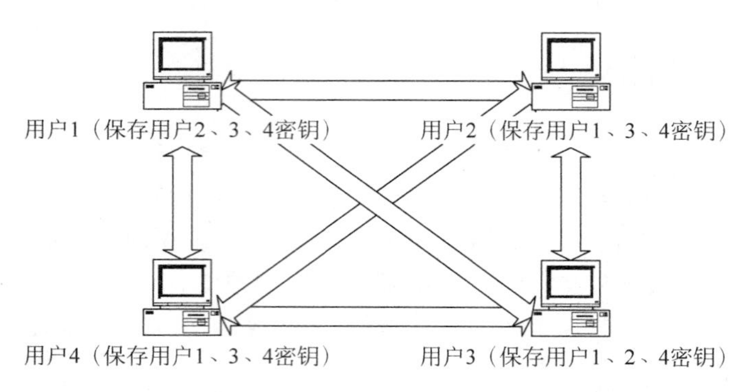

图 16-3　网络中 4 个用户之间使用常规密钥加密技术

方之间传递和分发必须通过安全通道进行，在公共网络上使用明文传递秘密密钥是不合适的。如果密钥没有以安全方式传送，那么黑客就很可能截获该密钥，并将该密钥用于信息解密。因此，在公共网络(例如公共 Internet)上，常规密钥加密技术不适于实现互不相识的通信者之间的信息传递。

常规密钥加密技术并非坚不可"破"，入侵者用一台运算能力足够强大的计算机，凭借其"野蛮力量"，对密钥逐个尝试就可以破译密文。但是破译是需要时间的，只要破译的时间超过密文的有效期，加密就是有效的。

2. 公开密钥加密技术

公开密钥加密也称为非对称密钥加密(asymmetric cryptography)。公开密钥加密技术使用两个不同的密钥，一个用来加密信息，称为加密密钥；另一个用来解密信息，称为解密密钥，如图 16-4 所示。加密密钥与解密密钥是数学相关的，它们成对出现，但却不能由加密密钥计算出解密密钥，也不能由解秘密钥计算出加秘密钥。由于信息用某用户的加密密钥加密后所得到的数据只能用该用户的解密密钥才能解密，因此用户可以将自己的加密密钥像自己的姓名、电话、E-mail 地址一样公开。如果其他用户希望与该用户通信，就可以使用该用户公开的加密密钥进行加密，这样，只有拥有解密密钥的用户自己才能解开此密文。当然，用户的解密密钥不能透露给自己不信任的任何人。在公约加密系统中，用户公开的加密密钥被称为公钥(public key)，用户自己保存的解密密钥称为私钥(private key)。公开密钥加密技术可以大为简化密钥的管理，网络中 N 个用户之间进行通信加密，每个用户只需保存自己的密钥对即可（如图 16-5 所示为 4 个用户之间使用公开密钥加密技术通信）。

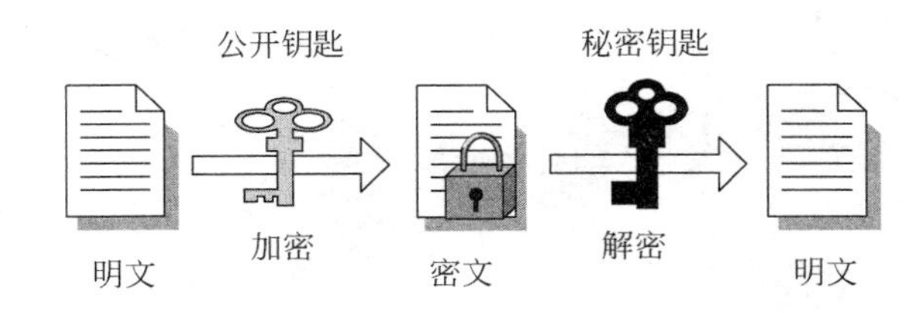

图 16-4　公开密钥加密方法中加密和解密使用不同的密钥

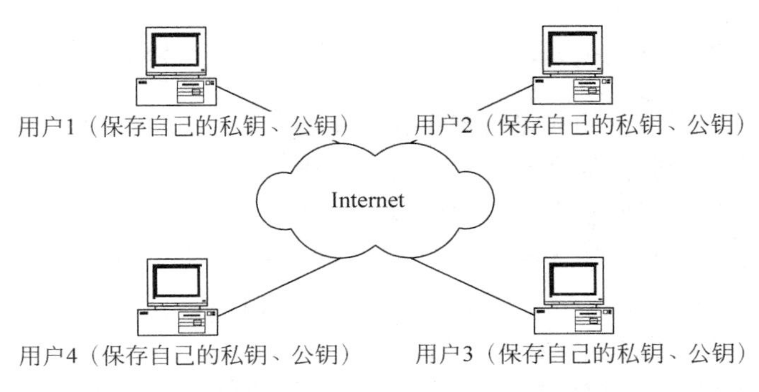

图 16-5　网络中 4 个用户使用公开密钥加密技术

最著名的公开密钥加密算法是 RSA（RSA 是其发明者 Rivest、Shamir 和 Adleman 名字首字母的组合）。RSA 是一个可以支持变长密钥的公开密钥加密算法，在它所生成的一对相关密钥中，任何一个都可以用于加密，同时另一个用于解密。由于 RSA 的计算效率要比 DES 等慢 100～1000 倍，因此比较适合于加密数据块长度较小的报文。

公开密钥加密技术与常规密钥加密技术相比，其优势在于不需要共享通用的密钥，用于解密的私钥不需要发往任何地方，公钥在传递和发布过程中即使被截获，由于没有与其匹配的私钥，截获的公钥对入侵者也就没有什么太大的意义。公钥可以通过公共网络进行传递和分发。公开密钥加密技术的主要缺点是加密算法复杂，加密与解密速度比较慢，被加密的数据块长度不宜太大。

3. 常规密钥加密技术和公开密钥加密技术的结合

常规密钥加密算法运算效率高，但密钥不易传递；公开密钥加密算法密钥传递简单，但运算效率低。两种技术结合既可以克服常规密钥加密技术中密钥分发困难和公开密钥加密技术中加密所需时间较长的缺点，又能够充分利用常规密钥加密技术的高效性和公开密钥加密技术的灵活性，保证信息在传输过程中的安全性。

这种结合技术首先使用常规密钥加密技术对要发送的数据信息进行加密，然后，利用公开密钥加密算法对常规密钥加密技术中使用的秘密密钥进行加密，如图 16-6 所示。其具体的实现方法和步骤如下。

（1）在需要发送信息时，发送方首先生成一个秘密密钥；

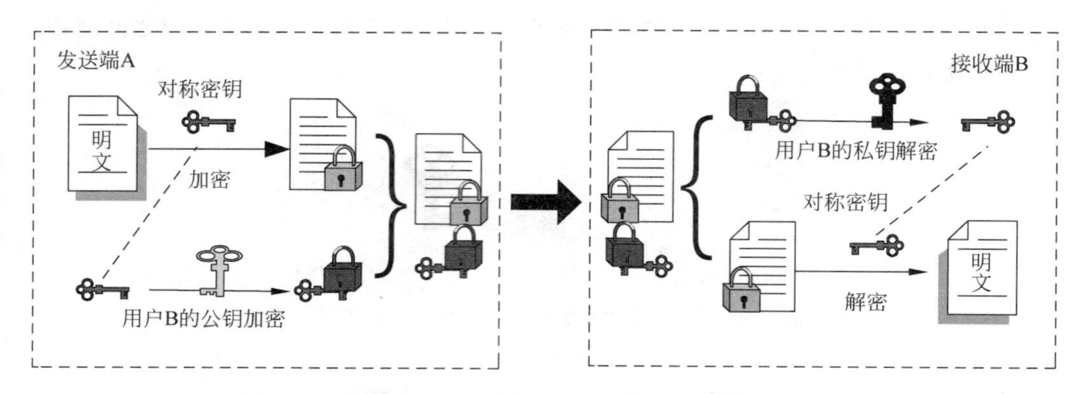

图 16-6 常规密钥加密技术和公开密钥加密技术结合使用

(2) 利用生成的秘密密钥和秘密密钥加密算法对要发送的信息加密;

(3) 发送方利用接收方提供的公开密钥对生成的秘密密钥进行加密;

(4) 发送方把加密后的密文通过网络传送给接收方;

(5) 接收方使用公开密钥加密算法,利用自己的私钥将加密的秘密密钥还原成明文;

(6) 接收方利用还原出的秘密密钥,使用秘密密钥加密算法解密被发送方加密的信息,还原出的明文即是发送方要发送的数据信息。

从以上步骤可以看出,信息在处理过程中使用了两层加密体制。在内层,利用常规密钥加密技术,每次传送信息都可以重新生成新的秘密密钥,保证信息的安全性。在外层,利用公开密钥加密技术加密秘密密钥,保证秘密密钥传递的安全性。常规密钥加密技术和公开密钥加密技术同时使用可以保证信息的高效处理和安全传输。

16.2.2 数字签名

签名是保证文件或资料真实性的一种方法。在计算机网络中,通常使用数字签名技术来模拟文件或资料中的亲笔签名。数字签名技术可以保证信息的完整性、真实性和不可否认性。

进行数字签名最常用的技术是公开密钥加密技术(如 RSA)。如果某一用户 A 使用私钥加密了一条信息,如果其他人可以利用用户 A 公钥拷贝对其解密,那么就说明该信息是完整的(即信息没有被传递过程中的其他人修改过),同时,由于只有用户 A 才能发出这样的消息,因此,可以确保该信息是由 A 发出的,并且 A 对所发的信息不能否认。

然而,公钥加密算法通常比较复杂,加密速度也很慢,不适合处理大数据块信息。能不能将一个大数据块映射到一个小信息块,然后对这个小信息块签名呢?这就是消息摘要(message digest)技术的初始想法。

1. 消息摘要

在数字签名中,为了解决公钥加密算法不适于处理大数据块的问题,一般需要将一个大数据块映射到一个小信息块,形成所谓的消息摘要。通过对信息摘要的签名来保证整个信息的完整性、真实性和不可否认性。这个签名过程与现实生活中的亲笔签名非常类似。我们知道，现实生活中对文档或证件的亲笔签名常常出现在文档或证件的关键部分，而我们从大信息块中计算出的消息摘要就是该信息块的关键部分。

消息摘要可以利用单向散列函数(one-way Hash function)对要签名的数据进行运算生成。需要注意，单向散列函数对数据块进行运算并不是一种加密机制，它仅能提取数据块的某些关键信息。

单向散列函数具有如下主要特性。

- 单向散列函数能处理任意大小的信息，其生成的消息摘要数据块长度总是具有固定的大小，而且，对同一个源数据反复执行该函数得到的消息摘要相同。
- 单向散列函数生成的消息摘要是不可预见的，产生的消息摘要的大小与原始数据信息块的大小没有任何联系，消息摘要看起来与原始数据也没有明显关系，而且对原始数据信息的一个微小变化都会对新产生的消息摘要产生很大的影响。
- 它具有不可逆性，没有办法通过生成的消息摘要重新生成原始数据信息。

由于单向散列函数具有以上特性，接收方在收到发送方的数据后，可以重新计算原始数据的消息摘要，并将该消息摘要与发送方发送来的消息摘要进行比较，如果相同，就说明该原始数据在传输过程中没有被篡改或变化。当然，必须对消息摘要进行签名，否则消息摘要也有可能被攻击者修改。

最广泛使用的消息摘要算法是 Rivest 设计的 MD5 算法。它可以将一个任意长度的输入数据进行数学处理，产生一个 128 位的消息摘要。

2. 完整的数字签名过程

数字签名的具体实现过程如下，如图 16-7 所示。

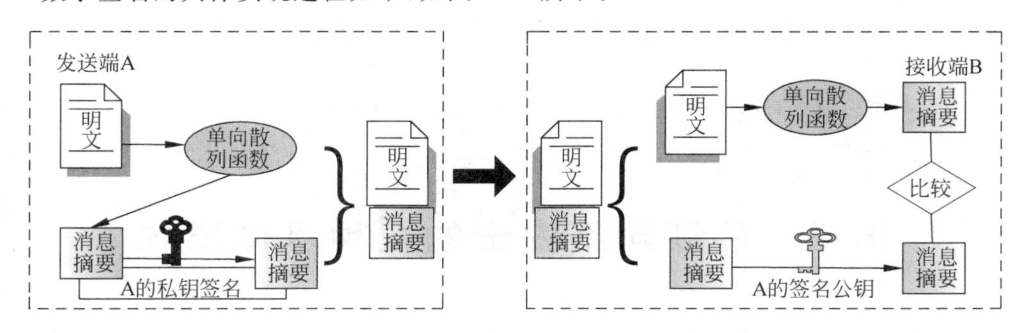

图 16-7　数字签名

(1) 发送方使用单向散列函数对要发送的信息运算，生成消息摘要。

(2) 发送方使用自己的私钥，利用公开密钥加密算法对生成的消息摘要进行数字签名。

(3) 发送方通过网络将信息本身和已进行数字签名的消息摘要发送给接收方。

(4) 接收方使用与发送方相同的单向散列函数对收到的信息本身进行操作，重新生成消息摘要。

(5) 接收方使用发送方的公钥,利用公开密钥加密算法解密接收的消息信息摘要。

(6) 通过解密的信息摘要与重新生成的信息摘要进行比较,判别接收信息的完整性和真实性。

16.2.3 数据加密和数字签名的区别

尽管数字签名技术通常采用公开密钥加密算法实现,但是,数字签名的作用与通常意义上的数据加密的作用是不相同的。对在网络中传输的数据信息进行加密是为了保证数据信息传输的安全。即使黑客截获了该密文信息,由于没有相应的密钥,也就无法理解信息的内容。而数字签名则不同,数字签名是为了证实某一信息确实由某一人发出,并且没有被网络中的其他人修改过,它对网络中是否有人看到该信息则不加关心。数据加密使用接收者的公钥对数据进行运算,而数字签名则使用发送者自己的私钥对数据进行运算。数字签名和数据加密的区别如图 16-8 所示。

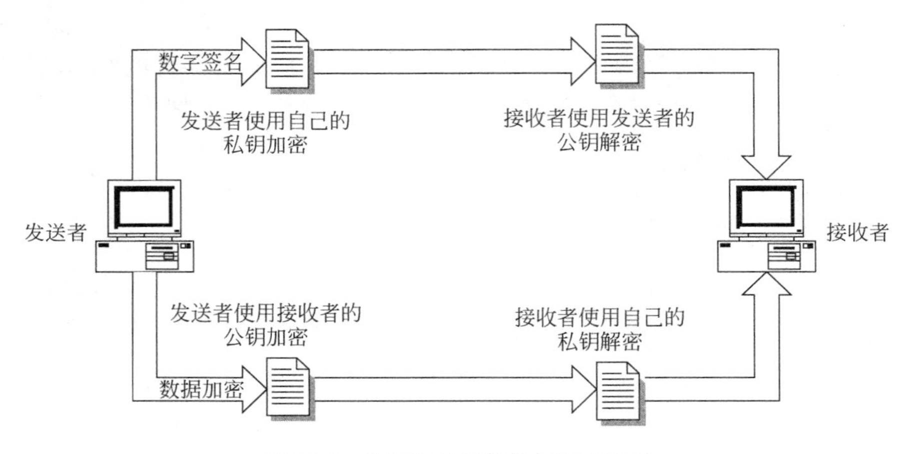

图 16-8 数字签名与数据加密的区别

16.3 保证网络安全的几种具体措施

网络的任何一部分都存在安全问题,针对每一个安全隐患需要采取具体的措施加以防范。在互联网上,目前最常用的安全技术包括防火墙技术、入侵检测技术、病毒防护技术、垃圾邮件处理技术、VPN 技术、IPsec 技术、安全套接层技术等。这些技术从不同的层面对网络进行安全防护。本节主要对防火墙技术及安全套接层技术进行介绍。

16.3.1 防火墙

防火墙(firewall)的概念起源于中世纪的城堡防卫系统。那时,人们在城堡的周围挖一条护城河以保护城堡的安全，每个进入城堡的人都要经过一个吊桥，接受城门守卫的检查。在网络中，人们借鉴了这种思想，设计了一种网络安全防护系统，即防火墙系统。

防火墙将网络分成内部网络和外部网络两部分，如图 16-9 所示，并认为内部网络是安全的和可信赖的，而外部网络则是不太安全和不太可信的。防火墙检查和检测所有进出内部网的信息流，防止未经授权的通信进出被保护的内部网络。

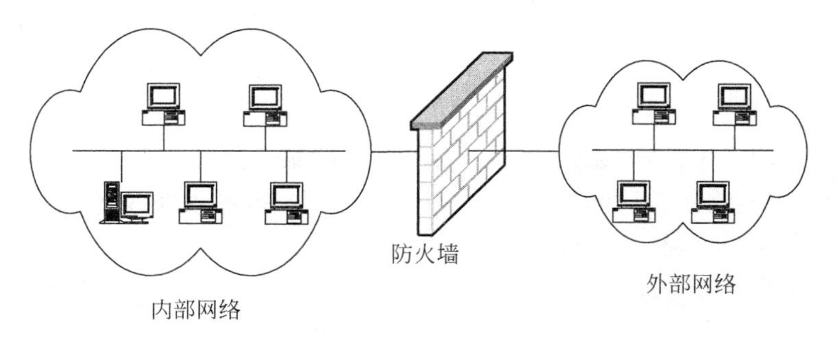

图 16-9　防火墙

防火墙采用的技术主要有两种类型，一种为包过滤(packet filter)；另一种为应用网关(application-level gateway)。这两种类型的防火墙相互补充和协作，能够为内部网络提供较为安全的访问控制。

1. 包过滤

在网络系统中，包过滤技术可以阻止某些主机随意访问另外一些主机。包过滤功能可以在路由器中实现，具有包过滤防火墙功能的路由器叫做包过滤路由器。网络管理员可以配置包过滤路由器，以控制哪些包可以通过，哪些包不可以通过。

包过滤的主要工作是检查每个包头部中的有关字段(如 IP 数据报的源地址、目的地址、源端口、目的端口等)，并根据网络管理员指定的过滤策略允许或阻止带有这些字段的数据包通过，如图 16-10 所示。例如，如果不希望 IP 地址为 202.113.28.66 的主机访问 202.113.27.00 网络，就可以让包过滤路由器检测并抛弃源 IP 地址为 202.113.28.66 的 IP 数据报。如果 IP 地址为 202.113.27.56 的主机不希望接受 IP 地址为 202.113.28.89 主机的访问，可以让包过滤路由器检测并抛弃源 IP 地址为 202.113.28.89 且目的 IP 地址为 202.113.27.56 的 IP 数据报。

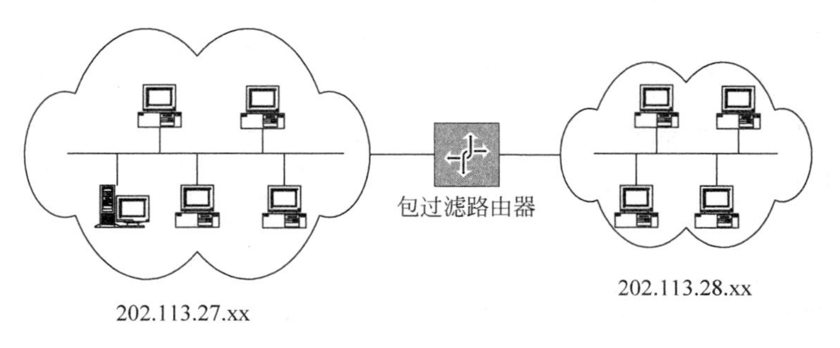

图 16-10　包过滤路由器

除了对源地址和目的地址进行过滤外,包过滤器通常还能检查出数据包所传递的是哪一种服务。这样,网络管理员就可以指定包含哪些服务的数据包可以通过,包含哪些服务的数据包不可以通过。例如,包过滤路由器可以过滤掉所有传递Web服务的数据包,而仅仅使包含电子邮件服务的数据包通过。

包过滤防火墙只对数据包首部的信息进行监测,转发速度相对较快。但是,由于其过滤规则编写复杂烦琐,因此不但网络管理员工作繁重,而且很容易引入安全漏洞。

2. 应用网关

应用网关也叫应用代理,通常运行在内部网络的某些具有访问Internet权限的专用服务器上,为内部网络用户访问外部网络的一些特定服务(或为外部网络用户访问内部网络的一些特定服务)提供转接或控制。

图16-11显示了一个提供Web服务的应用网关。图中内部网络中的Web服务器可以向外部Internet授权用户提供Web服务,但Internet用户的请求并不能直接到达该Web服务器,而需要经过Web应用网关的中转。外部Internet用户访问内部Web服务器的过程可以归纳为以下几点。

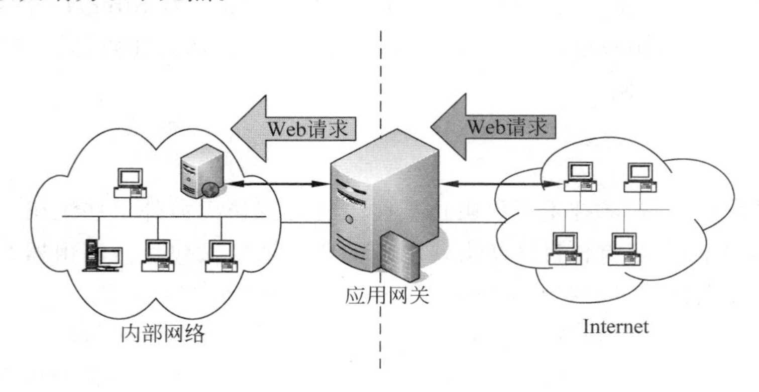

图16-11 应用网关示意图

(1) 外部Internet用户与应用网关建立TCP连接,同时向应用网关发送使用Web服务的请求。

(2) 应用网关对收到的请求进行认证,如果允许该Internet用户访问内部Web服务器,那么转向(3);否则拒绝该请求后返回。

(3) 应用网关作为客户端与内部的Web服务器建立TCP连接,将Internet用户的请求转发至内部Web服务器。

(4) 内部Web服务器对Internet用户的请求进行响应,将响应信息发往应用网关。

(5) 应用网关向Internet用户转发内部Web服务器的响应。

(6) 随后应用网关将中转Internet用户与内部Web服务器之间的信息,直到传输完毕。

从工作原理上看,应用网关将一个完整的通信分成了两部分。应用网关在中间监控和中转信息。由于外部Internet用户的通信对象始终为应用网关,因此应用网关隐藏了内部网络提供服务的基本情况。

与包过滤防火墙相比，由于应用网关能够解读和分析经过的所有应用层信息，因此鉴别其是否属于授权用户也比包过滤防火墙更为方便直接。但是在实现上，由于数据包需要解析到应用层，因此应用网关的数据处理速度比包过滤防火墙低很多。

16.3.2 SSL 协议

安全套接层 SSL 协议是目前应用最广泛的安全传输协议之一。它作为 Web 安全性解决方案由 Netscape 公司于 1995 年提出。现在，SSL 已经作为事实上的标准被众多的网络产品提供商所采纳。

SSL 利用公开密钥加密技术和常规密钥加密技术，在传输层提供安全的数据传递通道。SSL 的简单工作过程如图 16-12 所示。其中各个步骤的作用解释如下：

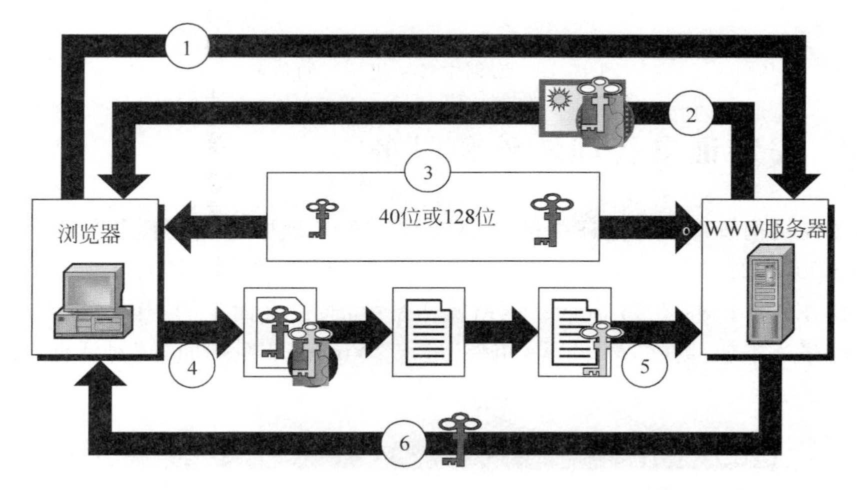

图 16-12　SSL 的工作过程

(1) 浏览器请求与服务器建立安全会话。

(2) Web 服务器将自己的公钥发给浏览器。

(3) Web 服务器与浏览器协商密钥位数(40 位或 128 位)。

(4) 浏览器产生会话使用的秘密密钥，并用 Web 服务器的公钥加密传给 Web 服务器。

(5) Web 服务器用自己的私钥解密。

(6) Web 服务器和浏览器用会话密钥加密和解密，实现加密传输。

16.4 实训：利用 SSL 实现安全数据传输

在互联网上，CA(Certification Authority)安全认证中心是公开密钥的管理机构，它通过签发证书(certificate)的方式来分发公开密钥。证书包含了证书拥有者的基本信息和公开密钥,并且经过CA中心数字签名,因此,如果你需要发送加密的信息给对方,首先需要向对方索取证书以获得他的公开密钥。

本次实训将学习证书的申请、安装过程,并通过SSL进行一次安全的数据通信。

我们需要使用一个局域网上相互配合的三台主机完成实训工作。其中一台主机扮演证书颁发机构角色,另一台主机运行Web服务,最后一台主机充当Web浏览器,如图16-13所示。

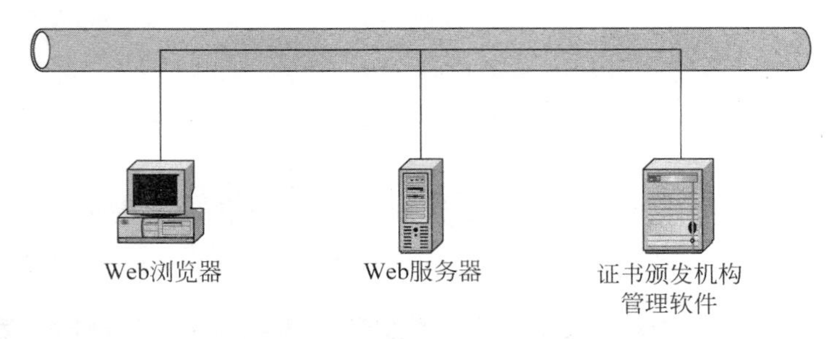

图16-13 实训中各主机扮演的角色

16.4.1 安装证书管理软件和服务

证书颁发机构管理软件是证书的处理软件,CA认证中心利用该软件管理和签发证书。在Windows 2003 Server上安装证书颁发机构管理软件的步骤如下:

(1) 启动Windows 2003 Server网络操作系统,通过桌面上的"开始→控制面板→添加或删除程序→添加/删除Windows组件"进入"Windows组件向导"对话框,如图16-14所示。

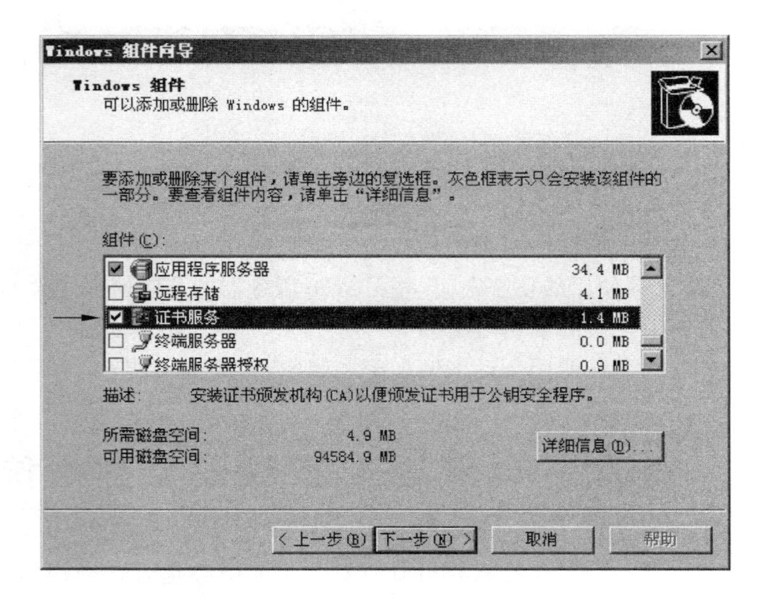

图16-14 "Windows组件向导"对话框

(2) 在图 16-14 所示"Windows 组件向导"的组件列表中，选中"证书服务"，单击"下一步"按钮，系统进入证书服务安装状态，如图 16-15 所示。

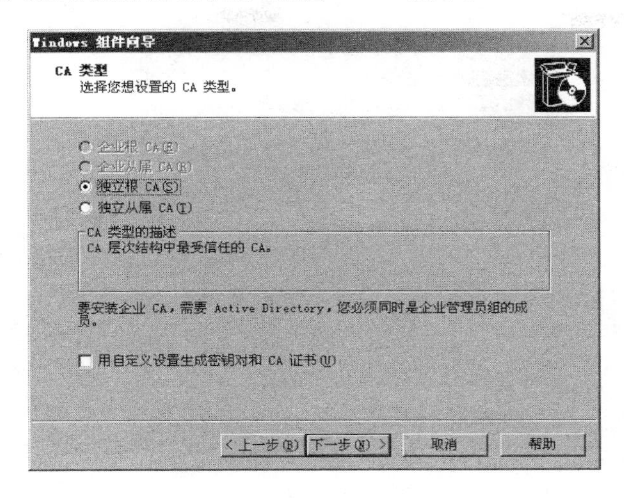

图 16-15 选择证书颁发机构类型

(3) 在图 16-15 所示的选择证书颁发机构类型界面中选择"独立根 CA"，然后单击"下一步"按钮。

(4) 在出现的"CA 识别信息"对话框中，如图 16-16 所示，输入此 CA 的公用名称和有效期限等有关信息，然后单击"下一步"按钮。

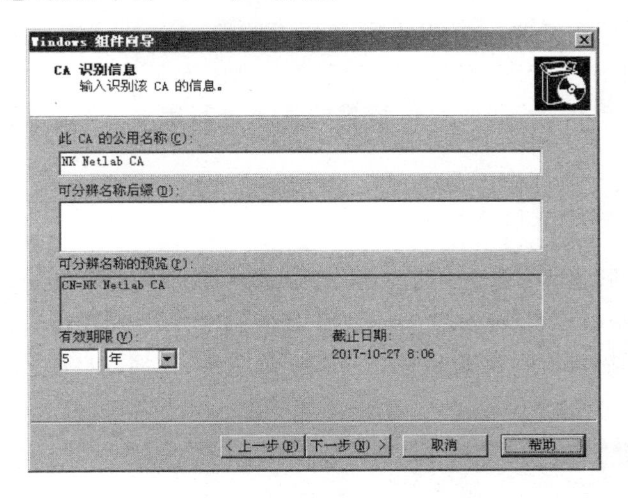

图 16-16 "CA 标识信息"对话框

(5) 当进入"证书数据库设置"对话框后，如图 16-17 所示，输入证书数据库、证书数据库日志在磁盘上的存储位置。单击"下一步"按钮，系统将开始安装证书服务。由于证书服务的安装需要复制 Windows 2003 Server 安装盘上的某些文件，因此，当系统提示你插入安装盘时请将 Windows 2003 Server 安装盘装入指定的光驱(或指定 Windows 2003 Server 安装文件所在的位置)。

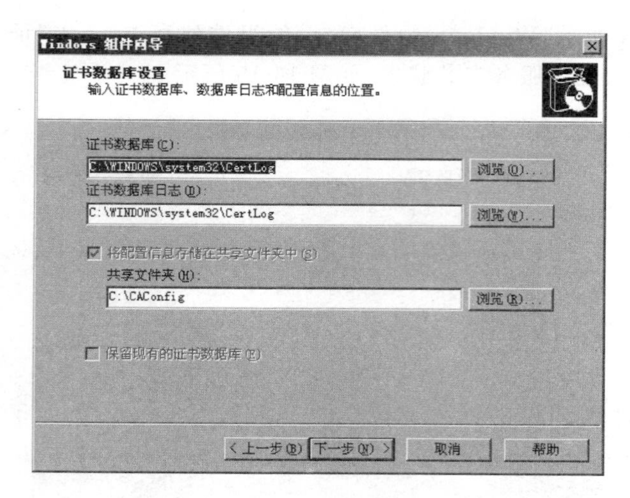

图 16-17 “证书数据库设置”对话框

一旦安装完毕，就可以利用安装有证书颁发机构管理软件的主机进行证书的管理和签发工作。

16.4.2 为 Web 服务器申请和安装证书

支持 SSL 协议的 Web 服务器需要申请和安装自己的证书，以便在合适的时候将自己的公开密钥传送给浏览器。在 Web 服务器上配置 SSL 协议需要经过证书的申请、证书的下载、证书的安装和 Web 服务器的配置等过程。与此同时，当安装有证书服务的主机接收到一个证书申请后，需要对申请者的信息进行审查，决定是否将证书颁发给申请人。

1. 准备一个证书请求信息

在为一个 Web 服务器申请证书之前，首先需要准备证书的请求信息。其操作步骤如下：

(1) 在 Windows 2003 Server 上启动 IIS 管理器，如图 16-18 所示，选中并右击需要支持 SSL 的 Web 网站(如默认网站)，在弹出的菜单中执行“属性”命令，在出现的站点属性对话框中选择“目录安全性”选项卡，如图 16-19 所示。

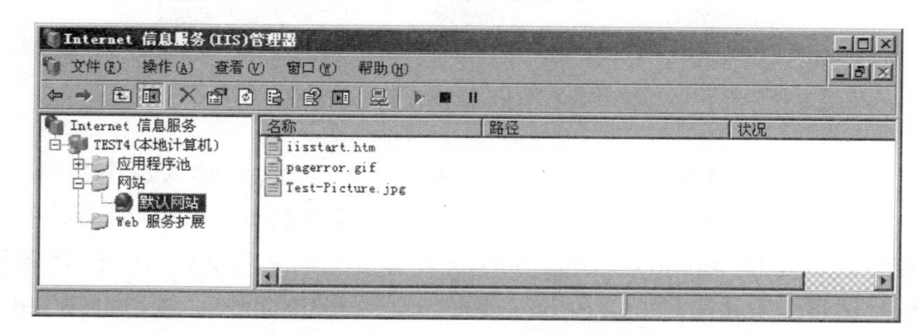

图 16-18 “Internet 信息服务 IIS 管理器”窗口

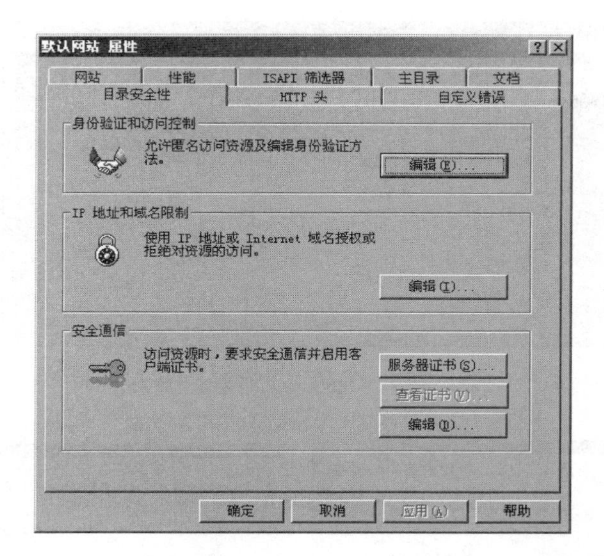

图 16-19　“默认网站 属性”对话框的“目录安全性”选项卡

(2) 单击图 16-19 中的“服务器证书”按钮，屏幕出现 Web 服务器证书向导对话框。利用该证书向导，首先创建一个新证书，如图 16-20 所示。

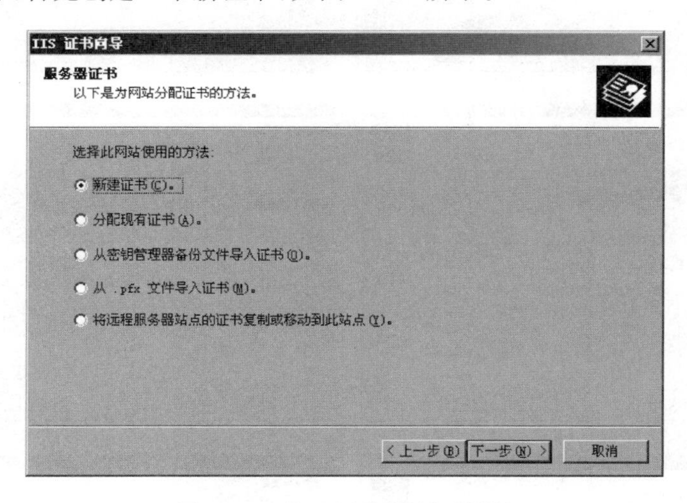

图 16-20　“IIS 证书向导”对话框

(3) 在图 16-20 中选择“新建证书”单选按钮，单击“下一步”按钮，系统进入“延迟或立即请求”界面，如图 16-21 所示。选择“现在准备证书请求，但稍后发送”选项，将请求的数据首先保存在文件中，然后再将该文件提交给安装有证书颁发机构软件的服务器。单击“下一步”按钮，系统开始收集申请证书所需要的各种信息。

(4) 申请证书需要很多信息，其中包括证书的名字、证书拥有者所在的组织与部门、公用名称、证书拥有者的地址等。按照 IIS 证书向导的要求输入这些信息，如图 16-22 所示，系统将把它们保存在你指定的文件中。其中，公用名称应该是以后利用浏览器访问该

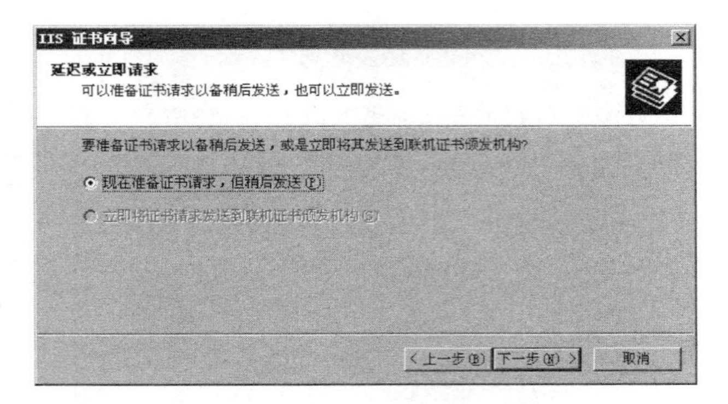

图 16-21 “延迟或立即请求”界面

图 16-22 IIS 证书向导收集证书请求所需要的信息

网站时使用的域名、IP 地址或主机名，如你以后利用浏览器使用的名称与该公用名称不一致，系统将给出警告信息。IIS 证书向导形成的证书请求文件可以使用文本编辑器（如记事本程序）打开，其中的请求信息已经进行了编码，其基本形式如图 16-23 所示。

图 16-23　经编码后的证书请求信息

2. 提交证书申请

准备好证书请求信息之后，需要将该文件提交给证书颁发机构，以便管理机构为申请者签发和颁布证书。证书申请的提交工作可以通过浏览器完成，具体步骤如下（假设主机 192.168.0.66 安装有证书颁发机构管理软件）：

（1）启动 IE 浏览器，在地址栏中输入 http://192.168.0.66/certsrv，安装有证书服务的主机 192.168.0.66 将应答“任务选择”页面，如图 16-24 所示。

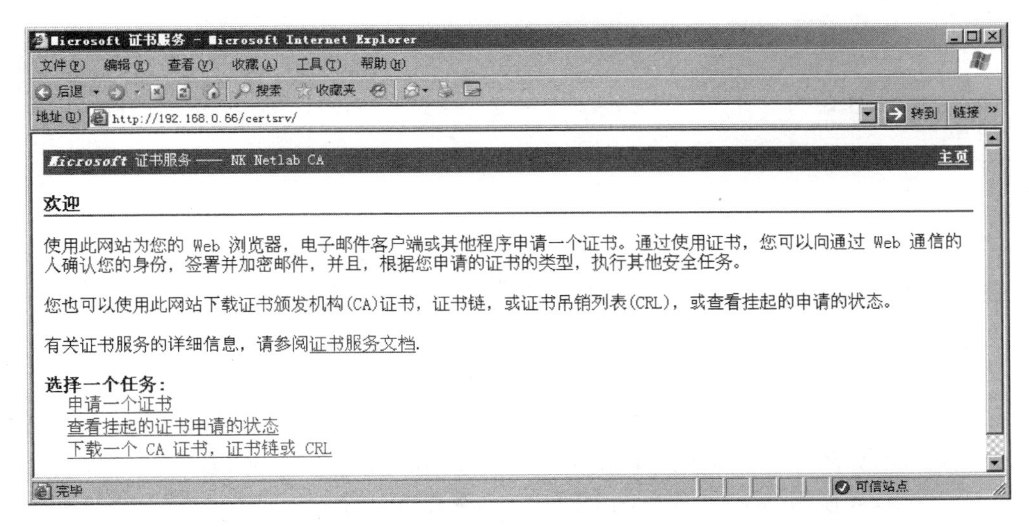

图 16-24　任务选择界面

(2) 在图16-24中单击"申请一个证书"超链接,系统进入证书类型选择界面,如图16-25所示。

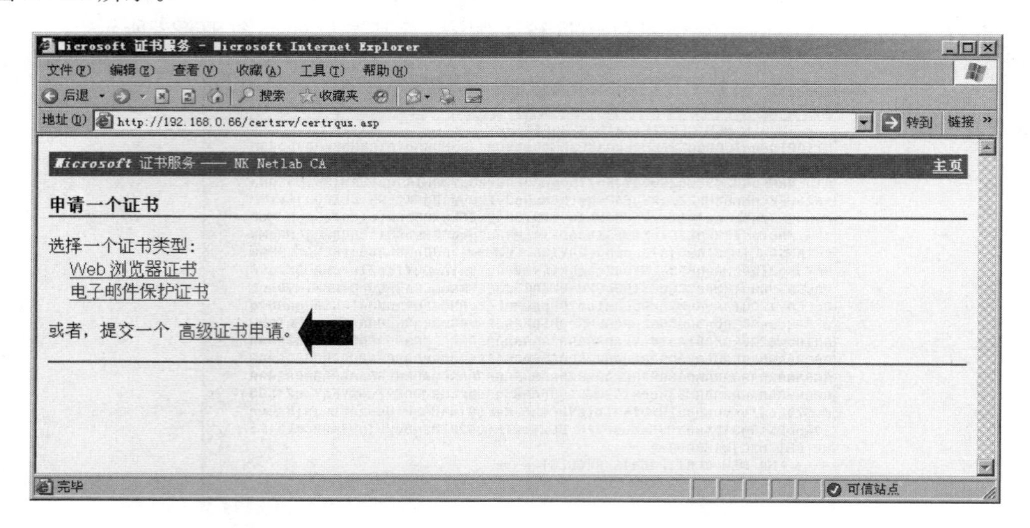

图16-25 选择申请证书的类型

(3) 由于要为Web服务器申请证书,既不是Web浏览器证书也不是电子邮件保护证书,因此需要使用高级证书申请,如图16-25所示。单击"高级证书申请",则出现选择证书提交方式页面,如图16-26所示。

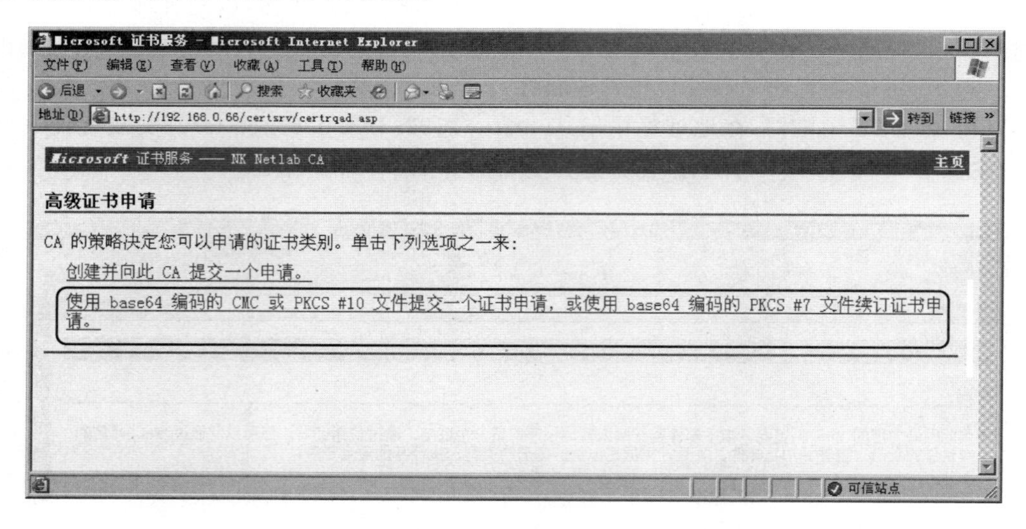

图16-26 证书提交方式页面

(4) 由于已经形成了一个证书请求文件,因此在证书提交方式页面中选择使用文件提交证书申请,如图16-26所示。单击"使用base64编码的CMC或PKCS#10文件提交一个证书申请,或使用base64编码的PKCS#7文件续订证书申请",系统允许你选择已经准备好的证书申请文件,如图16-27所示。

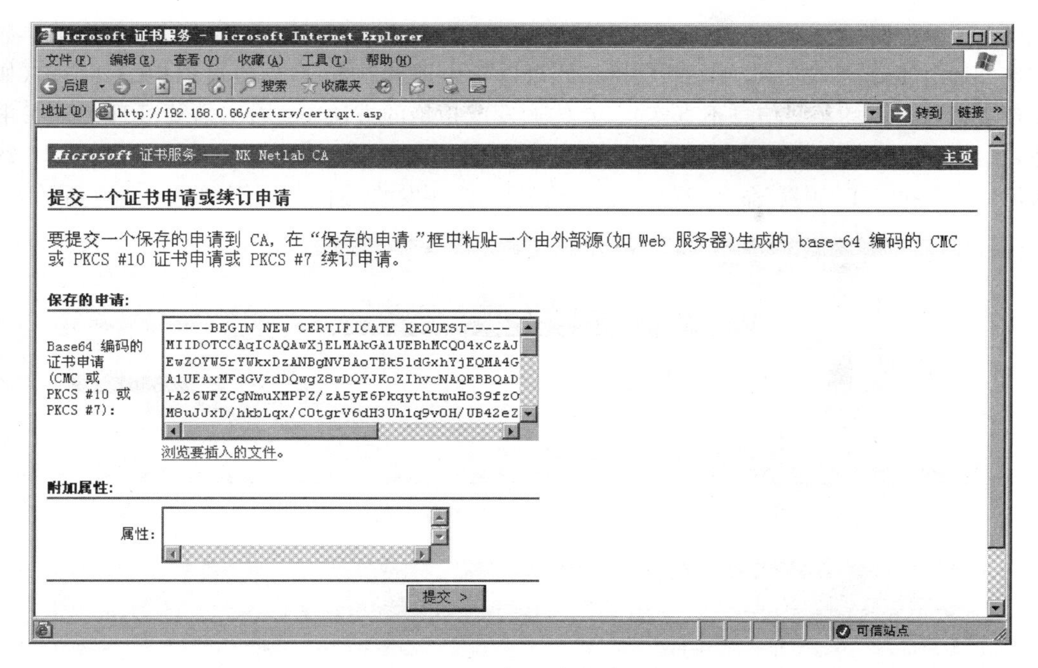

图 16-27　选择证书申请文件

(5) 选择证书申请文件有两种方式。一种可以使用文本编辑器将准备好的证书申请文件打开，然后把其中的文件内容粘贴到图 16-27 所示的"base64 编码的证书申请"文本框中。另一种可以通过"浏览要插入的文件"超链接，通过选择证书申请文件的文件名将申请信息插入。在证书申请文件选择完成之后，单击"提交"按钮，证书申请文件将传送给安装有证书颁发机构管理软件的主机 192.168.0.66。

在证书申请提交之后，通常并不能立即得到需要的证书。证书管理机构在审查有关的资料后，才可能为申请者颁发证书。

3. 为证书申请者颁布证书

证书管理机构为证书申请者颁布证书的具体步骤如下。

(1) 在安装有证书颁发机构管理软件的主机上通过"开始→程序→管理工具→证书颁发机构"命令进入证书颁发机构管理软件，如图 16-28 所示。

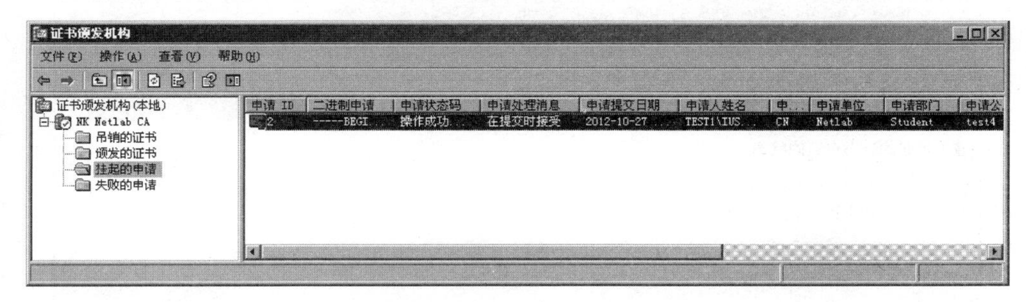

图 16-28　证书颁发机构程序界面

(2) 单击图16-28左边窗口中的"挂起的申请",右边窗口将列出所有未处理的证书申请信息。通过审查这些信息,证书颁发机构既可以给申请者颁发证书,也可以拒绝其请求(如发现申请者提供的某些信息不真实)。具体颁发或拒绝的方法是:右击需要处理的证书申请,在弹出的菜单中选择"所有任务"级联菜单,"颁发"或"拒绝"命令将显示出来,如图16-29所示。一旦执行了"颁发"命令,颁发的证书将显示在"颁发的证书"目录下,如图16-30所示。

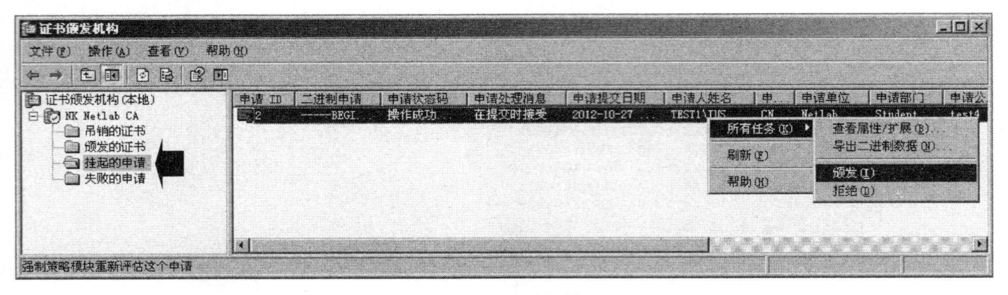

图16-29 颁发或拒绝的方法

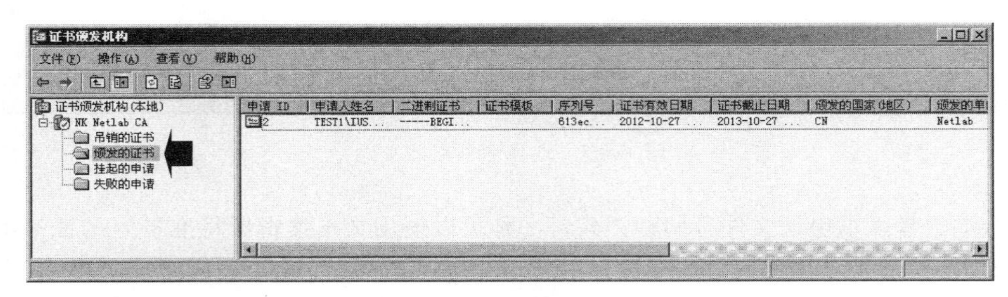

图16-30 颁发后的证书

4. 下载证书

当证书颁发机构颁发证书之后,证书申请者可以通过浏览器下载自己的证书。具体过程如下(假设主机192.168.0.66安装有证书颁发机构管理软件):

(1) 启动IE浏览器,在地址栏中输入http://192.168.0.66/certsrv,安装有证书颁发机构管理软件的主机192.168.0.66将应答"任务选择"页面,如图16-24所示。

(2) 在图16-24所示的页面上单击"查看挂起的证书申请的状态"超链接,系统将显示所有挂起证书的列表,如图16-31所示。

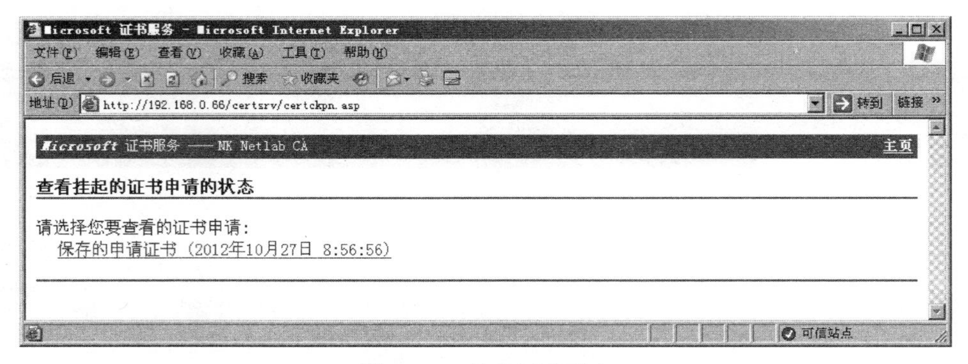

图16-31 挂起证书列表

(3) 单击需要下载的证书，在出现如图 16-32 所示的屏幕后单击“下载证书”超链接，系统将把颁发的证书存储在你指定的文件中。

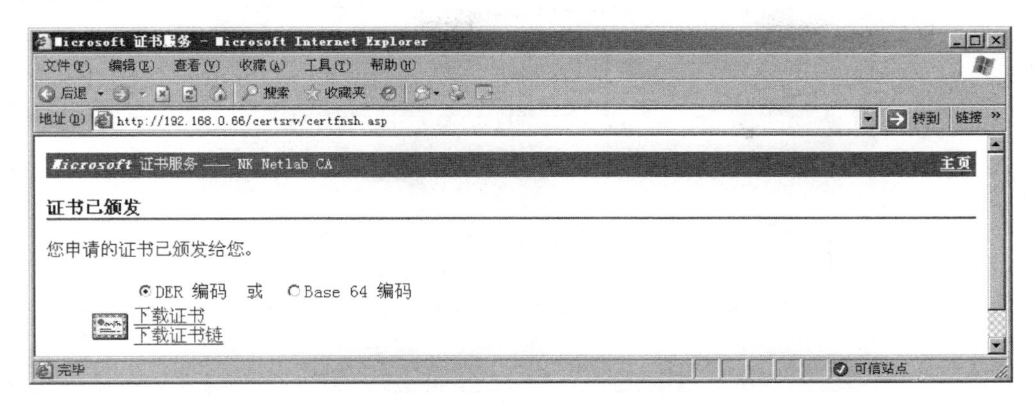

图 16-32　证书下载页面

5. 安装证书并配置 Web 服务器

一旦得到了证书颁发机构颁发的证书，就可以将它安装在 Web 服务器上。通过简单的配置过程，Web 服务器就可以支持 SSL 通信。安装证书并配置 Web 服务器的方法如下：

(1) 启动 IIS 信息服务管理器，选中并右击需要安装证书的 Web 网站(如默认网站)，在弹出的菜单中执行“属性” 命令，当出现站点属性对话框中选择“目录安全性”选项卡，如图 16-19 所示。

(2) 如果该 Web 网站已经进行过“证书请求准备”处理，那么单击“服务器证书”，系统将显示“挂起的证书请求”对话框，如图 16-33 所示。

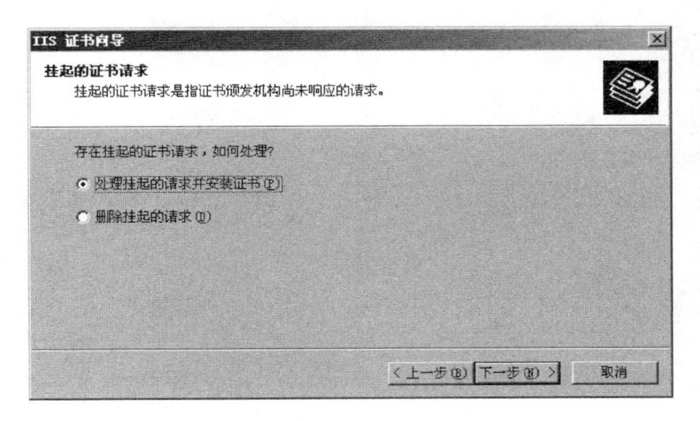

图 16-33　“挂起的证书请求”对话框

(3) 在图 16-33 中选择“处理挂起的请求并安装证书”选项，单击“下一步”按钮，系统将提示你输入要保存的证书的文件名，如图 16-34 所示。

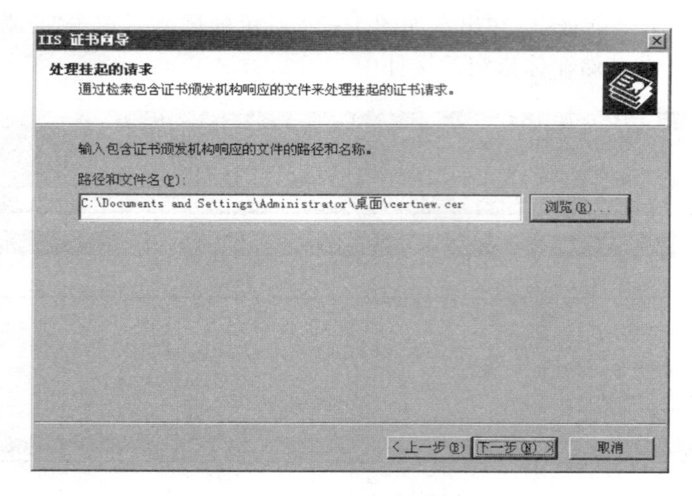

图 16-34　输入证书文件名

(4) 输入保存证书的文件名，单击“下一步”按钮，按照系统的提示，证书就可以顺利地安装到 Web 服务器上。

(5) 证书安装成功后，系统将返回到站点属性对话框，如图 16-35 所示。与图 16-19 相比，安装证书之后，“安全通信”区域的“查看证书”按钮已经可以使用。

(6) 执行图 16-35 中的“查看证书”命令，系统将显示证书的基本信息，如图 16-36 所示。

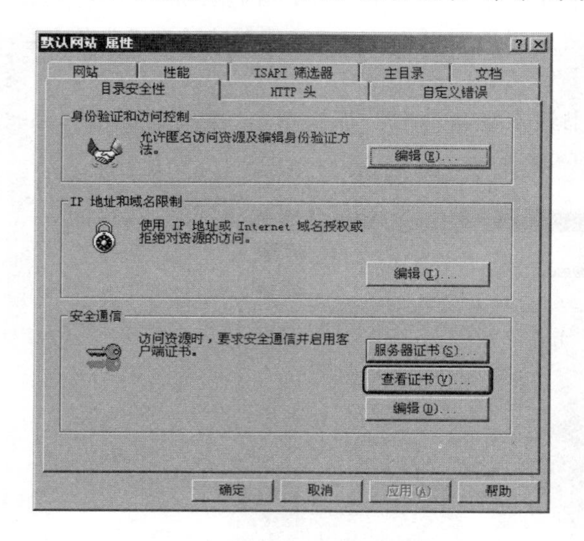

图 16-35　安装证书之后的“目录安全性”选项卡

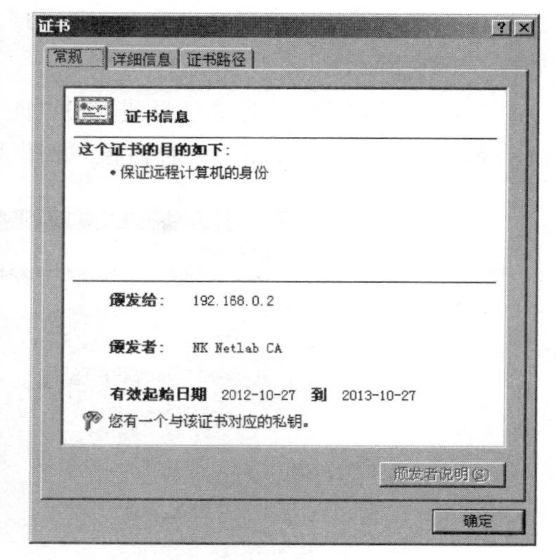

图 16-36　“证书”对话框

(7) 执行图 16-35 中的“编辑”命令，系统就进入“安全通信”对话框，如图 16-37 所示。选中“要求安全通道(SSL)”选项，单击“安全通信”对话框和站点属性对话框中的“确定”按钮，该 Web 站点将能够支持 SSL 通信。

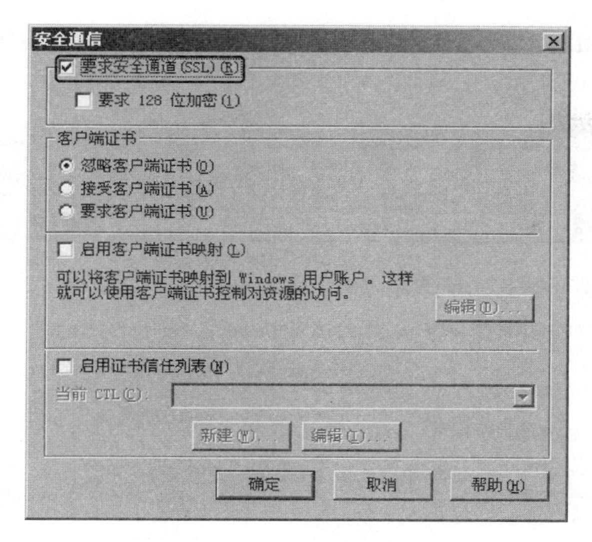

图 16-37 “安全通信”对话框

16.4.3 验证并访问安全的 Web 站点

完成了证书的申请、证书的下载、证书的安装、服务器的配置等工作,就可以使用 SSL 提供的加密通道进行安全数据传输了。使用安全通道的方法非常简单,在装有 Web 浏览器的计算机中打开 IE 浏览器,在“地址”栏中输入站点地址时前面加上“https://”,例如,要访问的 Web 站点为 192.168.0.2,那么,在 IE 的地址栏中应书写成 https://192.168.0.2。在浏览器与 Web 服务器建立连接后,该服务器将自动向浏览器发送站点证书并开始加密形式的数据传输,这时,IE 将在状态栏上显示一个锁形图标,如图 16-38 所示。如

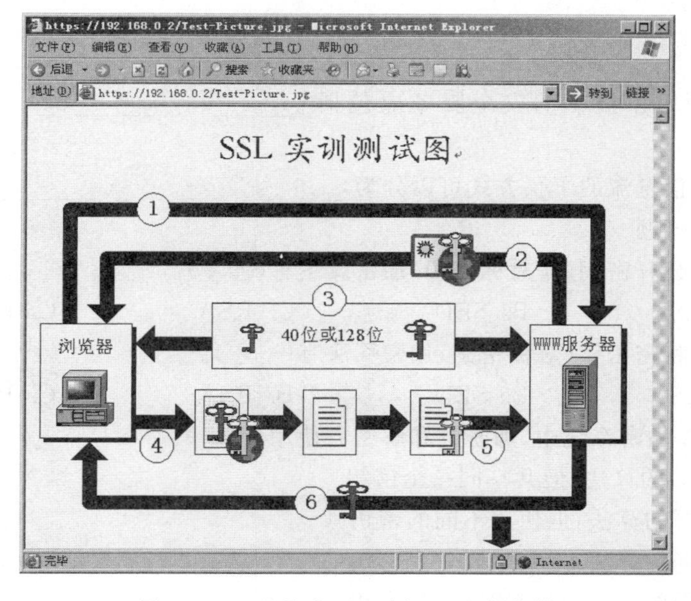

图 16-38 IE 通过 SSL 访问 Web 服务器

果你用“http://”开始的URL访问需要SSL支持的网站，网站将拒绝你的访问，其返回信息的显示如图16-39所示。

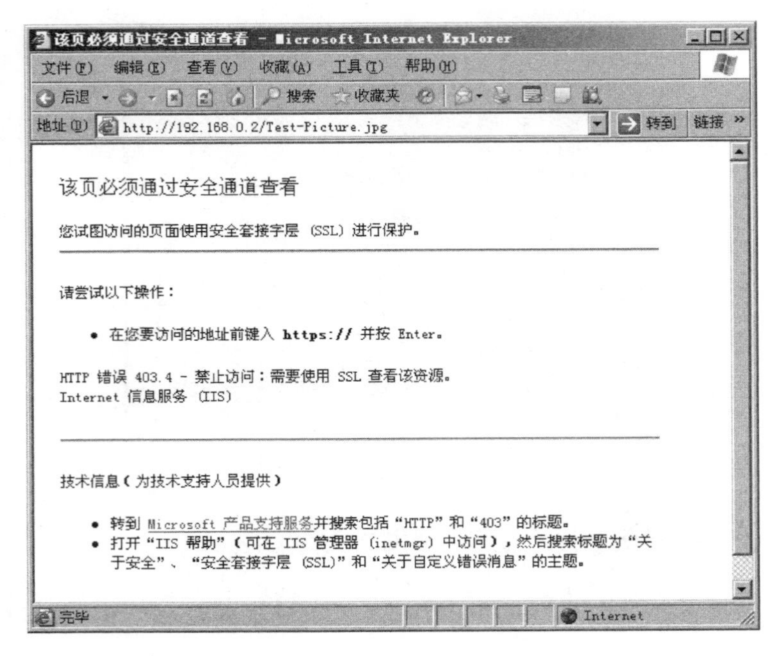

图16-39 通过“http://”访问需要SSL支持的网站的返回信息

练　习　题

一、填空题

(1) 网络为用户提供的安全服务应包括________、________、________、________和________。

(2) 黑客对信息流的干预方式可以分为________、________、________和________。

二、单项选择题

(1) 常用的公开密钥(非对称密钥)加密算法有(　　)。

A. DES　　B. SED　　C. RSA　　C. RAS

(2) 常用的秘密密钥(对称密钥)加密算法有(　　)。

A. DES　　B. SED　　B. RSA　　C. RAS

(3) 在RSA加密系统中，加密方和解密方使用(　　)。

A. 不同的算法，但共享同一个密钥

B. 相同的算法，但使用不同的密钥

B. 相同的算法，且共享同一个密钥

C. 不同的算法，且使用不同的密钥

三、实训题

CA 认证中心为用户颁发的证书带有权威机构的签名，因此用户也可以利用证书表明自己的身份。为了防止资源被非法用户访问，Web 服务器可以在通信开始时索要浏览器的证书，以证实用户的合法身份。现在你需要：

(1) 配置你的 Web 服务器，使之在通信开始时索要和验证浏览器的证书。

(2) 使用未加载证书的浏览器验证你的 Web 服务器配置是否正确。

(3) 为浏览器申请和加载证书，看一看浏览器能否与服务器正常通信。

第17章 接入互联网

学习本章后需要掌握：

- ❑ 电话网的主要特点及接入方法
- ❑ ADSL的主要特点及接入方法
- ❑ HFC的主要特点及接入方法
- ❑ 数据网的主要特点及接入方法

学习本章后需要动手：

- ❑ 安装和配置远程访问服务器

网络接入技术(特别是宽带网络接入技术)是目前互联网研究和应用的热点。它的主要研究内容是如何将远程的计算机或计算机网络以合适的性能价格比接入互联网。由于网络接入通常需要借助于某些广域网完成,因此在接入之前,必须认证考虑接入性能、接入效率、接入费用等诸多问题。

17.1 常用的接入技术

将计算机或计算机网络接入互联网的方法很多,数字数据网(digital data network,DDN)、异步传输模式网(asynchronous transfer mode,ATM)、帧中继网(frame relay,FR)、公用电话网(public switch telephone network,PSTN)、综合业务数字网(integrated services digital network,ISDN)、非对称数字线路(asymmetric digital subscriber line,ADSL)、混合光纤/同轴电缆网(hybrid fiber coaxial cable,HFC)等都可以作为接入互联网的手段。但是,这些网络通常都是经营性的网络,由电信或其他部门建设,用户必须支付一定的费用才可使用。因此,对于不同的网络用户和不同的网络应用,选择合适的接入方式非常关键。DDN网速度快但费用昂贵,而公用电话网费用低廉但速度却受到限制。选择哪种接入手段主要取决于以下几个因素:

- 用户对网络接入速度的要求。
- 接入计算机或计算机网络与互联网之间的距离。
- 接入后网间的通信量。
- 用户希望运行的应用类型。
- 用户所能承受的接入费用和代价。

下面,我们简单介绍几种常用的网络接入方法。

17.1.1　借助电话网接入

电话网是人们日常生活中最常用的通信网络，电话已普及到家家户户。因此，借助电话网接入互联网是用户（特别是单机用户）最常用、最简单的一种办法。除了需要加入一对调制解调器（Modem）外，用户端、电话局端以及互联网端基本上不需要增加额外的设备。

通过电话线路连接到互联网的示意图如图 17-1 所示。用户的计算机（或网络中的服务器）和互联网中的远程访问服务器（remote access server，RAS）均通过调制解调器与电话网相连。用户在访问互联网时，通过拨号方式与互联网的 RAS 建立连接，借助 RAS 访问整个互联网。

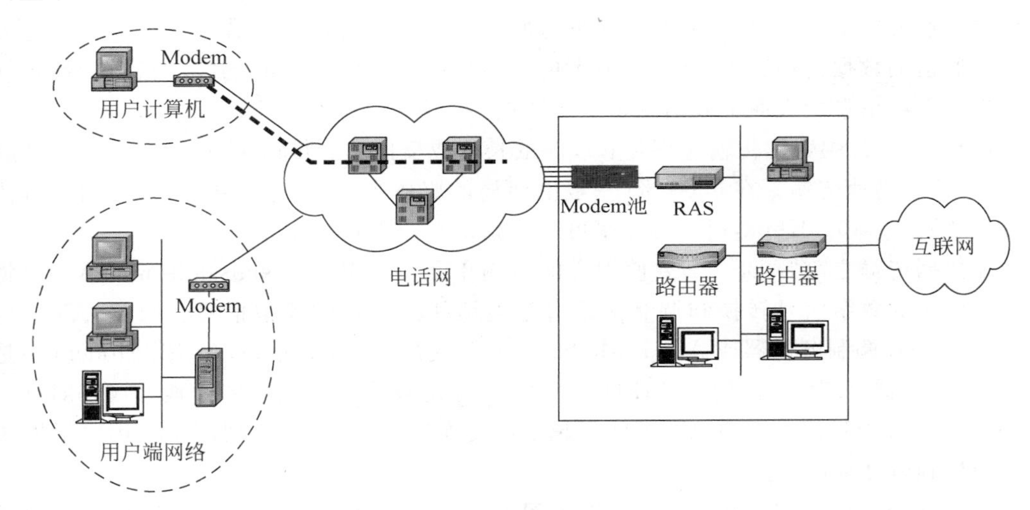

图 17-1　通过电话网连接到互联网示意图

电话线路是为传输音频信号而建设的，计算机输出的数字信号不能直接在普通的电话线路上进行传输。调制解调器在通信的一端负责将计算机输出的数字信号转换成普通电话线路能够传输的声音信号，在另一端将从电话线路上接收的声音信号转换成计算机能够处理的数字信号。

一条电话线在一个时刻只能支持一个用户接入，如果要支持多个用户同时接入，互联网端则必须提供多条电话线路。例如，如果一个互联网希望能够支持 100 个用户同时与之建立连接，则必须提供 100 条电话线路。连接 100 条电话线就需要 100 台调制解调器。为了管理方便，通常在支持多个用户同时接入的互联网端使用一种叫做 Modem 池的设备，将多个 Modem 装入一个机架式的箱子中，进行统一管理和配置。

用户端的设备可以是一台微机直接通过调制解调器与电话网连接；也可以是一个局域网利用代理服务器，通过调制解调器与电话网连接。但是由于电话线路所能支持的传输速率有限，一般比较适合于单机连接。

电话拨号线路的传输速率较低，目前较好线路的最高传输速率可以达到 56Kbps，而质量较差的电话线路的传输速率可能会更低,因而电话拨号线路比较适合于小型单位和个人使用。电话拨号线路除速率的限制外,它的另一个特点就是需要通过拨号建立连接,持续速度很慢。同时,由于技术等多方面因素的影响,在大量信息的传输过程中拨号连接有时会断开,因而,不适合利用电话拨号线路提供诸如电子邮件、Web发布等信息服务。

17.1.2 利用ADSL接入

由于电话网的数据传输速率很低,利用电话网接入互联网已经不能适应传输大量多媒体信息的要求。因此,人们开始寻求其他的接入方法以解决大容量的信息传输问题,非对称数字用户线路ADSL的成功应用就是其中之一。

ADSL使用比较复杂的调制解调技术,在普通的电话线路进行高速的数据传输。在数据的传输方向上,ADSL分为上行和下行两个通道。下行通道的数据传输速率远远大于上行通道的数据传输速率,这就是所谓的"非对称"性。而ADSL的"非对称"特性正好符合人们下载信息量大而上载信息量小的特点。

但是,ADSL的数据传输速率是和线路的长度成反比的。传输距离越长,信号衰减越大,越不适合高速传输。在5000米(一般电话局的服务半径)的范围内,ADSL的上行速率可以达到16~640Kbps,而下行速率可以达到1.5~9Mbps。

在数据传输之前,ADSL需要使用它的传输单元(ADSL transmission unit,ATU)将计算机使用的数字信号转换和调制为适合于电话线路传输的模拟信号。因此,ATU也被称为ADSL调制解调器或ADSL Modem。与传统的Modem不同,ADSL Modem不是将数字信号转换为语音信号(4kHz以下),而是调制在稍高的频段上(25kHz~1.1MHz)。ADSL信号不会也不可能穿越电话交换机,它只是充分利用了公用电话网提供的用户到电话局的线路。

利用ADSL进行网络接入的示意图如图17-2所示。整个ADSL系统由用户端、电话线路和电话局端三部分组成。其中,电话线路可以利用现有的电话网资源,不需要做任何变动。

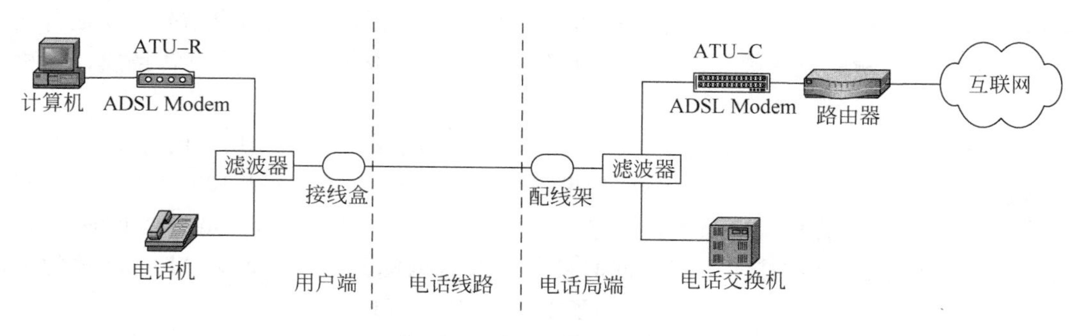

图17-2 ADSL接入示意图

为了提供ADSL接入服务,电话局需要增加相应的ADSL处理设备,其最主要的为局端ADSL Modem。由于电话局需要为多个用户同时提供服务,因此,局端放置了大量的局端 ADSL Modem。局端 ADSL Modem 也称为 ATU-C(ADSL transmission unit-central),它们通常被放入机架中,以便于管理和配置。

用户端由 ADSL Modem 和滤波器组成,用户端 ADSL Modem 又被称为 ATU-R(ADSL transmission unit-remote),它负责将数字信号转换成 ADSL 信号。

从图 17-2 中可以看到,用户端和电话局端都接入一个滤波器。滤波器的主要功能是分离音频信号和 ADSL 信号。这样,在一条电话线上可以同时提供电话和 ADSL 高速数据业务,两者互不干涉。

由于 ADSL 传输速率高,而且无须拨号,全天候连通,因此,ADSL 不仅适用于将单台计算机接入互联网,而且可以将一个局域网接入互联网。实际上,市场上销售的大多数 ADSL Modem 不但具有调制解调的功能,而且具有网桥和路由器的功能。ADSL Modem 的网桥和路由器功能使单机接入和局域网接入都变得非常容易。

ADSL 可以满足影视点播、网上游戏、远程教育、远程医疗诊断等多媒体网络应用的需要,而且数据信号和电话信号可以同时传输,互不影响。与其他竞争技术相比,ADSL 所需要的电话线资源分布广泛,具有使用费用低廉、无须重新布线和建设周期短的特点,尤其适合家庭和中小型企业的互联网接入需求。

17.1.3　使用 HFC 接入

除了电话网之外,另一种被广泛使用和迅速发展的网络是有线电视网(cable TV 或 CATV)。传统的有线电视网使用同轴电缆作为其传输介质,传输质量和传输带宽比电话网使用的 2 对铜线高出很多。目前,大部分的有线电视网都经过了改造和升级,信号首先通过光纤传输到光纤结点(fiber node),再通过同轴电缆传输到有线电视网用户。这就是所谓的混合光纤/同轴电缆网 HFC。利用 HFC,网络的覆盖面积可以扩大到整个大中型城市,信号的传输质量可以大幅度提高。

但是,HFC 的主要目的是传播电视信号,信号的传输是单向。单向的信息传输显然不适合于互联网的接入,必须将 HFC 改造成双向信息传输网络(例如将同轴电缆上使用的单向放大器更换为双向放大器等),才能使 HFC 成为真正的接入网络。

图 17-3 显示了一个简单的 HFC 网络结构示意图。其中头端设备(head end)将传入的各种信号(如电视信号、互联网信号等)进行多路复用,然后把它们转换成光信号导入光纤电缆。因为一个方向上的信号需要一根光纤传输,所以,从头端到光纤结点(fiber node)的双向传输需要使用两根光纤完成。光纤结点将光信号转换成适合于在同轴电缆上传输的射频信号,然后在同轴电缆上传输。

为了扩展同轴电缆的覆盖范围,HFC 使用双向放大器对传输的信号进行放大。网络接口单元(NIU,network interface unit)是服务提供网络和用户网络的分界点,NIU 以内的设施由 HFC 网络的提供者负责管理和建设,而 NIU 以外的设施则由用户自己购买和使用。

HFC 传输的信号分为上行信号(downstream signal)和下行信号(upstream signal)。从头端向用户方向传输的信号为下行信号,从用户向头端方向传输的信号为上行信号。

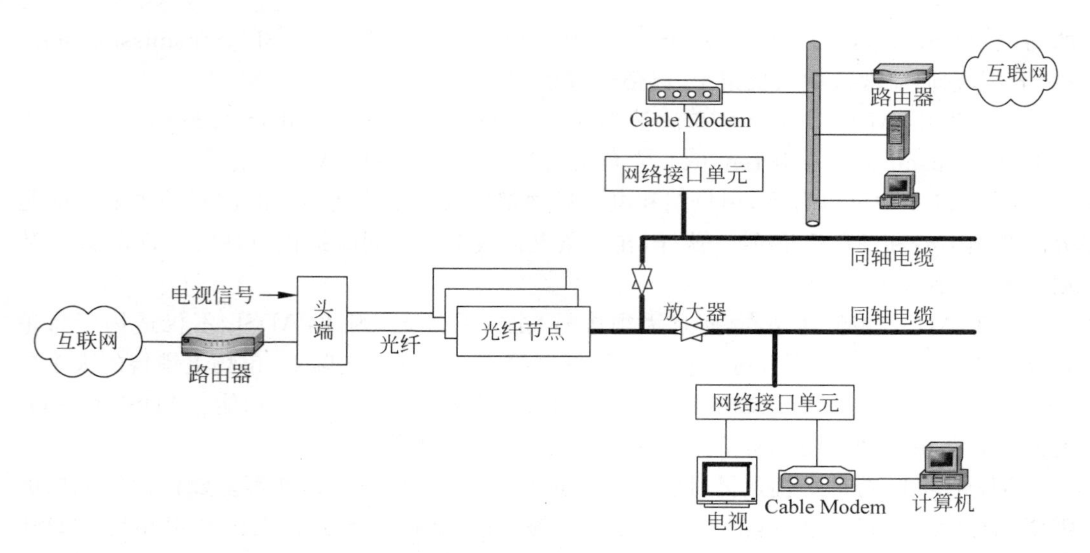

图 17-3　HFC 网络结构示意图

上行信号通常处于 5～42MHz 的频带范围，而下行信号则利用 50～860MHz 的频带进行传输。

线缆调制解调器(Cable Modem)是 HFC 中非常重要的一个设备，它的主要任务是将从计算机接收到的信号调制成同轴电缆中传输的上行信号。同时，Cable Modem 监听下行信号，并将收到的下行信号转换成计算机可以识别的信号提交给计算机。

尽管在同一条同轴电缆中传输，但由于频带范围不同，上行信号和下行信号的传输通道各自独立，逻辑上好像在两条线路上传输。HFC 的传输模型如图 17-4 所示。HFC 网中的每一个 Cable Modem(如图 17-4 中的 Cable Modem A、B 和 C)共享相同的上行通道和下行通道。它们在相同的上行信道上发送信息，在相同的下行信道接收信息。当一个 Cable Modem(如 Cable Modem A)向上行信道发送一个信息后，该信息首先被传送到头端设备。头端设备对收到的信息进行处理，在将信息转发到外部路由器和互联网的同时，还将该信息转发到下行信道。这样，不但外部的路由器和互联网能够接收到 Cable Modem A 发送的信息，HFC 网上的其他 Cable Modem(如 Cable Modem B 和 Cable Modem C)都能在下行信道上接收到该信息。

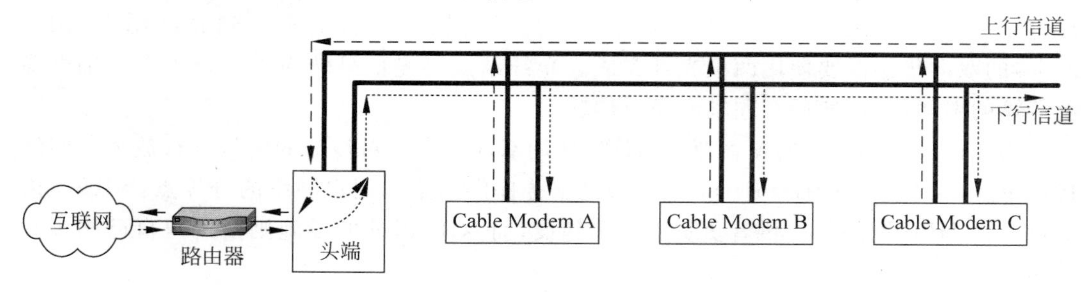

图 17-4　HFC 传输模型

与 ADSL 相似，HFC 也采用非对称的数据传输速率。一般的上行传输速率在 10Mbps 左右，而下行传输速率在 10～40Mbps 之间。由于 HFC 的接入速率极高，因此，将一台主机或一个局域网接入互联网显着绰绰有余。而大部分 Cable Modem 不但具有调制解调的功能，而且具有网桥和路由器的功能，因此，对用户而言，无论是单机接入还是局域网接入都非常简单。

利用 HFC 接入互联网不但速率高，而且接入主机可以全天 24 小时在线。所以，既可以利用接入主机方便地访问远程互联网上的信息，也可以利用接入主机提供 Web、电子邮件等各种信息服务。但需要注意，HFC 采用共享式的传输方式，所有 Cable Modem 的发送和接收使用同一个上行和下行信道，因此，HFC 网上的用户越多，每个用户的实际可以使用的带宽就越窄。例如，如果 HFC 提供的带宽为 40Mbps，如果一个用户使用，那么他可以独享这 40Mbps 的带宽；如果 100 个用户同时使用，那么每个用户平均可以利用的带宽则仅有 400Kbps。

17.1.4　通过数据通信线路接入

数据通信网是专门为数据信息传输建设的网络，如果需要传输性能更好、传输质量更高的接入方式，可以考虑数据线路接入。

数据通信网的种类很多，DDN、ATM、帧中继等网络都属于数据通信网。这些数据通信网由电信部门建设和管理，用户可以租用。

通过数据通信线路接入互联网的示意图如图 17-5 所示。目前，大部分路由器都可以配备和加载各种接口模块（如 DDN 网接口模块、ATM 网接口模块、帧中继网接口模块等），通过配备有相应接口模块的路由器，用户的局域网和远程互联网就可以与数据通信网相连，并通过数据网交换信息。

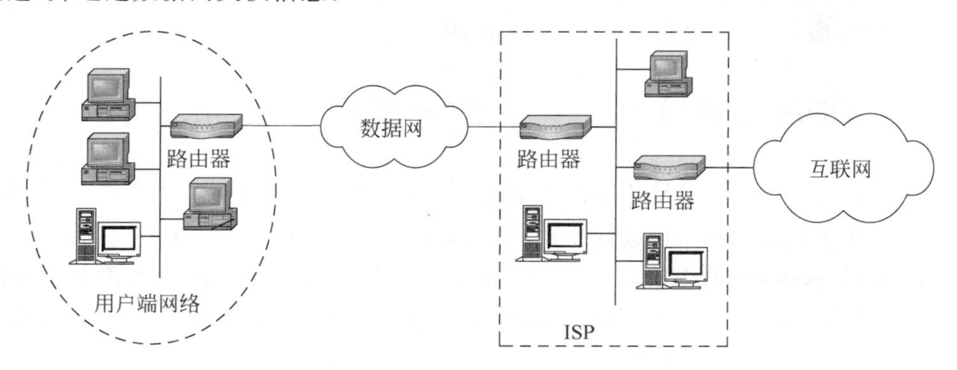

图 17-5　通过数据通信网接入互联网

利用数据通信线路接入，用户端的规模既可以小到一台微机，也可以大到一个企业网或校园网。但是由于用户所租用的数据通信网线路的带宽通常较宽，而租用和通信费用十分昂贵，因此，如果只连接一台微机则显得大材小用。因而在这种接入形式中，用户端通常为一定规模的局域网。

17.2 接入控制与 PPPoE

与使用家庭内部或单位内部的局域网不同,网络接入服务提供商通常需要对接入的用户进行控制,有时还需要按照一定的计费标准对用户的使用量进行计费。

对于点到点的通信链路,由于一条链路就代表一个用户,因此接入控制系统通过控制一条链路的接入即可控制一个用户的接入。同样,控制系统通过计量一条链路的连接时间和使用流量也能够计量一个用户的使用量。点到点链路上运行的链路层协议一般为 PPP(point-to-point protocol)协议。与以太网协议相同,PPP 协议能将链路一端网络层传来的数据报(如 IP 数据报)进行封装,然后传递给另一端。在正式封装和传递网络层数据报之前,PPP 协议需要对链路层使用的参数、网络层使用的参数进行协商,同时还可以使用认证协议对链路两端的实体进行认证。

在借助电话网接入互联网应用中,用户拨号之后在用户和 RAS 之间形成了一条点到点的链路,如图 17-1 所示。用户和 RAS 之间链路层采用的协议也多为 PPP 协议。由于 RAS 设备能够识别每条接入的点到点链路,因此网络接入服务提供商可以通过 RAS 方便地对远程接入用户进行控制和计费。

但是,以太网是一种多点到多点的通信信道,网络本身并不提供用户信息。如果希望对局域网上的用户进行接入控制,那么需要增加新的网络协议。PPPoE(PPP over Ethernet)是一种以太网上使用的"点到点"协议,它以 PPP 协议为基础,通过为每个以太网用户建立一条点到点的会话连接,从而简化网络接入服务提供商的接入控制。

在采用 PPPoE 技术时,网络服务提供商不但能通过同一个接入设备连接远程的多个用户主机,而且能提供类似点到点链路的接入控制和计费功能。由于其实现和维护成本低,因此在网络服务接入领域得到了广泛的应用。

17.2.1 PPPoE 协议

制定 PPPoE 协议的主要目的是希望在以太网上为每个用户建立一条类似于点到点的通信链路,以方便对以太网用户进行控制。为此,整个 PPPoE 协议分成了发现(discovery)和 PPP 会话(PPP session)两个阶段。其中发现阶段在以太网用户与 PPPoE 服务器之间建立一条点到点的会话连接,PPP 会话阶段利用这些点到点的会话连接传送 PPP 数据。

1. 发现阶段

发现阶段的主要任务是为以太网用户分配会话 ID,以便逻辑上建立一条到达 PPPoE 服务器的点到点会话连接。一个网络中通常可以安装多台 PPPoE 服务器,当用户在发现多个 PPPoE 服务器可用时,可以选择并使用其中的一个。

图 17-6 显示了一个具有两个 PPPoE 服务器的网络示意图。当用户 A 希望开始一个 PPPoE 会话时,用户 A 与 PPPoE 服务器的信息交换过程如下。

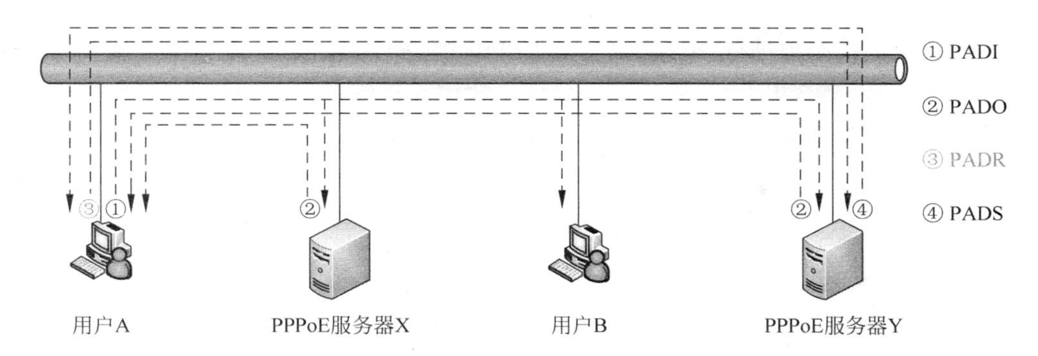

图 17-6　PPPoE 的发现阶段

(1) 主机广播 PADI 数据包：为了发现网络中存在的 PPPoE 服务器，用户 A 的主机广播一个 PADI(PPPoE Active Discovery Initiation)数据包。该数据包含有用户 A 希望得到的 PPPoE 服务并希望 PPPoE 服务器进行应答。

(2) PPPoE 服务器回送 PADO 数据包：由于用户 A 主机发送 PADI 数据包以广播方式发送，因此 PPPoE 服务器 X 和服务器 Y 都能收到该信息。如果服务器 X 和服务器 Y 都能提供 PADI 数据包中要求的服务，那么它们分别使用 PADO(PPPoE Active Discovery Offer)数据包对用户 A 进行响应。

(3) 主机发送 PADR 数据包：在收到一个或多个 PPPoE 响应的 PADO 数据包后，主机可以从中选择一个使用(例如用户 A 可以选择使用 PPPoE 服务器 Y)。然后，主机向选择的 PPPoE 服务器以单播方式发送 PADR(PPPoE Active Discovery Request)数据包，要求该服务器为其分配会话 ID。

(4) PPPoE 服务器回送 PADS 数据包：当接收到用户 A 的主机发送的 PADR 数据包后，PPPoE 服务器为用户 A 创建一个会话 ID，然后使用 PADS(PPPoE Active Discovery Session-confirmation)数据包将该会话 ID 传递给用户 A。一旦用户 A 收到 PADS 数据包并解析出会话 ID，用户 A 和 PPPoE 服务器之间就能够建立一条“点到点”会话连接。

2. PPP 会话阶段

在用户获得 PPPoE 服务器为自己分配的会话 ID 后，PPPoE 协议进入 PPP 会话阶段。用户与 PPPoE 服务器之间的“点到点”会话连接链路是通过主机的 MAC 地址和会话 ID 标识的，因此 PPP 会话阶段传输的数据包中必须包含该会话 ID，以便主机和 PPPoE 服务器识别一个 PPPoE 数据属于哪个用户。在整个 PPP 会话阶段中，用户主机与 PPPoE 服务器之间传递的数据包中会话 ID 必须保持不变，而且该会话 ID 必须是发现阶段 PPPoE 服务器为其分配的会话 ID。

17.2.2　PPPoE 的应用

目前，绝大多数的局域网接入和 ADSL 接入都采用了 PPPoE 方式。图 17-7 显示了一个利用PPPoE协议对以太网用户进行上网控制的示意图。如果以太网用户希望访问Internet,那么他们必须进行“虚拟”拨号与PPPoE服务器建立点到点会话连接。只有用户请求通过验证,那么PPPoE服务器才允许该会话连接的存在。一台PPPoE服务器可以对多个用户的接入进行控制,不但可以统计用户的上网流量,而且还可以限制用户的上网时间。

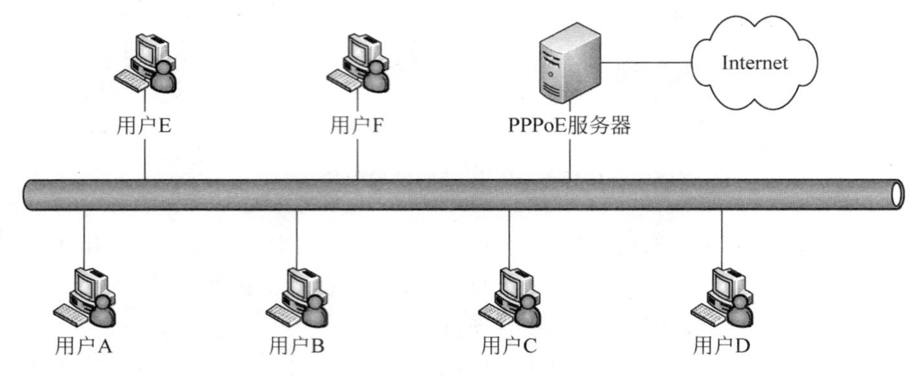

图17-7　局域网用户接入控制

ADSL接入是目前家庭用户最常用的接入方式。图17-8显示了一个采用PPPoE方式对ADSL用户接入进行控制的示意图。在用户一端,计算机通过以太网接口连接本地的ADSL调制解调器;在网络接入提供商一端,ADSL调制解调器、PPPoE服务器等设备接入了一个以太网。ADSL调制解调器具有网桥功能,能够完成以太网帧和ADSL线路信号的转换。用户发送的以太网帧经本地ADSL调制解调器转换后在ADSL线路上传输,局端ADSL调制解调器接收这些数据并将其还原成以太网帧。因此,从逻辑上看,图17-8显示的接入方式与图17-7类似,ADSL线路仅仅起到了扩展距离的作用。用户计算机上的数据帧可以到达局端的以太网,局端以太网上的数据帧可以到达用户的计算机。

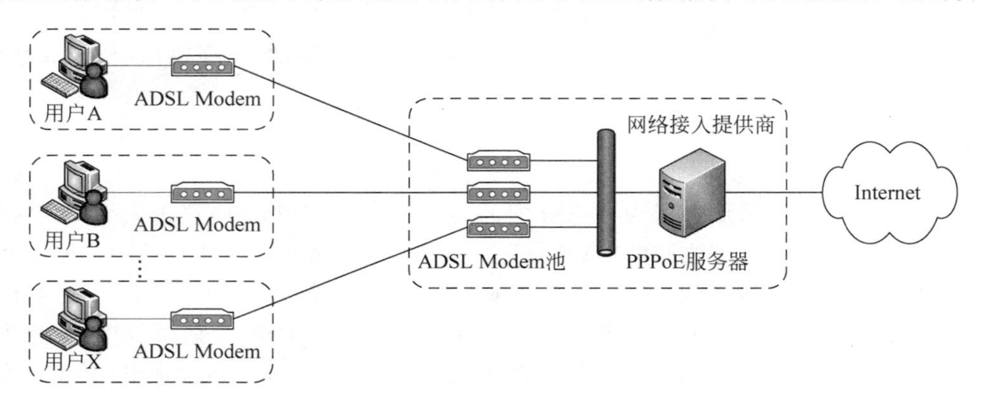

图17-8　ADSL用户接入控制

当ADSL用户希望访问Internet时,他们首先使用“虚拟”拨号方式与局端的PPPoE服务器建立点到点的会话连接。一旦通过身份认证,用户就可以顺利访问Internet。PPPoE服务器可以对这些用户的上网时间和上网流量等进行控制。

17.3　实训：PPPoE 服务器的配置和应用

在学习了网络接入的有关方法和知识后，我们配置一个 PPPoE 服务器，实现以太网用户的接入控制。

尽管 Windows 2003 系统实现了 PPPoE 的客户端，但是并不具备 PPPoE 的服务器功能。因此，如果希望利用 Windows 2003 完成 PPPoE 客户端的接入控制，那么必须加载第三方软件。RASPPPOE 是目前较为流行一种 PPPoE 软件，它既实现了 PPPoE 客户端，又具备 PPPoE 服务器功能。如果不是出于商业目的，RASPPPOE 软件可以免费使用。

结合 RASPPPOE 软件，Windows 2003 可以通过“路由和远程访问”和“传入连接”两种方式对局域网接入用户进行控制。“传入连接”方式设置简单，“路由和远程访问”方式控制功能强大。本次实验要求采用“路由和远程访问”方式实现以太网用户的访问控制，实验采用的网络结构如图 17-9 所示。其中，无线局域网用户模拟 Internet 环境，Alice 和 Bob 为以太网中两个需要接入 Internet 的用户。在完成本实验后，用户 Alice、Bob 应能顺利访问 Internet 区域中的 Web 服务器。

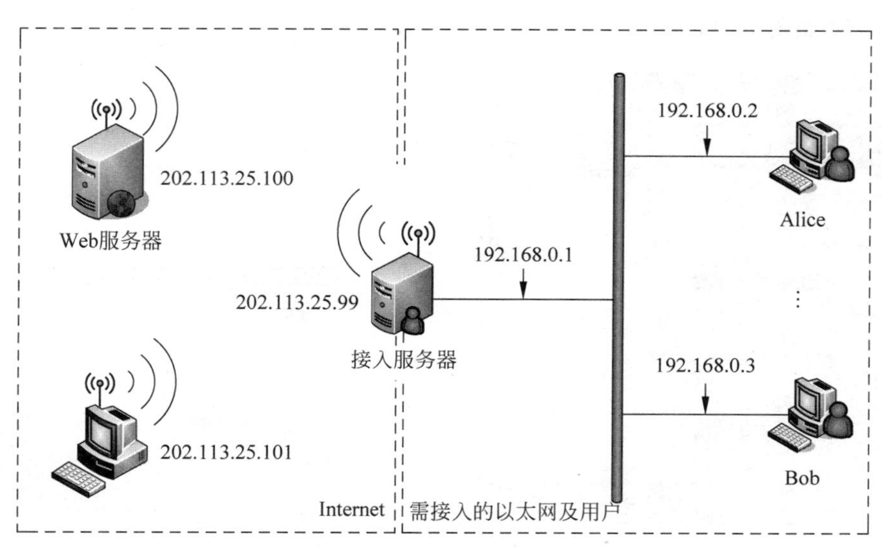

图 17-9　配置接入服务器使用的网络结构示意图

17.3.1　网络和接入服务器的配置

为了完成本接入和配置实验，需要进行 IP 地址的配置、RASPPPOE 软件的安装、接入服务器的配置、PPPoE 客户端的配置等工作。

1. 组建和配置实验网络

在配置PPPoE服务器和客户之前,请按照前面章节介绍的方法分别组建一个有线以太网和一个自组无线局域网。在本实验中,组建的无线局域网用于模拟Internet网,假设其IP地址的范围为202.113.25.50~202.113.25.254。组建的有线以太网分配给需要接入的用户使用,其IP地址范围为192.168.0.1~192.168.0.254。接入服务器连接Internet(无线局域网)和有线以太网,其IP地址分别为202.113.25.99和192.168.0.1。另外,IP地址202.113.25.10至202.113.25.19保留,以便在接入时分配给接入用户使用。

2. RASPPPOE软件的安装和配置

由于Windows 2003 Server不支持PPPoE服务器协议,因此在配置接入服务器之前首先需要安装第三方软件,本书采用RASPPPOE软件。RASPPPOE软件可以在网站http://www.raspppoe.com下载得到,其安装和配置过程如下。

(1) 通过Windows 2003桌面上的"开始→控制面板→网络连接→本地连接"功能进入"本地连接 属性"对话框,如图17-10所示。

(2) 单击"安装"按钮,在出现的"选择网络组件类型"对话框中选择"协议",然后单击"添加"按钮,如图17-11所示。

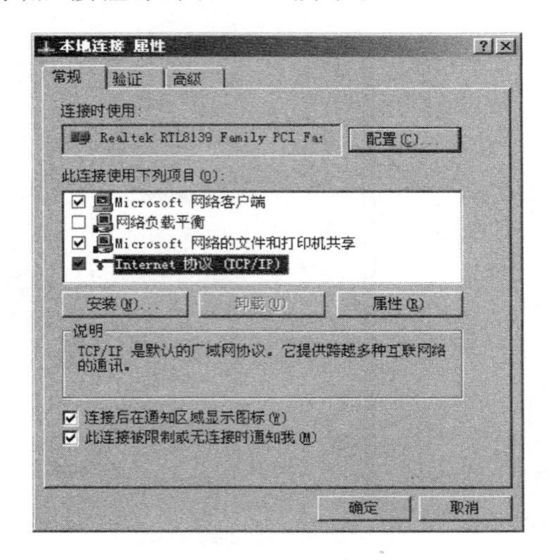

图17-10 "本地连接 属性"对话框

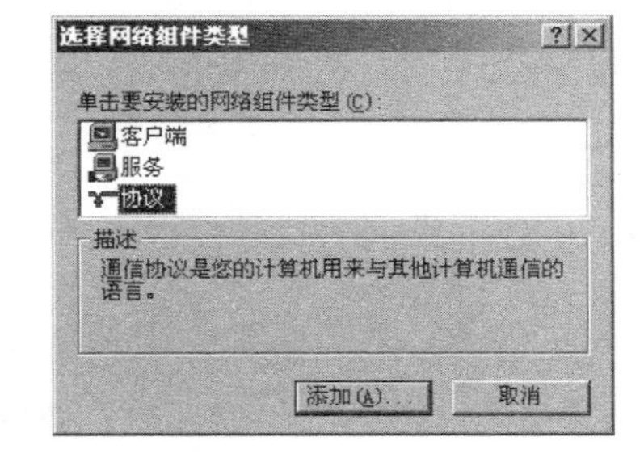

图17-11 "选择网络组件类型"对话框

(3) 由于希望安装的RASPPPOE软件是第三方软件,因此在出现图17-12所示的"选择网络协议"对话框中单击"从磁盘安装"按钮。从http://www.raspppoe.com下载的安装包可能包含与PPPoE相关的多个文件,在选择安装文件时选择我们需要的"RASPPPOE.INF"即可,如图17-13所示。完成PPPoE协议之后,"本地连接 属性"对话框如图17-14所示。

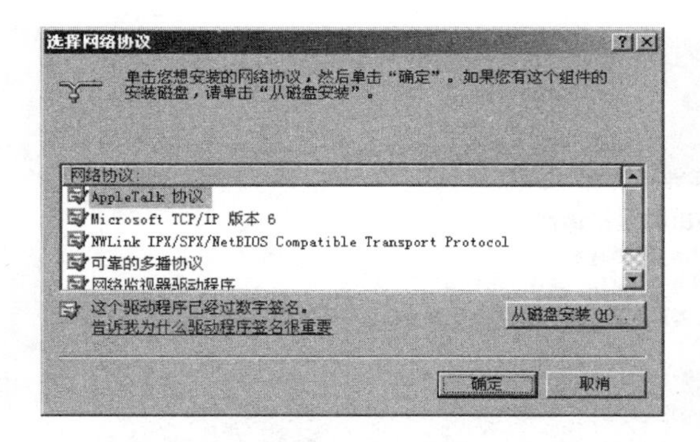

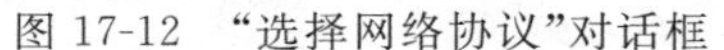
图 17-12　“选择网络协议”对话框

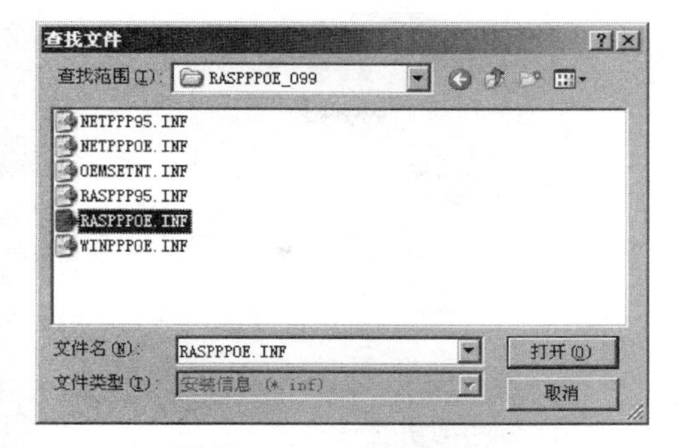

图 17-13　指定 RASPPPOE 安装文件

(4) 选中图 17-14 中的 PPPoE 协议(PPP over Ethernet Protocol)，执行“属性”命令，可以对安装的 PPPoE 协议进行配置，如图 17-15 所示。在默认情况下，RASPPPOE 在同一时刻只支持一个用户接入，如果希望多个用户能够同时接入，那么需要对图 17-15 显示的 PPPoE 配置界面中的“Number of lines”进行修改。在配置完成后，可以单击“确定”按钮，保存配置的结果。不过需要注意，有些配置需要重新启动机器才能生效。

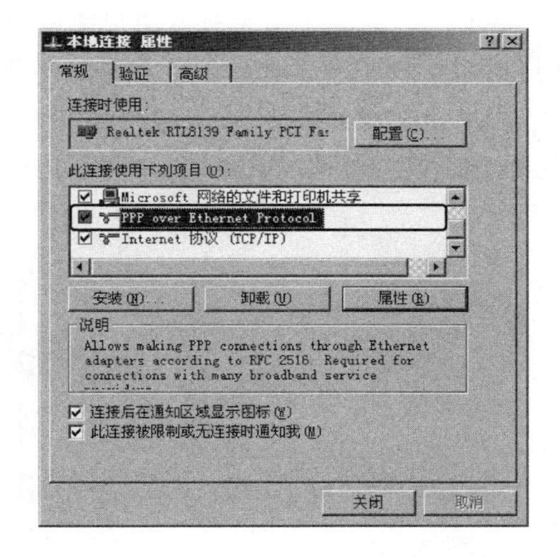

图 17-14　PPPoE 协议安装后的“本地连接 属性”对话框

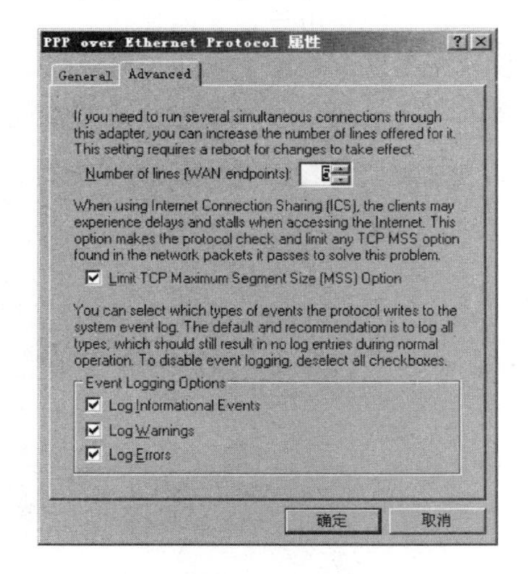

图 17-15　PPPoE 协议的配置界面

3. 配置 PPPoE 接入服务器

由于本实训通过“路由和远程访问”软件控制 PPPoE 用户接入，因此在图 17-9 显示的接入服务器中需要启动“路由和远程访问”程序。其配置过程如下。

(1) 远程访问服务功能选择：为了使“路由和远程访问”程序支持远程访问控制功能，需要在运行远程接入的服务器上右击并执行“属性”命令，如图 17-16 所示。然后在服务器的属性对话框中选中“远程访问服务器”复选框，如图 17-17 所示。

(2) 与 IP 相关的功能配置：“路由和远程访问”程序可以为接入的用户分配 IP 地址。

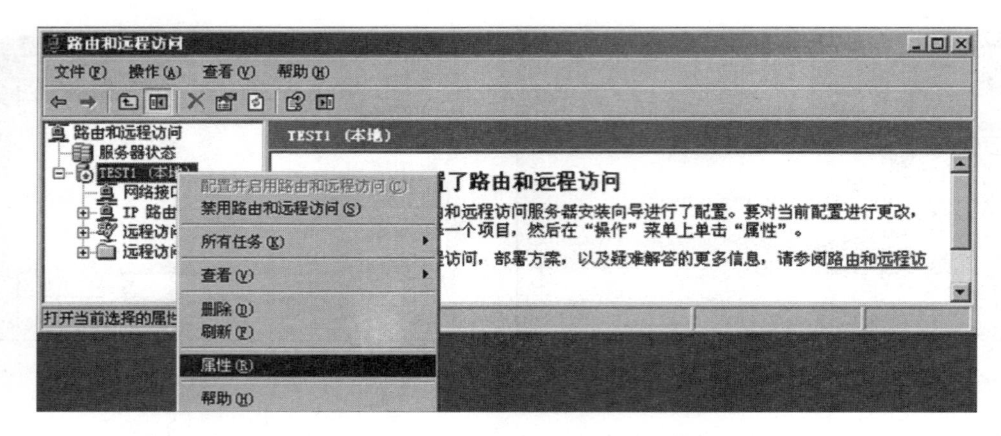

图 17-16 “路由和远程访问”程序主界面

为此,单击图 17-17 中的“IP”标签进入与 IP 地址相关的配置界面,如图 17-18 所示。选中“静态地址池”,单击“添加”按钮,即可添加为用户分配的地址区间。为了简单起见,本实验为用户分配的地址区间最好与连接 Internet 网卡上的 IP 地址处于同一网段,否则需要进行相应的路由设置才能使接入用户访问 Internet。另外,如果希望接入用户能够访问接入服务器连接的 Internet 网,那么需要选中图 17-18 中的“启用 IP 路由”复选框;否则接入用户只能访问接入服务器上的资源。

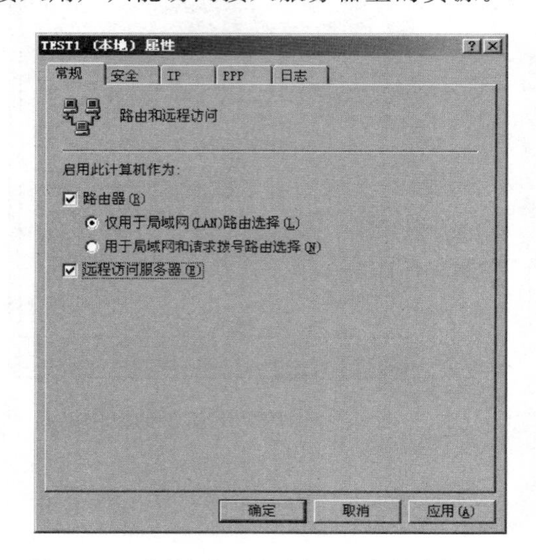

图 17-17 “路由和远程访问”程序的功能选择对话框

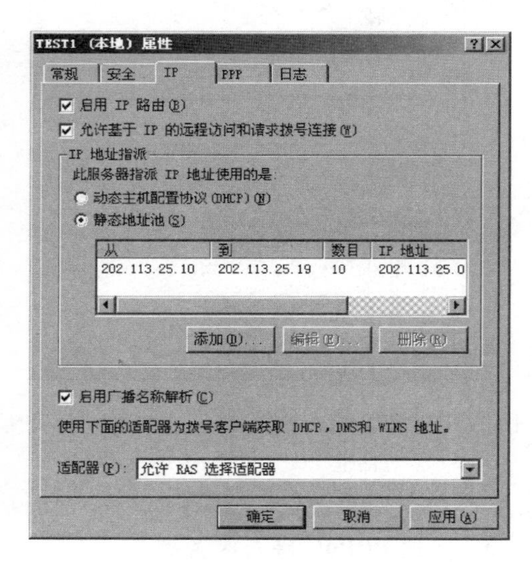

图 17-18 与 IP 地址相关的配置界面

(3) 接入端口的配置:完成以上配置之后,可用于远程接入的端口将显示在“路由和远程访问”主界面中,如图 17-19 所示。右击“端口”并在弹出的菜单中执行“属性”命令,可以配置端口的属性,如图 17-20 所示。在本实验中,我们必须将以太网卡上的 PPPoE 端口设置为允许“远程访问连接”。为此,选中图 17-20 设备列表框中的以太网卡,然后单击“配置”按钮，在出现的如图 17-21 所示的配置设备对话框中选中“远程访问连接(仅入站)”复选框，单击“确认”按钮，即可允许这些端口进行远程访问连接。

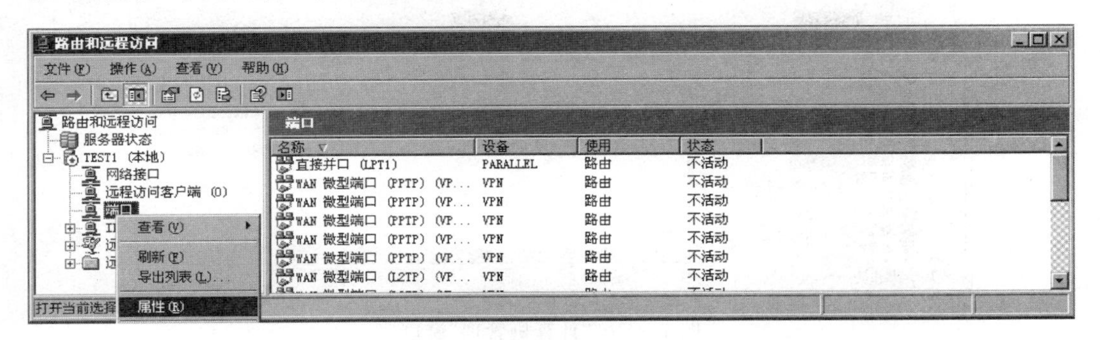

图 17-19　具有远程接入功能的“路由和远程访问”程序界面

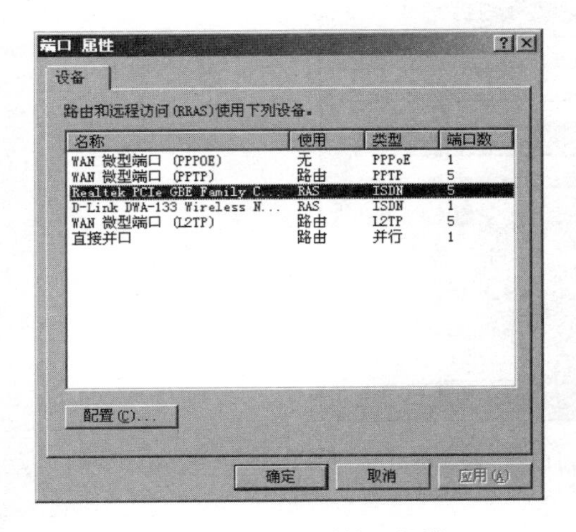

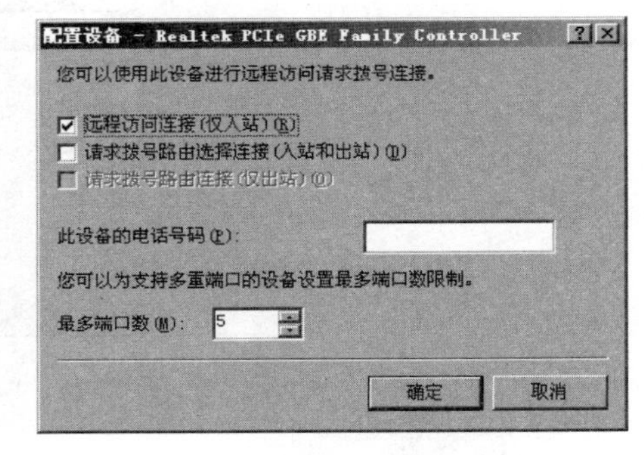

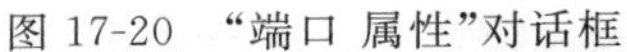

图 17-20　“端口 属性”对话框　　　　图 17-21　“配置设备”对话框

(4) 用户控制：为了使以太网用户能够顺利接入 Internet，接入服务器需要检测用户的账号。创建与设置用户的接入账号与创建与设置 Windows 账号的方法一样，需要在“计算机管理”程序中进行。利用“开始→程序→管理工具→计算机管理”功能即可进入计算机管理程序，如图 17-22 所示。如果需要建立新用户，可以右击图 17-22 右侧列表中的“用户”，在弹出的菜单中执行“新用户”命令。当出现如图 17-23 所示的“新用户”对话框后，输入用户名和密码，单击“创建”按钮，新增加的用户就显示在计算机管理程序的用户列表中，如图 17-24 所示。

Windows 操作系统允许管理员设置用户账户的属性。为了使局域网用户能够利用 PPPoE 接入服务器访问 Internet，这些用户必须具有远程访问权限。为此，可以双击需要设置的用户(如图 17-24 所示的 Bob)，在弹出的用户属性对话框中选择“拨入”选项卡，用户属性对话框将如图 17-25 所示。在图 17-25 所示的“远程访问权限”区域，如果选择“允许访问”则允许该用户远程接入；如果选择“拒绝访问”则不允许该用户远程接入；如果选择“通过远程访问策略控制访问”则需要在“路由和远程访问”程序中的“远程访问策略”

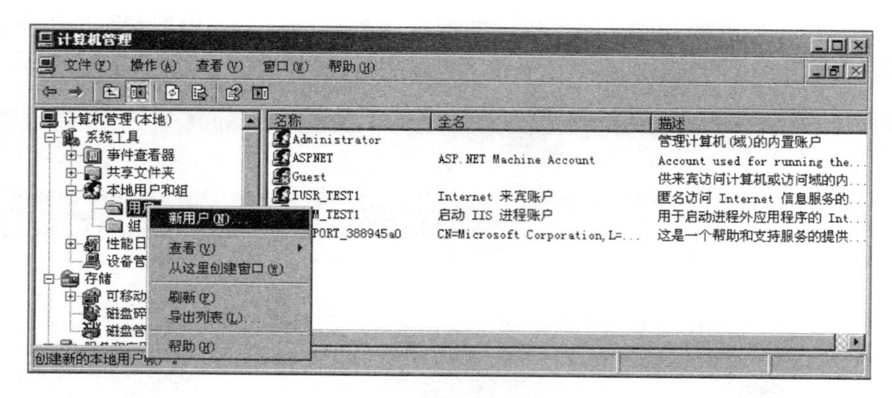

图 17-22 “计算机管理”窗口

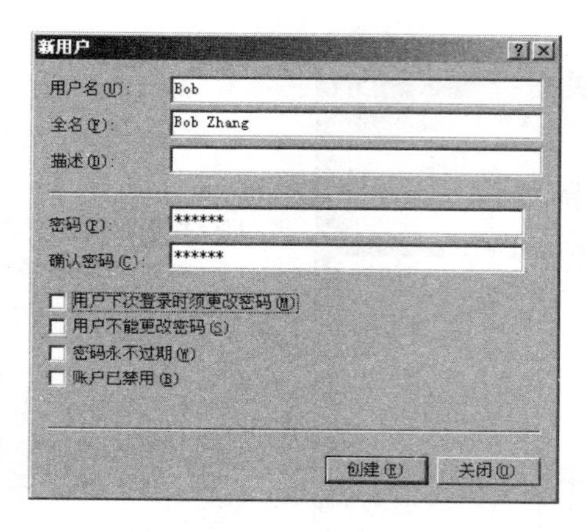

图 17-23 “新用户”对话框

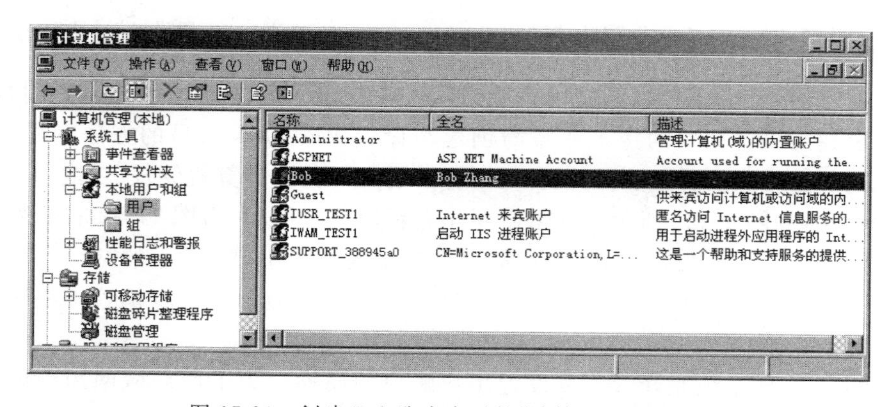

图 17-24 创建 Bob 账户之后的“计算机管理”窗口

中添加一条或多条策略，进而决定是否允许该用户接入。为了实验简单，可以选择“允许访问”单选按钮，表示允许远程用户接入。

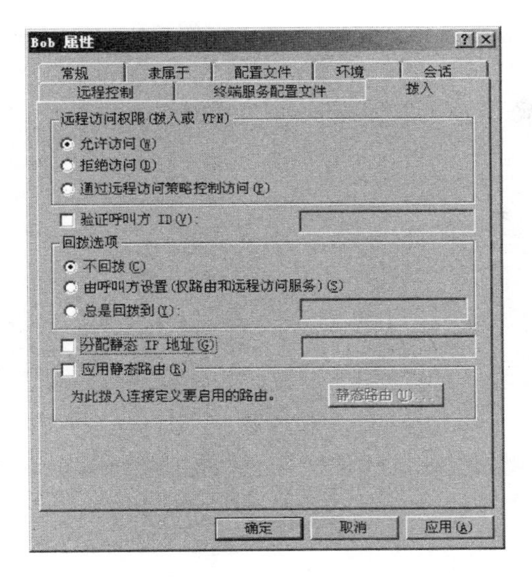

图 17-25　用户账号的"拨入"属性配置页面

4. 配置 PPPoE 客户端

由于 Windows 2003 本身支持 PPPoE 客户功能，因此不需要在接入的主机中(如图 17-9 中的 Alice 和 Bob 的主机中)安装 RASPPPOE 软件。建立 PPPoE 连接的过程如下。

(1) 如果希望建立 PPPoE 连接，那么可以在 Windows 2003 Server 桌面上通过"开始→管理工具→网络连接→新建网络连接向导"启动 PPPoE 连接建立向导。

(2) 在出现的"网络连接类型"对话框中，选择"连接到 Internet"选项，然后单击"下一步"按钮，如图 17-26(a)所示。

(3) 在"Internet 连接"对话框中，选择"用要求用户名和密码的宽带连接来连接"选项，然后单击"下一步"按钮，如图 17-26(b)所示。

(4) 新建网络连接向导允许用户输入一个容易记住的名字，以便使用户标识该连接指向哪个服务提供商(本实训中的 PPPoE 服务器模拟的就是服务提供商的接入控制服务器)。当出现图 17-26(c)所示的"连接名"对话框时，输入一个容易记住的字符串，用于标识你连接的 PPPoE 服务器。

(5) 通过 PPPoE 接入服务器访问 Internet 需要提供用户账户信息。在建立 PPPoE 连接时可以提供一个拨号时使用的用户名和密码，以便以后与 PPPoE 连接时作为默认的信息使用。在出现图 17-26(d)所示的"Internet 账户信息"对话框中输入用户名和密码，该账户应该在 PPPoE 接入服务器中存在且具有远程访问权限。

17.3.2　接入 Internet

在 PPPoE 服务器端和客户端连接配置完成后，用户可以在客户端连接 PPPoE 服务

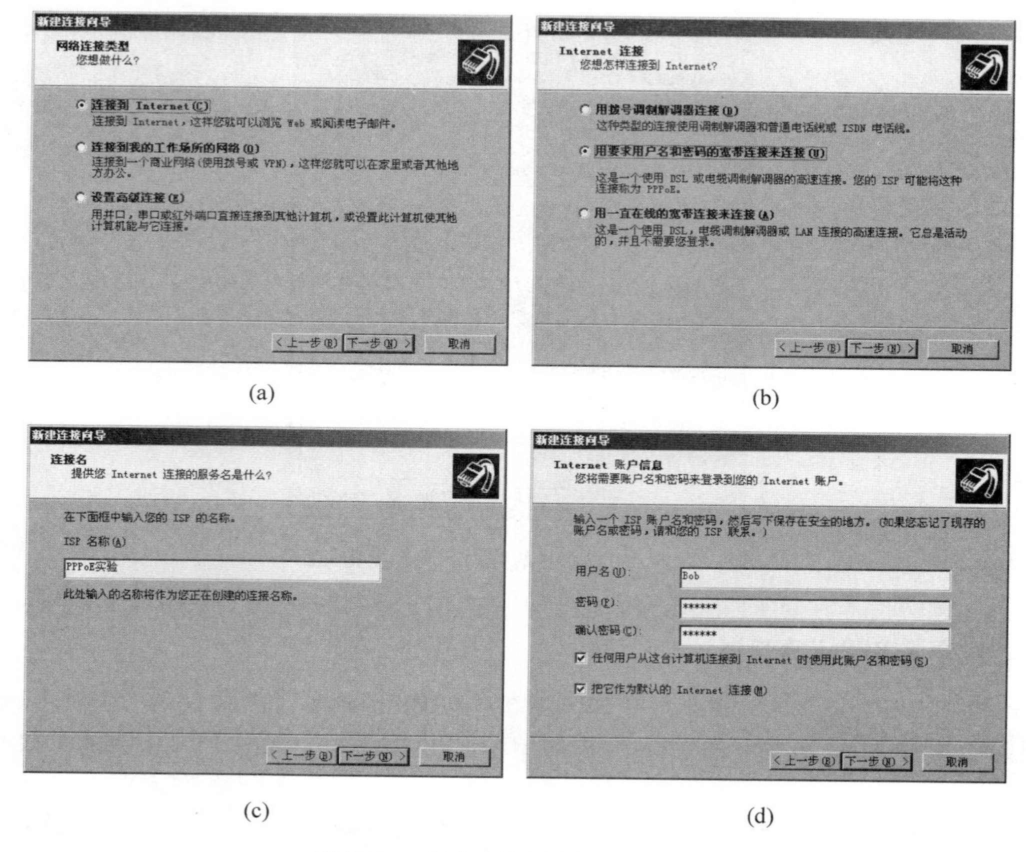

图 17-26 新建连接向导的主要对话框

器并访问 Internet。需要接入 Internet 时，在 Window 桌面上通过“开始→控制面板→网络连接”选择已经建立的网络连接，网络连接启动后的对话框界面如图 17-27 所示。这时，输入用户名和密码，然后单击“连接”按钮，用户就可以通过 PPPoE 接入服务器并连入 Internet。

在用户连接后，用户计算机屏幕右下方的“通知区域”会增加一个图标。双击该图标，系统将显示连接状态对话框，如图 17-28 所示。通过该对话框，可以观察这个连接的持续时间、收发数据包的数量等信息。另外，可以通过 ipconfig 命令查看本机 IP 地址信息的变化情况，通过 ping 命令测试 Internet 的连通情况(如利用图 17-9 中 Bob 的计算机去 ping Web 服务器)。在不需要进行 Internet 访问时，可以单击图 17-28 中的“断开”按钮，断开接入的连接。

用户连接之后，接入服务器上的“路由与远程访问”程序会在其对话框中显示接入用户信息，如图 17-29 所示。双击该用户(如图 17-29 中的“bob”)，可以查看该用户的 IP 地址、输入/输出字节数等详细信息，如图 17-30 所示。利用该界面，网络管理员也可以对用户的连接进行管理。例如管理员通过单击“断开”按钮，可以强制断开用户的连接，不允许用户访问 Internet。

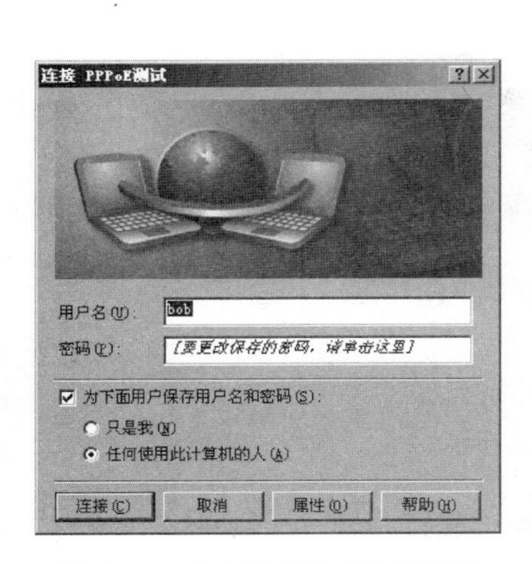

图 17-27　客户端 PPPoE 连接界面

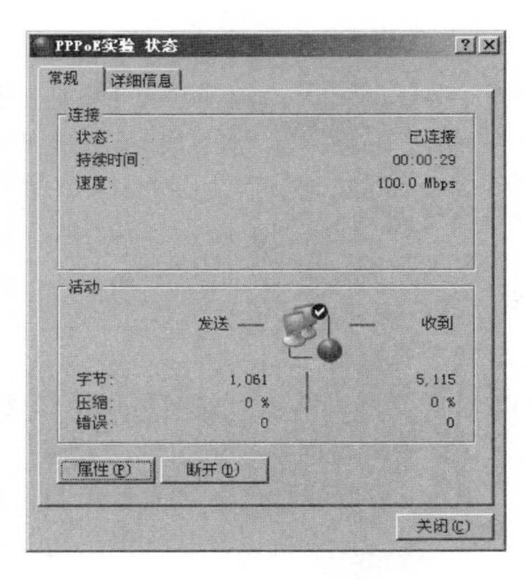

图 17-28　连接状态对话框

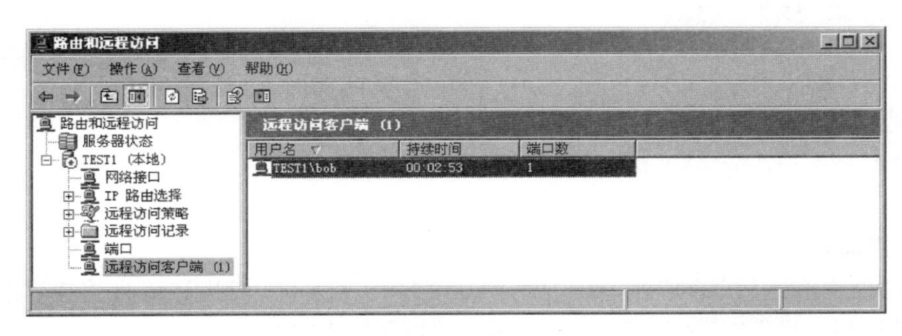

图 17-29　用户连接后“路由和远程访问”窗口的显示

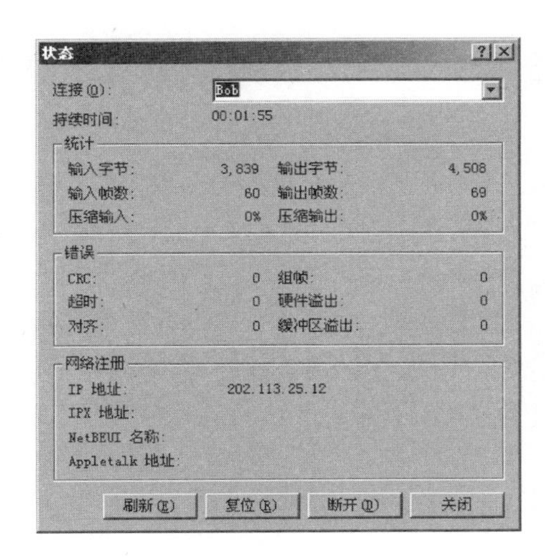

图 17-30　用户连接后的“状态”对话框

练　习　题

一、填空题

(1) ADSL 的“非对称”性是指________。

(2) HFC 中的上行信号是指________,下行信号是指________。

二、单项选择题

(1) 选择互联网接入方式时可以不考虑(　　)。

A. 用户对网络接入速度的要求

B. 用户所能承受的接入费用和代价

C. 接入计算机或计算机网络与互联网之间的距离

D. 互联网上主机运行的操作系统类型

(2) ADSL 通常利用(　　)。

A. 电话线路进行信号传输　　B. ATM 网进行信号传输

C. DDN 网进行信号传输　　D. 有线电视网进行信号传输

(3) 目前,Modem 的传输速率最高为(　　)。

A. 33.6Kbps　　B. 33.6Mbps

C. 56Kbps　　D. 56Mbps

三、实训题

除了“路由和远程访问”外,Windows 2003 Server 还可以利用“传入连接”实现远程用户接入控制。尽管“传入连接”方式对用户的控制没有“路由和远程访问”强大,但“传入连接”的配置非常简单。请在 Windows 2003 Server 上配置一个传入连接,实现用户的接入控制。

参 考 文 献

[1] Vito Amato. 思科网络技术学院教程(上、下册). 北京：人民邮件出版社，2000

[2] (美)James F. Kurose. 计算机网络——自顶向下方法(第 4 版). 陈鸣译. 北京：机械工业出版社，2009

[3] 赵锦蓉. Internet 原理与技术. 北京：清华大学出版社，2001

[4] 吴功宜. 计算机网络应用基础. 天津：南开大学出版社，2001

[5] 沈辉. 计算机网络工程与实训. 北京：清华大学出版社，2001

[6] (美)Timothy Parker. Linux 系统管理. 许宏丽等译. 北京：电子工业出版社，2000

[7] 徐晓峰. Microsoft Windows 2000 Server 网络高级应用. 北京：人民邮电出版社，2002

[8] Douglas E. Comer. Computer Network and Internets. Upper Saddle River NJ：Prentice Hall，1997

[9] Mani Subramanian. Network Management：Principles and Practice. MA：Addison Wesley，2000

[10] William Stallings. Data and Computer Communications(Sixth Edition). Upper Saddle River NJ：Prentice Hall，2000

[11] Douglas E. Comer. Internetworking with TCP/IP (Vol. I)：Principles，Protocols，and Architecture (Third Edition). Upper Saddle River NJ：Prentice Hall，1995

[12] Andrew S. Tanenbaum. Computer Network(Third Edition). Upper Saddle River NJ：Prentice Hall，1996

[13] William Stallings. Network Security Essentials(Fourth Edition). Pearson Education Asia Limited and Tsinghua University Press，2010

[14] Joe Davies. Introduction to IP Version 6. Microsoft Technet，Microsoft Corporation，2008

参考文献